U0428416

含煤系统理论体系及应用

李增学　吕大炜　刘海燕　王东东　著
　　　　余继峰　王平丽　刘　莹

本书得到"河北省煤炭资源综合开发与利用协同创新中心"、
"山东省沉积成矿作用与沉积矿产重点实验室"的资助

科学出版社
北　京

内 容 简 介

本书系统阐述了含煤系统理论体系的形成及基础、含煤系统的时空构成、聚煤盆地系统与含煤地层层序地层分析、煤聚积多元理论体系、含煤系统与精细聚煤古地理、含煤系统研究与资源预测、协同勘查体系与模式等内容，从全新的视角论述了含煤系统的研究方法与勘查实践，注重多学科的融合与交叉，反映了煤地质学在融合相关学科理论与方法方面的新进展。

本书可作为从事煤地质学基础研究、煤田地质勘探、煤系天然气与煤系非常规油气地质领域研究的工作者的参考书，也可以作为高校研究生教学的参考书。

图书在版编目(CIP)数据

含煤系统理论体系及应用/李增学等著. —北京：科学出版社，2016.3
ISBN 978-7-03-046156-8

Ⅰ.①含… Ⅱ.①李… Ⅲ.①煤系-系统理论-研究 Ⅳ.①P618.11

中国版本图书馆 CIP 数据核字(2015)第 256516 号

责任编辑：万群霞 / 责任校对：郭瑞芝
责任印制：张 倩 / 封面设计：华路天然工作室

科 学 出 版 社 出版
北京东黄城根北街 16 号
邮政编码：100717
http://www.sciencep.com

北京佳信达欣艺术印刷有限公司 印刷
科学出版社发行 各地新华书店经销

*

2016 年 3 月第 一 版 开本：787×1092 1/16
2016 年 3 月第一次印刷 印张：20 3/4
字数：488 000

定价：158.00 元
(如有印装质量问题，我社负责调换)

序

现代煤地质学通过不断吸收有关学科的新理论、新方法和新思路，以及本学科不断涌现的新成果和成煤模式得到了快速发展。沉积学、地层学、构造地质学、层序地层学等学科的某些理论与方法已成为煤地质学的重要组成部分。"含煤系统"理论是近年来提出的新概念，是煤地质学进入新世纪以来的重要成果之一。

传统的煤地质学主要研究煤、煤体及煤层固体部分，气态与液态部分仅作为煤的"有益矿产"进行简单介绍，没有作为煤地质学的重点。但随着与煤相关的天然气、煤成油等研究的理论进展与相关资源的勘探、开发，煤地质学不单是成煤的理论问题，而是涉及固态、气态、液态共生、伴生、共存等若干复杂的科学问题。

随着煤层气、煤系页岩气研究及其勘探开发技术的进步，以及煤系游离气地质研究的发展，煤地质学与天然气地质学、勘查地质学、计算机科学技术、测试技术等有关的学科和先进技术紧密结合，使煤地质学成为当代能源地质及资源评价的重要基础学科之一。煤地质学与其他学科结合则可以产生新的边缘学科理论。如与油气地质学的紧密结合，可以解决与煤有关的天然气、液态油的机制、成藏问题，两者之间的链接桥梁就是含煤系统理论与研究方法，可以认为这是对含煤系统的一个客观定位。

含煤系统研究涉及的内容非常广泛，特别是在煤层气藏研究、煤系游离气藏研究成为热点以来，煤地质学研究不再是单纯的成煤作用及环境、聚煤盆地及煤聚积规律研究，而是基于以煤为核心的多学科为一体的综合性地质研究，是与煤地质学有关的各学科之间进行协同研究的系统过程。

李增学教授等撰写的《含煤系统理论体系及应用》专著的问世，首次较为完整系统地论述了含煤系统理论、格架构建及其应用，这是作者多年从事该方面研究的总结和提升。含煤系统强调成煤作用与聚煤盆地、聚煤作用等重要概念，同时也要指出聚煤盆地、含煤盆地、煤层气盆地等与含煤系统含义的融合与统一，这些概念是构建含煤系统的重要理论基础。

该书强调含煤系统及各子系统的构建，必须紧密结合煤田地质特征、煤系与煤层的形成过程及机制、成煤作用及与煤系、煤层热演化伴生的各种资源形成特点，系统介绍多元聚煤理论，并借鉴含油气系统的思路、理论、方法及技术，汲取国外对含煤系统及有关概念的界定和划分标志，运用煤地质学及相关学科等多学科交叉的学术思路和综合的研究方法，这是非常重要和科学的，也是"含煤系统"具有先进性和创新性的关键所在。

目前,时值我国能源资源结构调整的重要时期,也是与煤系有密切关系的煤层气、煤系页岩气等非常规油气资源基础研究、勘探与开发正蓬勃发展之时,洁净能源将是今后国家经济建设和人类生活的主要能源。该书的出版不仅对传统的煤地质学理论研究起推动作用,而且对我国今后与煤系有关的能源资源研究、评价、勘查与开发利用等方面,也必将发挥重要的指导作用,为培养能源地质人才做出重要贡献。

中国工程院院士
中国矿业大学(北京)教授

2015 年 9 月

前　言

　　我国煤地质工作者多年来进行的煤地质研究,在国际煤地质学界已具有自己的特色。现代煤地质学不断吸收盆地分析和层序地层的最新研究方法,如聚煤盆地的整体分析、含煤地层的精细对比、与煤系有关的天然气成藏研究等,使该研究领域出现了新的景象。现今,煤地质研究逐渐与沉积学及岩石学、古生物学及地层学、层序地层学,以及构造地质学等相互借鉴、融为一体,这是煤地质学进入新世纪以来的最新动向和未来的发展趋势。煤地质学研究者们与勘探、开发技术工作者们坚持追踪与创新并举的思路,提出了不同的成煤模式和理论,丰富和发展了煤地质学的理论体系。特别是盆地分析与沉积体系分析的理论与方法,给古老的煤地质学研究带来新的思路和方法。与煤系有关的液态油、非常规天然气等有关科学问题的研究及相关资源的发现与开发利用,不断促进着煤地质学科的完善与发展。

　　近年来,我国学者在煤地质基础理论研究方面提出了"聚煤作用系统",倡导从全球地质作用的角度考虑成煤问题,扩大了煤地质学的视野,开阔了煤地质学的研究领域,代表了煤地质学基础理论的某些发展。

　　需要指出的是,相对于地学的其他分支学科,如年代地层学与定量地层学、沉积学与盆地分析、石油天然气地质学、非常规油气地质学等的理论、研究方法的快速发展,煤地质学的发展明显表现出滞后。随着煤系中共伴生及共存资源的发现、开发与利用(如煤层气、煤系页岩气、煤成油、油页岩等),以及勘探与开发技术的进步和煤系游离气地质研究的发展,迫使煤地质学必须及时吸收相关学科的新思路和新理论,与现代沉积学、天然气地质学、勘查地质学、计算机科学技术、测试技术等相关的学科和先进技术紧密结合,以改变被动发展的状况。只有这样,才能使学科体系和理论得到发展,并有所开拓和创新。为此,本书试图围绕含煤系统的构建及其子系统的划分,从理论与实践上加以论述,以期对煤地质学基础理论的完善发挥一定的作用。

　　国内外已有一些零星的学术文章对含煤系统做过报道和论述,但没有对其进行系统升华、系统化、理论化及对其基本框架进行构建。为此,本书首次完整、系统地论述了含煤系统理论、框架构建及其应用,是笔者多年从事这方面研究的总结和提升。含煤系统中强调成煤作用与聚煤盆地、聚煤作用等重要概念,同时也指出聚煤盆地、含煤盆地、煤层气盆地等与含煤系统含义的融合与统一,而这些概念又是构建含煤系统的重要理论基础。

　　在能源地质学科体系中,煤地质学与油气地质学是各具特色的两大独立学科,各自具有成熟的理论体系和研究系统。但 20 余年来由于煤系中有关油气地质的科学问题不断提出,两大学科的紧密结合和渗透,形成了一个新的边缘学科领域。需要指出的是,盲目运用油气地质学的观点、思路和已经形成的理论体系去解决与煤有关的天然气、液态油的机制、成藏问题,往往不会获得理想的效果。若用油气地质学发展而来的含油气系统理论与研究方法、技术去解决与煤相关的天然气、煤成油等科学问题,必然存在一系列难以解释的问题。本书提出的含煤系统是上述两大系统间的一个重要桥梁。含煤系统有其独特的理论和研究体系,是油气地质学与煤地质学交叉结合产生的边缘学科。与煤相关的油和气大多属于非常规油气地质领域,且与油气地质学中的"非常规"相比还具有特殊性和复杂性。

含煤系统研究所涉及的内容非常广泛,特别是在煤层气藏、煤系页岩气成藏、煤系游离气藏研究成为热点以来,煤地质学研究不再是单纯的成煤作用及环境、聚煤盆地及煤聚积规律研究,而是基于以煤为核心的多学科为一体的综合性地质研究,是与煤地质学有关的各学科之间进行协同研究的系统过程。构建含煤系统及各子系统必须紧密结合煤田地质特征、煤系与煤层的形成过程及机制、成煤作用及与煤系、煤层热演化伴生的各种资源形成特点,并借鉴含油气系统的思路、理论、方法及技术,汲取国外对含煤系统及有关概念的界定和划分标志,运用煤地质学及相关学科等多学科交叉的学术思路和综合研究方法,提出具有实际意义的含煤系统格架。

全书共9章。编写人员及分工如下:前言、第1章、第3章、第9章由李增学编写;第2章由吕大炜、王东东、刘海燕、王平丽、刘莹编写;第4章由吕大炜、李增学、刘海燕、余继峰、王平丽编写;第5章由李增学、吕大炜、王东东、刘海燕编写;第6章由吕大炜、李增学、刘海燕、王平丽、王东东编写;第7章由吕大炜、王东东、李增学编写;第8章由李增学、吕大炜、刘海燕编写;最后由李增学、吕大炜统编与定稿。

本书是国家自然科学基金项目(编号分别为41272172、49272122、49872057、40742010、41472092、41202070、41402086、41402011)、山东省自然科学基金项目(ZR2015JL016、ZR2013DQ019)、中国石油化工股份有限公司前瞻性课题(YPH08059)、国家973项目专题(2003CB214608)、教育部高等学校博士学科点专项科研基金项目(20123718110004、20050424001),以及山东省高等学校科技计划项目(J14LH06)等项目和课题的综合成果。也是在笔者多年从事煤地质、煤层气地质、煤系沉积学、含煤地层层序地层分析、聚煤盆地分析等研究的基础上,结合近年来所开展的含煤系统研究及实践的科研成果编写而成。本书涉及的研究工作得到了中国煤炭地质总局和山东、安徽、河北、河南等煤田地质系统同行的支持和帮助,得到了中国石油化工股份有限公司胜利油田分公司和中原油田分公司、中国石油天然气股份有限公司勘探开发研究院、中海石油(中国)有限公司勘探开发研究院、中煤地质工程总公司、中国煤炭地质总局第一勘探局等同行和领导的大力支持和通力协作。值此专著出版之际,向上述同行、领导表示衷心的感谢!

由于著者水平所限,书中不足之处敬请读者批评指正。

作 者

2015年9月

目 录

序
前言

第1章 含煤系统理论体系的形成 1
1.1 含煤系统的提出与形成 1
1.2 含煤系统研究的主要内容 2
 1.2.1 含煤系统的地质要素 2
 1.2.2 含煤系统的主要地质作用研究 3
 1.2.3 含煤系统的确定 5
 1.2.4 含煤系统的描述 6

第2章 含煤系统理论基础 7
2.1 我国主要聚煤期与含煤地层特征 7
 2.1.1 石炭—二叠纪聚煤特征 9
 2.1.2 晚三叠世聚煤特征 17
 2.1.3 早中侏罗世聚煤特征 21
 2.1.4 早白垩世聚煤特征 24
 2.1.5 古近纪、新近纪聚煤特征 27
2.2 主要聚煤盆地分布与划分 32
 2.2.1 我国主要聚煤盆地的分布 32
 2.2.2 聚煤盆地类型的多样性 35
2.3 聚煤古构造 38
2.4 构造、古地理演化与赋煤特征 41
2.5 我国聚煤规律概述 42

第3章 含煤系统的时空构成 44
3.1 含煤系统时空格架 44
3.2 含煤系统各子系统的构建(界定)原则 44
3.3 含煤系统各子系统的基本属性特点 47
 3.3.1 煤系的地层格架子系统 48
 3.3.2 煤层(群)形态子系统 48
 3.3.3 煤变质及煤类形成子系统 49
 3.3.4 赋煤区块子系统 50
 3.3.5 煤层气(非常规)成藏子系统 50
 3.3.6 煤系游离气成藏子系统 50

第4章 聚煤盆地系统与含煤地层层序地层分析 … 51
4.1 大型陆表海聚煤盆地层序地层 … 51
4.1.1 高分辨率层序地层划分 … 51
4.1.2 陆表海层序地层样式 … 66
4.2 浅水三角洲含煤盆地层序地层 … 67
4.2.1 沉积学研究 … 68
4.2.2 沉积对比分析 … 71
4.3 大型陆相聚煤盆地层序地层 … 74
4.3.1 关键的层序地层界面特征 … 74
4.3.2 层序地层划分方案 … 76
4.4 断陷聚煤盆地层序地层 … 85
4.4.1 黄县盆地层序地层划分与对比 … 85
4.4.2 黄县盆地典型钻井层序地层划分与成煤特征 … 92
4.4.3 黄县盆地层序剖面与成煤特征 … 94
4.4.4 柴达木盆地层序地层划分与对比 … 98

第5章 煤聚积多元理论体系 … 103
5.1 泥炭与泥炭沼泽 … 103
5.1.1 泥炭沼泽及其形成条件 … 103
5.1.2 泥炭沼泽形成的方式 … 106
5.1.3 泥炭沼泽的类型 … 108
5.2 成煤的原地堆积与异地堆积 … 111
5.2.1 原地堆积成煤机制及其条件 … 111
5.2.2 异地堆积成煤机制及其条件 … 111
5.3 海平面变化与海侵事件成煤 … 112
5.3.1 沉积旋回与旋回层序 … 112
5.3.2 海侵事件及背景分析 … 117
5.3.3 海侵事件成煤机制 … 133
5.3.4 海侵期事件古地理研究 … 144
5.4 事件沉积与事件成煤作用 … 153
5.4.1 海侵事件成煤理论与模式 … 153
5.4.2 幕式成煤 … 155
5.4.3 火山事件 … 158
5.4.4 风暴事件沉积 … 160
5.5 同沉积构造与控煤作用 … 164
5.5.1 聚煤盆地基底先存构造 … 165
5.5.2 成盆期同沉积构造 … 168
5.6 盆地属性与聚煤作用 … 174
5.6.1 盆地属性 … 174

		5.6.2	事件与聚煤作用的关系 …………………………………………………	185
		5.6.3	层序地层学与聚煤作用 ……………………………………………………	187
		5.6.4	陆相拗陷盆地层序地层式样与成煤模式 …………………………………	193
		5.6.5	陆相断陷盆地层序地层结构与聚煤模式 …………………………………	198
		5.6.6	柴达木盆地聚煤模式 ………………………………………………………	199

5.7 多元聚煤理论体系的建立 ……………………………………………………………… 202
    5.7.1 多元聚煤理论体系建立的基本原则和立论基础 ………………………………… 202
    5.7.2 多元聚煤理论体系的基本内核及构建 …………………………………………… 203

第 6 章 含煤系统与精细聚煤古地理——以华北晚古生代为例 ……………………… 205
6.1 含煤地层划分与对比 …………………………………………………………………… 205
    6.1.1 华北石炭纪含煤地层 ……………………………………………………………… 205
    6.1.2 华北二叠纪含煤地层 ……………………………………………………………… 208
    6.1.3 华北晚古生代含煤地层对比 ……………………………………………………… 211
    6.1.4 重要地层界线的讨论 ……………………………………………………………… 214

6.2 晚石炭世古地理 ………………………………………………………………………… 215
6.3 早二叠世古地理 ………………………………………………………………………… 222
6.4 中二叠世古地理 ………………………………………………………………………… 225
    6.4.1 空谷期—罗德期岩相古地理 ……………………………………………………… 227
    6.4.2 沃德期—卡匹敦期岩相古地理 …………………………………………………… 227

6.5 晚二叠世古地理 ………………………………………………………………………… 229

第 7 章 含煤系统研究与资源预测 ……………………………………………………… 231
7.1 华北含煤系统域划分 …………………………………………………………………… 231
7.2 鲁西含煤系统 …………………………………………………………………………… 231
    7.2.1 鲁西含煤系统构造格架 …………………………………………………………… 231
    7.2.2 鲁西含煤系统边界确定及划分 …………………………………………………… 233
    7.2.3 鲁西地区典型含煤系统划分 ……………………………………………………… 235
    7.2.4 鲁西典型区块含煤系统构成 ……………………………………………………… 237

7.3 鄂尔多斯含煤系统 ……………………………………………………………………… 275
    7.3.1 鄂尔多斯含煤系统构造格架 ……………………………………………………… 275
    7.3.2 鄂尔多斯盆地典型含煤系统边界确定与划分 …………………………………… 277
    7.3.3 鄂尔多斯盆地典型区块含煤系统构成 …………………………………………… 278

第 8 章 协同勘查体系与模式 …………………………………………………………… 299
8.1 含煤系统与多能源矿产 ………………………………………………………………… 299
    8.1.1 综合勘查与协同勘查的异同分析 ………………………………………………… 299
    8.1.2 协同勘查的理论体系构成要素 …………………………………………………… 300

8.2 协同勘查体系的构成 …………………………………………………………………… 301
    8.2.1 关键技术体系及协同关系 ………………………………………………………… 301
    8.2.2 协同勘查模式的构建 ……………………………………………………………… 302

8.2.3 协同勘查的目标实现 ………………………………………………… 303
8.3 协同勘查关键技术 …………………………………………………… 303
　8.3.1 概述 …………………………………………………………… 303
　8.3.2 新体系构建模式确立原则 …………………………………… 304
　8.3.3 多种能源矿产同盆共存富集协同勘探基本思路 …………… 304

第9章 展望 …………………………………………………………… 308
9.1 含煤系统与相关概念的链接 ………………………………………… 308
9.2 含煤系统的作用 ……………………………………………………… 309
9.3 含煤系统理论的核心及发展方向 …………………………………… 310

主要参考文献 ……………………………………………………………… 311

CONTENTS

Foreword

Introduction

Chapter 1 Formation of Coal System Theoretical System ········· 1
  1.1 Formation of coal system ············ 1
  1.2 Main contents of coal system ············ 2
    1.2.1 Geological elements of coal system ············ 2
    1.2.2 Main geological processes of coal system ············ 3
    1.2.3 Determination of coal system ············ 5
    1.2.4 Description of coal system ············ 6

Chapter 2 Theoretical Basis of Coal System ············ 7
  2.1 Main coal-accumulating periods and coal bearing strata of China ······ 7
    2.1.1 Coal-accumulating features of Carboniferous-Permian ············ 9
    2.1.2 Coal-accumulating features of Late Triassic ············ 17
    2.1.3 Coal-accumulating features of Early-Middle Jurassic ············ 21
    2.1.4 Coal-accumulating features of Early Cretaceous ············ 24
    2.1.5 Coal-accumulating features of Paleogene-Neogene ············ 27
  2.2 Distribution and division of main coal-accumulating basins in China ······ 32
    2.2.1 Distribution characteristics of the main coal-accumulating basin in China ······ 32
    2.2.2 Diversity of coal-accumulating basin types ············ 35
  2.3 Coal-accumulating paleotectonic ············ 38
  2.4 Tectonics, paleogeographic evolution and coal occurrence characteristics
    ············ 41
  2.5 China coal accumulating law overview ············ 42

Chapter 3 Formation of Time and Space of Coal System ············ 44
  3.1 Time and space framework of coal system ············ 44
  3.2 Building (define) principle of each subsystem of coal system ············ 44
  3.3 Basic attributes of each subsystem of coal system ············ 47
    3.3.1 Coal measures stratigraphic frame subsystem ············ 48
    3.3.2 Coal seam (group) form subsystem ············ 48
    3.3.3 Coal metamorphism and coal class forming subsystem ············ 49
    3.3.4 Coal occurrence block subsystem ············ 50
    3.3.5 Coalbed methane (unconventional) accumulation subsystem ············ 50
    3.3.6 Coal free gas accumulation subsystem ············ 50

Chapter 4 Coal-accumulating Basin System and Coal-bearing Strata Sequence Stratigraphy Analysis ⋯⋯ 51

4.1 Sequence stratigraphy characteristics of large epicontinental coal-accumulating basin ⋯⋯ 51
    4.1.1 High-resolution sequence stratigraphy division ⋯⋯ 51
    4.1.2 Epicontinental sea basin sequence stratigraphy pattern ⋯⋯ 66

4.2 Shallow water delta coal-bearing basin sequence stratigraphy ⋯⋯ 67
    4.2.1 Study of sedimentology ⋯⋯ 68
    4.2.2 Comparative analysis of sediments ⋯⋯ 71

4.3 Sequence stratigraphy of large continental coal-accumulating basin ⋯⋯ 74
    4.3.1 Features comparison of sequence stratigraphy boundary ⋯⋯ 74
    4.3.2 Sequence stratigraphy classification scheme ⋯⋯ 76

4.4 Sequence stratigraphy characteristics of fault coal-accumulating basin ⋯⋯ 85
    4.4.1 Division and correlation of sequence stratigraphy of Huangxian basin ⋯⋯ 85
    4.4.2 Typical drillings sequence stratigraphy division and coal-forming characteristics of Huangxian basin ⋯⋯ 92
    4.4.3 Typical sections sequence stratigraphy division and coal-forming characteristics of Huangxian basin ⋯⋯ 94
    4.4.4 Sequence stratigraphy division and correlation of Qaidam basin ⋯⋯ 98

Chapter 5 Coal Accumulation Multivariate Theory System ⋯⋯ 103

5.1 Peat and peat swamp ⋯⋯ 103
    5.1.1 Peat swamp and formation condition ⋯⋯ 103
    5.1.2 Formation types of peat swamp ⋯⋯ 106
    5.1.3 Peat swamp types ⋯⋯ 108

5.2 In-situ accumulation and allopatry accumulation of coal-forming pattern ⋯⋯ 111
    5.2.1 In-situ accumulation coal formation mechanism and conditions ⋯⋯ 111
    5.2.2 Allopatry accumulation coal formation mechanism and conditions ⋯⋯ 111

5.3 Sea level change and marine transgression event coal ⋯⋯ 112
    5.3.1 Sedimentary cycle and cyclic sequence ⋯⋯ 112
    5.3.2 Analysis of transgression event and background analysis ⋯⋯ 117
    5.3.3 Transgression event coal formation mechanism ⋯⋯ 133
    5.3.4 Transgression event paleogeography ⋯⋯ 144

5.4 Event deposits and event coal formation ⋯⋯ 153
    5.4.1 Theory and model of transgression event coal formation ⋯⋯ 153
    5.4.2 The episodic coal formation ⋯⋯ 155
    5.4.3 Volcanic event ⋯⋯ 158

    5.4.4 Storm event deposits ………………………………………………… 160
 5.5 Contemporaneous tectonic and coal-controlling ………………………………… 164
    5.5.1 Pretectonic of coal-accumulating basin basement …………………………… 165
    5.5.2 Basining period contemporaneous tectonic ………………………………… 168
 5.6 Basin attribute and multiple coal accumulation model …………………………… 174
    5.6.1 Basin attribute ……………………………………………………… 174
    5.6.2 Relationship between events and coal accumulation …………………………… 185
    5.6.3 Sequence stratigraphy and coal accumulation ……………………………… 187
    5.6.4 Sequence stratigraphy pattern and coal accumulating model of continental
       depression basin …………………………………………………… 193
    5.6.5 Sequence stratigraphic pattern and coal accumulating model of continental fault
       basin ……………………………………………………………… 198
    5.6.6 Coal accumulating model of Qaidam basin ………………………………… 199
 5.7 Construction of multi-coal forming theory system ……………………………… 202
    5.7.1 Main principle and theoretical basis ……………………………………… 202
    5.7.2 Basin content and construction …………………………………………… 203

Chapter 6 Coal System and Accurate Coal Accumulating Paleogeography—Taking North China of Late Paleozoic for Example ……………………………… 205
 6.1 Coal-bearing strata division and correlation …………………………………… 205
    6.1.1 Carboniferous coal-bearing strata of North China …………………………… 205
    6.1.2 Permian coal-bearing strata of North China ………………………………… 208
    6.1.3 Late Paleozoic coal-bearing strata correlation of North China ………………… 211
    6.1.4 Discussion of important stratigraphic boundaries …………………………… 214
 6.2 Late Carboniferous paleogeography …………………………………………… 215
 6.3 Early Permian paleogeography ………………………………………………… 222
 6.4 Middle Permian paleogeography ……………………………………………… 225
    6.4.1 Kungurian-Rhode Age lithofacies paleogeography …………………………… 227
    6.4.2 Ward-Capitanian Age lithofacies paleogeography …………………………… 227
 6.5 Late Permian paleogeography ………………………………………………… 229

Chapter 7 Coal System Research and Resource Prediction ……………………………… 231
 7.1 Division of North China coal system …………………………………………… 231
 7.2 Western Shandong coal system ………………………………………………… 231
    7.2.1 Tectonic framework of western Shandong coal system ……………………… 231
    7.2.2 Boundary determination and division of western Shandong coal system ……… 233
    7.2.3 Typical coal system division of western Shandong …………………………… 235
    7.2.4 Typical block coal system composition of western Shandong ………………… 237
 7.3 Ordos Basin coal system ……………………………………………………… 275
    7.3.1 Tectonic framework of Ordos Basin coal system …………………………… 275

7.3.2　Boundary determination and division of Ordos Basin typical coal system …… 277
7.3.3　Typical region coal system composition of Ordos Basin …………… 278

Chapter 8　Collaborative Exploration System and Models ……………………… 299
　8.1　Coal system and multiple energy minerals ……………………………… 299
　　8.1.1　Similarities and differences analysis between comprehensive exploration and collaborative exploration ……………………………………… 299
　　8.1.2　Elements of collaborative exploration theory system ……………… 300
　8.2　Composition of collaborative exploration system ……………………… 301
　　8.2.1　Key technology system and the collaborative relation ……………… 301
　　8.2.2　Collaborative exploration model construction ……………………… 302
　　8.2.3　Goal of collaborative exploration …………………………………… 303
　8.3　Key technology of collaborative exploration …………………………… 303
　　8.3.1　Summary ……………………………………………………………… 303
　　8.3.2　Establishment principle of new system construction mode ………… 304
　　8.3.3　Collaborative exploration basic idea of multiple energy minerals coexistence and enrichment in same basin …………………………… 304

Chapter 9　Prospect …………………………………………………………………… 308
　9.1　Connection of coal system and related concepts ……………………… 308
　9.2　Role of coal system ……………………………………………………… 309
　9.3　Core of coal system theory and the development direction …………… 310

Main References ……………………………………………………………………… 311

第1章 含煤系统理论体系的形成

1.1 含煤系统的提出与形成

我国煤地质工作者多年来进行的煤地质研究包括聚煤盆地构造、成煤环境、煤聚积规律与成煤作用模式等方面,取得了大量研究成果,不但丰富了煤地质学科的基础理论,而且为我国经济建设做出了卓越贡献(杨起和韩德馨,1979;李思田等,1992;陈钟惠等,1993;刘焕杰等,1997;尚冠雄,1997;邵龙义,1997;陈世悦和刘焕杰,1999;李思田,1999;中国煤炭地质总局,2001;张鹏飞,2001,2003;李增学等,2002,2003;吕大炜等,2008)。我国煤地质理论在国际煤地质学界具有自己的特色,特别是将层序地层学理论应用于煤地质研究和Diessel(1992)提出"海侵过程成煤模式"以来,煤地质研究呈现出新的发展趋势,成煤作用理论研究取得很大进展。现代煤地质学不断吸收盆地分析和层序地层的分析方法,如聚煤盆地的整体分析、含煤地层的精细对比、与煤系有关的天然气成藏研究等,研究领域出现了新的景象。煤地质研究已经与沉积学、地层学、层序地层学等研究融为一体。几代煤地质研究工作者多年来坚持追踪与创新并举,提出了不同的成煤模式和理论,丰富和发展了煤地质学理论体系。特别是沉积体系分析的理论与方法,给古老的煤地质学研究带来了新的思路和方法。沉积体系的系统论和从三维空间追踪沉积体的思路,使煤层作为一种特殊沉积体,在沉积体系中的三维分布及其受整体水动力控制机制分析有了全新的概念。煤层的发育在整个沉积体系中成为关键,在分析煤聚积规律和聚煤盆地充填和进行层序及内部单元划分时,煤层或煤的聚积过程已经成为对比的钥匙。

在煤地质基础理论研究方面,我国学者提出聚煤作用系统论,认为"煤的聚集受多种因素的影响,这些因素既相互独立,又相互联系、相互制约,构成了一个复杂的聚煤作用系统,煤的聚集是聚煤作用整体作用的结果",这是我国首次进行煤地质学有关"系统论"的研究,并提出了聚煤盆地系统、煤层(煤层组)子系统的概念,对聚煤作用研究和煤地质学的发展具有开创意义(中国煤炭地质总局,2001)。

我国学者赵忠新等(2002)就含煤系统做过一些论述,认为含煤系统的基本要素有:物源、聚煤环境、地下热流。有关的成煤作用包括泥炭的原地堆积-异地搬运作用、地壳旋回运动所引起的埋藏作用和成煤阶段的热变质作用。这些基本要素和成煤作用必须在时间空间上相配置,才有可能形成有工业价值的煤层。含煤系统在时间上可以分为物质来源子系统、物质堆积子系统、埋藏变质子系统。在空间上可以分为若干低一级的与此含煤系统特征相似的含煤子系统。把含煤系统定义为一个自然系统,这个自然系统包括煤层、含煤岩系、含煤岩系的沉积相及所有与煤形成有关的各种地质作用。

上述有关含煤系统的定义和子系统的构建及划分,实际上是围绕着成煤作用过程,无论是聚煤作用系统还是含煤系统的构建,都较侧重基础研究,因此还有不尽完善的地方。

此外,对生烃物质的热演化如多次变化、变质及多期成藏等,含煤岩系的后期改造、保存、二次或多次受热过程、生烃与煤层气藏和煤系游离气藏形成等,在构建含煤系统时应着重考虑。

美国学者(Warwick and Milici,2005;Milici et al.,2001)提出的含煤系统(也称煤系统)的概念,一方面把煤地质学的各个分支学科置于统一的研究框架之下,从而弥补了煤地质学家通常仅对有限的煤地质领域(如含煤岩系的地层学、单纯的煤岩煤质研究和沉积学)感兴趣,以及系统性和完整性不足的缺陷;另一方面把含煤系统分析方法作为组织、集成煤盆地(煤田)各种地质信息的重要工具。阿巴拉契亚(Appalachian)煤盆地成煤系统(Milici,2005)研究是一个成功的范例,相关学术思想与研究思路已引起国内煤田地质界的关注。显然,Milici 等(2001)提出的含煤系统无论从理论模型还是从实际研究工作来看,都是比较科学和完整的。

1.2　含煤系统研究的主要内容

含煤系统研究所涉及的内容非常广泛,特别是在煤层气藏研究、煤系游离气藏研究成为热点以来,煤地质研究不再是单纯的成煤作用及环境、聚煤盆地及煤聚积规律的研究,而是一种综合性的研究,是与煤地质学有关的各学科之间进行协同研究的系统过程。因此,构建含煤系统,必须克服以往煤田地质研究、勘探与煤炭开发等的单一性缺陷。

构建含煤系统及各子系统必须紧密结合煤田地质特征、煤系与煤层的形成过程及机制、成煤作用及与煤系、煤层热演化伴生的各种资源形成特点,并借鉴国外对含煤系统及有关概念的界定和划分标志,运用煤地质学及相关学科等的多学科交叉思路和综合研究方法,提出具有实际意义的系统格架。

成煤的所有地质作用(包括物质形成、物质聚积、构造和热事件等)理论是构建含煤系统的基础,而最终形成的实体(如煤系、煤层、天然气等)是构建含煤系统及其子系统的依据。因此,需要从时空角度理顺关系。这是本书构建含煤系统及其研究内容、方法的基本思路。

1.2.1　含煤系统的地质要素

含煤系统的地质要素主要包括煤系、煤层(群)、顶板岩层、底板岩层,煤系游离气储集岩和盖层,以及煤系上覆岩层等静态因素,还包括构造演化、进入煤系煤层中水的聚集与流动、煤系游离气运移、煤层气的吸附与解析动力学平衡等动态因素。煤系、煤层(群)是含煤系统中的主体,煤系又称含煤岩系,是指一套在成因上有共生关系并含有煤层(或煤线)的沉积岩系。其同义词有含煤沉积、含煤地层、含煤建造等。含煤岩系是具有三维空间形态的沉积实体,特指含有煤层的一套沉积岩系,是充填于含煤盆地具有共生关系的沉积总体。含煤岩系的顶、底界面不一定是等时性界面,既可以是等时的,也可以是不等时的。一切因素分析都紧紧围绕煤层(群)的形成、展布规律开展,煤层是评价资源潜力的主体,也是煤层气的载体。此外,地质要素还应该包括岩浆岩分布、岩溶塌落体等。以上因素共同构成含煤系统的地质要素。

1.2.2 含煤系统的主要地质作用研究

含煤系统的地质作用研究是含煤系统构建的重要基础(图1.1),主要包括:①泥炭形成和各类煤形成的一系列作用,如泥炭化作用、煤的成岩作用、煤的变质作用等;②煤聚积的一系列作用,如成煤作用、聚煤作用和聚煤规律等;③煤系游离气成藏,即圈闭的形成及烃类的生成、运移和聚集这一发展过程。

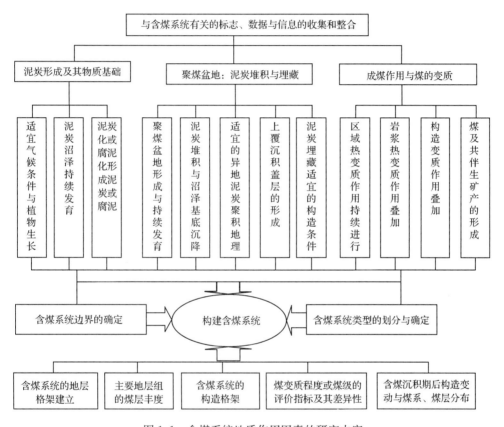

图1.1 含煤系统地质作用因素的研究内容

以上各种地质作用是煤形成、煤聚积、煤层气、煤系游离气形成的关键作用。特别是煤的变质作用,是烃类热演化及生烃、成藏的主导因素,没有热的持续作用,就不可能有煤系有关的天然气的形成。

聚煤作用研究(图1.2)解决的科学问题主要有两个:一是泥炭形成、堆积与埋藏机制;二是聚煤的相带形成、分布、演化,主要聚积带或中心的形成机制等。重点研究的内容是泥炭沼泽水的介质性质、泥炭沼泽的属性特征、泥炭沉积与基底持续沉降平衡关系、泥炭差异压实与覆水加深过程等。控制因素主要有沉积物质供应与分散体系特征、沼泽或泥炭堆积地带的沉积水动力与水平面变化、沼泽微相形成与分布、聚煤单元与相带形成等。

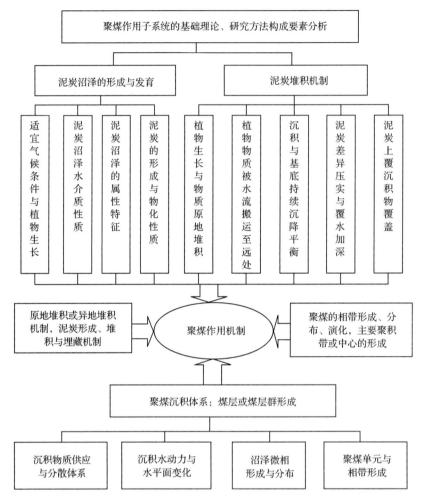

图 1.2 聚煤作用为核心的研究内容

聚煤盆地研究(图 1.3)解决的科学问题主要有:聚煤盆地古构造格架、聚煤盆地古地理格局和聚煤盆地水域体制。这三个问题决定着盆地是否有利于聚煤、是否聚积足够厚的泥炭层(最终形成煤)。

构造格架主要研究聚煤盆地形成的区域构造背景、主体构造控制盆地沉降、聚煤盆地空间几何形态、聚煤盆地同沉积构造(同沉积褶皱或断裂)等内容。

聚煤盆地古地理格局重点研究的内容是聚煤盆地古基准面变化、聚煤盆地古坡折带迁移、盆地中心与沉积充填中心、隆起带与盆内次级隆起分布等。

聚煤盆地水域体制的主要研究内容是盆地水域扩张与萎缩机制、盆地古水平面升降机制、水动力场强度等。聚煤盆地发育与演化的最终结果是能够形成足够厚度的煤层、煤系,并且具有空间分布范围的聚煤带和中心。

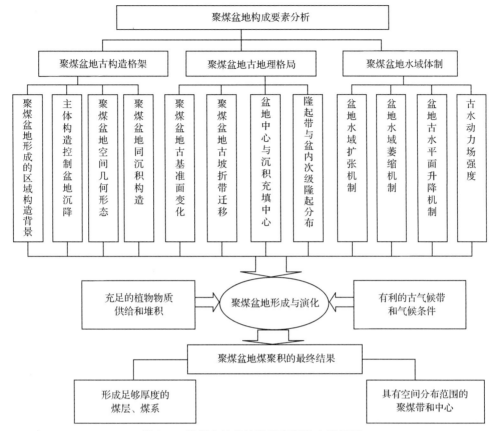

图 1.3 聚煤盆地的地质要素研究内容框图

1.2.3 含煤系统的确定

每一项研究都需要有一个合适的起点,对含煤系统的研究而言,合适的起点是从已发现的煤系煤层开始,但与煤系的规模无关。证实一个含煤系统存在的依据是有煤层或煤系游离气的存在,哪怕只有一层很薄的煤层或一股与煤系有关的天然气。一般而言,对任何地区,只要有含煤岩系存在,就应当存在含煤系统。因此,含煤系统确定的关键在于煤系、煤层(群)的存在。

构建含煤系统首先是确定含煤系统的边界。含煤系统及其子系统的边界是标定系统包含的功能与系统不包含的功能之间的界限,即每个系统或子系统之间必然有一种可以区分的边界,边界相隔的两个系统间在某些关键内容上有重要的差异,如煤层空间形态和埋藏深度、煤体结构、构造展布、水文地质条件、煤的热演化过程及甲烷储集空间等有根本的区别。因此,含煤系统具有特定的地区、地层与时代范围,可通过煤系形成时代、煤系、煤层展布范围、基本地质要素、煤系天然气形成持续时间、保存时间等参数来确定。

在含煤系统中,煤系游离气成藏是重要的事件,我国在很多地区发现煤系游离气藏(又称煤成气),特别是一些新生代煤系游离气藏,如琼东南盆地、东海一些古近纪成煤盆地等。煤系游离气成藏的研究,可以参考油气系统的研究模式,如关键时刻、持续时间和保存成藏时间等。

关键时刻是指煤系游离气子系统中大部分煤系气生成-运移-聚集的时间。可以绘制地层的埋藏史曲线图，并以此为依据计算时温指数（TTI值），从而可显示大部分烃类的生成时间，从煤系及煤的形成及煤系气生成的地质角度看，煤系气的运移和聚集发生的阶段、时间较石油天然气要复杂得多。因为煤系游离气的源岩除了煤层以外，还有炭质泥岩和煤系泥岩中的分散有机质。可以通过煤化跃变的规律性确定生烃、排烃的关键时刻。

保存时间是指煤系烃类在该系统内被保存、改造或破坏的时间段，既要看煤系整体被改造、保存的过程，又要看煤系游离气在生成—运移—聚集作用完成的过程。在保存时间内发生的作用包括煤的变质加深，煤系游离气的多次生成与运移、物理或生物降解作用乃至烃类完全被破坏。在保存时间内，多次运移的煤系游离气可聚集在持续沉积作用之后的储集层中，或构造发育的储集空间内。

持续时间是指形成一个含煤系统所需的时间。含煤系统需要经过足够的地质时期方能具备所有的基本要素；对于煤系游离气来说，其完成形成气藏所必要的那些地质作用中，如果源岩是沉积的最初要素，且源岩成熟所需的上覆岩层是最后要素，那么最初和最后要素之间的时间差就是煤系游离气子系统的持续时间。

1.2.4 含煤系统的描述

依据地质控制因素不同，可以对含煤系统进行分类，以便进行含煤系统研究。一是按成因分类，即根据地质要素的重要性，如煤系的地层格架、煤层（群）形态、煤变质及煤类、赋煤区块、煤层气（非常规）成藏、煤系游离气成藏等子系统分类。二是按含煤地层所保存的构造盆地特征进行分类，即依据保存煤系、煤层及煤层气、煤系游离气赋存的构造单元性质进行分类，诸如稳定板内构造盆地（断陷或拗陷）、板缘构造盆地、活动带盆地等。也可以按照具体赋煤构造盆地类型划分。

根据研究目标和要求不同，可以对含煤系统进行分级。例如，进行区域性研究，可将含煤系统分为巨系统、系统和子系统等。

在上述对含煤系统分类和级别划分的基础上，对含煤系统进行描述如表1.1。含煤系统描述的内容和方式主要包括各种剖面图、平面图和专门性的技术图件，以及反映各种地质因素和地质作用及各种矿产资源的储量数据、演化事件等。

表 1.1 含煤系统的描述内容

图或表	描述信息
平面图	确定系统中所包含的赋煤区（煤田）位置；指明为煤层、煤层气还是煤系游离气；标明系统中包括的煤系形成时代、煤层层数，空间展布；煤系游离气运移方向及有效储集层、盖层分布
数据表	列出含煤系统所有区块或构造盆地；煤层厚度、煤类、煤质参数、煤储量等；煤层甲烷含量、煤体结构参数、煤层各类储量等；煤系游离气的圈闭类型、储集层名称、年代和岩性及盖层名称、时代和储量等
剖面图	构造和地层信息；煤系、煤层位置与标高等；煤系游离气聚集层位、运移方向和通道，盖层厚度与展布等
煤系埋藏史图	钻井钻穿的地层单元；岩石单元的沉积时间、厚度、名称、岩性；现今热成熟度剖面；现今地温梯度；煤系游离气成藏的基本要素等
事件图	主要是煤系游离气成藏基本要素的年代；圈闭形成的开始和结束时期；游离气生、运、聚开始和结束的时期，保存时间和关键时间等

第 2 章 含煤系统理论基础

2.1 我国主要聚煤期与含煤地层特征

我国的聚煤作用从震旦纪到第四纪均有发生。我国主要的聚煤期包括早石炭世、晚石炭—早中二叠世、晚二叠世、晚三叠世、早—中侏罗世、早白垩世、古近纪和新近纪七个聚煤期,其中重要的聚煤期为晚石炭—早中二叠世、晚二叠世、早—中侏罗世和早白垩世。根据聚煤作用演化特点,聚煤期可以划分为晚古生代、中生代和新生代三个聚煤阶段。就成煤植物而言,中晚泥盆世前主要为低等植物菌藻类,形成的煤为石煤,寒武纪、奥陶纪、志留纪均有这种煤层形成,多系腐泥无烟煤,在我国华南和陕南等地分布很广。从泥盆纪植物登上陆地并能形成整片丛林之后,才出现了真正的腐植煤。陆生植物自泥盆纪开始,各个聚煤期的成煤植物也不相同(图 2.1)。尤其是地史上大的地壳运动常常使地形、气

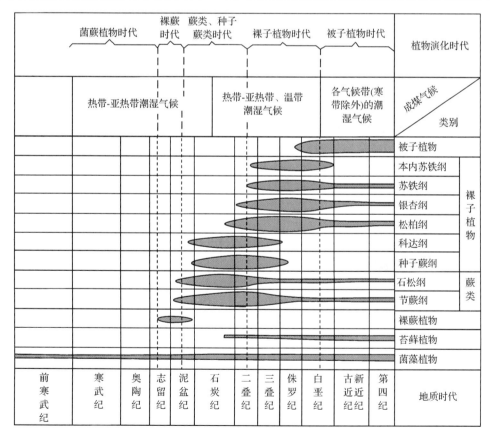

图 2.1 各聚煤期成煤古植物略图(韩德馨和杨起,1980)

候、空气中的 CO_2 含量及其他条件发生变化,这些不仅促使各阶段植物体本身的演化,而且使各个时期植物的繁盛程度和堆积强度也不相同。加之当时受地表海陆分布、隆起与沉降状况、沉积作用等因素的影响,各时期聚煤作用的强弱有很大差异。

我国聚煤作用的演化历史和世界其他各地一样,聚煤作用都是从浅海海湾(腐泥无烟煤)逐步向滨海、沿海地区并最后向陆地内部迁移(表2.1)。聚煤作用的气候条件随着植物界的发展演化,由热带、亚热带扩展至温带。当然,气候潮湿是成煤的必备条件。古生代聚煤盆地多分布于热带、亚热带潮湿气候地区,中生代的煤盆地多分布于温带潮湿气候地区。早古生代的煤基本是由菌藻类形成的;晚古生代的煤主要是由石松纲、楔叶纲、真蕨纲、种子蕨纲和科达纲等植物形成的;中生代的煤主要是由裸子植物(尤其是松柏纲、银杏纲、苏铁纲、本内苏铁纲)及蕨类植物(真蕨纲为主)形成的;新生代的煤主要是由被子植物形成的,这与植物界的发展演化阶段密切相关(图2.2)。

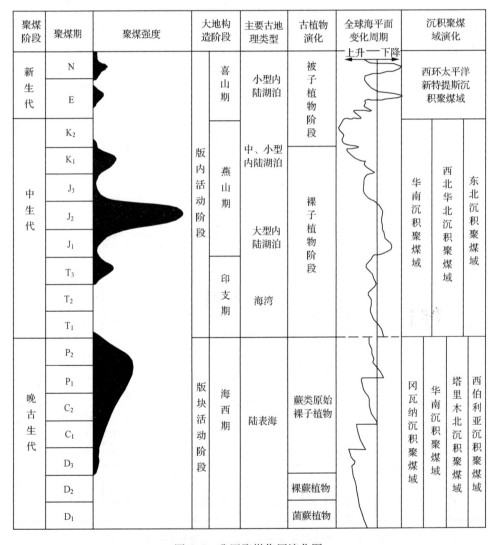

图 2.2 我国聚煤作用演化图

表 2.1 我国主要聚煤期与聚煤环境

成煤期	成煤区				
	华北板块东部	华南板块	新疆地区	鄂尔多斯盆地	二连盆地
N		东南:浅水湖泊相或冲洪积砂砾岩和湖泊相细屑岩;滇东:洪积扇、河流、湖泊、沼泽、泥炭沼泽			
E	抚顺地区:河流、湖泊、沼泽等沉积环境;黄县地区:洪积-冲积扇、湖泊、沼泽、泥炭沼泽、潮坪潟湖海湾等沉积环境	粤桂:冲洪积、河流、三角洲和湖泊沉积环境			
K_1	发育粗碎屑冲积相、含煤碎屑岩段和湖相、湖相细碎屑岩、含煤碎屑岩、顶部粗碎屑等沉积组合				发育粗碎屑冲积夹含煤碎屑岩段,含有火山碎屑岩等沉积组合
$J_1—J_2$			发育冲洪积扇、河流、湖泊、湖泊三角洲、沼泽、泥炭沼泽等沉积环境组合	主要发育河流、湖泊三角洲、湖泊等沉积环境	
T_3		冲积扇-河流、湖泊-湖滨三角洲、障壁-三角洲等沉积环境			
C—P	冲积扇-辫状河、曲流河-湖泊、三角洲、碎屑滨岸、滨浅海碳酸盐岩等沉积环境	曲流河-湖泊、三角洲、三角洲分流间湾、障壁-潟湖、潟湖海湾、滨海冲积平原、滨海平原等	滨岸平原或局限海湾、潟湖型		

2.1.1 石炭—二叠纪聚煤特征

2.1.1.1 区域构造特征

石炭—二叠纪是我国重要的聚煤期,含煤地层主要分布于华北、塔里木及华南地区。聚煤作用受到古构造影响,海西运动早期古蒙古洋、古特提斯洋及其北部分支将我国境内的大陆分隔为西伯利亚-蒙古、塔里木-华北、华南和冈瓦纳四个聚煤区,构成了晚古生代聚煤作用的构造古地理格局。海西构造格局的重要变化是古蒙古洋壳的俯冲消减作用，使西伯利亚-蒙古大陆、塔里木-华北大陆分别向南、向北增生并逐渐靠近，最终于早二叠世末完成全面对接，形成了规模宏大的我国北部大陆。华南盆地基底是由扬子板块、加里东褶皱带和印支-南海地块组成，构造复杂，基底差异性大，同沉积断裂发育，成煤作用复杂。

2.1.1.2 早石炭世古植物与古气候

早石炭世，我国中南部拉萨—银川、北京—沈阳一线以南的绝大部分地区属于拟鳞木植物群分布区，多属热带和亚热带潮湿气候区。在新疆中东部博格多山以东—内蒙古—吉林—黑龙江等地区，还发现了安加拉植物群分子，反映我国北部地区气候略微温凉，为半潮湿气候区(图2.3)。

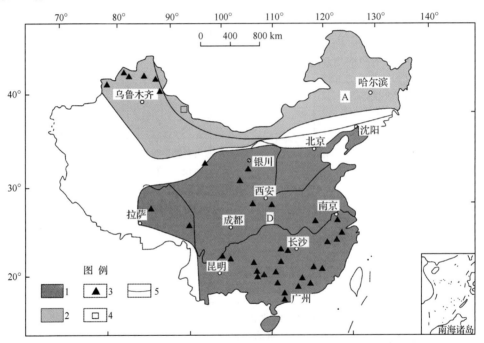

图 2.3 我国早石炭世古气候、古生物分布略图(韩德馨和杨起，1980)
1. 潮湿气候区；2. 半潮湿气候区；3. 拟鳞木植物群分布点；4. 安加拉植物群分布点；5. 植物群界线；
A. 安加拉植物群；D. 拟鳞木植物群

2.1.1.3 早石炭世含煤地层与成煤古地理

早石炭世含煤地层主要分布在华南地区，主要有滇东地区的万寿山组、粤北地区的芙蓉山组、湘中-粤北地区的测水组、桂北地区的寺门组等，此外，浙西地区的叶家塘组、福建地区的林地组、粤东地区的忠信组等也有煤层发育(表2.2)。

华南地区早石炭世聚煤期主要发育冲积扇-辫状河、曲流河-湖泊、障壁-潟湖、三角洲、潮坪-海滩、海湾、浅海等沉积环境；障壁-潟湖、三角洲、曲流河-湖泊沉积组合含煤性好，三角洲分流间湾是良好的聚煤场所(图2.4)。

表2.2 华南地区早石炭世地层对比简表

亚系	统	阶	华南地层区									
			桂北	鄂西	湘中	湘东	广东	江西	福建	浙西	安徽浙北	江苏
壶天亚系（上石炭统）	威宁统	达拉阶	黄龙组	黄龙组	黄龙组	黄龙组	黄龙组	黄龙组	经畲组	藉塘底组	黄龙组	黄龙组
		滑石板阶										
		罗苏阶										
丰宁亚系（下石炭统）	大塘统	德坞阶	大埔组	大埔组	梓门桥组	梓门桥组		梓门桥组		叶家塘组		和州组
		上司阶	罗城组	资丘组	测水组	樟树湾组	忠信组	测水组	梓山组	林地组		
			寺门组									
		旧司阶	黄金组		石蹬子组			石蹬子组			高骊山组	高骊山组
	岩关统	汤耙沟阶	十字圩组	金陵组长阳组	陡岭坳组天鹅坪组马栏边组	尚保冲组	大湖组	陡岭坳组龙江组	杨家源组	桃子杭组	珠藏坞组	金陵组	金陵组

2.1.1.4 晚石炭—早二叠世古植物与古气候

晚石炭世,我国东北北部及新疆东北部一带属于安家拉植物群分布区,可能为温带,其他大部分地区均为热带及亚热带。西藏雅鲁藏布江以南地区属于冈瓦纳植物群分布区,但可资鉴定的植物化石较少。我国华北及西北地区晚石炭世气候潮湿,植物繁盛,煤层丰富。华南一带主要为海相沉积,气候不易判断,但上石炭统下部一定的层位常有白云岩存在,至少说明其初期继承了华南中石炭统的较干燥气候,晚期可能有所改变。我国安加拉植物群分布地区(如东北地区)晚石炭世沉积多海相,但海相地层中夹有陆相地层,且含植物化石,并夹有煤层,但数量较少,可能代表一种半潮湿气候(图2.5)。

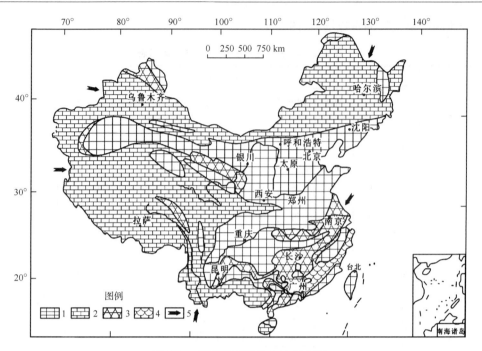

图 2.4 我国早石炭世古地理略图
1. 古陆;2. 海相;3. 海陆交互相;4. 陆相;5. 海侵方向

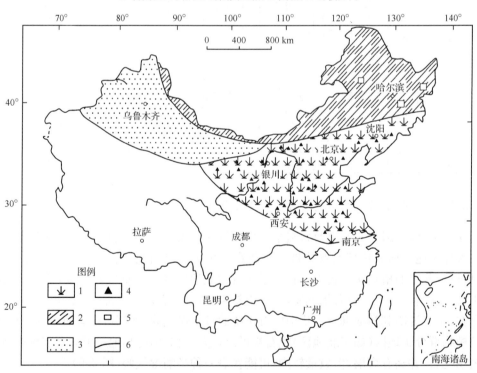

图 2.5 我国晚石炭世古气候、古植物分布略图
1. 潮湿气候区;2. 半潮湿气候区;3. 干燥气候区;4. 华夏植物群分布点;5. 安家拉植物群分布点;
6. 植物群界线

早二叠世,安家拉植物群主要分布在我国东北北部、内蒙古北部和天山以北广大地区,反映此地区属于温带半潮湿气候区。我国其他地区大多属于华夏植物群分布区,反映了热带-亚热带气候。我国西南部峨眉山玄武岩中发现了中国辉木,且其皮层中存在大量附生根,反映了华南(至少是西南)地区可能属于热带气候区。华北地区虽然也系华夏植物群分布区,但气温不如华南,可能代表亚热带气候。冈瓦纳植物群主要分布在雅鲁藏布江以南地区,以舌羊齿为主,代表了温带或冷温带半潮湿气候区(图2.6)。

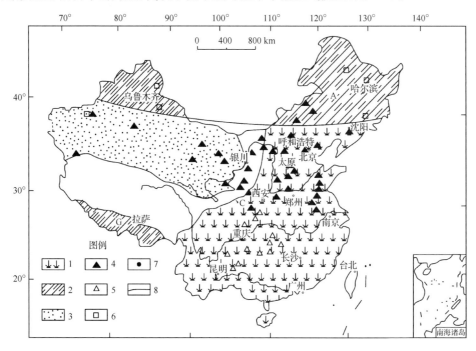

图2.6 我国早二叠世古气候、古植物分布略图

1. 潮湿气候区;2. 半潮湿气候区;3. 有干燥现象或干燥气候区;4. 华夏植物群分布点;5. 早二叠世早期梁山煤系华夏植物群分布点;6. 安家拉植物群分布点;7. 冈瓦纳植物群分布点;8. 植物群界线;
A. 安家拉植物群;C. 华夏植物群;G. 冈瓦纳植物群

早二叠世,我国东部普遍比较潮湿。华北一带下二叠统含煤丰富(如山西组),但后期逐渐转向半潮湿。华南一带大部分属于海相沉积(如栖霞组)。在栖霞组底部许多地区都有煤系沉积,其中有煤层和铝土、沉积型铁矿,厚度不大,但反映了温暖、潮湿的气候。早二叠世晚期,我国东部苏、浙、闽、赣、粤等省,处于海退环境,仍然保持着温暖潮湿的气候,聚煤条件较好,含有丰富的植物化石。

2.1.1.5 晚石炭—早中二叠世含煤地层与成煤古地理

晚石炭—早二叠世含煤地层主要分布在华北地区,西北地区仅有少量含煤地层分布。根据含煤地层沉积特征和分带,可以将华北地区分为三个带:西部、东部和中部;其中,西部主要是指鄂尔多斯盆地,为典型的台缘沉积(图2.7,图2.8),含煤岩组与中部北带一致,主要为太原组和山西组,但在羊虎沟组之下有与其整合的红土洼组和可能更老的地层(表2.3)。东部地处郯庐断裂以东的地区,仅辽东地区含煤地层发育良好,主要为太

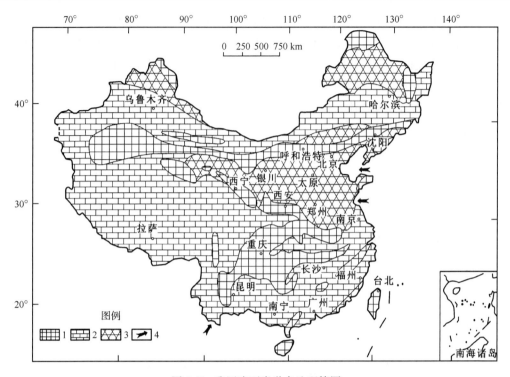

图 2.7 我国晚石炭世古地理简图
1. 古陆；2. 海相；3. 海陆交互相；4. 海侵方向

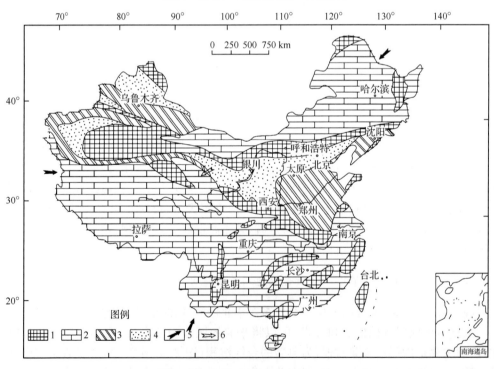

图 2.8 我国早二叠世古地理简图
1. 古陆；2. 海相；3. 海陆交互相；4. 陆相；5. 海侵方向；6. 海退方向

表 2.3 我国北方晚石炭—早二叠世地层对比简表

地层	新疆 塔里木	新疆 北天山准噶尔东部	青海	甘肃	宁夏 西部	宁夏 东部	内蒙古 伊克昭盟	内蒙古 大青山	陕西	山西	北京	河北 兴隆一带	河北 开平	河北 其他地区	辽宁	吉林 浑江一带	山东	河南	江苏	安徽
上覆地层	古新统	下三叠统	鲁沟组T_1	鲁沟组T_1	下三叠统	下三叠统	老窝铺组	和尚沟组刘家沟组	二马营组	和尚沟组刘家沟组	下侏罗统	丁家沟组T_1	第四系	刘家沟组	林家组T_1或刘家沟组	北山组T_1	坊子组J_{1+2}	二马营组	侏罗—白垩系	第四系
二叠系 上统		下仓房沟组 上芨芨槽组	肃南组 红窑泉组	大泉组 红泉组	石千峰组	石千峰组	脑包沟组	孙家沟组 石千峰组 上石盒子组	孙家沟组 石千峰组 上石盒子组	孙家沟组 石千峰组 上石盒子组	双泉组 红庙岭组	石千峰组 上石盒子组	石千峰组(洼里组) 上石盒子组(古冶组)	石千峰组 上石盒子组(康家庄组)	石千峰组 上石盒子组 采家组	凤凰山组 上石盒子组 孝妇河段 奎山段 万山段	石千峰组 上石盒子组 夏桥组	石千峰组平顶山组 上石盒子组	石千峰组 上石盒子组
二叠系 上统	沙井子组																			
二叠系 中统	开派兹雷克组	下芨芨槽组	大黄沟组		下石盒子组	下石盒子组	石叶湾组	下石盒子组	下石盒子组	下石盒子组	阴山沟组	下石盒子组	下石盒子组	下石盒子组	下石盒子组(柳圹组)	下石盒子组(黑山组)	下石盒子组(淄川组)	下石盒子组	下石盒子组(小湖组)	下石盒子组
二叠系 下统	普库满组 库库满组		打柴沟组 扎布萨尔秀组		山西组	山西组	杂怀沟组 栓马庄组	山西组	山西组	山西组	杨家屯群	山西组	山西组(大苗庄组)	山西组	山西组(黄旗组)	山西组	山西组	山西组	山西组	山西组
石炭系 上统	康克林组 比京他乌组	平梁组			太原组	太原组	太原组	太原组	太原组	太原组	岔儿沟组 灰峪组	太原组	赵各庄组 开平组	太原组	太原组	太原组	太原组(博山组)	太原组	太原组(屯头组)	太原组
石炭系 上统	石钱滩组 卡拉岗组 哈尔加乌组	克鲁克组	羊虎沟组 怀头他拉组	羊虎沟组 红土洼组	佘太组	本溪组	清水涧组	本溪组	本溪组	唐山组	本溪组	本溪组	本溪组	本溪组(京邱组)	本溪组	本溪组(泉旺头组)	本溪组			
石炭系 下统	巴什素贡组	南明水组 黑山头组		靖远组 臭牛组 前黑山组	靖远组 臭牛组 前黑山组									?						

原组和山西组(表 2.3)。中部是华北区含煤地层的主体部分,北缘大致在大同—北京一线以北,包括一些内陆山间型拗陷聚煤盆地,太原组为主要含煤地层,山西组为次要含煤地层,本溪组和下石盒子组局部有可采煤层(表 2.3)。沉积物较粗,主要为砾岩、砂岩及少量泥岩夹煤层,主要为洪积相(图 2.7,图 2.8)。中部又可以划分为北带、中带和南带三部分。北带在大同—北京一线以北,主要含煤地层为本溪组、太原组和山西组,本溪组、太原组为陆表海碎屑沉积,主要为泥岩、砂岩夹少量灰岩和煤层;山西组为河控浅水三角洲沉积,主要为三角洲砂岩和泥岩。本溪组和下石盒子组局部含可采煤层,上石盒子组仅含煤线。中带位于鲁西地区及山西地区,本溪组几乎不含煤层,太原组含有可采煤层,山西组含有多套煤层,下石盒子组局部含薄煤层,上石盒子组偶见煤线。南带为鲁西区南部的两淮地区,地处华北聚煤拗陷带的南缘,太原组以海相灰岩沉积为主,一般含有可采薄煤

层,山西组为海陆交互沉积,是本区主要的含煤地层,上、下石盒子组含有多套三角洲相煤层,主要岩性为砂和泥。总之,华北板块内主要发育冲积扇-辫状河、曲流河-湖泊、三角洲、碎屑滨岸、碳酸盐台地等沉积体系,其中,冲积扇-辫状河沉积体系煤层厚度变化大,稳定性较差,曲流河-湖泊沉积体系煤层厚度在横向上变化较小,稳定性较好。从石炭纪至二叠纪,整个华北地区由潮湿逐渐转为干旱,华北聚煤带内聚煤作用由北向南迁移。因此,华北北部地区的含煤地层主要位于晚石炭至早中二叠世地层内,华北南部地区的含煤地层主要位于中晚二叠世地层内。

西北地区晚古生代聚煤作用发生于东西昆仑以北、阿尔金断裂—中祁连南缘断裂以南地区。广阔的古特提斯海就发育在紧邻地域,并时有海侵进入地块之上,含煤地层主要分布于柴达木盆地,主要为上石炭统克鲁克组和扎布萨尔秀组(表2.3)。新疆昆仑山区民丰—且末以南的下二叠统局部含薄煤层,但是不稳定。泥盆纪至石炭纪含煤岩系以海陆交互相为主,聚煤古地理环境多为滨岸平原或局限海湾、潟湖型(图2.7);二叠纪则除局部有少量海陆交互相含煤岩系分布外,以陆相沉积为主,聚煤古地理环境为内陆湖盆型(图2.8)。

2.1.1.6 晚二叠世古植物与古气候

晚二叠世,我国天山以北、内蒙古北部、东北北部均属安家拉植物群分布区,属于温带气候。此外的大部分地区属于华夏植物群分布区,代表热带、亚热带气候。华南、华北的古植物不同,反映了气候上的差异。贵州西部龙潭组及大隆组中均发现丰富的辉木,说明华南一带已经属于热带雨林气候;华北辉木不发育,大羽羊齿类体型较小,可能属于亚热带半潮湿气候区。我国华北、西北广大地区逐渐转向干燥,晚二叠世早期上石盒子组植物化石大大减少,煤层亦少(除豫西、豫东、淮南等地区),可能属于半潮湿气候。晚二叠世红层石千峰组代表了干旱气候。在西北有些地区整个晚二叠世都比较干燥,说明我国北方干燥气候带逐渐向东扩展(图2.9)。这条干燥带以北,安家拉植物区属于半潮湿气候带,有一定的煤层分布;干燥带西南的西藏、青海一带,属于半潮湿气候带;东部的华南一带,从云、贵、川、湘、赣、苏到浙北一带气候潮湿,龙潭组煤系广泛发育。

2.1.1.7 晚二叠世含煤地层与成煤古地理

晚二叠世,含煤地层主要分布在华南地区,主要有广东广花、兴梅,福建龙岩,江西东田,浙江江山、桐庐等地区的童子岩组,广东曲仁,浙江长兴,湖南嘉禾、七星街等地区的龙潭组,江西乐平地区的乐平组,此外湖北黄石、江西付山、湖北长阳、湖南人生坪等地区的吴家坪组也有煤层发育(表2.4)。

华南地区晚二叠世主要发育冲积扇-辫状河、曲流河-湖泊、三角洲、潮坪-海滩、障壁型碎屑岸线、滨浅海等沉积组合环境,其中曲流河-湖泊、三角洲、障壁型碎屑岸线聚煤作用较强(图2.10)。

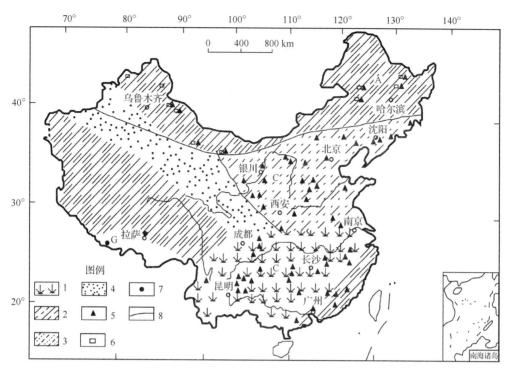

图 2.9 我国晚二叠世古气候、古植物分布略图

1. 潮湿气候区；2. 半潮湿气候区；3. 前期半潮湿后期转干燥气候区；4. 干燥气候区；5. 华夏植物群分布点；
6. 安加拉植物群分布点；7. 冈瓦纳植物群分布点；8. 植物群界线；A. 安加拉植物群；
C. 华夏植物群；G. 冈瓦纳植物群

2.1.2 晚三叠世聚煤特征

2.1.2.1 晚三叠世古植物与古气候

晚三叠世，由于印支运动，我国的潮湿气候带明显扩展。我国华南地区植物繁茂，发育网脉蕨-格脉蕨植物群(或称叉羽羊齿植物群)，其中苏铁植物占优势，真蕨和种子蕨相当繁盛。显然，华南地区是一种热带、亚热带潮湿多雨的气候环境(图 2.11)。华北及西北地区，以山西的延长组和瓦窑堡组植物群为代表。植物群中苏铁类相当少，草本的木贼类相当多，具旱生的丹蕨、束脉蕨及丁菲羊齿较发育，代表了温带气候，半潮湿环境(图 2.11)。

2.1.2.2 含煤地层与成煤古地理

晚三叠世，我国的聚煤作用主要发生在南方地区，北方地区聚煤作用较弱。晚三叠世是南方的重要聚煤期，含煤地层主要分布在云、贵、川三省。西藏、青海南部虽然分布很广，但研究程度较低。晚三叠世主要含煤地层有四川的须家河组和白果湾组一段、川滇的大荞地组、云南的罗家大山组、黔滇的火把冲组、广东的红卫坑组和头木冲组、湘东南的出炭垅组和杨梅垅组、湘东和赣中西的安源组紫家冲段和三坵田段、福建的焦坑组下段等。

表 2.4 华南地区二叠系地层对比简表

年代地层			扬子地层分区					江南地层分区					东南地层分区					
			广西来宾	广西合山	湖南人生坪	湖南长阳	江西付山	湖北黄石	湖南嘉禾	湖南七星街	江西乐平	浙江长兴	广东曲仁	广东广花	广东兴梅	福建龙岩	江西东田	浙江江山	浙江桐庐
（上二叠统）乐平统	长兴阶		大隆组	大隆组	大隆组	大隆组	大隆组	大隆组	大隆组	大隆组	长兴组	长兴组	大隆组	圣堂组	大隆组	大隆组	大隆组	大隆组	大隆组
	吴家坪阶		合山组	合山组	吴家坪阶	吴家坪阶	吴家坪阶	吴家坪阶			乐平组	龙潭组	龙潭组	翠屏山组	翠屏山组	翠屏山组	翠屏山组	翠屏山组	（雾林山组）龙潭组
									龙潭组上段 龙潭组下段										
（中二叠统）阳新统	冷坞阶		茅口组	茅口组	茅口组	茅口组	茅口组	孤峰组	茅口组	狮子形组	堰桥组	孤峰组	龙潭组	童子岩组	童子岩组	童子岩组	童子岩组	童子岩组	（冷坞组）（丁家山组）孤峰组
	孤峰阶									小江边组				文笔山组	文笔山组	文笔山组	丁家山组	丁家山组	
	祥播阶		栖霞组	栖霞组	栖霞组	栖霞组	栖霞组	栖霞组	栖霞组	栖霞组	栖霞组	栖霞组	栖霞组	栖霞组	栖霞组	栖霞组	栖霞组	栖霞组	栖霞组
	罗甸阶				梁山组	梁山组	梁山组						梁山组					梁山组	
（下二叠统）船山统	隆林阶 紫松阶		马平组	船山组	船山组	船山组	船山组	船山组	船山组	船山组	船山组	船山组	船山组	船山组	船山组	船山组	船山组	船山组	船山组

东南分区包括粤、湘、赣、闽、浙、鄂中南、苏南、皖南等地区。粤东、粤北地区的晚三叠世含煤地层自下而上划分为红卫坑组、小水组、头木冲组，红卫坑组为一套海陆交互相含煤沉积，小水组则为海相沉积，它们组成了一个完整的海侵序列，煤层主要位于海侵序列的下部。湘东-赣中西地区含煤地层分为安源组、三丘田组。闽-浙地区的含煤地层在闽中-闽西南地段称为大坑组及文宾山组，在闽西北-浙西南地段称为焦坑组。长江中下游地区以鄂西荆当盆地含煤性较好，含煤地层为九里岗组及晓坪组，前者为海陆交互相沉积，后者为陆相沉积。华南聚煤古期主要发育冲积扇-河流、湖泊-湖滨三角洲、障壁-三角洲等沉积环境组合。其中，滨海-湖泊三角洲平原型的含煤性最佳，其次为滨海平原型，滨海冲积平原的含煤性最差。华南东部地区以滨海-海湾聚煤古地理类型的含煤性最佳，基本上大面积连续分布有可采煤层，潟湖-河口湾聚煤古地理类型次之，较大面积断续分布有可采煤层；滨海冲积平原含煤性较差，山间湖盆和山间谷地含煤性最差（表 2.5，图 2.12）。西南地区含煤地层仅见于唐古拉-横断山分区，包括青海南部玉树地区、藏东北那曲和昌都地区及滇西红河和怒江之间的广大地区。该分区的含煤地层在青海称为格玛组、藏北称土门格拉组、藏东北称巴贡组、滇西称麦初菁组。这些含煤地层属于典型的海退成煤层序，为海陆交互相含煤碎屑沉积。

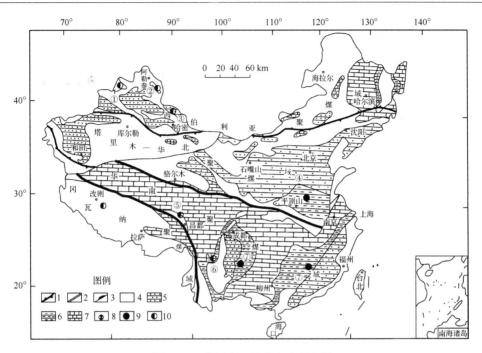

图 2.10　我国晚二叠世古地理略图

1. 地壳对接带；2. 洋壳；3. 后期平移断裂；4. 古陆；5. 陆相区；6. 过渡相区；7. 海相区；8. 聚煤盆地编号（①裕民-托里盆地，②富蕴盆地，③三塘湖盆地，④华北盆地，⑤唐北-昌都盆地，⑥扬子西缘盆地，⑦华南盆地，⑧洞错南盆地）；9. 富煤盆地；10. 非富煤盆地

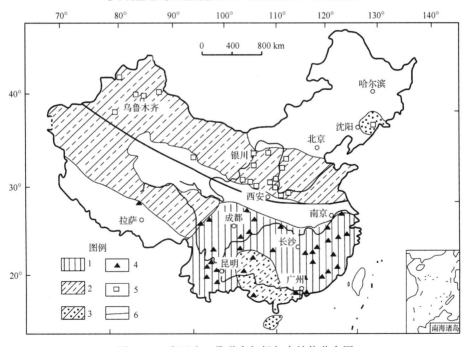

图 2.11　我国晚三叠世古气候与古植物分布图

1. 潮湿气候区；2. 半潮湿气候区；3. 半潮湿转干燥气候区；4. 网脉蕨-格脉蕨植物群分布点；5. 类丹蕨-束脉蕨植物群分布点；6. 植物地理区界线

表 2.5 我国南方晚三叠世地层对比简表

地层	上扬子地层分区					东南地层分区										
	黔西北	滇中	盐源—丽江盆地	宝鼎盆地	四川盆地		鄂东南	鄂西荆当秭归盆地	湘西湖	湘南	湘东—赣中	赣中南	浙西南	闽北	闽中南	粤北	桂东北	桂西南
					川西北	川东—重庆												
上覆地层	张河组(J₂)	上禄丰组(J₂)	丽江组(E₂)	新村组(J₂)	千佛崖组(J₂)	马鞍山段(J₂)	白流井组	白流井组	石梯组(J₂)	千佛崖组(J₂)	白垩系(K)	渔山尖组(J₂)	漳平组(J₂)		麻龙组(J₂)	石梯组(J₂)	那荡组(J₂)
下侏罗统	自流井组	冯家河组	下禄丰组	益门组	白田坝组	自流井组 东岳庙段 珍珠冲段	武昌组	香溪组	上观音滩组 石鼓组 茅仙岭组 下观音滩组	门口山组	大石坞组 西山坞组 造上组	马涧组	梨山组 上段 下段	新桥组	梨山组 上段 下段 象牙组 ?	桥源组 金鸡组	大岭组 V IV III II I	百姓组
上三叠统	瑞替阶	二桥组	舍资组	六段	七段	鸡公山组	沙镇溪组	杨柏冲组		上段	上段	头木冲组	扶隆坳组 IV III
		火把冲组	白土田组	干海子组	冬瓜岭组	宝鼎组	须家河组 五段 四段 三段 二段 一段	须家河组 五段 四段 三段 二段 一段	晓坪组	三丘田组	熊岭组	乌灶组	焦坑组 上段 下段	文宾山组	小水组	平洞组 II I
	诺利阶		花果山组	普家村组	博大组	小塘子组 垮洪洞组		九里岗组	杨梅垅组	出炭垅组	三家冲组	石塘坞组			小坪组	
	卡尼阶		罗家山组 把南组 云南驿组	舍木笼组	丙南组	马鞍塘组				紫家冲组		大坑组	上段 中段 下段	红卫坑组		
下伏地层	法郎组(T₂)	大洪山群(P_tt)	白山组(T₂)	玄武岩(P₃)	雷口坡组(T₂)	蒲圻群(T₂)	巴东组(T₂)	棋子桥组(D₂)	石磴子组(T₁)	板溪群(P_t₃)	政棠组(P_t₃)	(P_t₃)	安仁组(T₁)	大冶群(T₁)	(C-P)	板入组(T₂)

北方晚三叠世含煤地层仅分布在西北地区,华北和东北地区分布零星,含不稳定的薄煤层,局部可采。西北区主要包括南疆分区、甘青(甘肃-青海)分区和鄂尔多斯盆地分区。南疆分区主要是塔北的塔里奇克组,属于内陆山前拗陷盆地河湖碎屑及泥质含煤沉积。甘-青分区的晚三叠世含煤地层主要有北祁连—河西走廊的南营儿群、南祁连的默勒群的尕勒德寺组、昆仑山的八宝山群,为内陆盆地湖沼相砾岩、砂岩粉砂岩、页岩,部分地区夹煤层煤线。默勒群主要分布在青海南部祁连党河上游至哈拉湖、青海湖一带下部称阿塔寺组,为海陆交互相-近海盆河湖相砂泥质沉积组合;上部为尕勒德寺组,为内陆河流-湖沼相含煤沉积。八宝山群分布在青海东昆仑山,以诺木河上游发育最好,为一套近海拗陷

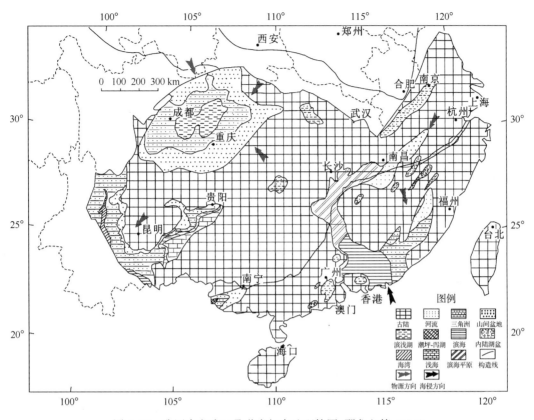

图 2.12 我国南方晚三叠世岩相古地理简图（邵龙义等，2014）

盆地河流-湖沼相沉积，含煤性较差。鄂尔多斯盆地分区的晚三叠世含煤地层主要为鄂尔多斯盆地延长组上部瓦窑堡组，豫西济源、义马一带的谭庄组，豫西南北秦岭南召盆地的上三叠统也含少量局部可采煤层。鄂尔多斯盆地分区的上三叠统属于大型内陆盆地河湖相砂泥质含煤沉积，河南义马一带的椿树腰组和谭庄组含煤性较差，但其岩性组合及古生物特征与陕西的胡家村组至瓦窑堡组相似，两地之间未发现典型的边缘沉积相，沉积期可能处于统一的拗陷湖盆环境中。华北地区豫西南南召盆地的上三叠统（未分），为山间断陷盆地粗碎屑岩-砂泥岩含煤沉积，含煤性差。东北地区东北区晚三叠世聚煤作用很弱，含煤地层仅发育在辽西和吉林少数小盆地中。辽西建平一带的老虎沟组、吉林东部延吉地区的马鹿沟组为山间盆地粗碎屑岩为主的沉积，局部含薄煤层及煤线，不具工业意义。含可采煤层的仅有吉林中部的大酱缸组和南部的北山组（又称小河口组）。

2.1.3 早中侏罗世聚煤特征

2.1.3.1 早中侏罗世古植物与古气候

早中侏罗世，我国南方苏铁植物特别丰富，真蕨也很繁盛，以毛羽叶和锥叶蕨最具特征，可称为毛羽叶-锥叶蕨植物群。由于银杏目、松柏目较少，代表一种热带-亚热带的气候。北方植物以北京门头沟群为代表，以真蕨、松柏类和银杏类为主，苏铁植物较少，以凤尾银杏和锥叶蕨最具特征,可称为凤尾银杏-锥叶蕨植物群,植物具有年轮,代表一种温带的气候。该植物群分布广泛,从西部新疆一直可延伸到东部的辽宁、吉林和河北、山东等地。北方和南方的植物群均含有锥叶蕨,但分布不均衡,植物叶表面有薄的角质层,代表了一种湿润多雨的气候环境,在热带、亚热带和温带均能大量繁殖。早中侏罗世受构造运动造成的地貌差异影响,气候比较复杂,华南一带比较干旱,植物化石不多。但受晚三叠世潮湿气候的影响,早侏罗世仍属于半潮湿气候,到早侏罗世中后期转向干燥,仍在小范围有煤层形成。我国北方早中侏罗世属于温带气候区,潮湿多雨。华北地区因地势较高,早侏罗世初期,继于晚三叠世半干旱、半潮湿的气候,到早侏罗世后才转向潮湿,开始有煤层形成。在西北、内蒙和东北部分地区,由于距离海洋较近或地势较低,从早侏罗世初期,气候就比较潮湿,开始有重要煤层形成。西南地区的东部为干旱带,早中侏罗世主要沉积物为红层(图 2.13)。

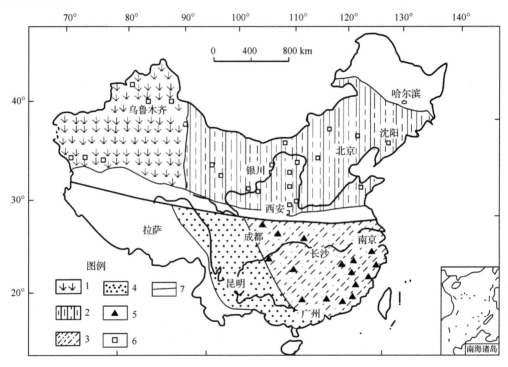

图 2.13 我国早中侏罗世古气候、古植物分布略图

1. 潮湿气候区;2. 半干燥转潮湿气候区;3. 半潮湿转干燥气候区;4. 干燥气候区;5. 毛羽叶-锥叶蕨植物群分布点;
6. 凤尾银杏-锥叶蕨植物群分布点;7. 植物地理区界线

2.1.3.2 早中侏罗世含煤地层与成煤古地理

我国侏罗纪含煤地层绝大部分分布于北方,北方各地的中、下侏罗纪统均有含煤地层分布,但以中统下部含煤地层最为发育,西北区多为大型聚煤盆地,包括准噶尔、吐鲁番-哈密、鄂尔多斯等大型聚煤盆地,东北区以中小型聚煤盆地为主,分布较零散,沉积类型以陆相含煤沉积为主,黑龙江东部的云山组为唯一的海陆交互相含煤沉积。西北区主要分

为北疆、南疆、甘-青及陕-晋四个分区,其中北疆和南疆含煤地层为中、下侏罗统,甘-青、陕-晋分区含煤地层主要发育在中侏罗统下部。区内侏罗纪含煤地层均为陆相沉积。北疆分区早、中侏罗世含煤地层主要为准噶尔、北天山及中天山西部伊犁、尤尔都斯盆地的水西沟群,其次为南天山地区东部焉耆盆地和库米什盆地的克拉苏群。水西沟群在准噶尔、吐鲁番-哈密、和什托洛盖、库普和三塘湖盆地中广泛分布。准噶尔盆地是准噶尔、北天山区内最大的含煤盆地,含煤地层为水西沟群,从下而上划分为八道湾组、三工河组、西山窑组,整体为一套河湖沼泽相沉积,其中准噶尔盆地南部的八道湾组含煤性最好,乌鲁木齐一带的西山窑组沉积厚度较大,含煤性也最好;吐鲁番-哈密盆地的含煤地层和准噶尔盆地基本一致,其中八道湾组在该区西部艾维尔沟一带的含煤性最好,而西山窑组为吐鲁番-哈密盆地含煤性最好的岩组;和什托洛盖、库普和三塘湖盆地的水西沟群各自的岩性组合与准噶尔盆地基本一致,其中和什托洛盖盆地的水西沟群为典型的山间盆地沉积。中天山地区的伊犁盆地水西沟群以湖沼相沉积为主,伊犁盆地北缘铁厂沟-皮里青一带含煤最好;南天山地区的焉耆盆地和库米什盆地的中、早侏罗世含煤地层称为克拉苏群,分为下统哈满沟组和中统塔什店组,均为河湖沼泽相含煤沉积。南疆分区早、中侏罗世含煤地层主要为塔里木地台北部拗陷盆地的克拉苏群,从下而上划分为阿合组、阳霞组及克孜勒努尔组;其次是塔里木南缘的塔西南盆地、江格萨依盆地、吐拉盆地和库木库里盆地中的叶尔羌群,包括下部的沙里塔什组、中部的康苏组、杨叶组及上部的塔尔嘎组。甘-青分区早、中侏罗世含煤地层以中统大煤沟组、木里组和窑街组为主,其中大煤沟组为河流和湖沼相含煤沉积,煤层一般发育在该组中段,局部地区下段也含煤,以大煤沟组、大头羊矿区含煤最好;木里组为陆相沉积,以木里煤田中部的江沧矿含煤最好;窑街组为一套河湖沼泽相夹油页岩的含煤沉积。陕-晋分区侏罗纪含煤地层主要有鄂尔多斯盆地的延安组、晋北的大同组及豫西义马组,均位于中侏罗统下部,以延安组最为重要。陕北部的鄂尔多斯盆地含煤地层为中侏罗统下部的延安组,该盆地延安组含煤性较好,含煤性总体趋势为盆地北部好于南部,西部优于东部;晋北侏罗纪含煤地层为大同组,主要分布于大同和宁武-静乐两个北东向沉积盆地中;豫西义马盆地含煤地层为义马组,该盆地东南部含煤性较好。总体而言,西北区侏罗纪含煤地层均为陆相沉积,按照含煤盆地的性质分为两大类,一类为内陆大型拗陷盆地含煤沉积,另一类为内陆山间和山前中小型盆地含煤沉积(表2.6,图2.14)。

东北区包括阴山-燕辽和吉黑两个分区,阴山-燕辽含煤地层主要为下侏罗统和中侏罗统下部,吉黑(吉林-黑龙江)含煤地层为中侏罗统上部和上侏罗统上部。阴山-燕辽分区的早侏罗世含煤地层主要由红旗组、北票组、长梁子组等,红旗组为陆相沉积;早—中侏罗世含煤地层有冀北的下花园组、京西的窑坡组、内蒙古锡盟地区的阿拉坦合力群,窑坡组为河流相和滨湖相沉积;中侏罗世早期含煤地层有阴山地区的召沟组,辽东的大堡组和吉西万宝盆地的万宝组,以陆相沉积的召沟组为主。吉黑分区内侏罗系含煤层位较多,下统有吉林东南部杉松岗组和义和组,以杉松岗组为主;中统有漫江组、松江组、太阳岭组和侯家屯组,以漫江组为主;上统有云山组、久大组等,其中,云山组为我国北方侏罗系中唯一的海陆交互相,久大组为湖沼相,其他为陆相(表2.6,图2.14)。

表 2.6 我国北方早中侏罗世地层对比简表

地层	新疆 北疆准噶尔盆地	新疆 南疆库车盆地	青海 柴达木盆地	青海 祁连山西部盆地群	甘肃	宁夏	陕西	山西	河南	山东	河北	北京	辽宁 辽西	辽宁 辽东	内蒙古	吉林 西部	吉林 东部	兴安岭(黑龙江)
上覆地层	齐古组	齐古组	彩石岭组	享堂组	享堂组	安定组	安定组	天池河组	韩庄组	蒙阴组	土城子组	土城子组	小东沟组		大青山组	傅家洼子组		兴安岭组
中侏罗统	头屯河组	恰克马克组	石门沟组	江仓组	王家山组	真罗组	真罗组	云岗组	马凹组	三台组	髫髻山组 / 九龙山组		蓝旗组	三个岭组	长汉沟组	新民组		颜家沟组
中侏罗统	西山窑组	克孜勒努尔组	大煤沟组	木里组	窑街组	汝箕沟组	延安组	大同组	义马组	坊子组	下花园组	门头沟组 / 龙门组 / 窑坡组	海房沟组	大堡组	石拐子群	召沟组	万宝组	南平组
下侏罗统	水西沟群 (三工河组, 八道湾组)	克拉苏群 (阳霞组, 阿合组, 塔里奇克组)	小煤沟组	热水组	大西沟组	富县组	永定庄组	汝南组		南大岭组	北票组	杏石口组 / 兴隆沟组	长梁子组	五当沟组	红旗组	小营子组	查依河组
下伏地层	小泉沟群 T₃	小泉沟群 T₃	五彩山群 T₃	默勒群 T₃	震旦系	瓦窑堡组 T₃	瓦窑堡组 T₃	石千峰群 T₃	延长群 T₃	奥陶系	震旦系	双泉组 T₃	老虎沟组 T₃	林家组 T₃	太古界	凝灰岩 P?	石千峰组 P₂	二叠系

我国侏罗纪的煤炭资源在南方分布较少,而且主要发育于早侏罗世的地层中,含煤地层只见于东南区的各省及陕南、川北及长江中下游地区,含煤地层见于香溪组、武昌组、造上组、下观音滩组、大岭组等,沉积类型主要为内陆湖盆型含煤碎屑沉积,其他为海陆交互相含煤碎屑沉积及碳酸盐岩型含煤沉积。

早侏罗世是南方中生代的次要聚煤期,该时期的聚煤盆地规模小且分散,聚煤作用弱,含煤性差,主要含煤地层为香溪组、武昌组、造上组、下观音滩组、大岭组等。香溪组在陕南、川北及鄂西等地分布,以秭归盆地的香溪组发育最好,武昌组发育在鄂中南一带,造上组分布于湘东-赣中南地区,下观音组分布于湘西南一带,大岭组分布于桂东北地区,其中香溪组、武昌组、下观音滩组为内陆湖盆型含煤碎屑沉积,造山组为海陆交互相含煤碎屑沉积,而大岭组为南方早侏罗世地层中唯一的一套碳酸盐岩型含煤地层。

2.1.4 早白垩世聚煤特征

2.1.4.1 早白垩世古植物与古气候

我国南方各地早白垩世植物群分布零星,多具旱生特征,种类不丰富。拉萨地区早白垩世林布宗组植物群以苏铁为主,并有真蕨和种子蕨,且具明显的旱生特征,可能代表热带、亚热带干旱气候区。我国南方广大地区的早白垩世地层基本为红层,植物化石以苏

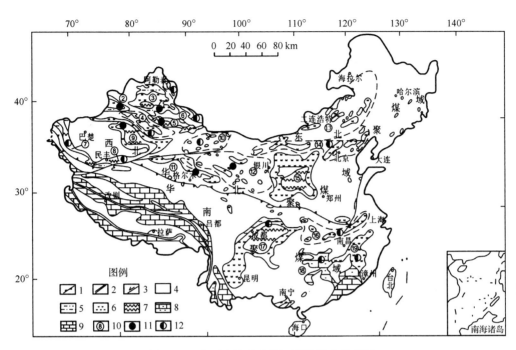

图 2.14 我国大陆早中侏罗世聚煤古地理图

1. 对接带；2. 洋壳；3. 后期平移断裂；4. 古陆；5. 冲积扇相区；6. 河流相区；7. 湖泊相区；8. 过渡相区；9. 海相区；10. 含煤盆地(群)编号(①富蕴和卡塔塔什盆地；②伊犁盆地；③准噶尔盆地；④尤尔都斯盆地、焉耆盆地和梧桐沟盆地；⑤吐哈盆地；⑥三塘湖盆地；⑦托运-和田盆地；⑧且末-民丰盆地；⑨库车-满加尔盆地；⑩北山盆地群；⑪柴达木盆地；⑫祁连盆地；⑬大兴安岭盆地群；⑭阴山-燕辽盆地群；⑮鄂尔多斯盆地；⑯长江中下游盆地群；⑰川滇盆地；⑱湘赣盆地；⑲闽哲赣盆地)；11. 富煤盆地；12. 非富煤盆地

铁、松柏植物为主，具有旱生特征，说明南方广大地区均属热带、亚热带干旱气候。这种气候甚至延伸到山东莱阳及宁夏南部一带。南秦岭一带东河群含有煤层，可能是南方热带干燥气候区中的局部潮湿气候区。北方尤以阴山以北地区，植物群以松柏、苏铁、银杏为主，真蕨植物繁盛，喜湿锥叶蕨常见，成为高腾刺蕨-伸长拟金粉蕨植物群。植物具有年轮，气候季节明显，属于温带。东部如内蒙古和东北一带，气候潮湿多雨，植物繁盛，有大量煤层形成。该地带的西部和东部的阴山以南地带，可能属于半潮湿气候区，植物也很丰富(图 2.15)。

2.1.4.2 早白垩世含煤地层与成煤古地理

我国白垩纪含煤地层集中分布在北纬 40°以北，东经 95°以东地区，以早白垩世含煤地层为主。包括甘肃北部、内蒙古、河北北部及东北三省等地。甘肃徽成盆地东河群化垭组只含薄煤或煤线，不具工业价值。南方仅在西藏拉萨等地见有早白垩世陆相含煤地层分布，划为拉萨分区。在北山分区，含煤地层为下白垩统新民堡群。二连-海拉尔分区内，主要发育多个含煤小型断陷盆地，可划分为海拉尔和二连两个断陷盆地群。其中，海拉尔盆地群位于本分区北部呼伦贝尔盟境内，东起大兴安岭隆起带边缘，西至额尔古纳隆起带，南至中国、蒙古国国界，面积约 10 万 km^2，含煤地层为下白垩统扎赉诺尔群，包括大磨

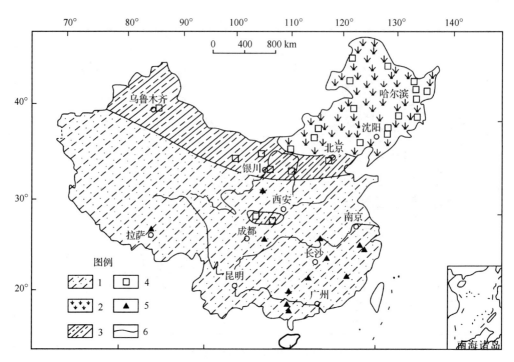

图 2.15　我国早白垩世古气候、古植物分布略图
1. 干燥-半干燥气候区；2. 潮湿气候区；3. 半潮湿气候区；4. 温带落叶林植物分布点；
5. 亚热带旱生植物分布点；6. 植物地理区界线

拐河组和依敏组。大磨拐河组在海拉尔拗陷内各盆地沉积厚度较大，一般为 600～1200m，在乌尔逊盆地和呼和诺尔盆地沉积最厚，可达 3000m。依敏组以深灰、灰色泥岩、粉砂岩和煤层为主，夹砂岩和少量砂砾岩。二连盆地包括百余个含煤盆地，多呈北北东(NNE)或北东(NE)向展布，煤盆地多分布于乌尼特、马尼特、乌兰察布、川井、腾格尔五个拗陷中。区内含煤地层分别称为巴彦花群和霍林河群。三江-穆棱分区包括鸡西群和龙爪沟群。鸡西群自下而上划分为滴道组、城子河组、穆棱组，龙爪沟群上部为珠山组。松辽分区和吉东-辽东分区，松辽拗陷盆地东南缘九台、四平等地的沙河子组、营城组埋藏浅，研究较详细，吉东-辽东分区早白垩世含煤地层与沙河子组或营城组层位相当，沉积特征类似，合为一起叙述。

沙河子组分布于营城—九台、长春以东的石碑岭—陶家屯、四平及辽宁省昌图县沙河子等地，为一套陆相含煤碎屑夹火山碎屑沉积。营城组分布于营城、九台、四平一带及双阳、平岗的等地，为一套火山岩含煤沉积。阴山-燕辽分区范围包括内蒙古东部、河北北部及辽宁西部等地区，均为内陆断陷盆地含煤沉积，主要有内蒙古阴山地区的固阳组，冀北的青石砬组、辽西的沙海组和阜新组。拉萨分区早白垩世含煤地层发育较差，分布零星，主要有则改一带的川巴组，拉萨一带的林布宗组，怒江中游的多尼组。川巴组该组分布于改则川巴托乎一带，为海陆交互相地层。林布宗组主要分布于堆龙德庆、林周、墨竹工卡一带。多尼组分布于怒江以西的八宿、洛隆、边坝及波密等地，为海陆交互相地层。(表 2.7，图 2.16)

表 2.7 我国北方白垩纪地层地比简表

年代地层				三级层序	辽宁		吉林	黑龙江			内蒙古
系	统	阶	Ma	SQ	辽宁西部	辽宁东部	吉林东部	松辽盆地	三江-穆棱河	黑龙江西部	内蒙古东部
白垩系	上统	塞诺曼阶	青山口阶K_2^1	96				青山口组				
	下统	阿尔必阶	泉头阶K_1^6	108			大峪组	龙井组	泉头组			
		阿普特阶	孙家湾阶K_1^5	113		孙家湾组		大拉子组	登楼库组	猴石沟组		
		巴列姆阶	阜新阶K_1^4	117	SQ3	阜新组	聂耳库组	泉水组/长财组	营城组	穆棱组	珠山组	西岗子组	巴彦查诺花岗岩群/群	伊敏组
		欧特里沃阶	沙海阶K_1^3		SQ2	沙海组		西山坪组	沙河子组	城子河组	云山组		大磨拐河组
			九佛堂阶K_1^2	123	SQ1	九佛堂组	梨树沟组	屯田营组	火石岭组	滴道组	裴德组	
		凡兰吟阶		131					甘河组	九峰山组	甘河组 九峰山组 光华组 龙江组	宝石组
		贝里阿斯阶	义县阶K_1^1	137		义县组	小岭组		宁远村组			

Ma. 百万年。

2.1.5 古近纪、新近纪聚煤特征

2.1.5.1 古近纪、新近纪古植物与古气候

古近纪我国北纬 42°以北地区基本属于泛北极植物群的南部,气候大致相当于暖温带;北纬 42°以南,基本属于古热带古近纪植物群分布区,气候属于热带、亚热带。我国南方的南部可能属于热带,植物群中已经富有附生和攀缘的木质藤本等植物。燕山运动后,我国陆上构造格局已经形成,山系走向和气流分布也较复杂。我国南方气候比较干燥,但是在南岭以南却因受印度洋、太平洋季候风的影响,气候较湿润,有一定数量的煤层形成。在西藏地区,始新世开始海水向南撤去,在雅鲁藏布江以北形成一条潮湿地带,也有煤系发育。我国北方东部属于潮湿和半潮湿气候带,西部则比较干旱,为半干旱或半潮湿气候区,因而古近系的煤层主要聚集在东北及沿海地区。古近纪的植物面貌基本属于木本被子植物大发展阶段,草本植物不很发育,气流分布比较复杂,大气环流、季风等也常有阶段性的变更,因而古近纪可以出现红层与含煤地层互层的现象。我国中部及西北一带远离海洋,相对比较干燥;东部则受海洋季候风的影响,气候十分湿润。另外,横跨我国全境的东西向山系,使南北气流交换受到一定的限制,因而使潮湿、半潮湿气候限在一定的范围内(图 2.17)。

新近纪气候有变冷的趋势,亚热带北界已经南移。山东临朐中新世的山旺组植物群是一个常绿-落叶混交林,代表亚热带气候。河北涞源一带,中新世植物群以松为主的针叶林,基本上是一个针叶阔叶混交林,仅有少量的喜热分子,可能代表温带偏南的山地气候。当时亚热带北界可能在北纬 35°左右,与古近纪相比,亚热带北界明显南移,气候逐渐变冷。到上新世,亚热带北界进一步南移,以现代位置相近。新近纪山系越来越发展,陆地面积进一步扩大,气流分布进一步演化,大陆内部干燥区范围和干燥程度均有所增大,

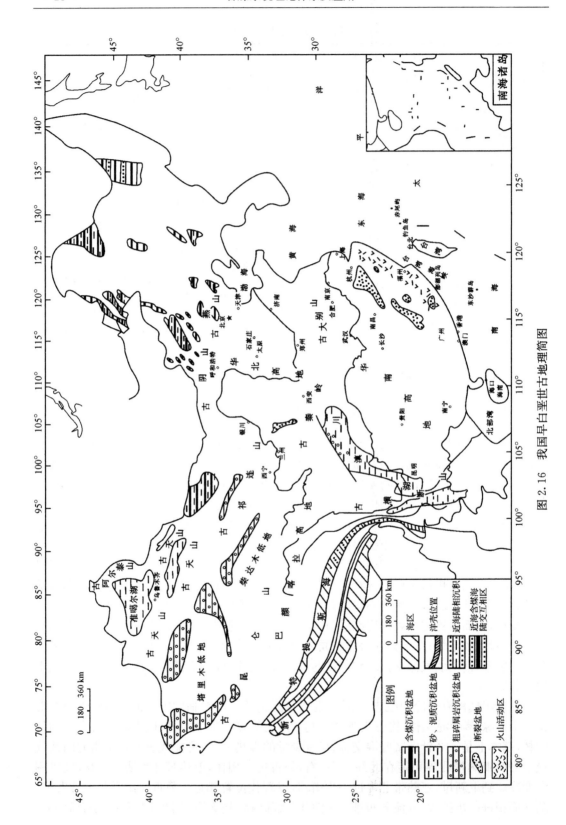

图 2.16 我国早白垩世古地理简图

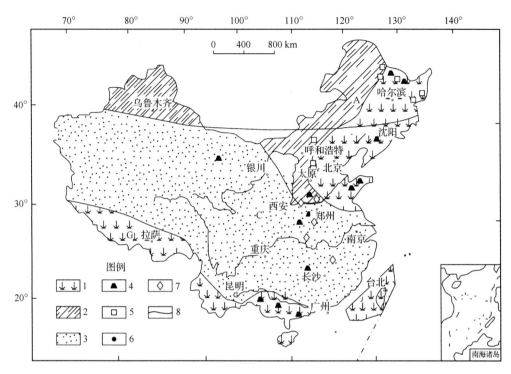

图 2.17 我国古近纪气候略图

1. 潮湿气候区;2. 半潮湿气候区;3. 干燥气候区;4. 常绿-落叶混交林化石点;5. 落叶林化石点;6. 黑色页岩点;7. 蒸发岩点;8. 植物地理区界线;A. 安家拉植物群;C. 华夏植物群;G. 冈瓦纳植物群

被子植物中抗寒耐旱性能较强的草本类型迅速发展,成为草本植物大发展阶段。新近纪华南地区比较潮湿,特别是南岭以南及东部沿海一带;北方比较干燥。云南则因印度洋季候风的强盛和持久,雨量充沛,植物繁盛,发育了丰富的煤炭资源。西北及西藏地区,由于喜马拉雅山脉已经隆起,海洋季候风难以达到亚欧大陆腹地,因而日趋干燥,尤其是上新世,北方一带森林草原十分稀少,大面积呈草原植被景观,有的甚至为荒漠(图 2.18)。

  古近纪,我国南方含煤盆地主要在分布在西藏南部及粤桂地区,聚煤作用主要发育在始新世和渐新世。藏南分区主要含煤地位于西藏冈底斯山脉南麓,为一条狭长的含煤地层,西段噶尔县野马沟附近称为门土组,在东段日喀则-昂仁区称为秋乌组;粤桂分区指广东南部、广西南部和雷琼地区,含煤地层以广西百色盆地那读组、百岗组和广东茂名盆地油柑窝组为代表,以褐煤与油页岩共生为特点,反映出近海湖相聚煤特点。北方古近纪含煤地层在晋、冀、鲁、豫、内蒙古及东北地区都有分布,以东北东部和鲁东地区含煤性最好,均为陆相碎屑岩含煤沉积。晋冀豫分区包括内蒙古东南部、河北西部、山西东部及豫西地区,含煤地层多发育于在零散分布的山间小盆地中,主要有灵山组、白水村组、项城群等,项城群分布于豫西灵宝五亩盆地中,白水村组分布在晋南垣曲盆地,灵山组分布于冀西曲阳灵山及涞源斗军湾等盆地。松辽-华北平原分区包括华北、松辽两个巨型拗陷盆地和孙吴小型拗陷盆地,含煤地层主要有乌云组、依安组、孔店组和沙河街组,乌云组仅分布在黑龙江省嘉荫县乌云一带,依安组分布于松辽盆地西部,为一套大型内陆拗陷盆地湖沼相含

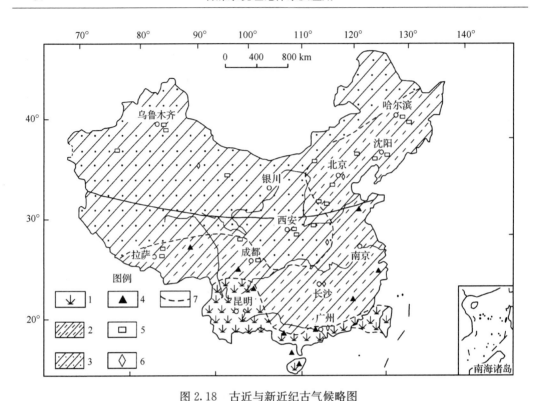

图 2.18 古近与新近纪古气候略图
1. 潮湿气候区；2. 半潮湿气候区；3. 干燥半干燥气候区；4. 常绿-落叶混交林化石点；5. 落叶林化石点；6. 蒸发岩点；7. 植物地理区界线

煤沉积，沙河街组在华北盆地内除个别隆起区外，均有分布，为一套湖相砂泥质沉积。黑东-鲁东分区含煤地层主要分布在抚顺-密山、依兰-伊通、珲春三个含煤盆地群及鲁东地区，抚顺-密山断陷含煤盆地群的主要含煤地层包括抚顺煤盆地的抚顺群中部的古城子组、计军屯组，为巨厚的褐煤和油页岩层，沈北含煤盆地的杨连屯组，梅河聚煤盆地的梅河组，桦甸盆地的桦甸组及虎林盆地的虎林组；依兰-伊通断陷带包括伊通-舒兰、尚志、延寿、方正、依兰及宝泉岭盆地，含煤盆地群的主要含煤地层包括伊舒盆地的新安村组、舒兰组和水曲柳组，以舒兰组含煤性最好，依兰、方正、延寿、尚志等小盆地含煤地层称达连河组，宝泉岭盆地的称为宝泉岭组；珲春盆地群含煤地层统称为珲春组；鲁东地区古近纪含煤地层包括黄县盆地的李家崖组，为内陆断陷盆地河湖相含煤沉积，以及五图、昌乐、临朐等地的五图组。总体来看，北方古近纪含煤地层发育呈明显的东西向分带性，西带为晋冀豫分区，沉积类型主要为冲积相粗碎屑含煤沉积；中带为松辽-华北平原分区，沉积类型主要为内陆湖泊相碎屑岩含煤沉积；东带为黑东-鲁东分区，沉积类型为内陆河湖相碎屑岩含煤沉积（表 2.8，图 2.19）。

新近纪，我国含煤地层在北方分布较少，含煤地层主要为晋北、内蒙古等地的汉诺坝组和昭乌达组。汉诺坝组分布于晋北、冀西北及内蒙古东南部，昭乌达组见于内蒙古丹峰地区。南方地区含煤地层分布较广，主要为滇、川地区，闽、浙及台湾亦有分布，但含煤性较差。滇西（含川西）分区指四川龙门山、雪山和云南元江-红河以西地区，含煤地层主要

表 2.8 我国古近纪、新近纪地层对比简表

地层	内蒙古 集宁	河北 张北	山西 繁峙	辽宁 赤峰	辽宁 抚顺	吉林 舒兰	吉林 辉春	黑龙江 虎林 密山	黑龙江 伊春	辽宁 下辽河	河北 保定	河南 西部	河南 东西北部	山东 东部	西藏 拉萨	西藏 藏北	西藏 昌都	四川 西昌	云南 滇西	云南 滇滇中东	广西 百色	广西 南宁	广东 茂名	广东 三水	广东 海南岛	福建	浙江	台湾 西部(北部)
新近系 上新统	第四系	第四系	第四系	第四系	第四系	第四系	第四系	第四系	第四系	第四系	第四系	第四系	第四系	第四系	第四系	第四系	第四系	第四系	第四系	第四系	第四系	第四系	第四系	第四系	第四系	第四系	第四系	第四系
新近系 中新统	汉诺坝含煤组	汉诺坝含煤组		赤峰玄武岩组	玄武岩组	船底山玄武岩组	船底山玄武岩组	大玄武岩勃利密玄	玄武岩组	明化镇组		新近系	明化镇组	上玄武岩组					三营组	河头组	建都岭伏平段 上百岗段	上含煤段	高岭棚组		绿色岩组		嵊县组	头料山组 卓兰组
古近系 渐新统			繁峙组	老梁底组	耿家街组 古城子 抚顺群	水曲柳组	土门子组	砂泥岩组	孙吴组	馆陶组	斗军湾组	新河组?	馆陶组	山旺组		丁青组	拉屋拉群	普格达组	吕合组	小龙潭组	下百岗段 田东段	下含煤段	老虎岭村组 黄牛岭组	砂砾岩组	长坡组 长昌组	佛昙组		锦水页岩组
古近系 始新统					果子老虎 计子	舒兰组	辉春组	虎林组	达连河组	沙河街组 相亚近组 木柳近组	灵山组	项城组	沙河街组 孔店组	下玄武岩组 五图组 黄县组	宗洽组	牛堡伦坎拉群	贡觉群		芒回组	小屯组 路鹜邑组	那读段 那读段	公康组 那读段	油柑寡组 铜鼓岭组	华涌组 西柿组 心	长昌组	赤石组	长河组	挂竹林组 南庄组 南港组 石底组 大寮组 木山组
古近系 古新统																			那甲群?	香坡山组	红色岩组	红色岩组		大楠山组 上白垩统	昌头组			水长流组 白冷组 五指山组 西村组 乌米群
下伏地层	太古界	太古界	太古界	黑依哈达组	白垩系	白垩系	下白垩系	白垩系	白垩系	寒武系或太古界	侏罗系或古生界或下三叠系	侏罗系或古生界	寒武系或太古界	或寒武系太古界	罗尼组	白垩系		白垩系	或白垩三叠系	白垩系	中三叠统	泥盆系	白垩系	上白垩统	白垩系	白垩系	白垩系	

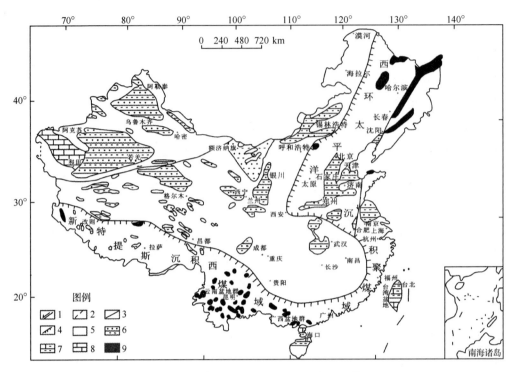

图 2.19 我国古近纪、新近纪聚煤古地理简图

1. 平移断裂;2. 俯冲带;3. 相区界线;4. 聚煤域界线;5. 古陆;6. 陆相区;7. 过渡相区;8. 海相区;9. 聚煤盆地

分布于一系列内陆山间盆地中,本区中新世含煤地层可以川西白玉昌台组和滇西双河盆地双河组为代表。上新世含煤地层可以川西阿坝盆地阿坝组和滇西洱源三营盆地三营组为代表。滇东区位于红河-元江以东,本区中新世含煤地层在文山-富宁花枝格盆地称为花枝格组,在开远小龙潭盆地称为小龙潭组,在禄丰盆地称石灰坝组,其中小龙潭组为一套由湖滨相-泥炭沼泽相-湖泊相组成的湖相含煤碎屑沉积;上新世含煤地层在元谋盆地称为沙沟组,在昭通盆地称为昭通组,在曲靖越州盆地称为茨营组,其中昭通组为一套陆源碎屑河湖相沉积。闽浙分区含煤地层在福建称为"佛昙群"、浙江称为"嵊县群",本区含煤地层由一套大陆基性喷溢岩和河湖相含煤碎屑沉积物组成,含煤性差。台湾分区含煤地层主要分布在雪山山脉西部沿海地区,形成于中新世,主要含煤地层有野柳群的木山组、瑞芳群的石底组和三峡群的南庄组,各群均由下部海陆交互相的含煤岩组与上部海相砂、页岩非含煤地层组成(表 2.8,图 2.19)。

2.2 主要聚煤盆地分布与划分

2.2.1 我国主要聚煤盆地的分布

主要聚煤盆地:系指聚煤丰富、面积较广,往往已有较大矿区或煤田开发的盆地;少数为尚未开发或面积较小、但有可采厚度煤层且前景较好的盆地;或储量虽少,地质、地理意义较大的盆地,如青藏高原等地的一些含煤盆地。

煤盆地群:系指成群分布,延展方向一致,构造特征基本相同,聚煤丰富或较丰富,且为同一聚煤期或同一聚煤阶段的一些盆地。盆地群内多数或部分盆地含有可采煤层,少数或部分盆地仅含薄煤或尚未发现煤层(有的则不含煤层)。对少数比较分散,盆地延展方向也不尽一致,但属于同一聚煤期,构造特征也基本相同的一些盆地,为便于综合叙述,也暂归入一个盆地群,如长白山、田师傅-杉松岗等盆地群。

盆地内的同沉积拗陷与隆升构造,分别称为拗陷、隆起(其中更小的次级起伏,称为凹陷、凸起);盆内较大规模的拗陷,亦可称为次级盆地(如华南盆地内的扬子、江南、东南三个次级盆地)。

我国煤盆地分布广泛(图 2.20),构造特征丰富多彩,但大小、储量相差悬殊,大部分已成为剥蚀残余盆地,多数盆地现已面目全非。不少古盆地现在成为绵延的山地或高原(如华北、华南、鄂尔多斯等盆地),煤系多被肢解分离,不少地域的煤系被剥蚀殆尽;有些现在呈分离状态的盆地或盆地群,原来也可能为一个统一的沉积盆地。限于目前的古地理、古构造研究程度,尚难确切恢复盆地全貌,大多数盆地的边界是根据古地理、古构造特征推定的;有的由于难以推定,则是明知盆界不在此,但又难以确定在何处,如鄂尔多斯侏罗纪盆地东界,是人为暂定的。

对于盆地面积较大而聚煤面积相对较小的盆地,笔者着重研究其聚煤部位,如华南晚三叠世富煤的四川、滇中、赣中部分。圈定的这类盆地,从严格意义上讲,是属于含煤区或富煤区,是盆地内某一或大或小的区段,顺应习惯称谓,仍暂以"盆地"称之。

世界主要聚煤时代形成的煤盆地在我国皆有代表,即石炭纪、二叠纪、侏罗纪(我国以早中侏罗世为主)、白垩纪(我国以早白垩世为主)和古近纪、新近纪。目前圈定的主要盆地、盆地群,约 40 多个,总面积(不包括叠加面积)约 300 万 km^2。

石炭—二叠纪盆地主要分布于我国东部,即以晚石炭世、早二叠世聚煤为主的华北盆地和以晚二叠世聚煤为主的华南盆地,总面积为 240 万 km^2。华北盆地煤炭资源总量约 1.8 万亿 t,是我国最重要的晚古生代巨型聚煤盆地。

晚三叠世盆地多分布于南部,主要为四川、滇中、赣中及藏北昌都、羌塘等盆地。前三个盆地总面积为 23.3 万 km^2。

早中侏罗世盆地主要分布于我国中北部和西北部,华南仅有零星、分散的小盆地;以鄂尔多斯(陕甘宁)、准噶尔、吐鲁番-哈密(简称吐哈)、塔北盆地煤炭资源丰富,总面积约 62 万 km^2,鄂尔多斯是我国中生代聚煤最丰富且共生丰富油气的大盆地。一些盆地群展布于华北北部和东北,主要为大同、京西、辽西、大青山、大兴安岭、大杨树、田师傅-杉松岗和河西走廊盆地群,总展布面积为 18.5 万 km^2。

早白垩世盆地多呈盆地群或分散的小盆地分布于我国东北部,仅鸡西-鹤岗盆地较大。主要的盆地群为海拉尔-二连盆地群,包括大小盆地 70 余个,展布面积 25 万 km^2,煤炭资源丰富,也是与油气共生、研究程度较高的一个盆地群。白垩纪盆地及盆地群展布面积共约 45 万 km^2。

古近纪、新近纪盆地广泛分布于我国东部滨太平洋的近海、沿海地区和横断山脉南部至北部湾北部。北方以古近纪为主,南方以新近纪为主。位于横断山脉南部的滇东与滇

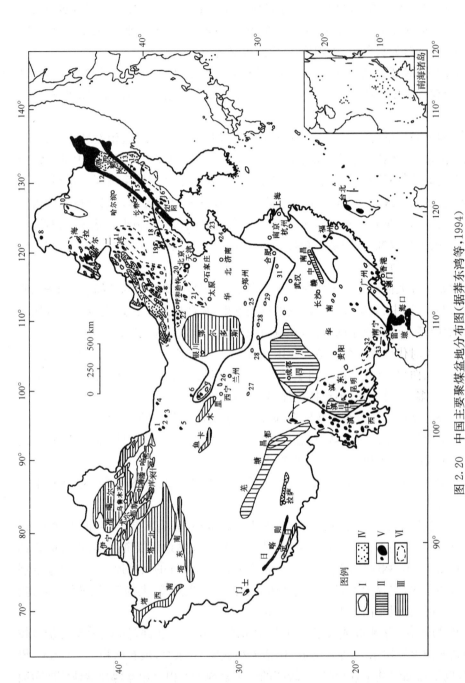

图 2.20 中国主要聚煤盆地分布图(据茅东鸿等,1994)

Ⅰ. 石炭—二叠纪(华南以晚二叠世为主);Ⅱ. 晚三叠世;Ⅲ. 侏罗纪(以早、中侏罗世为主);Ⅳ. 白垩纪(以早白垩世为主);Ⅴ. 古近纪和新近纪;Ⅵ. 盆地群,盆地名称;1. 吐鲁—驼马滩;2. 马家山;3. 沙婆泉;4. 希恰哈达;5. 旱峡;6. 西大窑;7. 河西走廊;8. 霍拉盆;9. 大杨树;10. 西岗子;11. 大兴安岭;12. 依兰—舒兰;13. 抚顺—桦甸;14. 珲春;15. 长白山;16. 田师傅—杉松岗;17. 阜新—营城;18. 辽西;19. 宝山;20. 京西;21. 大同;22. 大青山;23. 黄县;24. 坊子;25. 义马;26. 窑街;27. 红海;28. 红元花铺;29. 二哈河;30. 浙川;31. 商固;32. 百色南宁;33. 十万大山(7、9、11、15、16、17、18、19、20、21、22、32、33 为盆地群)

西盆地群是规模巨大、研究程度较高、储煤丰富、以中新世为主的盆地群。古近纪、新近纪盆地、盆地群展布面积约 55 万 km^2,煤炭资源丰富。

从聚煤时代来看,以早中侏罗世、石炭—二叠纪盆地聚煤丰富,其次为早白垩世、古近纪、新近纪,晚三叠世最少。

按面积划分,巨型(>100 万 km^2)盆地只有华北、华南两个石炭-二叠纪盆地;大型(10~100 万 km^2)盆地主要出现于早中侏罗世,如鄂尔多斯、塔北盆地盆地,晚三叠世四川盆地面积达 23 万 km^2。我国多数为中型(1~10 万 km^2)和小型(<1 万 km^2)盆地,以早中侏罗世、古近纪、新近纪为主。盆地群集中出现于侏罗纪、白垩纪、古近纪、新近纪,以海拉尔-二连、滇东、滇西展布面积较大。

2.2.2 聚煤盆地类型的多样性

关于沉积盆地的分类,方案颇多、体系繁杂,但主要还是以 Miall(1984)的分类方案比较主流(表 2.9),这一分类方案的主要理论依据是板块构造理论。构造-沉积的综合研究对盆地分析起强大的促进作用。含煤盆地是盆地系统中的重要类型之一,不同类型的盆地大多与聚煤作用或多或少有某些联系,含煤盆地的分类也应以板块构造理论和 Miall 的沉积盆地分类为主要基础。古气候、古植物、古地理和古构造等因素在聚煤作用中虽然都是控制因素,但大地构造因素起重要的控制作用,在一定程度上甚至是决定性作用。因为构造运动机制对含煤盆地的形成、发展起关键性控制作用,它决定物源区和沉积区的分布,控制煤盆地的地貌条件,制约含煤盆地的水动力条件等。

表 2.9 盆地分类(Miall,1984)

离散边缘盆地	会聚边缘盆地	转换断层和横推断层盆地	在大陆碰撞和缝合过程中发育的盆地	克拉通盆地
裂谷盆地;张裂拱形盆地;环形盆地 大洋边缘盆地 红海型("年轻的") 大西洋型("成熟的") 拗拉谷与衰萎裂谷	海沟和消减杂岩 弧前盆地 弧间和弧后盆地 后弧(前陆盆地)	盆地位置:板块边界转换断层,离散边界转换断层,会聚边缘横推断层,缝合带横推断层 盆地类型:在网状断裂体系中的拉裂盆地	前缘盆地 周缘(前渊)盆地 缝合带内内凹盆地(残留洋盆)伴生的横推断层盆地	

2.2.2.1 我国煤田地质系统的分类

由王仁农和李桂春(1998)总结的我国含煤盆地分类(表 2.10),代表了煤炭系统对中国含煤盆地分类的基本观点。含煤盆地分类的理论依据是板块构造说,因为我国含煤盆地的形成、演化及其聚煤规律受我国大陆古板块演化背景的控制,不同地质时期的含煤盆地所处构造板块上的位置、板块边缘性质(陆壳、洋壳)和盆地形成时地球动力学作用都对含煤盆地发育及其聚煤规律有深刻影响。在我国大陆上,随着古板块的演化,不同板块构造位置上有规律地发育着不同类型的含煤盆地,而每种类型的含煤盆地又有其自身的聚煤规律。实际上研究聚煤规律就是从研究含煤盆地构造演化入手的。

表 2.10　我国含煤盆地类型（据王仁农和李桂春,1998,修改）

含煤盆地类型		代表性盆地
克拉通内部拗陷的含煤盆		华北石炭-二叠纪盆地
大陆增生带含煤盆地	大陆缝合带的含煤盆地	河西走廊含煤盆地、鄂尔多斯西缘含煤盆地
	前陆含煤盆地	鄂尔多斯含煤盆地、塔北含煤盆地
碰撞后期的含煤盆地		吐哈盆地、伊犁含煤盆地
大陆裂谷含煤盆地		松辽盆地、苏北盆地
活动边缘带的含煤盆地		东海盆地

2.2.2.2　地矿系统的含煤盆地分类

莽东鸿等(1994)对我国含煤盆地构造进行了研究,并进行了含煤盆地构造分类,理论依据是板块构造理论,其基础是对我国板块构造特征的分析,其研究的特点是将我国煤盆地和煤盆地群视为一个整体纳入地壳演化阶段进行统一研究,从盆地构造演化趋势和构造控煤作用的角度,阐明我国煤盆地的分布规律及构造特点。我国含煤盆地构造类型和特征的差异决定不同地壳演化阶段的大地构造事件和构造古地理背景,也决定成盆期的构造事件和盆地的基底性质。根据聚煤期构造稳定程度,将我国含煤盆地划分为稳定型盆地、活动型盆地和过渡型盆地三类(表 2.11,图 2.21)。

表 2.11　煤盆地聚煤期构造类型及特征表（据莽东鸿等,1994）

盆地类型	煤系并参考同一大构造层的地层沉积	同沉积构造	火山活动	代表性实例
稳定型	沉积稳定(沉积相带、厚度变化等稳定);陆相沉积一般为较稳定;煤系伸展区域较宽广而稳定	微弱,少量强度不大的断裂、褶曲	微弱;局部可能有玄武质熔浆喷溢	华北大部(C,P) 华北西北部(P) 鄂尔多斯(J_2) 四川(T_3)
活动型	沉积不稳定;煤系伸展范围小而很不稳定	较强烈;断裂及褶皱较发育	强烈(煤系内酸、中、基性火山岩夹层多而厚)	东北北部(C,P) 大杨树(J_3) 台湾(N)
过渡型	特征介于上二类型之间			华南东南部(C,P) 赣中(T_3) 大兴安岭(J_{1+2})

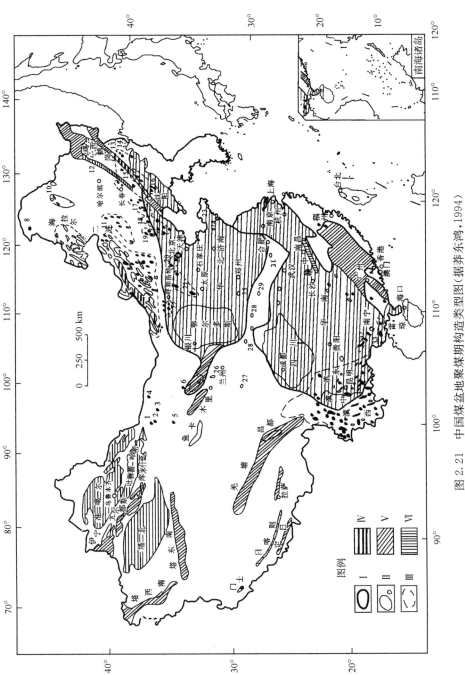

图 2.21 中国煤盆地聚煤期构造类型图(据莽东鸿,1994)

Ⅰ.石炭二叠纪盆地;Ⅱ.晚三叠世、早中侏罗世、早白垩世,古近系和新近系(未分)盆地;Ⅲ.盆地群;Ⅳ.稳定型;Ⅴ.过渡型;Ⅵ.活动型;1.吐路驼马滩;2.乌家山;3.沙婆泉;4.希婆哈达;5.旱峡;6.西大窑;7.河西走廊;8.霍拉盆;9.大杨树;10.西岗子;11.大兴安岭;12.依兰舒兰;13.抚顺桦甸;14.珲春;15.长白山;16.田师傅-杉松岗;17.阜新-营城;18.辽西;19.宝山;20.京西;21.大同;22.大青山;23.坊子;24.黄县;25.义马;26.窑街;27.汾海;28.红元花铺;29.二岭河;30.浙川;31.商固;32.百色-南宁;33.十万大山(7,9,11,15,16,17,18,19,20,21,22,32,33 为盆地群)

2.2.2.3 地洼学说理论指导下的我国聚煤盆地分类

童玉明(1994)运用地洼学说(活化区理论),从地壳演化及运动的综合角度,按历史-因果论大地构造学的要求,分析了我国聚煤盆地和含煤建造的构造成因分类,提出了煤盆地分类方案(表 2.12)。首先,按照地壳大地构造发展阶段分为地槽、地台和地洼三种大地构造类型。其次,按照成因和在同一大地构造单元中所处的位置,地槽型分为地背斜内断陷型、山间拗陷型 2 种构造成因类型;地台型分为台向斜型、台缘拗陷型、邻地槽拗陷型 3 种构造成因类型;地洼型分为断陷型、拗陷型、进积陆缘型、火山口拗陷型、岩溶拗陷型 5 种构造成因类型。

表 2.12 我国聚煤盆地的构造成因分类(据童玉明,1994)

大地构造类型	构造成因类型	古构造环境	实例
地槽 (活动区)	地背斜内断陷型	地槽前期,地背斜内部断陷	东秦岭镇安
	山间拗陷型	地槽后期,上叠拗陷	北疆吉木乃
地台 ("稳定"区)	台向斜型	后吕梁、后晋宁、后加里东期地台,地台内部	华北、扬子、华南
	台缘拗陷型	后吕梁、后晋宁、后海西期,地台边缘拗陷	鄂尔多斯、四川(残留地台)、准噶尔
	邻地槽拗陷型	可能为后加里东期地台,同地槽期拗陷	川西昌都
地洼 (活动区)	断陷型	断陷或断拗,主要形成于激烈-余动期	东北阜新、松辽,滇东北昭通,东海
	拗陷型	内陆拗陷或近海拗陷,主要形成于初动期或余动期	塔里木拜城、吉林珲春、滇中楚雄、赣湘粤
	进积陆缘型	濒临边缘海前进式大陆边缘,主要形成于初动期	台湾西部
	火山口拗陷型	火山口及周围,主要形成于激烈-余动期	东北辽源、内蒙古黄花山、粤西田洋
	岩溶拗陷型	碳酸盐岩溶盆地,似非构造成因,但聚煤期具拗陷性质	广西王灵

2.3 聚煤古构造

我国煤盆地构造类型和构造特征的差异,取决于不同地壳演化阶段的大地构造事件和构造古地理背景;也取决于成盆期的构造事件和盆地的基底性质。按照聚煤期构造稳定程度,可以划分为稳定型盆地、活动型盆地、过渡型盆地三类(表 2.11)。稳定型盆地主要是以稳定地台为基底的大型陆表海拗陷盆地,通常煤系沉积稳定,同沉积构造及同期火山活动不发育,如华北石炭-二叠纪巨型拗陷盆地、华南扬子区晚二叠世大型拗陷盆地等,它们都是在早古生代地台区继承发育的;其次是上叠于早古生代活动带或地堑(裂陷槽)之上的近海型盆地,如贺兰山东、西两侧的带状拗陷盆地,华南东部的三叠纪拗陷盆地等;或者是位于环太平洋构造带内构造活动微弱区,如东北晚中生代海拉尔-二连盆地群。活动型盆地主要发育在地槽区和环太平洋构造带内,煤系沉积很不稳定,同沉积构造与同期火山活动强烈,如台湾古近纪、新近纪盆地,喜马拉雅地槽区古近纪、新近纪盆地,大兴安岭晚侏罗世大杨树盆地群等。过渡型盆地则发育在环太平洋构造带及尚未完全稳定的地槽褶皱带之上,如京西-下花园侏罗纪盆地、阜新-营城早白垩世盆地等。按聚煤期后煤盆地受到构造改造程度(成盆后构造挤压、岩浆活动、后期剥蚀)又可以划分为强改造型、弱改造型、中间型三类(图2.22)。强改造型盆地以环太平洋构造带东部及喜马拉雅地槽区的中、新生代盆地为主。弱改造型盆地,如我国中部和西北部中生代的鄂尔多斯盆地、四川盆地、新疆吐哈盆地,以及新生代的滇东盆地群等。中间型盆地,如环太平洋构造带的中生代鸡西-鹤岗盆地东侧,中西部基底稳定性较差的侏罗纪木里盆地、鱼卡盆地,古近纪、新近纪的滇西盆地群等。此外,在我国相当多的煤盆地中分布有推覆构造,尤以环太平洋构造带为多,如华北盆地南缘大别山北侧、华南盆地之北缘、河北兴隆、江西萍乡、湘中涟源、福建大田等地。

我国煤盆地构造的演化,从板块构造观点来看,可以分为两个主要阶段:古生代—中生代初期为板块漂移阶段(华北、华南两大板块盆地从古生代的远距离漂移到中生代初期的对接),中、新生代为板内盆地(我国西北部、中部)和板缘盆地(我国西南部、东部)阶段。古生代的盆地以巨大型浅海、近海拗陷盆地为主,往往占据板块的大部分空间;中、新生代的盆地由大型近海盆地转向中小型、群体陆相断陷盆地和山间拗陷盆地为主。演化的总趋势是:①板内盆地较稳定,板缘盆地由活动趋向稳定,东部盆地类型趋向复杂化(先拗后断盆地与先断后拗盆地并存,以后者更为常见;②先张后挤与先挤后张现象并存,以前者较常见),大盆地后期趋向解体,小盆地后期多有联合。由于板块内各地块原来大地构造属性的差异和受到西伯利亚、太平洋、印度三大板块作用的烈度不同,导致分布板内或板缘不同部位的各个盆地构造特征的异同。受板块作用影响较小的西北部和中部的侏罗纪盆地为稳定型,后期改造较弱;受板块作用影响较大的东部和西南部的侏罗—白垩纪、古近纪、新近纪盆地为过渡型;受板块构造作用影响强烈台湾-雅鲁藏布地区的古近纪、新近纪盆地为活动型,后期受到强烈改造。

我国煤盆地富煤带的展布和特厚煤层的形成,也受到盆地构造演化的制约。厚煤层或特厚煤层的形成主要是在基底沉降稳定和拗陷速率适当的部位。通常,大的拗陷型盆地煤层展布广阔而较薄,较厚的煤层或富煤带多位于盆内凹陷及隆起缓坡部位;断陷型盆地中煤层分布则较局限,煤层形态及厚度变化较大,在盆缘断裂一侧或构造缓慢沉降的部位有时可形成特厚煤层。最有利于聚煤的盆地是发育在刚性地块上的晚古生代拗陷型盆地及继承性的中生代拗陷盆地,其次是发育在已经稳定的褶皱带上的中、新生代盆地。

我国煤盆地的分布主要受板块运动形成的海陆变迁和暖湿气候带更迭的控制。也可以说,不同时代的聚煤盆地分别受到板块构造和三大构造带控制。石炭-二叠纪煤盆地及晚二叠世煤盆地主要受华北、华南两个会聚板块的控制,但由于两个板块后来对接,导致石炭、二叠纪聚煤集中;三叠纪由于P/T交界灭绝事件的影响,所以聚煤量很少;华北和东北的早侏罗世、早白垩世盆地分布主要受蒙古弧形构造带的控制;我国东部一系列古近纪煤盆地主要受西环太平洋构造带控制,由于太平洋板块俯冲,导致火山带、地温异常带及暖湿气候带出现,形成了西环太平洋古近纪、新近纪聚煤带;我国西南部新近纪煤盆地

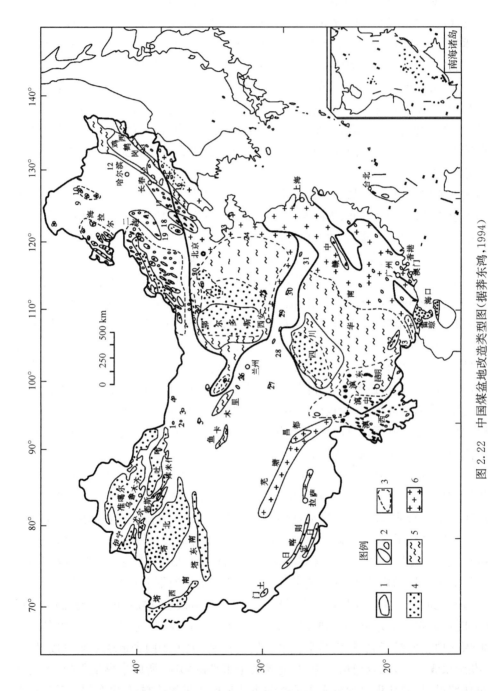

图 2.22 中国煤盆地改造类型图(据茅东鸿,1994)

1. 石炭-二叠纪盆地;2. 晚三叠世、早中侏罗世、早白垩世、古近纪与新近纪盆地;3. 盆地群;4. 弱改造型;5. 中间改造型;6. 强改造型

主要受喜马拉雅构造带控制。三大构造带对煤盆地的控制作用,实际上反映太平洋板块、西伯利亚板块、印度板块对我国煤盆地的影响,这是我国晚古生代以后煤盆地形成、演化最主要的宏观控制条件。这一展布特征正好与我国周边邻区煤盆地的分布特征协调一致。

总结我国煤盆地的主要构造特点可以归纳为:①克拉通盆地聚煤广泛而强烈。以华北板块为例,石炭-二叠纪含煤岩系分布范围与块体近似,聚煤广泛丰富,高于世界其他块体资源总量。②克拉通盆地古生代含煤地层后期构造变形普遍强烈,而世界各主要古生代克拉通煤盆地内,褶皱变形却普遍微弱。③陆间活动带或地槽区,聚煤作用普遍微弱,如天山-兴安地槽的石炭-二叠纪含煤岩系。④分布于古生代地槽褶皱带上的中生代地台型盆地(吐哈盆地,海拉尔-二连盆地),往往聚煤丰富,后期变形微弱。⑤成盆后的造山、造盆作用主要是新构造运动,使不少盆地又分别被强烈抬升或下陷。

2.4 构造、古地理演化与赋煤特征

主要聚煤期与地壳演化的大阶段基本一致,大体可划分为海西期、印支期、早燕山期、中燕山期、喜马拉雅期5期(在不同成盆阶段,盆地类型、充填特征、聚煤强度都有明显的差异)。

(1)海西期。在加里东构造运动之后,晚古生代聚煤拗陷已见雏形,随着新的海侵到来,使华北地台和华南地台都开始陆表海陆源碎屑盖层的发育阶段,沉积和构造上的稳定,提供形成大面积稳定煤层的区域条件。在华北地区,海水主要来自东南,贺兰山一带海水来自西南,在物源区构造作用与区域海水进退共同作用下,形成从海进到海退的充填序列,其中在最大海侵前后的沉积体系域导致聚煤作用发生。在华南地区,海水主要从西南的特提斯海域侵入;下扬子一带海水则来自东部古太平洋,且总体表现为不断的海侵。在早石炭—早二叠世,由于物源区构造作用较弱,只有短暂的、局部的聚煤作用,早、晚二叠世期间,由于东吴运动的抬升伴随玄武岩浆喷发,导致华南地台西部强烈隆升,构成了区内主要陆源碎屑供应区,使南方最重要的扬子区晚二叠世聚煤拗陷得以形成。

(2)印支期。由于华北南侧陆缘区与华南扬子北侧陆缘区对接拼合,伴随着南方拉丁期大面积海退,使我国东部连成一片大陆。此时,西部特提斯的演化成为极其重要的构造事件。正是由于来自西部的推挤,才形成了大型的、类前陆的鄂尔多斯三叠纪内陆湖盆拗陷和龙门山-大巴山三叠纪前聚煤拗陷。

(3)早燕山期。这是我国大陆聚煤作用最强的时期之一,鄂尔多斯早—中侏罗世聚煤拗陷处于相对稳定的河流-浅水湖盆发育时期,成为特大型聚煤盆地。准噶尔盆地属于前陆挠曲拗陷,盆地南侧由于强烈的逆冲挠曲下沉,湖盆内细碎屑充填很发育,聚煤作用一般沿盆地边部发生。与此同时,在我国北方东部地区也出现了小型的山间聚煤拗陷。

(4)中燕山期。我国东部进入裂陷作用为主的构造阶段。主要的聚煤盆地为半地堑或地堑成群出现,并多以断陷湖盆充填为特征。它们在构造格架、充填演化及排列方式上都具有特殊的相似性,应属于东北亚晚中生代断陷盆地的一部分。

(5)喜马拉雅期。聚煤盆地总体分布格局明显受环太平洋构造域的控制,同时又受

海洋性气候影响,所以古近纪和新近纪含煤盆地具有环太平洋分布的特点。除已知分布于大陆上的含煤盆地外,沿渤海、黄海、东海、珠江口的陆棚区还分布着一系列的古近纪和新近纪含煤盆地。在陆域的依兰-伊通断裂带和抚顺-密山断裂带上,由于裂陷作用形成了抚顺、梅河等煤盆地;在我国西南部,由于先存断裂网络的影响,形成了众多以南北方向为主导的小型断陷盆地,盆地面积小,数目多,常有巨厚煤层赋存。这类盆地集中分布于云南、广西,如昭通、小龙潭、开远、百色、南宁等盆地。综上所述,我国聚煤盆地从晚古生代到中、新生代,总体演化趋势是:大型内陆碎屑陆表海聚煤拗陷→大型内陆湖盆拗陷(含前陆拗陷)-断陷盆地群(湖盆为主)→山间小型拗陷和断陷盆地。聚煤盆地这种由海到陆、由大到小的古地理变迁,是与地壳各演化阶段的古构造背景紧密关联的。同时,聚煤作用的气候条件随着植物的发展演化,也由热带、亚热带迁移扩展到温带。因而,古生代聚煤盆地多分布于热带、亚热带潮湿气候区;中、新生代聚煤盆地多分布于温带潮湿气候区。

我国聚煤盆地的充填特征和聚煤古地理演化关系是:盆地充填具有特定的沉积相组合或体系域构成,通过盆地充填特征的研究,可以重塑聚煤盆地古地理环境的演化过程。

(1) 晚古生代滨海平原是发生泥炭化的主要场所,主要聚煤沉积环境有滨海冲积平原、滨海三角洲、潮坪和潟湖障壁岛、碳酸盐潮坪等。这些体系在一定充填阶段形成特定的沉积体系配置——沉积体系域,而滨海三角洲或三角洲-碎屑海岸体系是最重要的成煤古地理环境,并常与聚煤中心相吻合。

(2) 晚三叠世华南西部大型川滇近海盆地和华南东部海湾型近海盆地含煤岩系主要形成于海退充填序列。主要聚煤沉积环境有滨海平原、滨海-湖泊三角洲平原、滨海冲积平原、滨海山间平原,以及滨海-海湾、潟湖-河口湾等体系。聚煤作用总体较弱,盆地充填岩系厚度变化大,岩相复杂,一般缺少大面积稳定分布的厚煤层。

(3) 早—中侏罗世聚煤盆地以大型内陆拗陷盆地为主,含煤岩系形成于内陆湖盆的不同充填演化阶段,主要煤层形成于湖泊三角洲充填阶段。与以往概念不同的是,早—中侏罗世大型内陆拗陷在盆地充填演化过程的长时间内存在固定的湖泊水体,并且从盆缘向湖中心可划分出冲积体系-三角洲体系、湖滨带-湖泊、水下三角洲带等体系构成的沉积体系域。

(4) 晚侏罗—早白垩世和第三纪聚煤盆地基本上是相互隔离的中、小型盆地。但在三江-穆棱河晚侏罗—早白垩世近海拗陷盆地和内蒙古东部的早白垩世断陷盆地,以及环太平洋分布的众多古近纪和新近纪小型断陷-拗陷湖盆中,聚煤密度均较大,巨厚-特厚煤层均形成于湖盆充填演化过程中的湖泊淤浅阶段。

2.5 我国聚煤规律概述

我国聚煤规律的主要特征如下。

(1) 海西期和印支期的煤主要集中在以稳定地台为基底的大型陆表海拗陷盆地中,如华北石炭-二叠纪聚煤拗陷和华南扬子区晚二叠世聚煤拗陷。物源区构造作用和区域性海进退是控制陆表海-近海盆地富煤带形成与迁移的主要因素。碎屑滨岸带的滨海三角洲或三角洲-碎屑海岸体系是最重要的聚煤环境,也往往是富煤的中心部位。

（2）燕山早期重要的聚煤盆地是以稳定的古老地台或地块为基底的大型内陆湖盆,如鄂尔多斯盆地和准噶尔盆地。湖盆大规模扩张期前后在盆缘带的滨浅湖-湖泊三角洲体系和冲积扇-扇三角洲体系是最重要的聚煤环境,富煤带常与之相吻合。

（3）燕山中期至喜马拉雅期的煤主要聚集于和基底先存断裂有关的中、小型内陆断陷湖盆和拗陷湖盆中。这些盆地常以含有巨厚-特厚煤层为特征,盆地面积虽小,但含煤普遍较高。燕山中期位于大陆边缘地块基底上的三江-穆棱河近海拗陷盆地以赋存百亿吨的优质炼焦煤资源而著称。

（4）基底具有稳定沉降构造背景的拗拉槽、前陆拗陷、裂谷型含煤盆地,也可形成一定规模的富煤带。

（5）泥炭沼泽沉积与其上地层。下沉积物的成因过程截然不同,因此泥炭沼泽化事件对煤层的煤岩、煤质参数产生了重要的影响。概括言之,硫分与海水有关,形成于海陆交互相含煤岩系中的煤层硫分较高;灰分与泥炭沼泽的矿物质补给有关,形成于近源地带的煤层灰分较高;煤岩组分与泥炭沼泽的覆水程度有关,覆水较深时煤中的镜质组含量较高,反之丝质组含量较高。这些观点对预测煤质和有效地开采煤炭始终有着理论指导意义。

第3章 含煤系统的时空构成

3.1 含煤系统时空格架

含煤系统是一个形成煤层、煤系、煤的共伴生矿产及其保存、成藏的自然系统。从物质供给、成煤与成矿、成藏,在空间上表现为由若干个具有一定形态的"实体"组成的复杂系统,可以划分出若干个子系统。鉴于国外油气系统的应用,含煤系统和煤层气系统的概念也逐渐形成,并在煤炭资源勘查与评价中得到应用。赵忠新等(2002)认为含煤系统的基本要素有:物源、聚煤环境、地下热流。含煤系统在时间上可以分为物质来源子系统、物质堆积子系统、埋藏变质子系统。在空间上可以分为若干低一级的与此含煤系统特征相似的含煤子系统。美国学者提出的含煤系统概念一方面把煤地质学的各个分支学科置于统一的研究框架之下,另一方面把含煤系统分析方法作为组织、集成煤盆地(煤田)各种地质信息的重要工具。

笔者通过对我国煤田地质特征的综合分析,借鉴国外学者对含煤系统的界定和划分标志,运用煤地质学、勘查地质学及相关学科等多学科交叉的学术思路和综合的研究方法,通过分析含煤系统的主控因素,认为符合我国煤田地质特色的含煤系统由六个子系统构成,分别为煤系的地层格架子系统、煤层(群)形态子系统、煤变质及煤类子系统、赋煤区块子系统、煤层气(非常规)成藏子系统、煤系游离气成藏子系统。各子系统间具有密切的成生和制约关系。

3.2 含煤系统各子系统的构建(界定)原则

所谓子系统,应该被界定为能够相对独立地成为一个研究系统,可以解决含煤系统中一项关键科学或技术问题。即在一个地区或含煤区块,如果其他条件不具备而不能全方位开展含煤系统研究,则可以独立开展某一子系统的研究。

研究含煤系统的构建和子系统的划分,主要考虑了以下几个重要因素(或称"主导因素")。

(1) 聚煤盆地的形成、发育与演化。

聚煤盆地形成需要特殊的构造背景,以及控制聚煤盆地充填演化的构造格架。其中植物演化及泥炭形成是物质基础,盆地演化过程中的成煤作用及煤聚积是盆地充填的重要事件,含煤沉积形成了独特的地层格架。这些都离不开聚煤盆地完整的形成、演化直至最终消亡的过程。

(2) 构造控煤及煤层保存机制。

聚煤盆地的形成与演化,奠定了成矿、成藏的基础,但煤系、煤层的演化并没有因原始沉积盆地的终结而结束。因此,有聚煤作用发生,不一定最终形成煤系与煤层,还必须有构造的持续作用及各种地质作用的配合,其中从泥炭堆积与埋藏到煤的变质最终形成各种变质的煤,多是继聚煤盆地充填之后所发生的重要事件。因此,煤的变质程度及其差异性基本上是受控煤构造及成煤期后各种地质事件(如岩浆侵入及热异常)的控制。

(3) 煤系热演化与天然气成藏。

煤系与煤层的形成与保存是一个极其复杂的地质过程,地球深部热的作用,不单形成各种变质程度的煤。同时煤的伴生物质也相继形成,如煤系天然气的形成,包括最终保存于煤层中的、以吸附气为主的煤层气,从煤层、煤系中排出而保存于煤层以外的储集体中的游离气,从而形成独具特色的天然气藏。

以上因素虽然构成了划分含煤系统各子系统的主要依据(基础理论依据),但各种因素的作用不是独立进行的,其间具有密切的成生联系。因此,控制因素之间并没有截然的界线,应是一种交叉或叠置关系。

从时间与空间上划分子系统是两个具有不同性质的问题,时间上主要考虑形成煤的物质形成、演化和保存的过程特点,具有时间的持续性和继承性,其理论性较为突出;空间上主要考虑形成煤的物质存在形式和状态,各子系统之间既有相关性和相互制约性,而又使其具有相互独立性和实用性。子系统的研究要重点考虑空间特点,即作为实体的子系统特征属性。

遵循上述原则,构建了含煤系统及其子系统。在子系统构建的基础上进一步分析其构成要素,以期更精细地描述子系统的内涵及特点。各子系统构成要素的界定较子系统更困难些,因为其间的关联和交叉更多、更紧密。但只要理出一条主线,即时空关系和主要地质事件,就可以根据属性特点,进行比较明确的界定。实际上各种要素也具有其独特的属性特点。总之,含煤系统构建的目的是试图把煤地质学及相关学科的各个分支学科,以及相关的学科内容置于统一的研究框架之下,并使其成为组织、集成煤盆地(或煤田)各种地质信息的重要工具。

根据上述的思路与原则,初步建立了符合我国煤田地质特色的含煤系统模式,即含煤系统的主系统和子系统。含煤系统由六个子系统构成(图 3.1)。

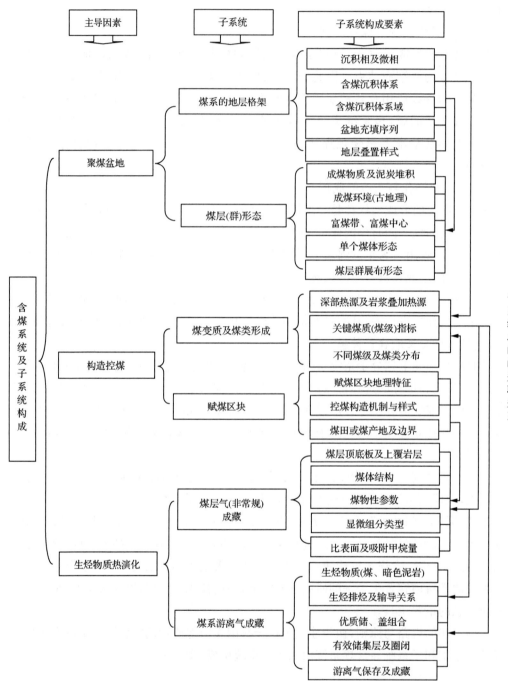

图 3.1　含煤系统子系统构成框架图(空间格架)

3.3 含煤系统各子系统的基本属性特点

子系统的构建实际上是贯穿一条主线,即物质形成、保存、成藏,这三者之间的分界点应该比较清楚,即成煤期、期后改造、煤层气和煤系游离气最终成藏。虽然与煤系煤层有关的天然气的生成自泥炭堆积、成岩时就开始了,但最终成藏还是以成煤期后的地质事件为主。煤层(群)的形成虽然在聚煤盆地形成、演化过程中就基本完成了,但各种煤类的形成,主要在成煤期后的各种地质作用过程实现,如煤系被埋藏到地下深处、岩浆侵入的影响等。

含煤系统的形成是各种因素和各种地质作用综合影响的结果,在时间上具有成因上的转化关系,因此,可以用煤地质学及(煤系)天然气成藏的理论进行解释(图3.2)。

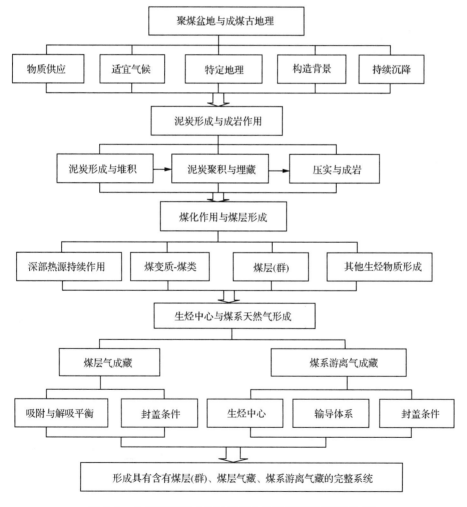

图 3.2 含煤系统形成的时间转化关系框架图(理论构架)

3.3.1 煤系的地层格架子系统

煤系的地层格架是指聚煤盆地的内部含煤地层单元的几何形态及其叠置形式,由组成聚煤盆地的岩性地层单元的形态和相互关系决定。煤系的地层格架是反映聚煤盆地充填沉积特征与盆地演化阶段最直接、最重要的实体,也是构建含煤系统的基础。含煤盆地的地层格架研究实际上是聚煤盆地充填过程的研究,没有聚煤盆地的发育就不可能有后来的生烃与成藏。

自层序地层学理论与分析方法提出以来,地层格架的建立则是基于层序划分的结果,因此,沉积相及微相和含煤沉积体系的分析也是在统一的层序地层格架内进行,而含煤沉积体系域也是用层序地层学所建立的一套概念体系,如低水位体系域(LST)、海侵体系域(TST)、高水位体系域(HST)等,不同体系域具有不同的成煤作用特点,可以指导煤层(群)形成与展布的研究。

一个聚煤盆地形成一套完整的含煤盆地充填序列,一般是一个大的构造层序。相、沉积体系、沉积体系域及其内部的地层单元,具有特殊的地层叠置样式。

3.3.2 煤层(群)形态子系统

在含煤系统总体框架研究中,最主要的是把泥炭堆积的原始特征及机制弄清楚,如聚煤作用中是原地堆积还是异地堆积机制占优势,查清煤层与煤系形成及在地壳中的空间展布特征(如煤层厚度、空间展布、几何形态等)。

研究一个聚煤盆地在其发育、演化直至消亡过程中煤的聚积规律,查明煤层(群)的展布特点,特别是查明富煤带和富煤中心的分布,即能够定量地描述单个煤体形态、煤层群展布形态特点,进而进行煤炭资源预测与评价,是煤田地质工作者最核心的任务。这是一项在煤地质领域很早就开展的研究工作。实际上,该子系统研究始终贯穿着一条主线,就是聚煤作用的系统研究(图 3.3)。

聚煤作用研究解决的科学问题主要有两个:一是泥炭形成、堆积与埋藏机制;二是聚煤的相带形成、分布和演化,主要聚积带或中心的形成机制等。聚煤作用重点研究的内容是泥炭沼泽水介质性质、泥炭沼泽的属性特征、泥炭堆积与基底持续沉降平衡关系、泥炭化作用或腐泥化作用最终形成泥炭或腐泥的物理化学过程、适宜的异地泥炭聚积地理条件、泥炭形成期后的上覆沉积盖层的形成机制,以及泥炭差异压实与覆水加深过程等。控制因素主要有沉积物质供应与分散体系特征、沼泽或泥炭堆积地带的沉积水动力与水平面变化、沼泽微相形成与分布、聚煤单元与相带形成等。泥炭的埋藏与保存为后来的成岩与煤化作用创造了条件。

一个聚煤盆地是否有利于聚煤、是否聚积足够厚的泥炭(最终形成煤),取决于聚煤盆地古构造与古地理条件。聚煤盆地古地理格局重点研究的内容是聚煤盆地古基准面变化、聚煤盆地古坡折带迁移、盆地中心与沉积充填中心、隆起带与盆内次级隆起分布等。聚煤盆地发育与演化的最终结果是能够形成足够厚的煤层、煤系,且具有空间分布范围的聚煤带和中心。

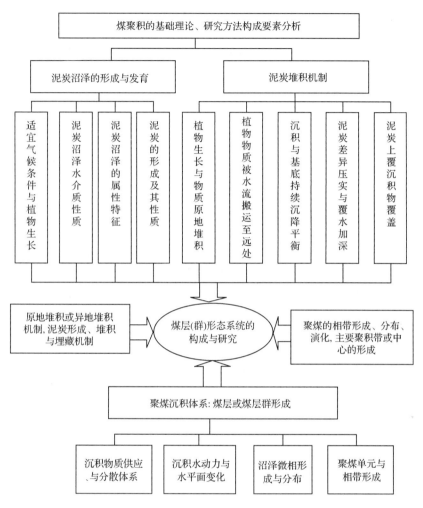

图 3.3 煤层(群)子系统研究内容框图

3.3.3 煤变质及煤类形成子系统

煤的形成是一个很复杂的过程,尽管在聚煤盆地的演化过程中,泥炭逐步处于地下深处而发生压实、成岩,甚至区域热力变质作用,但形成不同煤类主要是在成煤期后的各种地质作用过程中完成的。温度是煤变质及形成不同煤类的最关键因素,因此,深部热源及岩浆叠加热源是煤变质作用的主要条件和动力。煤变质与煤类研究可以独立开展,直接服务于国家和社会经济建设。有关不同煤田或含煤区块的煤变质作用研究在我国开展较早,且有大量成果,这是煤炭资源评价的基础和依据,也是煤层气、煤系游离气资源评价的基础。其关键内容是评价煤质(煤级)的各类指标,特别是挥发分、硫分、灰分、镜质组反射率等指标;关键任务是查明不同煤级及煤类的空间分布。

3.3.4 赋煤区块子系统

赋煤区块子系统的主要研究内容和任务是查明赋煤区块的各种地质条件,包括地理的和地质的两个方面,是含煤系统中评价影响煤层(群)、煤的共伴生矿产(如煤层气、煤系游离气、微量元素、铝土岩及黏土岩等)勘探、开发的基本因素或条件的子系统。我国的煤田地质条件是非常复杂的,特别是构造条件具有典型的构造控煤和构造煤十分发育的特点,因此,该子系统对于含煤系统来说,起支持和支撑其他子系统的作用。研究的关键内容包括赋煤区块的地理特征、控煤构造机制与样式,以及煤田或煤产地及边界条件、水文地质条件等。

3.3.5 煤层气(非常规)成藏子系统

煤层气是非常规天然气,是煤层生成的气经运移、扩散后的剩余量,包括煤层颗粒基质表面吸附气,割理、裂隙游离气,煤层水中溶解气和煤层之间薄砂岩、碳酸盐岩等储层夹层间的游离气。煤层气是一种由煤层自生自储的非常规气藏,自20世纪80年代以来,一直是国内外研究、勘探与开发的热点。国外提出了煤层气系统(Ayers,2002),形成了独具特色的非常规天然气系统。在含煤系统中,煤层气成藏子系统具有鲜明的特色,即与煤层(群)伴生在一起的天然气矿产,其赋存特点与机制完全不同于常规天然气藏。因此,其研究离不开煤层(群)。作为一个子系统,其内容主要包括煤层顶、底板及上覆岩层、煤体结构、煤物性参数、显微组分类型、比表面及吸附甲烷量等的研究。

在生烃过程研究中,应该紧密结合煤层(群)的煤化作用,主要包括地下热源的持续作用特点,如古地温梯度的变化、岩浆热源的叠加等。煤化作用的持续进行最终导致生烃、排烃。因此,煤层气成藏子系统中的煤岩与煤化学特征、生成生物气与热成因气及液态烃的潜力分析是非常重要的。

3.3.6 煤系游离气成藏子系统

煤层气只是煤层形成过程中的气经运移、扩散后的剩余量,而大部分经过运移和扩散,或者在构造抬升、含煤地层被剥蚀过程中遗失掉,或被运移到煤系中或煤系以外的其他储集空间中。另外,煤系中除煤层是生烃物质外,还有炭质泥岩和页岩、暗色泥岩等,都可能在煤系热演化过程中产生大量天然气。煤系游离气的聚集成藏过程可能与常规石油天然气具有相似的机理,因此,可以应用石油天然气的生、储、盖、圈、运、保,以及成藏机制进行研究。不可否认,煤系游离气与聚煤盆地、煤层(群)、煤变质作用等密不可分,是构成含煤系统的主要组成部分。该子系统的核心内容包括生烃、排烃及输导关系,优质储、盖组合,有效储集层及圈闭,以及煤系中的生烃物质类型及生烃贡献等。

第4章 聚煤盆地系统与含煤地层层序地层分析

4.1 大型陆表海聚煤盆地层序地层

对于陆表海盆地,高分辨率层序主要是从控制形成基本层序的海平面变化机制方面定义的,高频海平面变化形成高分辨率层序。

4.1.1 高分辨率层序地层划分

晚石炭世末,华北基本结束了陆表海盆地沉积,转入大型陆相拗陷盆地沉积阶段。在陆相盆地的层序地层分析中,尤其是高分辨率层序地层划分,基准面旋回的识别与划分是重要的基础。

早二叠世山西期开始,海水基本上从华北聚煤盆地退出,只有南华北局部地区时而受海水侵入的影响。但盆地性质已发生根本性变化,即由原来的陆表海盆地转变为陆相盆地,南华北区(如两淮地区)仍保持近海过渡型盆地的特色,具有边缘海盆地的某些特点(但不能归为边缘海盆地)。笔者经对比分析,将淮南煤田二叠系划分出六个三级层序,其内部具有三分性特点,即下部(低水位)、中部(水进)和上部(高水位)三个部分。低水位体系域多由粗碎屑沉积为主,如河流下切谷充填、冲积扇体等,但往往在盆地的湿润低洼区也有聚煤作用发生。水进体系域多以细粒及泥质沉积为主,反映一种向上水体加深的沉积序列,砂多以薄层或互层为特点。高水位体系域多由进积序列组成,有工业价值的煤层多发育于高水位体系域(上部或顶部)。这说明体系域演化后期直至废弃阶段,盆地大范围沼泽化,水流体系由活动到减弱,乃至消亡。据此,可以将华北晚古生代陆表海盆地含煤地层划分为一个构造层序,其中可识别出3个超层序,12个基本层序,24个四级层序(小层序组)和若干个五级、六级层序(图4.1~图4.4)。

4.1.1.1 超层序Ⅰ

鲁西地区超层序Ⅰ可划分出3个三级层序、13个小层序。超层序Ⅰ为古风化壳之上、晚古生代陆表海盆地形成早期的充填沉积。在超层序Ⅰ形成过程中,盆地范围内至少发生过3次大的海侵,但尚没有完全形成所谓的海陆交互型沉积格局。层序1主要为滨岸碎屑沉积,为残积-碎屑、泥质沉积组合,由5个小层序组成,不含煤。就整个华北巨型盆地而言,层序1形成时盆地地势为南部和西北部高,东部及东北部低,海侵主要来自东及北东方向。层序1的底界面为区域构造运动面,为上、下古生界间的假整合面,在我国北方对比清楚,该界面也是超层序和构造层序划分的边界。层序2为晚古生代陆表海盆地再次沉降并发生大规模海侵之后的充填沉积,由4个小层序组成,主要为浅海碳酸盐台

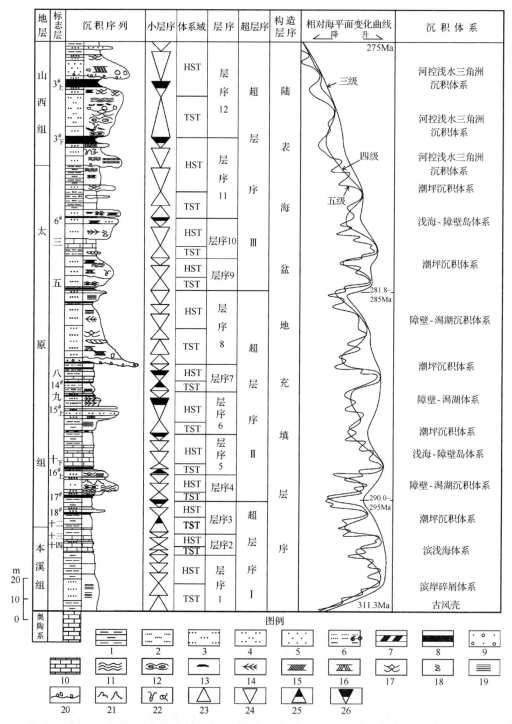

图 4.1 鲁西陆表海盆地充填沉积序列、高分辨率层序划分与高频海平面变化

1. 泥质岩；2. 粉砂岩；3. 细砂岩；4. 中砂岩；5. 粗砂岩；6. 砂质泥岩；7. 炭质泥岩；8. 煤层；9. 砂砾岩；10. 石灰岩；11. 波状层理；12. 透镜状层理；13. 炭屑；14. 双向交错层理；15. 板状交错层理；16. 小型交错层理；17. 槽状交错层理；18. 变形层理；19. 水平层理；20. 冲刷面；21. 生物扰动构造；22. 虫孔；23. 向上变深小层序；24. 向上变浅小层序；25. 海侵成煤小层序；26. 海退成煤小层序

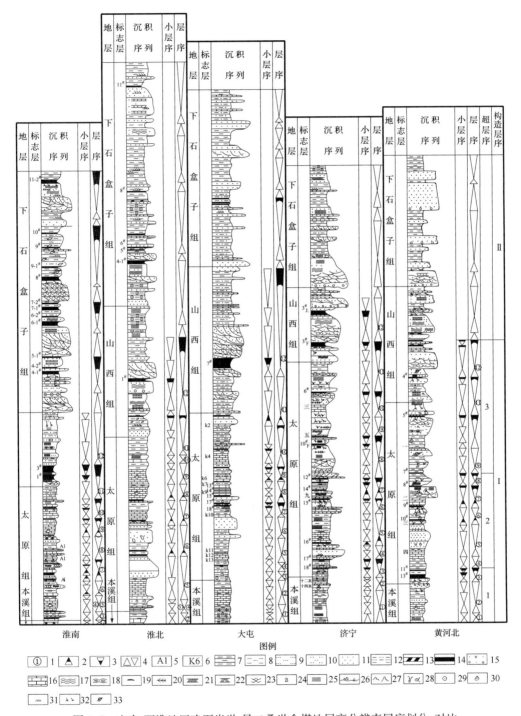

图 4.2 山东-两淮地区晚石炭世-早二叠世含煤地层高分辨率层序划分、对比

1. 三级层序编号；2. 海侵成煤小层序；3. 海退成煤小层序；4. 非含煤小层序；5. 含铝质沉积；6. 灰岩编号；7. 泥质岩；8. 粉砂岩；9. 细砂岩；10. 中砂岩；11. 粗砂岩；12. 砂质泥岩；13. 炭质泥岩；14. 煤层；15. 砂砾岩；16. 石灰岩；17. 波状层理；18. 透镜状层理；19. 炭屑；20. 双向交错层理；21. 板状交错层理；22. 小型交错层理；23. 槽状交错层理；24. 变形层理；25. 水平层理；26. 冲刷面；27. 生物扰动构造；28. 虫孔；29. 鲕状构造；30. 动物化石；31. 植物化石碎屑；32. 植物根化石；33. 植物叶化石

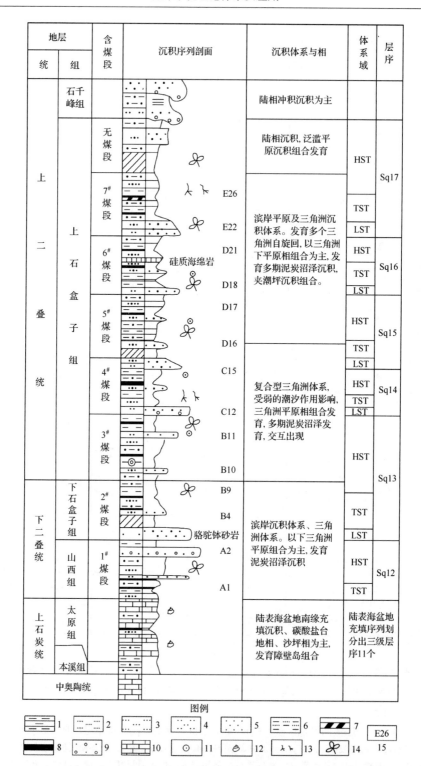

图 4.3 淮南煤田石炭-二叠系沉积体系及高分辨率层序划分

1. 泥质岩；2. 粉砂岩；3. 细砂岩；4. 中砂岩；5. 粗砂岩；6. 砂质泥岩；7. 炭质泥岩；8. 煤层；9. 砂砾岩；10. 石灰岩；11. 鲕状构造；12. 动物化石；13. 植物根化石；14. 植物叶化石；15. 煤层编号

第4章 聚煤盆地系统与含煤地层层序地层分析

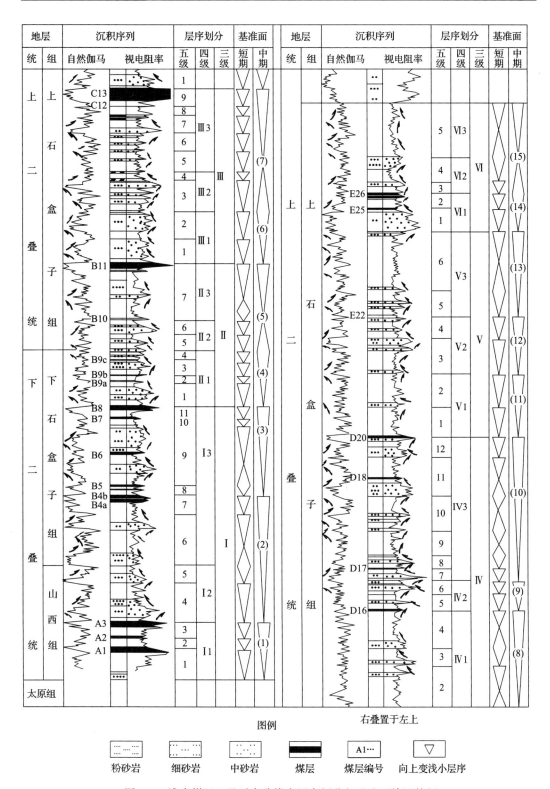

图 4.4 淮南煤田二叠系高分辨率层序划分与基准面旋回特征

地-滨岸碎屑沉积。层序2的沉积序列反映了晚古生代陆表海盆地由在古风壳之上的残积-海岸平原体系,演化为大型台地-潮坪沉积体系的不同于层序1的充填沉积特点,且已具备聚煤的基本条件。在鲁西地区,层序2的顶部发育极薄的煤层(或煤线),盆地地势平坦,但南部开始下沉,主海侵方向仍以偏东方向为主,北高南低、西高东低的盆地总格局开始显现。此期的海侵规模最大,持续时间也较长,沉积了华北全盆地发育的海相碳酸盐(如徐家庄灰岩,厚度达10余米),是超层序Ⅰ的最大海泛期沉积。层序3为超层序Ⅰ的最后一套旋回性沉积,其顶界面为区域暴露事件界面(也可以认为是区域海退事件界面),实际上代表一种间断面。层序3发育了鲁西及邻区可对比的海相灰岩(十二灰),上部则为海退期的滨岸碎屑沉积,盆地的聚煤条件已完全具备,地形平坦、气候适宜、植物茁生,海平面升降幅度不大,因此,形成了具有工业开采价值的煤层(如鲁西南地区的第18号煤层组)。层序3由4个小层序组成,海陆交替旋回性序列已比较明显,大型潮坪沉积体系是该层序的主要特色。

经鲁西及邻区对比(图4.2),超层序Ⅰ的内部单元向南(淮南)为超覆展布,只有层序3在全研究区发育,这也进一步说明晚古生代陆表海盆地初始形态为南高、东及东北低的特点。

4.1.1.2 超层序Ⅱ

超层序Ⅱ由5个三级层序、20个小层序组成。该超层序为华北晚古生代陆表海盆地最典型的海陆交替型沉积层序序列,各层序在沉积特点上十分相似,反映出盆地在此阶段构造的稳定性,而高频海平面变化和具突发性、事件性的海侵成为控制盆地充填沉积的主导因素。层序4由3个小层序组成,尽管其厚度较小,但却是鲁西煤田的主要含煤层序,如鲁西南各煤田主采的第16♯上煤层和第17♯煤层均发育于该层序。小层序以泥炭化事件界面为边界,均为含煤小层序。层序4的底边界为区域暴露面,也是超层序Ⅰ和超层序Ⅱ间的分界面,以广泛发育根土岩为特征。层序5由5个小层序组成,其底界面为海侵面,顶界面为区域海退面,为含煤层序,但煤层较薄,开采价值低。然而,煤层的横向对比意义非常重要,其在层序、小层序中的分布位置及等时性对比成为划分陆表海充填层序单元的重要依据。层序6和层序7各由3个小层序组成,均为含煤层序,总体厚度较薄。层序8由6个小层序组成,为超层序Ⅱ的顶部层序,其含煤性较差。

4.1.1.3 超层序Ⅲ

超层序Ⅲ为陆表海盆地的上部层序序列,由3个层序、15个小层序组成,滨岸碎屑体系为主导,河控浅水三角洲沉积的出现,标志着陆表海海陆交替相沉积向陆相过渡,进而结束了陆表海盆地含煤充填沉积。层序9和层序10均由3个小层序组成,高频海平面升降变化导致的地层旋回性分界面为层序划分的边界,均为含煤层序,但煤层均很薄、横向分布较远。层序11为陆表海盆地充填层序的上部旋回沉积,实质上是陆表海盆地萎缩期的充填沉积,因而,主要为滨岸碎屑体系,浅海相沉积大大减少。层序11顶界面为区域性海退事件面,在海退进程中的海平面高频度波动对层序的形成起控制作用。层序12为陆表海盆地消亡、废弃转为陆相盆地的"过渡型"沉积,主要为浅水三角洲沉积。巨大的三角洲体系超出鲁西向南延伸,而在鲁西以西、以北的广大地区也在同一层位发现三角洲沉积,说明在陆表海盆地充填沉积的晚期,盆地地势北高南低的格局加剧,陆源碎屑供给速度加快,进积作用加强,海水不断退却,盆地内广大区域处于浅水盆地环境,且很快被三角洲沉积充填。层序 12 顶界面为盆地构造应力场转换面(此界面以上转变为大型陆相拗陷盆地),该层序为含煤层序,河控浅水三角洲沉积体系的最终废弃,以及三角洲体系聚煤作用的结束,标志着晚古生代陆表海盆地充填沉积的最终结束。

超层序Ⅱ和超层序Ⅲ可在鲁西及邻区进行对比(图 4.2),三级层序发育比较完整。但四级和五级层序对比较为困难,有缺失,如鲁西可划分为 24 个四级层序,两淮煤田划分出 20 个四级层序(缺失底部的 4 个四级层序)。

4.1.1.4 小波及分形理论在地层对比中的应用

1. 小波及分形理论在测井识别中的应用

沉积盆地是一个复杂的非线性动力系统,沉积地层则是这个系统随时间演化轨迹的一个不完全记录,测井数据作为对沉积地层的一种直接测量,自然蕴涵了沉积地层的分形信息,从而为分形理论提供了应用前提。本次在 Fourier(傅里叶)变换和窗口 Fourier 变换的基础上,Morlet 等于 1982 年提出了小波变换的概念,将各种交织在一起的不同频率组成的混合信号分解成不同频率的块信号。1986 年 Meyer 创造性地构造了具有一定衰减性的光滑函数,其二进制伸缩与平移 $\{\Psi_{a,b}(t)=2-j/2\Psi(2-jt-b);a,b\in \mathbf{Z}\}$ 构成了 $L_2(\mathbf{R})$ 的规范正交集,将信号在该正交集上分解,构成了小波变换:$C_{a,b}=\int \mathbf{R} f(t)\Psi_{a,b}(t)\mathrm{d}t$。小波变换的基本思想是用一簇函数去表示或逼近一信号或函数,这一簇函数称为小波函数系。它是通过一个基本小波函数(也称小波母函数)的不同尺度的伸缩和平移构成的。由上述的定义可知,信号的小波变换 $C_{a,b}$ 反映了信号含有的特定小波分量 $\Psi_{a,b}$ 的大小。小波函数 $\Psi_{a,b}$ 随伸缩尺度参数 a、时间位移参数 b 的变化对应不同的频段和不同的时间区间。因此,将信号小波 $\Psi_{a,b}$ 作为基函数进行分解的小波变换,对高频信号具有较高的时间分辨率和较低的频率分辨率;对低频信号具有较高的频率分辨率和较低的时间分辨率。小波变换这种随着信号频率升高时间分辨率也升高的特性,恰好满足对具有多尺度特征的信号进行时频分析定位的要求,也是它与窗口 Fourier 变换的区别所在。小波变换是空间(时间)和频率的局域变换,因而能有效地从信号中提取信息,通过伸缩和平移等运算功能对函数或信号进行多尺度细化分析,解决了 Fourier 变换不能解决的许多困难问题,从而小波变换被誉为数学显微镜,它是调和分析发展史上里程碑式的进展,成为国际上众多学术团体和学科领域共同关注的热点。例如,两个函数 $f_1(t)$ 和 $f_2(t)$ 均分别由不同频率分量 $\sin(10t)$ 和 $\sin(20t)$ 叠加而成,前者是在信号的整个持续过程叠加,后者为两个频率分量分别占信号持续过程的前一半和后一半。从时间域来看它们所反映的物理过程是不同的,但通过 Fourier 频谱分析却得到相同的频谱特征(图 4.5,图 4.6),即不同的时间过程对应着相同的频谱,可见 Fourier 变换不能将两个信号的频谱区别开来,但用小波变换能很好地解决这一问题。小波变换的分支内容较多,包括一维、二维连续、离散小波变换及小波包分析等,本书的研究仅涉及一维连续小波变换。

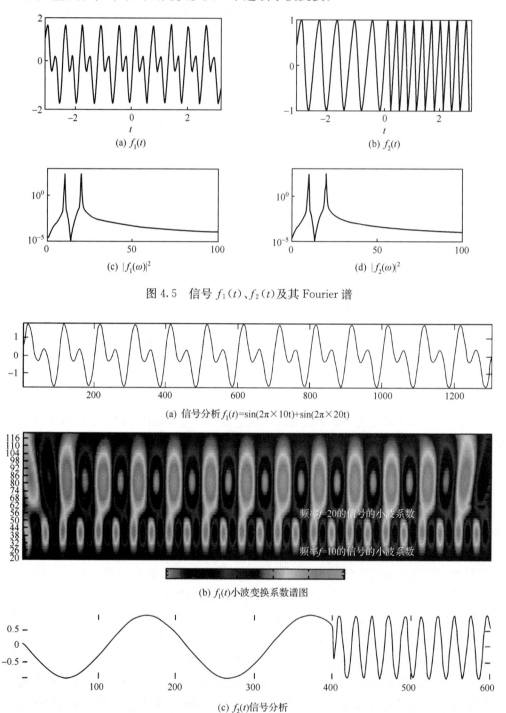

图 4.5　信号 $f_1(t)$、$f_2(t)$ 及其 Fourier 谱

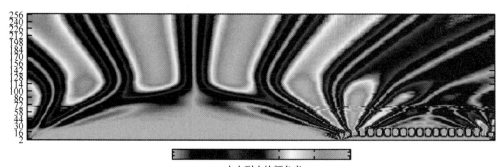

由大到小的颜色表

(d) 小波变换系数谱图

图 4.6　信号 $f_1(t)$ 和 $f_2(t)$ 的原始变化曲线及小波变换谱图

1) 连续小波变换定义

一般称满足条件 $\int_{-\infty}^{+\infty} \Psi(\hat{\omega})|^2|\omega|^{-1}\mathrm{d}\omega < \infty$ 的平方可积函数 $\Psi(t)$[即 $\Psi(t) \in L^2(R)$]为一个基本小波或小波母函数,其中 $\hat{\Psi}(t)$ 是 $\Psi(t)$ 的 Fourier 频谱,该式称为小波允许条件。对小波母函数进行伸缩平移变换,得到一小波函数簇:

$$\Psi_{a,b} = |a|^{-\frac{1}{2}} \Psi\left(\frac{t-b}{a}\right) \qquad a,b \in \boldsymbol{R} \text{ 且 } a \neq 0 \tag{4.1}$$

式中,a 为尺度参数;b 为时间平移参数。则一维连续信号(函数)$f(t) \in L^2(\boldsymbol{R})$ 的小波变换定义为

$$C_f(a,b) = |a|^{-\frac{1}{2}} \int_{-\infty}^{+\infty} f(t) \Psi^*\left(\frac{t-b}{a}\right)\mathrm{d}t \tag{4.2}$$

一维连续小波变换计算的简要步骤如下。

第一步:取一个小波,将其与原始信号的开始一节进行比较;

第二步:计算数值 C,C 表示小波与所取一节信号的相似程度,C 越大,相似性越强,计算结果取决于所选小波的形状,如果信号和小波的能量均为 1,C 可解释为相关系数。见图 4.7。

第三步:向右移动小波,重复第一步和第二步,直至覆盖整个信号;图 4.8。

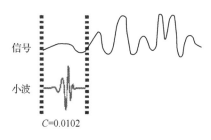

图 4.7　一维小波计算 C 值选取

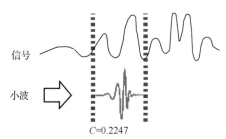

图 4.8　一维小波重复计算

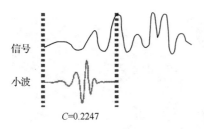

图4.9 一维小波(伸展)计算图

第四步:膨胀(伸展)小波,重复第一步至第三步;图4.9。

第五步:对于所有尺度(膨胀),重复第一步至第四步。

连续小波变换结果是一些小波系数,这些小波系数是尺度因子 a 和时间位移因子 b 的函数。

2) 变换结果

连续小波变换以时间和尺度为参数,变换的结果是在时间-尺度平面的不同位置上具有不同分辨率的小波变换系数,选择不同的尺度 a,则会得到相应尺度下小波变换系数的变化趋势曲线,因而是一种多分辨率分析方法(图4.10)。

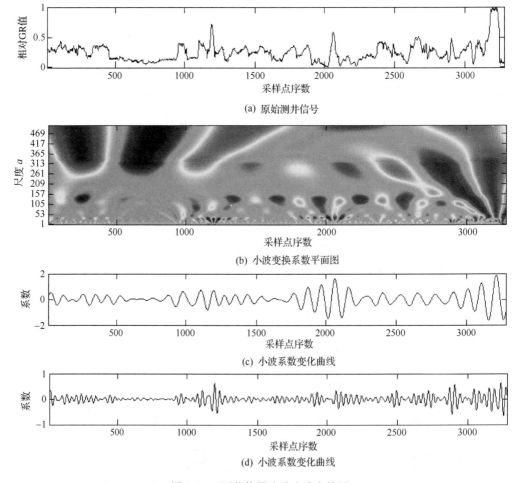

图4.10 测井信号连续小波变换图

图4.10中(a)为原始测井信号自然伽马(GR)值,横坐标从左至右代表由浅到深方向,坐标值为采样点序数,采样间距为0.125m,该井段总深度为411m;纵坐标为自然伽马

值,为便于和其他井对比,已将数据进行了归一化处理;图 4.10(b)为经过 Morlet 连续小波变换得到的小波变换系数的时频色谱平面图,浅色为正值,深色为负值。在灰度图上表现为深色代表正值,浅色代表负值,横轴为时间(深度)位移轴 b,此处为采样点序数,可换算为深度值(m),纵轴为伸缩尺度轴 a,其数值为该尺度所包含的采样点的个数,也可类似地换算为长度值(m),不过由于在进行小波变换时,起始值和步长参数均选为 2,所以,此处 $a=1$ 代表 $2\times0.125=0.5$(m)的长度值;图 4.10(c)、图 4.10(d)分别为在尺度 a_1、a_2 下的小波系数变化曲线。

小波变换的意义在于,将一维的时间函数展布成为一个二维参数空间(a,b),从而形成一种能在时间(或空间)坐标位置 b 和尺度 a(时间周期或空间范围)上具有变化的相对振幅的一种度量。小波系数的数值大小揭示了小波函数与时间函数的相似程度,它实质上可理解为要分析的函数与小波的协方差。

2. 地层序列的马尔可夫链分析

1) 马尔可夫链与马尔可夫性

马尔可夫过程是一种具有马尔可夫性质的随机过程,过程中状态的发展完全取决于其现在的状态,而不依赖于现在的状态如何由过去发展而来,即与以前的状态无关。这种性质被称为马尔可夫性质或无后效性。这种性质表现在地层岩性剖面上,是指某一岩层的沉积只与它的下伏岩层沉积时的地质因素有关,而与它下伏岩层之下的岩层沉积时的地质因素无关。这种假设对于碎屑岩沉积地层来说,在一定程度上是可以接受的。这也是应用马尔可夫过程理论分析地层序列的前提。按照时间和状态的连续与否,马尔可夫过程可以分为四种类型。本书所述的马尔可夫过程是指时间离散,状态离散的马尔可夫过程,即马尔可夫链。在马尔可夫链中,状态的转移只能在 $t=t_i(i=1,2,3,\cdots,m)$ 时发生,即在时间序列中各相继的时间点为 $t_1,t_2,\cdots,t_m$,系统相应地处于 $E_i(i=1,2,3,\cdots,m)$ 状态。状态与时间的离散数目是有穷的或可数无穷的。

根据邓聚龙(1983)的灰色系统理论,部分信息已知、部分信息未知的系统称为灰色系统。由于绝大多数地质数据既含有已知信息(称白色),又含有未知信息(称为黑色),因而它是灰色的。显然,盆地充填作为一个地质系统看待属于典型的灰色系统。对于一个灰色系统的研究,不能完全依靠确定性数学方法,而非确定性数学方法则显示出它的优越性。

一组地层中沉积的若干岩性称为状态。在实际地层岩性分析中,岩性状态构成一个有限的集合$(a_1,a_2,\cdots,a_m)$,或称为岩相空间,设某一地层剖面 T_0、T_1、T_2 时刻岩性状态分别为 a_x、a_y、a_z,其中 x、y、$z\in(1,2,\cdots,m)$,如地层按时间 T_0、T_1、T_2 由下向上沉积,那么由地质学中的瓦尔特相律可知,T_2 时刻沉积的岩性 a_z 只与前一层的 a_y 有关,而与更前的 a_x 无关,这一理论正是马尔可夫链的数学基础。

马尔可夫链为一种随机过程,应用一阶马尔可夫链可知,假如时刻 T_n 地层处于状态 a_i,到 T_{n+1} 时刻地层转移到状态 a_j 的概率为 $p\{T_{n+1}=a_j\mid T_n=a_i\}=p_{ij}$,那么从任何一状态出发,经过一次转移后,必出现该系统中的所有状态的一个,故有 $m_j=1p_{ij}=1(i,j=1,2,\cdots,m)$,其中包括系统停留原状态的概率 p_{ii},由于 p_{ij} 是概率事件,因此,$0\leqslant p_{ij}\leqslant 1$。应用马尔可夫链分析岩性转移的核心是建立转移概率矩阵。转移概率矩阵常

应用统计方法求得,即对于一地层剖面,先统计不同岩性状态岩层之间转移频数矩阵(记为 N)

$$N = \begin{pmatrix} 0 & n_{12} & \cdots & n_{1m} \\ n_{21} & 0 & \cdots & n_{2m} \\ \cdots & \cdots & 0 & \cdots \\ n_{m1} & n_{m2} & \cdots & 0 \end{pmatrix}$$

该矩阵中对线元素为 0,m 为转移状态个数。频数矩阵各行元素分别除以该行上和,即得向上转移的一步转移概率矩阵 P,由定义可知该矩阵行上和为 1,在矩阵

$$P = \begin{pmatrix} 0 & p_{12} & \cdots & p_{1m} \\ p_{21} & 0 & \cdots & p_{2m} \\ \cdots & \cdots & 0 & \cdots \\ p_{m1} & p_{m2} & \cdots & 0 \end{pmatrix}$$

中 p_{ij} 值大者,说明在指定方向上的转移倾向就大,反之 p_{ij} 小者,在指定方向上转移倾向就小。转移概率矩阵 P 是由状态 $i(1,2,\cdots,m)$ 一步转移到状态 $j(1,2,\cdots,m)$ 的概率构成的。问题是能否由此得出由状态 i 两步或多步转移到状态 j 的概率大小,切普曼-柯尔莫哥洛夫方程给出了肯定的回答。切普曼-柯尔莫哥洛夫方程为利用 P 来计算从状态 i 经过 k 步转移到状态 j 的新转移概率矩阵的公式:

$$p_{ij}^k = \sum_{r=1}^{k} p_{ir}^m p_{rj}^{k-m} \quad (1 \leqslant m \leqslant k) \tag{4.3}$$

式(4.3)表示了从状态 i 经过 k 步转移到状态 j 的概率转移过程。即先从 i 经过 m 步转移到 $r(r=1,2,\cdots,k)$,再由状态 r 经 $(k-m)$ 步转移到状态 j,显然有 $P_2 = P^2$,同理 $P_k = P^k$。当 r 不断增大时,P 中各行向量趋于一致,这一行向量为不变向量或固定向量,它反映了各岩性在地层剖面中所占的百分比,称为极限概率。极限概率为

$$\lim_{k \to \infty} p_{ji}^k = p_j(\text{const})$$

一步或多步马尔可夫概率转移矩阵都是马氏过程中一种相应"记忆力"的显示,而它能记得它的一个居前状态的比率。但居前状态对后继状态的传递影响在转移过程中是随距离或时间的增长而减小的,直到它被忘记为止。记忆力持久性是表示一种一个系统的确定性的函数,因为一个完整的确定性系统的记忆力是永恒的;而一个随即性系统对一切都无记忆力。通过一定的转移步数就能够基本上测定系统或序列的记忆力持久性。马尔可夫性是指马尔可夫过程的"记忆力"显示。因为 P 中 p_{ij} 代表从状态 i 经过一步转移到状态 j 状态的概率,就是系统从状态 i 转移到状态 j 可预报的百分数,即状态 j 对状态 i 的"记忆力"。在多步转移中 P_k 代表状态 i 经过 k 步转移到状态 j 的概率,或在 k 步转移后状态 j 对状态 i 的记忆。

2) 地层剖面的组织

应用马尔可夫链模型或任何其他离散概率模型,必须满足两项条件。必须可用离散

状态定义剖面,还必须把序列再划分为理论上与某种地质过程有关的步。这种不可缺少的分类过程为组织剖面。

状态的定义通常不引起任何困难。在大多数地质研究中,岩性是与状态等同的,而剖面仅被看作不同岩石类型的序列。然而,还有沉积物的其他描述特征可以使用,而且连续变量可分为离散的组以提供其他状态。剖面划分的状态一经确定,必须严格坚持。显然,划分必须在下述意义上是完整的,即将所有的岩石类型都包括在所划分的系统中。注意选取能被足够确认为代表沉积物历史的重要时期的岩性,如煤系中的煤线,不管多厚均应作为岩性状态加以统计;本次研究将泥岩和页岩作为一种状态统计,因为其形成在类似的水动力条件下,类似的还有粗、中、细粒砂岩的合并等。虽然划分观测剖面状态比较容易,但确定发生转移的步或间隔有时就困难得多。马尔可夫链的定义不要求转移之间的步长相等,也不需要知道某一状态所经历的时间,但转移必须依次陆续发生。因此定义完岩性状态后,还要确定岩性状态的选取方案,一般有两种,即按岩性自然分层选取和按一定步长(按一定厚度间隔等距采样)选取。许多沉积剖面由层理面的产状自然划分为步,因此,单一的沉积层在研究沉积剖面的转移形式中是一种可能的选择,也是合乎逻辑的选择。在这种方法中,层的各自厚度完全是不相关的,被陆续编号的层序不必与它形成时所费时间有关。此时,转移概率矩阵主对角线上各元素都为零,它说明没有岩性转移到本身的情况出现。主对角线上全部元素为零的矩阵 P 被称为嵌入矩阵,本次研究就是按岩性自然分层来划分转移状态的。

3) 沉积充填的马尔可夫性计算

地层序列在沉积学中千差万别,但对某一沉积盆地来讲,岩相空间又是有限的。只要一个系统的状态数目确定了,按照环境历史所构成的转移概率矩阵 P 就蕴涵着所研究盆地岩性序列的规律。这些规律单从地质上有时不容易或不能清楚地揭示出来,如图 4.2~图 4.4 中所示的钻井岩心柱状,虽然从直观上能看出其中的差别,但只能是定性的或清楚的。一步或多步转移概率矩阵是研究岩性序列的马尔可夫或马尔可夫性的依据。

(1) 计算步骤及实例。

第一步:确定状态(岩性)的个数,根据研究区地层岩性的发育特征,根据其主要岩性,可确定为五个状态:①砂岩(中粗粒砂岩类);②粉砂岩类;③灰岩;④煤层;⑤页岩,泥岩类。

第二步:根据实际资料逐步统计转移次数(由岩性 X—岩性 Y),从而可以确定出初始矩阵或转移频数矩阵;如虎 10 井的岩性转移频数矩阵 N 为

$$
\begin{array}{c}
\text{岩性状态} \quad 1 \quad 2 \quad 3 \quad 4 \quad 5 \quad \text{行上和} \\
N = \begin{array}{c} 1 \\ 2 \\ 3 \\ 4 \\ 5 \end{array} \left[\begin{array}{ccccc} 0 & 0 & 0 & 2 & 15 \\ 0 & 0 & 0 & 0 & 2 \\ 0 & 0 & 0 & 2 & 4 \\ 0 & 0 & 0 & 2 & 1 \\ 16 & 2 & 4 & 2 & 0 \end{array} \right] \begin{array}{c} 17 \\ 2 \\ 4 \\ 1 \\ 22 \end{array}
\end{array}
$$

第三步：频数矩阵各行元素分别除以该行上和，即得向上转移的一步转移概率矩阵 P：

$$\begin{array}{c} 岩性状态 \\ \\ - \end{array} \begin{array}{ccccccc} & 1 & 2 & 3 & 4 & 5 & 行上和 \\ 1 & \begin{bmatrix} 0 & 0 & 0 & 0.1176 & 0.8824 \end{bmatrix} & & & & & 1 \\ 2 & \begin{bmatrix} 0 & 0 & 0 & 0 & 1.0000 \end{bmatrix} & & & & & 1 \\ 3 & & & & & & 1 \\ 4 & \begin{bmatrix} 0 & 0 & 0 & 0 & 1.0000 \end{bmatrix} & & & & & 1 \\ 5 & \begin{bmatrix} 0.5000 & 0 & 0 & 0 & 0.5000 \end{bmatrix} & & & & & 1 \end{array}$$

第四步：利用切普曼-柯尔莫哥洛夫方程，由一步转移概率矩阵，计算多步转移概率矩阵，求取固定向量，如上述矩阵经6步转移可趋近于极限概率矩阵：

$$\begin{array}{c} 岩性状态 \\ \\ - \end{array} \begin{array}{ccccccc} & 1 & 2 & 3 & 4 & 5 & 行上和 \\ 1 & \begin{bmatrix} 0.3617 & 0.0426 & 0.0851 & 0.0426 & 0.4681 \end{bmatrix} & 1 \\ 2 & \begin{bmatrix} 0.3617 & 0.0426 & 0.0851 & 0.0426 & 0.4681 \end{bmatrix} & 1 \\ 3 & \begin{bmatrix} 0.3617 & 0.0426 & 0.0851 & 0.0426 & 0.4681 \end{bmatrix} & 1 \\ 4 & \begin{bmatrix} 0.3617 & 0.0426 & 0.0851 & 0.0426 & 0.4681 \end{bmatrix} & 1 \\ 5 & \begin{bmatrix} 0.3617 & 0.0426 & 0.0851 & 0.0426 & 0.4681 \end{bmatrix} & 1 \end{array}$$

即固定向量为(0.3617,0.0426,0.0851,0.0426,0.4681)。固定向量的物理含义是：系统处于某一岩性状态的概率与它在很远的过去在什么状态是无关的，即无论从哪一岩性状态 A_i 出发，当转移步数足够大时，转移到状态 A_j 的概率都接近于一个常数 P_j。据此可判断岩性序列中某岩性状态出现的概率大小，进而解释沉积环境的演化倾向或趋势。在资料充足的条件下，还可据此作相比图及古地理图。表4.1是山东济阳地区的研究区数个钻井及野外实测剖面岩性柱状马尔可夫链计算结果，为对比研究岩性剖面马尔可夫链的稳定性和相似性，每个序列均计算了2～3种链长不同的岩性状态的转移特征，即保持柱状的底界不动，调整上界分别计算。

从表4.1可看出，几个剖面中泥岩所占的比例最大，与陆表海环境中常发育潟湖、泥坪沉积有关；多数剖面均反映出上部砂岩含量较高的特点，即随岩性状态的减少，砂岩的转移概率有所下降，说明上下岩性段马尔可夫链性质稳定性有所变化，形似性减弱，这与上部岩性序列发育河控三角洲沉积体系有关；虎10、ChD2和W7-1井下部表现出较高的灰岩(0.1471,0.1862,0.2049)和泥岩比率(0.4118,0.3968,0.3937)，说明该井位处层曾一度发育局限台地或潟湖沉积。从转移步数来看，QG3井岩性序列的记忆性最差，淄博实测剖面(Zbpm)和W7-1岩性状态的记忆性最好，一方面是实测剖面观察分辨率高，岩性之间的转移频繁有序，二者地理位置距离较近，可比性较强，另一方面从表4.1看出，QG3井岩性较单调，表现出弱的马尔可夫性；ChD2井和W7-1井具有好的含煤性的特征，也可清楚定量地显示出来。因此，用马尔可夫链数学模型研究地层序列可从定量的角度提供诸多地质信息，是对传统研究方法很好的补充。

表 4.1 部分钻井序列的马尔可夫链固定向量

岩性序列信息		固定向量					转移步数
井号	岩性段状态总数	砂岩	粉砂岩	灰岩	煤层	泥岩	
QG3	101	0.33	0.01	0.09	0.1	0.47	6
	70	0.257	0.0143	0.1285	0.1436	0.4567	5
	50	0.24	0.02	0.18	0.1	0.46	6
W7-1	69	0.1029	0.1765	0.1324	0.2500	0.3382	4
	50	0.0816	0.1633	0.1633	0.2449	0.3469	4
	40	0.0259	0.1295	0.2049	0.2460	0.3937	4
ChD2	149	0.0946	0.1486	0.1014	0.2365	0.4189	5
	100	0.0907	0.1199	0.1514	0.2301	0.4079	4
	60	0.067	0.085	0.1862	0.265	0.3968	5
Hu10	53	0.3462	0.0577	0.0962	0.0577	0.4423	5
	40	0.2992	0.0747	0.1255	0.0792	0.4214	5
	35	0.2941	0.0588	0.1471	0.0882	0.4118	5
Zbpm	111	0.1918	0.2973	0.072	0.1457	0.2932	4
	80	0.1899	0.2152	0.1013	0.1392	0.3544	4
	60	0.1858	0.2016	0.1164	0.1332	0.3631	4
	35	0.1765	0.2059	0.0882	0.1765	0.3529	4

(2) 马尔可夫性检验。

马尔可夫链模型的应用并不是适用于所有情况的,在算出一系列岩性状态的转移频数矩阵 N 的基础上,必须首先检验该系统是否具有马尔可夫性,通常是对各岩性状态之间的独立性的零假设检验。即在相继观测到的各岩性状态是与其居前或后继状态无关的,或地层剖面中相邻岩性之间是相互独立的。与零假设相反的是,在各居前和后继状态之间存在着一种相依性,或记忆性,即具有马尔可夫链的性质。检验方法很多,本书的研究利用费史的 χ^2 检验法进行了检验,即设转移频数矩阵:

$$N = \begin{pmatrix} n_{11} & n_{12} & \cdots & n_{1m} \\ n_{21} & n_{22} & \cdots & n_{2m} \\ \vdots & \vdots & & \vdots \\ n_{m1} & n_{m2} & \cdots & n_{mm} \end{pmatrix}$$

其 i 行和 j 列的和分别为

$$n_{i0} = \sum_{j=1}^{m} n_{ij}, \quad n_{0j} = \sum_{i=1}^{m} n_{ij}$$

而总和为

$$n = \sum_{i=1}^{m} \sum_{j=1}^{m} n_{ij}$$

引入统计量：

$$\chi^2 = n \sum_{i=1}^{m} \sum_{j=1}^{m} \frac{\left(n_{ij} - \frac{n_{i0}n_{0j}}{n}\right)^2}{n_{i0}n_{0j}} = \sum_{i=1}^{m} \sum_{j=1}^{m} \frac{(nm_{ij} - n_{i0}n_{0j})^2}{nm_{i0}n_{0j}} \qquad (4.4)$$

当零假设成立时，它服从自由度为 $(m-1)^2$ 的 χ^2 分布。具体做法是：指定一定的显著水平 α，从 χ^2 表中可找到 α 的界限 $\chi^2\alpha$，若根据式(4.4)算出的 χ^2 超过 $\chi^2\alpha$，就认为样本不符合原来提出的假设，从而否定零假设，认为系统具有马尔可夫链的性质。按此方法对各个岩性序列进行检验，结果表明除个别序列表现出弱的马尔可夫性外，多数检验均具有显著的马尔可夫链性质，因此，沉积盆地的岩性状态序列演化规律性可用马尔可夫链模型研究。

4.1.2 陆表海层序地层样式

为了详细划分层序及其内部构成单元(层序建造块)，笔者编制了大量由山东北部淄博煤田至安徽淮南煤田的长距离沉积断面图(高精度的岩心分层和测井资料对比)、各煤田大比例尺沉积断面图(依据密集的钻孔资料)和各体系域单元大比例尺沉积断面网络，以追踪层序和小层序，重建沉积体系域，恢复古地理和古环境。

4.1.2.1 聚煤盆地背景及演变特点

聚煤期前华北是我国形成较早的古隆起区。早元古代末的吕梁运动时期，华北北部边缘的阴山构造带已经出现，秦岭构造带也开始显示。吕梁运动界面之上相继沉积了长城系、蓟县系和青白口系等碎屑岩、泥质岩及硅镁质碳酸盐岩。震旦系属浅海相沉积，而寒武系底部和青白口系间的沉积间断最为重要，表明华北主体部分在距今 7 亿年前后曾一度大规模隆起。寒武系与奥陶系间多为整合接触，在全区均有沉积，属浅海沉积，表明再度沉积后华北古隆起区具有整体性和稳定性的特色。中奥陶世后由于加里东运动影响，华北整体隆起，使上奥陶统至下石炭统缺失。华北地区经历了长期剥蚀、夷平和准平原化，为晚古生代含煤岩系的沉积创造了有利条件。

上石炭统经历了本溪期和太原期两个沉积阶段。本溪期海水从华北东偏北方向向西南侵入，使盆地形成了海陆交替局部含煤沉积，而在盆地的西部、南部及北缘未经海水浸漫之处，仅有陆相沉积或残积物。晚石炭世层序即是在此种背景下形成的。太原期盆地基本继承了本溪期的轮廓，但出现了明显的北偏高南偏低地势，以海相层的分布和整个沉积物物源供给总趋势看，苏皖地区是海水侵入的主要通道。此时盆地最稳定，沉积了最具特色的海陆交替型含煤沉积。山西期盆地虽然继承了太原期的基本轮廓，但北高南低的总趋势加剧，海平面在高频变化的过程中，海水以向南退却为主，出现了进积作用强的浅水三角洲沉积。

4.1.2.2 陆表海盆地二元结构的含煤层序构成样式

图 4.11 是根据华北晚古生代内陆表海海平面变化特点和海陆交替型含煤层序内部

构成单元类型提出的内陆表海盆地含煤地层的层序地层模式。含煤层序为海侵体系域-高水位体系域二元结构型,聚煤盆地为巨型浅碟式受限内陆表海型,与其同期的边缘海部分可能相距较远,或在板块消减及大陆碰撞过程中被破坏掉了。内陆表海盆地与边缘海盆地或大洋之间可能以通道形式相通。

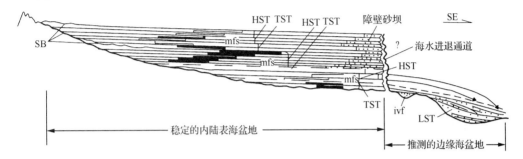

图 4.11 华北稳定内陆表海盆地含煤层序构成模式
ivf.下切谷;mfs.最大海泛面;SB.层序界面;"?"表示不确定

4.2 浅水三角洲含煤盆地层序地层

世界上关于三角洲沉积研究历史悠久,但主要以陆架坡折地区的陡坡三角洲等研究为主,尤其是边缘海盆地的陡坡三角洲研究较成熟。缓坡三角洲与陡坡三角洲有明显的不同,陡坡三角洲物源供给方向明确,短距离可追踪对比分析,局部露头或者小范围内钻井分析可将其识别出来并对比,而缓坡三角洲因其分布广泛,物源可能分散多变,且横向对比困难,需要大量的地质资料来识别对比,因此,研究缓坡三角洲沉积充填机制与对比具有很大的难度。近年来,我国已经发现陆表海地区因发生海退形成的近海盆地缓坡三角洲(如华北、鄂尔多斯等)(胡平等,2006;胡益成和廖玉枝,1999;胡益成等,1997;傅恒等,1996;黄乃和等,1994;何起祥等,1991;韩树棻,1990)能够成为重要的聚煤和油气勘探区,而目前关于缓坡三角洲尤其是陆表海盆地海退期的缓坡三角洲的充填机制与等时性对比一直没有弄清楚,这直接影响了能源勘探预测,因此,研究缓坡三角洲沉积旋回特点具有重要的理论意义。我国晚古生代华北板块为基底较缓的大型拗陷盆地(胡平等,2006;傅恒等,1996;何起祥等,1991;韩树棻,1990),由晚石炭至晚二叠世盆地属性发生了一定改变,华北板块在晚石炭—早二叠世为典型的陆表海沉积(傅恒等,1996),盆地受到了多次海侵海退影响,至中二叠世华北地区尤其是华北中北部转变为近海盆地的三角洲沉积(韩树棻,1990),由于其基底地势平缓形成了分布广泛的缓坡三角洲沉积,发育了大量的泥炭沼泽。晚二叠世由于海水已经退出,则转为近海内陆河湖沉积(傅恒等,1996;韩树棻等,1990;何起祥等,1991;胡平等,2006;胡益成等,1997;胡益成和廖玉枝,1999;黄乃和等,1994),其中,中二叠世沉积地层在华北中北部相当于山西组,其横向分布和沉积序列表明该套地层为典型的缓坡河控三角洲,而位于华北中北部偏东地区的鲁西南地区是山东地区的重要煤炭生产基地,经过多年煤炭开采与勘探研究,积累了丰富的地质资料和内容详实的科研成果,为此,本节以鲁西南二叠纪近海盆地的三角洲沉积为主要研究目标,研究其沉积旋回特点及古地理演化,对于鲁西南二叠系三角洲乃至缓坡三角洲沉积研究具有一定的理论意义。

4.2.1 沉积学研究

本次研究了大量的钻孔资料,并对淄博野外露头进行实测,采用的钻孔达 200 余个。研究发现,山西组主要是以砂泥沉积河控浅水三角洲沉积体系为主,主要存在着灰黄色粗砂岩相、浅灰色中砂岩相、浅灰色细砂岩、深灰色互层的泥岩与粉砂岩、煤、暗色泥岩相共六种岩相。每种岩相的沉积构造、形成环境见表 4.2 和表 4.3。

4.2.1.1 分流河道相(MS 与 CS 相组合)

这种组合一般形成于山西组中每个沉积旋回最底部,一般是灰黄色粗砂岩(CS)在最底部,浅灰色中砂岩(MS)在灰黄色粗砂岩 CS 之上,也可只出现多套 CS 组合,缺少 MS,应该属于正旋回序列。一般说来,灰黄色粗砂岩主要是发育大型的槽状交错层理和

表 4.2 鲁西南山西组岩相划分表

代号	岩相	沉积构造	环境解释	微相
CS	灰黄色粗砂岩	发育槽状及板状交错层理,局部含有石英砾,成熟度相对较低,分选较差,磨圆度较差,厚度在 6.0m 左右	形成于三角洲分流河道底部,在河道摆动初期沉积形成	分流河道
MS	浅灰色中砂岩	发育楔形、小型槽状交错层理,局部发育了大型的板状交错层理,分选性较好,磨圆度较好,厚度从 0.5~10.0m 不等	形成于分流河道摆动中晚期,河道相对稳定,在河流入海口处卸载沉积	分流河道、河口砂坝
FS	浅灰色细砂岩	下部可见小型的槽状、楔状交错层理,上部以平行层理、板状交错层理为主,砂岩成熟度中等,局部成熟度较低,磨圆度中等,易破碎,泥质胶结,可见白云母及少量的植物碎屑和化石,厚度从 3~5m 不等	形成于分流河道两侧沉积物的底部,或河口卸载沉积物的中上部	天然堤、决口扇、河口砂坝
MFS	深灰色互层的泥岩与粉砂岩	粉砂岩中发育小型槽状或缓波状交错层理,泥岩中发育水平层理,含菱铁质结核和泥砾,局部见植物茎叶化石。厚度从 0.1~10m 不等	形成于分流河道两侧沉积物的中上部、河道之间的洼地,或者形成于河口沉积物前方,经过海水改造沉积	天然堤、分流间湾、远砂坝
CB	煤	含植物茎叶化石,局部发育小型的波状层理,含有黄铁矿	形成于发育有大量植物及能够保存植物碎屑的河道之间的洼地	泥炭沼泽
DM	暗色泥岩	含植物根茎叶化石、动物化石及黄铁矿和菱铁质结核,可见小型的水平层理	在河道之间的洼地,稳定的海水中沉积	分流间湾、前三角洲、海湾或浅海

表 4.3 研究区沉积相及亚相划分

沉积体系类型	沉积亚相	主要沉积微相类型
浅水三角洲	三角洲平原	分流河道
		分流间湾、天然堤、决口扇
		泥炭沼泽
	三角洲前缘	水下分流河道、河口坝
		远砂坝
	前三角洲	

板状交错层理,其中层理规模向上逐渐变小,砂岩分选性较差,成熟度较低,次棱角状,局部含石英砾,直径在2mm左右。浅灰色厚层中砂岩可见大量的槽状、板状及楔状交错层理,层理规模向上逐渐变小,砂岩粒度也逐渐变小,砂岩成熟度中等,次圆状,分选性较好。这种组合一般形成于水动力条件相对较强的环境中,在本区主要形成于分流河道相。通过钻井发现,分流河道在鲁西南地区较为发育,往往形成多套叠置的砂体。

4.2.1.2 河口砂坝相(MS 与 FS 相组合)

这种组合一般形成于山西组的底部,其沉积速率较高,以细砂为主,局部可见中砂岩,具有板状、楔状交错层理和大型低角度交错层理,局部夹泥质条带,砂岩的成熟度较高,分选性较好,磨圆度较好,砂岩内部可以见到多套沉积韵律,该套组合在鲁西南的南部地区较为常见,如滕县煤田等,向北逐渐减少,层数及规模变小。这种组合一般形成于水动力条件变缓地方,本区主要形成于河口砂坝相。

4.2.1.3 天然堤相(FS 与 MFS 相组合)

这种组合一般形成于山西组中每个沉积旋回的中部,主要是沉积于河道两侧,是分流河道两侧的天然堤坝。主要岩性为灰—浅灰色细砂岩,黄褐色粉砂岩和泥岩,发育小型的波状、槽状及楔状交错层理,局部可见爬升波痕层理,含有植物碎片,在研究区鉴别难度大。

4.2.1.4 决口扇相(MS、FS 与 MFS 相组合)

决口扇相主要是由于洪水或高水位期河道水漫溢出河床形成的,有的部分顶部颗粒变粗,变为细砂岩,主要是由洪水河水侵浸天然堤之上形成,以浅灰色细砂岩为主,局部含有中砂岩,向上变为泥岩与粉砂岩互层,砂岩杂基较多,分选和磨圆度中等,沉积序列中下部为小型板状交错层理,上部演变为水平层理和块状层理,这种组合也较难发现(图4.12)。

4.2.1.5 分流间湾相(DM 与 MFS 相组合)

主要发育于每个沉积旋回顶部,在平面上,形成于分流河道之间的洼地,主要是由于洪水期水位漫过天然堤在分流之间的洼地形成了一些积水洼地,这些洼地可以和海水相

图 4.12 各种岩相特征

通受到海水侵扰,因此形成了大量的黄铁矿,泥岩中发育了大量的水平层理和波状层理,层理规模较小,局部可见破碎的茎叶化石等,泥岩中夹有粉砂质条带,成透镜状分布。分流间湾在本区分布广泛,局部地区与天然堤等难以分清。

4.2.1.6 泥炭沼泽相(DM 与 CB 相组合)

泥炭沼泽相形成于发育植物生长的分流间湾,主要形成于三角洲平原上的分流河道之间的洼地,该区覆水较浅,植物大量发育,主要由含有机质的黑色、深灰色泥质岩、黏土岩和煤层组成,发育水平层理和块状层理,可见黄铁矿、菱铁矿和植物茎叶化石,泥炭沼泽相严格受到河道影响和控制。

4.2.1.7 远砂坝相(MFS)

远砂坝相为河口砂坝的远端部分,以砂泥互层沉积为主,具有透镜状层理或平行层理,存在砂泥互层沉积的复合层理,反映分流河道所携带沉积物的注入作用、波浪作用和水体悬浮物质沉积之间的相互作用,见有少量的植物化石碎屑。

4.2.1.8 海湾或滨浅海相(DM)

本区可见含有菱铁质结核的海相泥岩、粉砂岩,含有正常海水的实体化石。该相主要发现于山西组和太原组分界处,反映出海水退出本区前的最后一次海水覆盖期。

4.2.2 沉积对比分析

根据大量沉积断面网络图(图 4.13)和砂体图[图 4.14(a)、图 4.15(a)、图 4.16(a)、图 4.17(a)],可以看出,研究区浅水三角洲沉积体系具有以下几个特点。

(1) 三角洲朵体呈由北而南的展布特点。从济宁煤田巨大的三角洲平原砂体(多个分流河道砂体组成)到滕县煤田的小型透镜状砂体,表明沉积体系的基本格局大致以济宁—滕县一线为界,其北部为上三角洲平原,分流河道特别发育,覆水较浅,沉积体延伸方向由北而南。其南部为下三角洲平原,覆水略深,发育水下分流河道、河湾和洼地沉积。济宁煤田砂体形态由北而南延伸,表明分流河道呈南北向展布,物源来自北方。而位于鲁西南地区中西部的巨野、金乡等煤田,三角洲朵体呈自西而东展布,物源区来自西方,表明层序 12 早期形成时期,三角洲研究区为一大型复合型三角洲体系,分流河道密布,方向交错,且迁移性强。有些地区可能发育决口三角洲,其分布范围也较大。

(2) 高水位体系域单元三角洲沉积体系是在海侵体系域沉积体系废弃的基础上发育起来的,此时的三角洲体系向南推进。整个鲁西南地区基本上为浅水三角洲平原部分。从各煤田沉积断面图上可以看到多次分流河道砂体的更迭。济宁煤田高水位体系域砂体图显示该地区主要发育上三角洲平原,由北而南延伸的河道宽而且分叉,其间为分流间洼地细粒及泥质沉积,具植物根化石。滕南地区为一个三角洲朵体,其西部该朵体迅速变薄、尖灭。滕南地区西部的高水位体系域单元地层厚度很小(一般小于 1m),而 3$_\text{上}^\#$煤层、3$_\text{下}^\#$煤层距离很近(有时仅隔一层夹矸)。由于该两单元中砂岩占很大比例,为单元的骨架部分,所以砂分散体系也基本上反映单元地层厚度的变化规律。

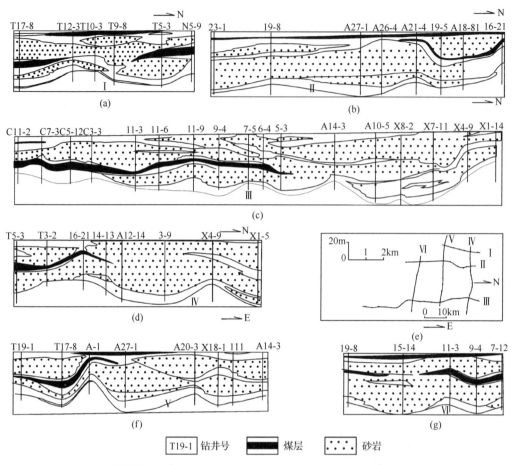

图 4.13 济宁煤田层序 12 中海侵体系域和早期高水位体系域单元沉积断面图

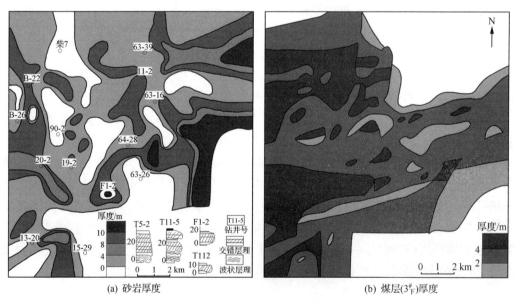

图 4.14 滕南煤田层序 12 砂岩厚度和煤层（$3^{\#}_{下}$）厚度图

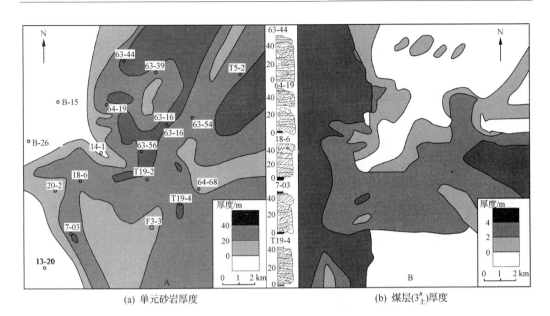

图 4.15 滕南煤田层序 12 高水位体系域单元砂岩厚度和煤层($3_上^\#$)厚度图

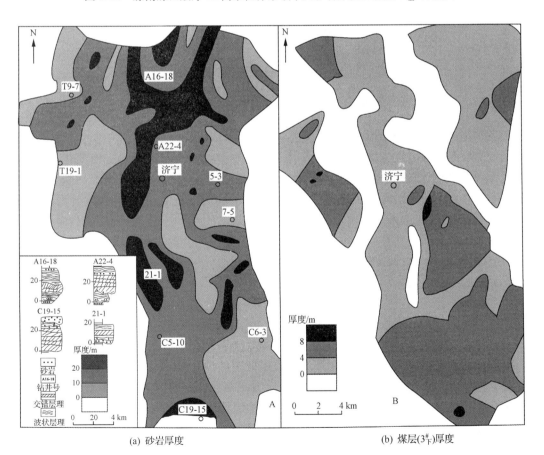

图 4.16 济宁煤田层序 12 海侵体系域砂岩厚度和煤层($3_下^\#$)厚度图

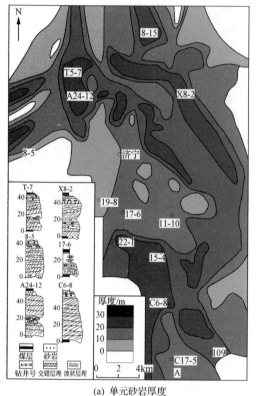 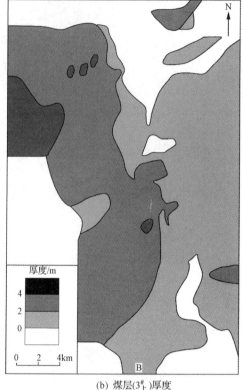

(a) 单元砂岩厚度　　　　　　　　　(b) 煤层($3^{\#}_{上}$)厚度

图 4.17　济宁煤田层序 12 高水位体系域单元砂岩厚度和煤层($3^{\#}_{上}$)厚度图

高水位体系域沉积早期,沉积体系基本继承了下部沉积体系的类型和特点,在一次高级别(三级)海侵之后发生缓慢海退。海退过程中也曾经发生过高频海平面变化,但远不像晚石炭世早、中期的海平面变化那样具有动荡性。盆地基底构造活动开始活跃,盆地地势的南北差异开始明朗化。层序 12 沉积之后,由于后期构造活动加剧,在北升南降格局的背景下,三角洲快速推进。由于盆地总体覆水较浅,三角洲主体为平原沉积,而三角洲前缘和前三角洲不甚发育。三角洲的一次发育、发展至废弃的过程代表了一种周期性自旋回过程,或称幕式旋回。因而层序 12 上部的沉积单元应是一种周期性地层单元,可以进行全盆地范围的追踪和对比。

4.3　大型陆相聚煤盆地层序地层

虽然层序地层学是起源于海相环境的层序概念,但经过必要的修改后,可以应用于完全属于非海相成因的层序,尽管不存在可对比的海相界面。研究区鄂尔多斯盆地中侏罗世延安组沉积期,湖泊范围巨大,与海相的层序地层特征极为类似。

4.3.1　关键的层序地层界面特征

层序界面的识别标志有许多,如广泛出露地表的陆上侵蚀不整合面,地层颜色、岩性以及沉积相垂向不连续或错位的界面,伴随湖平面下降,由河流的回春作用形成的深切谷底界面,相对湖平面明显下降造成的古生物化石断带或灭绝界面,岩相或地层产状突变界面,体系域类型或准层序类型突变界面,地震剖面中地震反射终止关系为削蚀、顶超、上超、下超等类型的界面等。研究区可以识别出的层序界面主要为区域不整合面、古生物组合突变面和湖平面相对下降河流回春作用形成的河道砂体冲刷面及其对应界面。

(1) 区域不(假)整合面:延安组底部或沉积于早侏罗世富县组之上,或沉积于晚三叠世延长组之上,其间为一不整合面;延安组与上覆直罗组之间的古剥蚀面,由于燕山运动Ⅰ幕造成延安组强烈剥蚀,均为典型的层序地层界面。

(2) 河流下切谷及其充填物:基准面下降期间,河道砂体对下伏地层造成强烈的冲刷。这种河道砂体一般厚度较大、分布稳定,代表基准面的剧烈下降,之后代表一个新层序的开始,可对比性强。研究区延安组底部的宝塔山砂岩、上覆直罗组底部的直罗砂岩,均为明显的河道冲刷层序界面。

(3) 典型的河道冲刷面:河道砂岩的发育随着基准面的上升和下降而变化,当基准面大幅度下降时,河道沉积广泛发育,形成了粒度较粗、厚度较大、延伸范围较广的砂岩,区域可对比性强。在河道砂岩的底部都伴有大的冲刷面,与下覆地层呈沉积间断接触关系,且底部含有大量的河床滞留砾石。这样的冲刷界面往往代表层序地层界面(图4.18)。

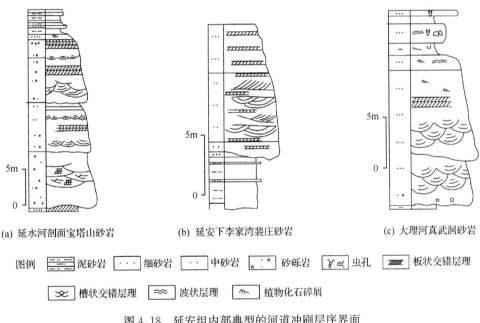

图4.18 延安组内部典型的河道冲刷层序界面

(4) 岩性域颜色突变界面:延安组与下伏富县组之间多为连续沉积,富县组上部发育一套花斑泥岩或紫杂色泥岩,延安组底部发育含大量植物根化石灰色泥岩(根土岩、铝土岩)或厚层河道砂岩(宝塔山砂岩),岩性及颜色变化容易区分二者,是明显的层序界面。延安组以灰白色为主,上覆直罗组以青色为主,二者颜色突变明显,为层序转化的界面。

(5) 古生物组合突变面:延安组与下伏富县组之间的界线存在古植物组合的突变,该界线位于瓣鳃类(*Ferganoconcha sibirica-Unio*)组合与 *Ferganocon-cha* 组合之间,叶肢介 *Paleolimnadiopsis* 组合之顶,古植物 *Coniopteris-Phoenicopsis* 组合与 *Czekanowskia-Phoenicopsis* 组合之间,孢粉 *Cyathidities-Classpollis* 亚组合与 *Paleoconiferus-Pseudopinus* 组合之间。延安组与上覆直罗组之间存在生物古生物组合的突变,界线位于瓣鳃类 *Ferganocancha sibirica-Unio* 组合和古植物 *Coniopteris-Phoenicopsis* 组合之顶,孢粉 *Deltoidospora-Quadraeculina* 组合与延五段 *Cyathdites-Cycadopites* 亚组合之间。

(6) 最大湖泛面:研究区最大湖泛面主要有两种类型,第一种是在盆地边缘的湖岸平原或三角洲平原,湖泛期广泛发生沼泽化,发育煤层。这些煤层往往代表基准面上升晚期到下降初期,大致可以与湖泛面对应。且煤层在空间上具有良好的可对比性,是层序地层对比的一个重要标志。第二种是盆地中部水体相对较深的区域,泥岩凝缩层的发育代表最大湖泛面,一般位于厚层泥岩的中部,在测井曲线上表现为高 GR 值和低电阻率值,即俗称的"泥脖子"段顶部。

4.3.2 层序地层划分方案

根据各标志层及其对应的层位,延安组地层可以划分为 3 个层序(见表 4.4),9 个体系域,层序Ⅰ底界面也为延安组与下伏富县组或延长组的界面,也为延一段底部宝塔山砂岩底界面及其对应界面,顶界面为延三段中下部裴庄砂岩底界面及其对应界面,大致与延一段、延二段和延三段底部相对应;在靠近陆地一侧以 5-1# 煤的顶界面作为最大湖泛面,大范围的湖侵导致成煤作用的结束,在靠近湖区的一侧,最大湖泛面应在 5-1# 煤上部的泥岩段中,可根据岩性粒度变化、充填序列、准层序的叠置样式或测井曲线等辅助识别,在湖区没有煤层发育的地区,最大湖泛面一般存在于厚层泥岩的中部,也是根据前述的方法识别。层序Ⅱ的底界面为延三段中下部裴庄砂岩底界面及其对应界面,顶界面为延五段底部的真武洞砂岩及其对应界面,基本与延三段中、上部及延四段相对应;在靠近陆地一侧以 3-1# 煤的顶界面作为最大湖泛面,在靠近湖区的一侧,最大湖泛面一般在 3-1# 煤的下部,由于延三段湖扩张达到鼎盛时期,靠近湖区一侧水体相对较深,在最大湖泛期之后湖水逐渐变浅的情况下,才能够大范围地发育煤层;在湖区不发育煤层的地区,最大湖泛面一般发育在厚层泥岩中。层序Ⅲ底界面为延五段底部真武洞砂岩的底界面及其对应界面,顶界面为延安组与直罗组之间的界面,直罗组底部一般发育厚度较大、粒度较粗的直罗砂岩,颜色也与延安组有所不同,因此,此界面易于识别;该层序内发育两套厚度较大的砂岩,下部的真武洞砂岩和上部的卫星砂岩,每套砂岩上部发育泥岩、煤层沉积,以真武洞砂岩上部的 1-2# 煤(东胜地区称 2-2# 煤)的顶界面或与之对应的厚层泥岩段中部为最大湖泛面,有测井曲线的地区可以根据测井曲线进行识别,主要表现为极高的 GR 值,俗称的"泥脖子"。该时期湖泊强烈萎缩为数个范围不大的局限湖泊。

表 4.4 鄂尔多斯盆地延安组层序地层划分方案

统	组	段	煤组	标志层	层序	体系域	关键层序界面
	直罗组			直罗砂岩			SB-直罗砂岩底界面及其对应界面
中侏罗统 J₂	延安组	延五段	1#	卫星砂岩 真武洞砂岩 (S4)	SqⅢ	HST	mfs-1-2#煤顶界面及其对应界面
						EST	
						LST	SB-真武洞砂岩底界面及其对应界面
		延四段	2#		SqⅡ	HST	mfs-3-2#煤顶界面及其对应界面
						EST	
		延三段	3#	裴庄砂岩 (S3)		LST	SB-裴庄砂岩底界面及其对应界面
		延二段	4#	A标志层 小街砂岩 (S2)	SqⅠ	HST	mfs-5-2#煤顶界面及其对应界面
						EST	
		延一段	5#	B标志层 宝塔山砂岩		LST	SB-宝塔山砂岩底界面及其对应界面
J₁f	富县组						
T₃y	延长组						

4.3.2.1 典型钻孔的沉积与层序地层特征

选取三个具有代表性的钻孔进行沉积相及层序地层分析。

1. 神木考考乌素沟剖面沉积相-层序地层特征

考考乌素沟延安组剖面位于陕西省榆林市神木县境内的考考乌素沟内,该剖面揭露的延安组地层齐全,五个段的地层均能见到,是盆地北部延安组地层一个很好的观测点。该地区汉族要发育细砂岩、粉砂岩、泥岩和煤层,细砂岩含量不大,粉砂岩、泥岩含量相对较大,煤层也较发育,以三角洲-湖湾沉积为主。

延一段沉积期主要发育三角洲沉积,由三角洲平原逐渐过渡为三角洲前缘,砂岩中可见楔状交错层理、平行层理等,泥岩中主要发育水平层理、波状层理,常含植物碎屑化石,发育煤层(5-1#,5-2#),煤层底部可见根土岩。延二段沉积期,湖水迅速扩张,由三角洲沉积迅速过渡到湖湾沉积,主要发育厚度较大的泥岩夹薄层砂岩,泥岩中可见瓣鳃类化石。之后湖水逐渐退却,由湖湾沉积逐渐过渡为三角洲前缘沉积,发育河口坝、分流间湾沉积,并有煤层发育(4-3#)。随着湖水继续退却,三角洲前缘逐渐转化为三角洲平原沉积,分流河道砂岩中可见楔状交错层理,在三角洲平原上发育了厚度较大的煤层(4-2#)。这期三角洲平原沉积一直持续到延三段早期。之后,三角洲平原大范围进积,沉积了厚度较大、分布范围较广、稳定性较好的砂岩,俗称裴庄砂岩,常作为区域对比的标志层。该地区持续以三角洲平原沉积为主,主要发育下部砂岩、上部泥岩夹煤层的沉积旋回,在三段顶部沉积期湖水有所扩张,在该地区发育了厚度较大的 3-1# 煤层,在煤层顶部泥岩中可见瓣鳃类化石。延四段沉积期仍以三角洲平原沉积为主,在本段顶部发育了厚度较大的 2-2# 煤层。延五段沉积早期发育了一套厚度相对较大的砂岩,俗称"真武洞砂岩",该砂岩在本地区厚度不大,但是稳定性好,分布广泛,常作为区域对比的标志层。该时期仍以三角洲沉积为主,几乎不发育厚层泥岩,反映了该时期水位明显降低。在本段的中部和顶部各发育一层煤,上部的煤层厚度较大(1-2#)(图 4.19)。该地区煤层主要发育在三角洲平原泥炭沼泽环境。

根据沉积相反映出来的基准面的升降,将本地区划分为 3 个三级层序,下部的层序 I 底界面为延安组和富县组界限,顶界面为延三段中下部的裴庄砂岩底界面,最大湖泛面位于 5-1# 顶部与上覆厚层泥岩之间的界面。中部层序 II 的顶界面为延五段底部的真武洞砂岩底界面,最大湖泛面位于 3-1# 顶部与上覆泥岩之间的界面。上部的层序 III 为延五段在真武洞砂岩底界面以上的部分,最大湖泛面位于中部煤层的顶界面。3 个层序均发育 3 个体系域(图 4.19)。该地区厚煤层主要发育在湖侵体系域的中晚期和高位体系域的晚期。

2. 黄陵葫芦河剖面沉积相-层序地层特征

葫芦河剖面出露于黄陵地区张村驿镇—直罗镇地区葫芦河岸公路一侧的峭壁,底部与下伏的富县组花斑泥岩整合接触,顶部与直罗组的含砾粗砂岩假整合接触。该地区底层保存不全,缺失延五段,延四段保存也不完整。延一段不发育宝塔山砂岩沉积,主要发育厚度不等的泥岩、粉砂岩、细砂岩互层沉积,可见水平层理、波状层理、板状交错层理、植物碎屑、黄铁矿结核等,为滨浅湖沉积。延二段早中期继承了延一段的沉积特征,仍为滨浅湖沉积,但水体有所加深,局部可见淡水瓣鳃类化石。延二段中晚期,主要发育厚层泥岩,发育水平层理、波状层理等,可见菱铁矿结核,上部发育薄层粉砂岩,可见变形层理、植物碎屑等,为浅湖-半深湖沉积。延三段沉积早期,发育厚度较大的石英细砂岩,与延二段相比水体明显变浅,应为滨湖滩坝沉积。之后发育薄—中层的粉砂岩与泥岩互层,可见波状层理、水平层理、变形层理、黄铁矿等,为浅湖沉积;之后发育厚层泥岩,可见水平层理和菱铁矿结核,偶见植物碎屑,为浅湖-半深湖沉积;之后逐渐发育薄层细砂岩。延四段沉积早期,发育细砂岩与泥岩互层,反映水体变浅,主要为浅湖沉积。延四段晚期,发育厚层石英砂岩沉积,可见板状交错层理、水平层理等,为三角洲前缘水下分流河道沉积(图 4.20)。

根据沉积特征反映的基准面升降,可识别出 2 个层序,层序 I 底界为延安组与富县组的界线,顶界面为延三段中下部厚层砂岩的顶界面,最大湖泛面位于延二段中下部含瓣鳃类化石的浅湖泥岩中,强制湖退体系域底界面位于延三段中下部厚层砂岩底界面,与下伏岩性呈突变接触。层序 II 顶界面即为延四段与直罗组的接触面,最大湖泛面位于延三段中上部厚层泥岩中,之上为高水位体系域;本地区不发育煤层(图 4.20)。

3. 焦坪露天矿剖面沉积相-层序地层特征

该剖面位于铜川市焦坪镇的露天矿的峭壁,延安组下伏紫红色高岭石黏土岩和砂质岩,呈假整合接触;延安组上部受到后期剥蚀严重,仅保留延三段的部分,与上覆直罗组厚层粗砂岩呈冲刷接触。

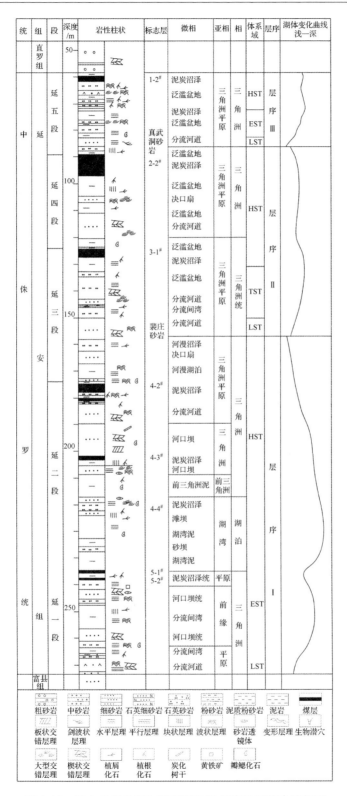

图 4.19 神木考考乌素沟剖面沉积相-层序地层综合柱状图

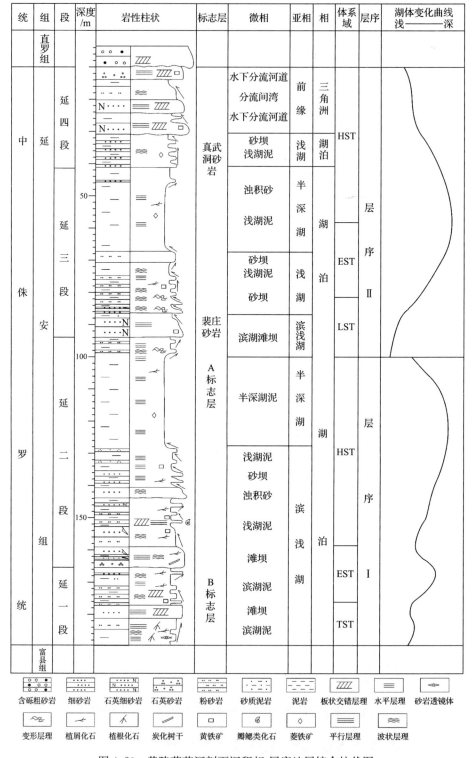

图 4.20 黄陵葫芦河剖面沉积相-层序地层综合柱状图

延一段主要发育厚煤层、炭质泥岩、石英砂岩、粉砂岩和泥质岩等,石英砂岩呈正粒序,可见平行或块状层理,冲刷下伏煤层,砂岩粒度曲线呈两段式或一段式,为曲流河的决口水道沉积,反映了以河流泛滥平原沼泽为主的沉积环境。延二段下部发育厚层含砾粗砂岩,正粒序,可见槽状、板状交错层理等,粒度曲线呈两段式,以跳跃总体为主,为河道沉积。该套粗砂岩俗称"小街砂岩",主要分布在盆地南部地区。延二段上部发育泥岩、粉砂岩沉积,可见波状层理、变形层理、植物根、植物碎屑、黄铁矿结核及瓣鳃类化石,主要为河流泛滥湖泊沉积。延三段沉积早期发育含砾粗砂岩沉积,发育槽状交错层理,向上过渡为细砂岩、粉砂岩沉积,可见虫孔等,为曲流河道沉积。之后主要发育泥岩、粉砂岩,夹厚度不大的正粒序砂岩沉积,具波状层理,粒度曲线为五段式,为河流决口扇沉积。延三段上部发育厚度较大的粉砂岩,为河流泛滥平原沼泽沉积(图4.21)。该地区煤层主要发育延一段河流泛滥平原的泥炭沼泽环境。根据沉积特征反映出来的基准面升降,可在该地区识别出2个三级层序。层序Ⅰ底界面为延安组与富县组假整合界面,顶界面为延三段下部含砾粗砂岩底界面,发育湖扩张和高位体系域,最大湖泛面位于延一段上部煤层的顶界面;不发育低位体系域,煤层主要发育在湖侵体系域。层序Ⅱ顶界面为延安组与直罗组的界面,发育3个体系域,最大湖泛面位于延三段中上部局限湖泊泥岩中(图4.21)。

4.3.2.2 典型剖面层序地层格架下的沉积特征

为进一步研究延安组的层序地层格架和沉积发育在区域上的特征,选取两条基干断面进行分析,分别位于延安组残存地层区的东缘和中南部。由于延安组地层东部剥蚀严重,残存地层的东界面恰好跨越湖泊的中部,且野外露头剖面较多,从盆地北缘、中部湖泊区到盆地南部边缘均有分布,因此,这条露头带极为重要;此外,在盆地中南部选择一条代表性的剖面进行层序地层-沉积研究。

1. 东缘南北向剖面层序地层-沉积相特征

本剖面的地层发育表现为北厚向南部减薄的特征,南部地层薄的原因除了沉积早期地势较高、构造沉降较弱外,还受到后期强烈剥蚀,延安组上部地层保存较差。从层序的发育和保存程序来看,中北部地区发育3个层序,且层序的体系域发育较为齐全;中南部葫芦河地区层序Ⅲ基本没有保存,南部焦坪地区,层序Ⅰ不发育低位体系域,层组Ⅱ保存不完整,顶部受到一定程度剥蚀(图4.22)。

层序Ⅰ的低位和湖侵体系域沉积期,北部和中部地区发育厚层辫状河道沉积,并逐渐过渡为滨浅湖沉积;中北部地区发育曲流河沉积并逐渐过渡为三角洲前缘为主的沉积;中南部地区发育滨浅湖沉积,并向半深湖过渡;南部地区主要为曲流河沉积;该时期煤层主要发育湖侵体系域晚期,盆地南部的曲流河泛滥平原沼泽普遍发育厚煤层,盆地中、北部的滨浅湖沼泽也有厚度不大的煤层发育。高位体系域沉积期,北部地区由滨浅湖沉积逐渐演变为三角洲前缘、平原沉积;中北部地区仍以滨浅湖为主;中南部地区以半深湖沉积为主;南部地区仍为曲流河沉积;该时期煤层主要发育在盆地中北部的局限湖泊、滨湖沼泽和三角洲平原沼泽。

层序Ⅱ的低位和湖侵体系域沉积期,北部地区发育三角洲平原并逐渐过渡为滨浅湖,中北部地区为滨浅湖沉积,中部地区由三角洲前缘演化为滨浅湖沉积,中南部地区由滨浅

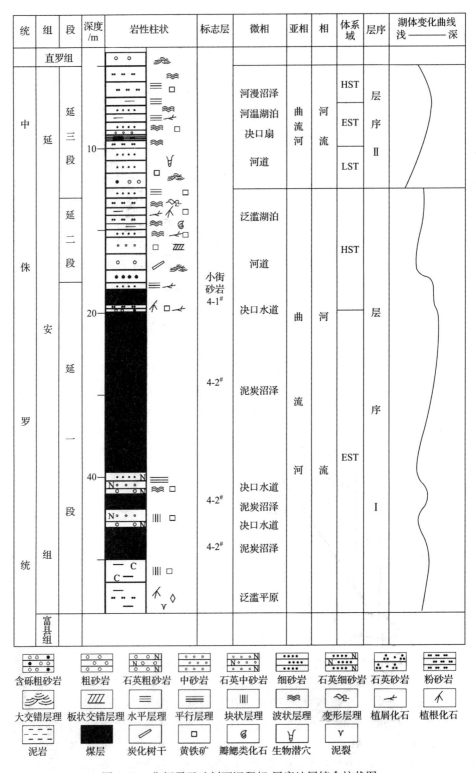

图 4.21 焦坪露天矿剖面沉积相-层序地层综合柱状图

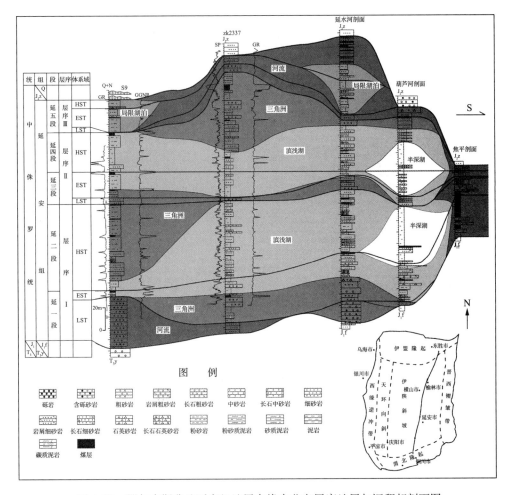

图 4.22　鄂尔多斯盆地延安组地层东缘南北向层序地层与沉积相剖面图

湖转为半深湖沉积,南部地区仍为曲流河沉积;该时期仅在盆地北部湖侵体系域晚期有煤层发育。高位体系域沉积期,盆地北部为滨浅湖沉积,中北部地区由滨浅湖演变为三角洲前缘、平原沉积,盆地中部为滨浅湖沉积,中南部由半深湖演变为滨浅湖沉积,南部为曲流河沉积;该时期厚煤层主要发育在高位体系域晚期的三角洲平原沼泽和滨湖沼泽,在体系域早期的滨湖沼泽也有煤层发育。

层序Ⅲ沉积期的沉积相发育相对简单,北部为河漫湖泊沉积,中北部为曲流河沉积,中部早期为曲流河沉积,逐渐过渡为河漫湖泊沉积。层序Ⅲ沉积期,煤层主要发育在北部地区湖侵体系域晚期和高位体系域晚期的局限湖泊、曲流河泛滥平原环境。该层序不发育强制湖退体系域。在中南部、南部地区,地层受到后期剥蚀严重,导致层序Ⅲ缺失。

2. 中南部东西向剖面层序地层-沉积相特征

本剖面的地层发育整体表现为中部厚、西部次之、东部最薄,地层大都保存不全,缺失延五段,仅在中西部和中部地层保存较全。从层序发育和保存程序来看,层序Ⅰ、Ⅱ保存较全,发育 3 个体系域;层序Ⅲ在中西部和中部地层保存较全,发育 3 个体系域(图 4.23)。

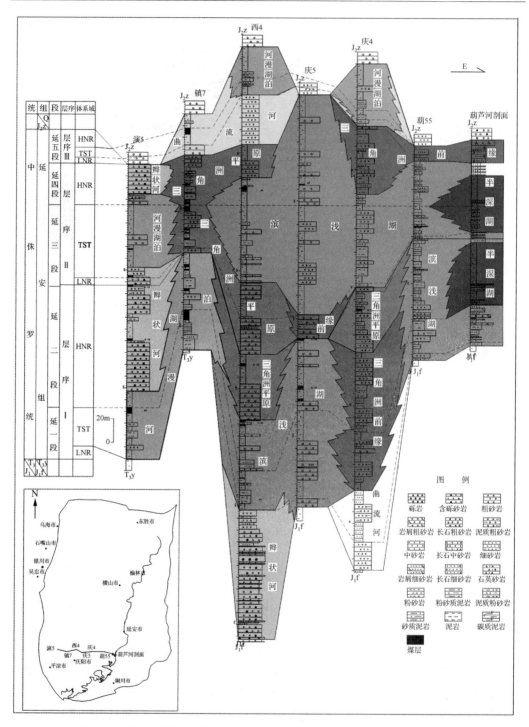

图 4.23 鄂尔多斯盆地延安组地层中南部东西向层序地层与沉积相剖面图
LNR. 低位正常海退体系域；TST. 海侵体系域；HNR. 高位正常海退体系域

层序 I 沉积期，西部地区不发育低位体系域，主要发育局限湖泊沉积，西部地区高位中晚期发育辫状河沉积；中西部地区低位期发育辫状河沉积，湖侵和高位早期发育滨浅湖沉积,高位晚期发育三角洲平原沉积;中部主要发育滨浅湖沉积;中东部低位和湖侵早期发育曲流河沉积,湖侵晚期和高位早中期发育三角洲前缘,高位晚期发育三角洲平原沉积;东部地区主要发育滨浅湖沉积,东段高位期发育半深湖沉积。该时期煤层主要位于中西部的湖侵体系域晚期和高位体系域晚期,发育在局限湖泊沼泽、滨湖沼泽和冲过积平原沼泽。层序Ⅱ低位期,西部发育辫状河沉积,中西部、中部发育三角洲平原、前缘沉积,东部发育滨浅湖沉积。湖侵期,西部发育局限湖泊沉积,中西部发育三角洲平原沉积,中部主要发育滨浅湖沉积、东部主要发育半深湖沉积。高位期,西部发育辫状河沉积,中西部发育三角洲平原沉积,中部主要发育滨浅湖沉积、中东部主要发育三角洲前缘沉积,东部主要发育滨浅湖、半深湖沉积。该时期煤层主要发育在中西部的湖侵体系域早、晚期和高位域中期,发育在三角洲平原和滨湖沼泽环境。层序Ⅲ沉积期,中西部主要发育曲流河沉积,高位晚期有局限湖泊发育;中东部主要为局限湖泊沉积。该时期煤层主要发育在中西部湖侵晚期,发育在曲流河泛滥平原沼泽环境。

通过对上述两条基干剖面层序地层和沉积相发育特征分析发现,研究区延安组发育3个三级层序,层序的保存程度西北部较好,向东部,特别是向西南部、南部明显变差,南部地区层序Ⅱ大都保存不全。煤层主要发育在层序的湖侵体系域和高位体系域晚期,其次为湖侵体系域和高位体系域早期。

4.4 断陷聚煤盆地层序地层

在陆相盆地中,除了拗陷盆地之外,还有一种广泛分布的盆地类型,即断陷盆地。单个的断陷盆地往往规模不是很大,但常常成群出现,形成规模巨大的盆地群,如二连盆地群。如果该盆地群中发生聚煤作用,也可以形成巨大的煤炭资源量。因此,研究断陷盆地的沉积特征、层序地层格架及其聚煤规律,对于深化陆相盆地成煤作用和指导陆相断陷盆地煤炭资源勘探,具有重要的理论和实际意义。本节以山东黄县盆地古近纪含煤岩系和柴达木盆地侏罗纪含煤岩系为例,分析断陷盆地的聚煤作用规律。

4.4.1 黄县盆地层序地层划分与对比

4.4.1.1 层序界面的确定

在黄县断陷盆地沉积充填序列中,下列几种界面为层序划分界面。

1. 构造运动界面——区域性不整合面

该运动界面是指在全盆地范围内发育的不整合面,并可与区域构造运动事件进行对比,如黄县组与盆地基底岩系白垩系青山组之间为不整合面,该界面为燕山运动第Ⅴ幕所形成。该界面上下为两套截然不同的沉积组合序列。另一个重要的构造运动界面为上、古近系之间的界面,由喜马拉雅运动所形成,为一区域性构造运动界面。该界面上、下为两套不同的沉积组合,界面之下为一套含煤、含油的沉积组合,厚度巨大;而界面之上的新近系,底部为厚10m左右的底砾岩,上部为玄武岩,且具多次喷发、多旋回的特征。该界面为超出盆地范围的区域性不整合面,喜马拉雅运动造成古近纪、新近纪的沉积特征和古地理轮廓有显著不同,尽管黄县断陷盆地为鲁东隆起区内的小型断陷盆地,但该界面在区域上具有对比性。

以上两个区域性界面在测井曲线上和地震剖面上反映比较明显,易于追踪对比,是进行层序划分的重要界面(图 4.24 中 SB1、SB3)。

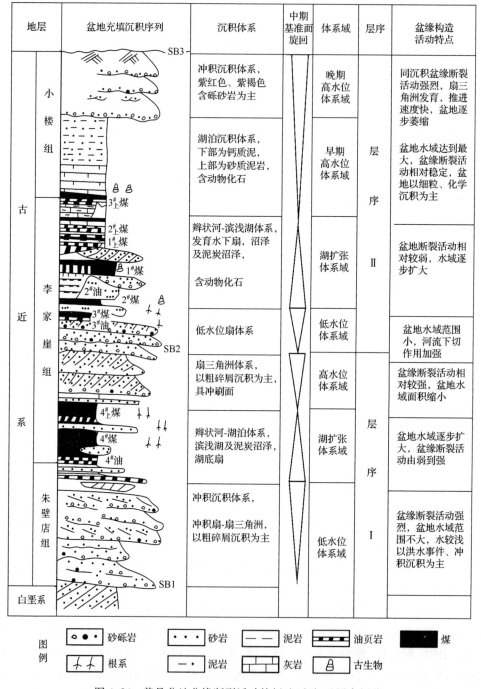

图 4.24 黄县盆地盆缘断裂活动特征、沉积相及层序划分

2. 构造应力场转换面——盆地水域扩张或萎缩阶段形成的体系域转换面

由于构造运动性质或形式的改变导致盆地构造应力场的转换,如构造应力方向的改变或构造性质由伸展作用转变为挤压作用,导致盆地沉积机制发生改变。构造应力场转换面在沉积上表现为沉积体系或体系域的转换面,两者是有机地联系在一起的。这种界面在盆地内部为整合面,而在盆缘区则为侵蚀、冲刷或不整合面。对于黄县断陷盆地,盆缘断裂的活动影响和控制着盆地沉积,因而构造应力场转换面即是盆地沉积体制发生改变的界面,界面上下沉积体系的配置和沉积组合具有明显的不同,可以由沉积特征和测井曲线识别对比。

在黄县组含煤地层中可识别出一个(如图 4.25 中的 SB2)这类层序界面,在 3# 煤之下有一层稳定分布的紫红色及杂色古土壤层(图 4.25),厚度由几米到 20 余米,且有北薄南厚的特点,为下含煤组顶部的主要对比标志之一。这是盆地萎缩后期,干枯阶段盆地表层土壤化的产物,是陆相盆地层序界面的标志之一。在该层杂色黏土岩之下为中粗粒砂岩,其界面十分明显,界面上、下为两套各具特色的含煤沉积组合。这一界面为体系域的重要分隔界面。据李经荣等(1992)研究,黄县组在 3# 煤上下其生物组合有明显的差异,并将 3# 煤以上划为黄县组,时代属渐新世,而 3# 煤之下划为龙口组,时代归属古新世。不管这种划分方案是否合适,但 3# 煤上下古生物组合的明显变化给层序界面的划定提供了依据。

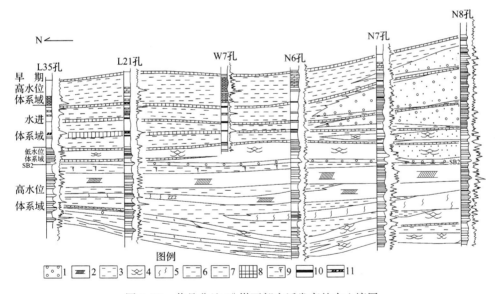

图 4.25 黄县盆地 3# 煤下部广泛发育的古土壤层

1. 冲积扇;2. 扇三角洲;3. 扇三角洲前缘;4. 辫状河三角洲;5. 湖底扇;6. 滨湖扇;
7. 浅-深湖;8. 沼泽及泥炭沼泽;9. 杂色古土壤层;10. 煤;11. 油页岩;钻孔柱状图右边为视电阻率曲线

4.4.1.2 黄县盆地古近系层序地层划分方案

黄县组可划分出三级层序两个,即层序Ⅰ和层序Ⅱ(图 4.24)。层序具有三元结构特点,即由低水位体系域、湖扩张体系域和高水位体系域组成。层序Ⅰ中的低水位体系域主要由冲积体系构成,为黄县断陷盆地早期的充填沉积。层序Ⅱ高水位体系域可以细分出早期高水位和晚期高水位体系域两个部分,早期高水位为水域范围最大盆地覆水最深时的沉积,此时的沉积作用以"饥饿沉积"为特点,即沉积物供给通量远远小于可容纳空间的增长速度,因此以泥质、钙质沉积为主;晚期高水位实际上是盆地处于萎缩期,此时沉积物供给通量大于可容纳空间的增长速度,沉积物快速向盆地推进,因此沉积充填物质以粗碎屑为主。

湖扩张体系域实际上是在盆地水域扩张过程中形成的,高水位体系域实际上是水域由最大至稳定期再到逐渐萎缩过程中形成的。而低水位体系域则是在盆地水域体制发生根本性转变过程中,水域范围最小,构造相对稳定时期形成,实际上此阶段也是盆地性质发生转变的阶段,如由于区域应力场的改变,盆地由挤压型转变为拉张型。因此,此时可形成重要的层序界面。层序划分成果实际上是构造-沉积作用分析的结果。

1. *层序Ⅰ*

层序Ⅰ底界面为SB1面,区域构造运动事件界面,为不整合面,其下伏地层为白垩系青山组,其上为古近纪早期粗碎屑充填沉积。顶界面为盆地构造应力场转换面,也是盆地充填沉积中体系域性质发生根本性转换的构造-沉积界面,该界面普遍发育了一套古土壤层。

低位体系域岩性为灰-灰绿色泥岩、砂岩、杂色黏土岩,以及紫红色砂砾岩、细砂岩等,厚度大于500m。在盆地充填早期,盆缘构造活动非常活跃,冲积扇-扇三角洲发育。

湖扩张体系由退积型小层序组成,但厚度相对较薄,为盆地水域扩展沉积,盆缘断裂活动相对稳定,以细粒碎屑和泥质沉积为主,盆缘带仍发育辫状河-湖泊三角洲沉积,在垂向上形成退积型小层序(组)。该时期发育了具开采价值的煤层,4#煤。该煤层整体表现为西部厚、东部薄(图4.26),西部局部地区厚度可超过10m,广大的中、东部地区整体厚度较小,仅在1m以内;该地区砾岩、砂砾岩较发育,水体较浅,整体不利于发生大强度的聚煤作用。

早期高水位体系域,构造较稳定,水体较深,沉积物粒度较细,主要由加积小层序组成,主要为浅湖泥岩沉积。随着盆地边缘构造活动加剧,盆地由扩展逐渐进入晚期高水位体系域(萎缩期),该时期扇三角洲发育,由盆缘向盆地内部快速推进,形成巨厚的粗碎屑沉积,体系域由进积型小层序组成,主要为扇三角洲、辫状三角洲体系沉积,厚度较大。随着湖泊的不断萎缩,逐渐形成辫状河-三角洲体系,盆地被逐渐充填,水域逐渐萎缩,沼泽分布局限。该时期成矿作用极弱,没有形成具开采价值的煤层。

层序Ⅰ为黄县断陷盆地充填沉积中比较典型的具三元结构的陆相层序,是盆地演化中一个构造旋回的产物。因此,盆地构造控制着层序的形成和内部结构特征。

2. *层序Ⅱ*

层序Ⅱ的底界面为盆地构造应力场转换面(即3#煤之下杂色黏土岩层的顶界面),顶界面为区域构造运动面。层序Ⅱ沉积时期为黄县盆地又一重要的构造旋回和充填沉积阶段。层序Ⅰ沉积结束后,盆地又一次进入相对稳定发展阶段,湖平面上升,盆地水域扩展。

低水位期,盆地低洼地带低等及高等植物繁盛,形成一些规模不大的煤、油页岩等,如分布范围较小、厚度较小的3#煤。

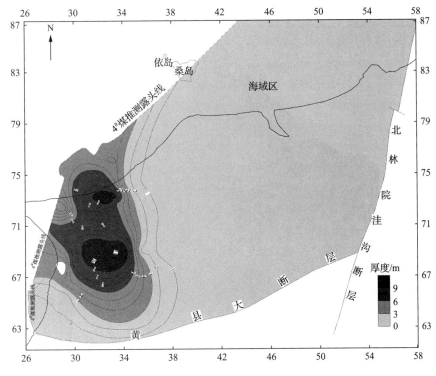

图 4.26 黄县盆地古近系李家崖组 4# 煤厚度等值线图

在湖泊扩张期可见到泥灰岩与煤层多次交互出现,其间夹一些小型扇体沉积,说明扩展过程仍有一些振荡性变化,该时期形成了厚度较大的 2# 煤,厚度相对较小的 1# 煤、1上煤和 2上煤。2# 煤厚度相对 4# 煤减小,但是富煤带分布范围与 4# 煤具有很大的相似性,仍分布在盆地的西部,向东部煤层厚度迅速减薄,反映了黄县盆地从 4# 煤沉积到 2# 煤沉积这一段时间构造相对稳定,构造格局变化不大,继承性较好;但 2# 煤厚度较 4# 煤小,反映了 2# 煤发育期构造稳定的时间缩短(图 4.27)。1# 煤厚度较薄,大多在 1.5m 以下,很多地区小于 1m;但富煤带的分布范围变化较大,富煤带呈北东向贯穿整个盆地(图 4.28)。1上煤的厚度也较小,分布范围较局限,西南部部分呈北东—南西向展布,北部部分大致呈北西—南东向展布(图 4.29)。2上煤分布范围相对集中,主要分布在盆地西南部,厚度仍较小,与 1上煤具有一定的继承性(图 4.30)。

在水域扩展最大时期,即最大湖泛时期,湖盆覆水较深,盆地基底沉降速度大于沉积物供给速度,在盆地相当大的范围内以泥质、极细粒沉积和化学沉积为主,湖泊盆地出现饥饿沉积期。这也是盆地充填机制发生重要转折的时期,由扩展期进入高水位期。

高水位体系域早期,发育了一层厚度不大的 3上煤,在局部地区相变为炭质泥岩;该煤层厚度不大,分布较局限,表现为三个不连续的沉积体,呈北东—南西向展布(图 4.31)。随着盆缘断裂活动的逐渐加剧,盆缘与剥蚀区高差加大,冲积体系逐步形成,盆地充填进入新的活跃时期,扇三角洲体系发育而辫状河体系不发育。

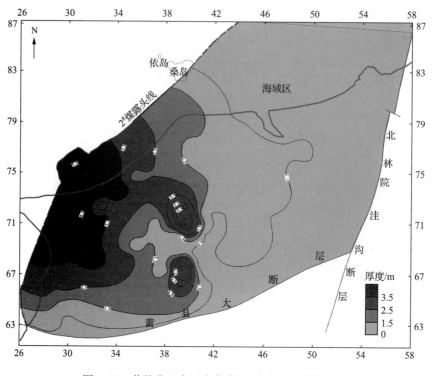

图 4.27　黄县盆地古近李家崖组 2# 煤厚度等值线图

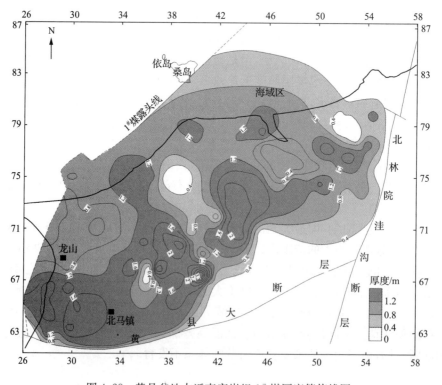

图 4.28　黄县盆地古近李家崖组 1# 煤厚度等值线图

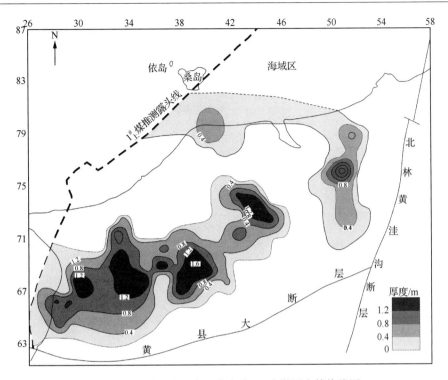

图 4.29 黄县盆地古近李家崖组 1$_\text{上}^\#$煤厚度等值线图

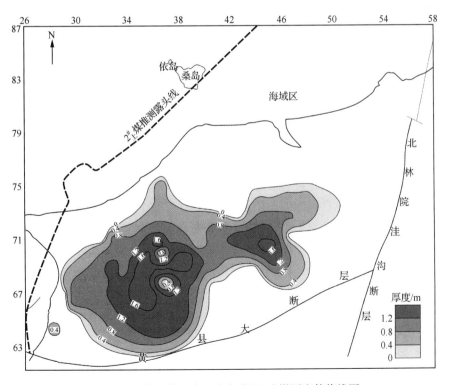

图 4.30 黄县盆地古近李家崖组 2$_\text{上}^\#$煤厚度等值线图

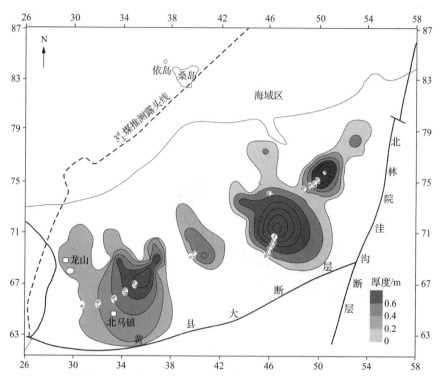

图 4.31 黄县盆地古近李家崖组 3$^\text{上}$煤厚度等值线图

层序Ⅱ的湖泊萎缩体系域厚度最大,包括整个小楼组。粗碎屑沉积体逐步向盆地推进,最终充填整个湖盆,使盆地淤浅、干枯废弃。

从岩性组合上可划分出 3 个层段:下段为钙质泥岩段,夹薄层泥灰岩、泥岩,厚 20～140m,盆缘区薄;中段为紫红色泥岩,夹少量砂岩,厚度达 20～250m;上段为紫红色、红褐色中砂岩,夹灰绿色细砂岩和黏土岩薄层,最大厚度达 40 余米。

4.4.2 黄县盆地典型钻井层序地层划分与成煤特征

通过对黄县盆地典型钻孔进行层序地层界面识别、准层序叠加样式识别等,对典型地区进行层序地层分析。黄县盆地 1-2 井(图 4.32),发育两个层序,每个层序的体系域发育齐全,均包括低水位体系域、湖扩张体系域、早期高水位体系域和晚期高水位体系域。该时期主要为辫状河三角洲环境,在湖侵体系域早期,该地区湖水相对较深,且有证据证明该时期发生过海侵作用,海水造成水体分层,进而发育一层厚度不大的油页岩(油 4);之后 A/S(可容空间与沉积物补给通量比值)变小,水体变浅,发育了一层厚度不大的泥岩,随着 A/S 继续减小,逐渐转为沼泽环境,之后 A/S 在较长一段时期内处于稳定状态,发育了一层厚度较大的煤层(4$^\#$煤);之后,随着湖泛作用的不断加剧,A/S 逐渐增大,达到最大湖泛期,该地区沉积了厚度不大的分流间湾-浅湖沉积;之后进入高水位体系域,发育了厚度较大的水下辫状河道、河口坝砂岩沉积。层序低水位期发育了辫状河沉积,局部地区发育了一层厚度较小且不稳定的煤层(3$^\#$煤);进入湖扩张体系域后,湖水逐渐扩张,发

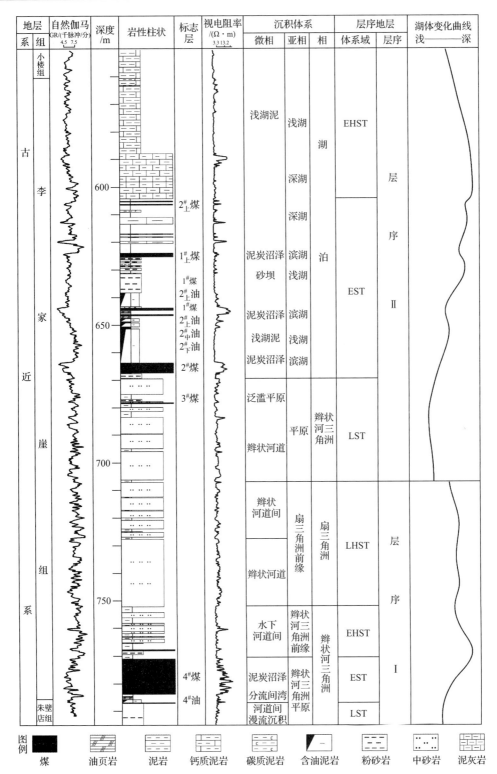

图 4.32 黄县盆地 1-2 井古近系沉积相-层序地层划分综合柱状图

LHST. 晚期高水位体系域；EHST. 早期高水位体系域

育了一层厚度中等的煤层(2#煤);之后,海水发生入侵造成强度较大的湖泛作用,A/S 比值逐渐增大,该地区逐渐进入浅湖沉积环境,发育了一套厚度较大的含油泥岩和厚度相对较大的油页岩(2#油);这一期湖泛逐渐结束,水深迅速减小,A/S 比值快速减小,该地区迅速进入沼泽环境,发生了一定的成煤作用;而下一期湖泛时隔不久再次出现,成煤作用持续了很短时间就结束了,形成了厚度较小的煤层(1#煤),且在煤层之上发育了厚度不大的油页岩(1#油)。之后,海水入侵变得频繁,湖泛作用不断加剧,A/S 比值逐渐增大,该地区逐渐进入浅湖环境;1-2 井代表的这种层序格架下的演化特征在盆地内具有广泛的代表性。

在盆地边缘,靠近控盆地断层的附件,层序格架下的沉积特征与之有较大区别。如 h9 井(图 4.33),位于盆地南部靠近控盆地断层附近,该地区主要发育粗砂岩沉积,泥岩发育较少,偶尔在湖扩张体系域有薄煤层发育,该地区构造较活跃,粗碎屑物质供应较多,A/S 比值长期处于较低值,可容空间持续较低,且该盆地内整体水体较浅,整体为辫状河三角洲前缘沉积,甚至是辫状河三角洲平原沉积。

4.4.3 黄县盆地层序剖面与成煤特征

通过对黄县盆地连井剖面分析(图 4.34~图 4.35),黄县盆地煤层均发育在湖扩张体系域(4#煤、2#煤、1#煤),仅有极个别的情况发育在低水位体系域(3#煤)和早期高水位体系域(3上#煤),发育范围不大,厚度较小且容易相变为炭质泥岩的薄煤层。

4.4.3.1 层序Ⅰ发育及沉积特征

随断裂活动的逐渐加强,断裂两侧地形差异明显,上盘下陷形成盆地并接受沉积,由小型冲积扇逐步形成大型的冲积扇-扇三角洲沉积。这一阶段总体上盆地水体较浅,且常处于暴露状态,突发性洪水事件成为主要的沉积驱动力。因此,古近纪早期黄县盆地主要是粗碎屑夹杂色黏土岩沉积,厚度巨大。这是黄县盆地充填沉积的第一构造-沉积旋回的早期——盆地形成期。层序Ⅰ早期低水位体系域即为此期盆缘断裂活动的产物。

盆地形成后,盆缘断裂活动趋缓,总体表现为稳定下陷,水域扩张,可容空间增大,A/S 比值增大,以冲积扇为主的沉积转变为以辫状河三角洲及滨浅湖沉积为主,形成了有利于成煤的古地理和古构造。加之气候适宜,发生了大规模聚煤作用。这是黄县盆地充填沉积的第一构造-沉积旋回的中期——盆地扩张期。层序Ⅰ的晚期低水位体系域和水进体系域即为该期的产物。伴随盆缘断裂活动逐渐加强和沉积物补给速率的增大,水域由扩张转为收缩,覆水变浅,A/S 比值减小,碎屑体系向湖盆进积,湖泊沉积衰减,扇三角洲沉积占据主导地位,在盆缘处再度出现冲积扇体系。聚煤作用随之减弱至消失。这是盆地充填沉积的第一沉积旋回的后期——盆地萎缩期,即为层序Ⅰ高水位体系域时期。

层序Ⅰ的 EST 体系域内发育了一套厚度相对较大的 4#煤,该煤层厚度整体表现为西部厚、东部薄,西部局部地区可超过 10m,广大的中、东部地区整体厚度较小,仅在 1m 以内;该地区砾岩、砂砾岩较发育,水体较浅,整体不利于发生大强度的聚煤作用。李家崖组大部分沉积期内,黄县盆地整体水体较浅,地势相对平坦,没有深湖区发育。盆地范围内大部分地区细碎屑岩的厚度较小,在 10m 以内,只有在西部和中部的局部地区厚度稍

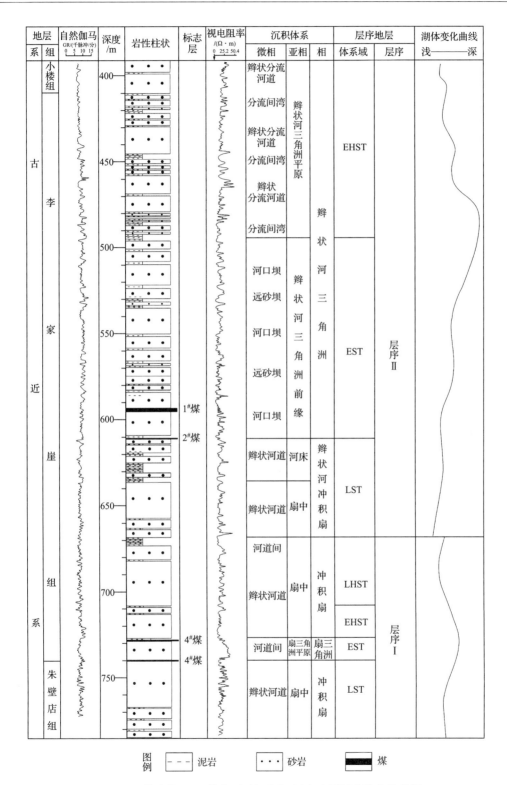

图 4.33 黄县盆地 h9 井古近系沉积相-层序地层划分综合柱状图

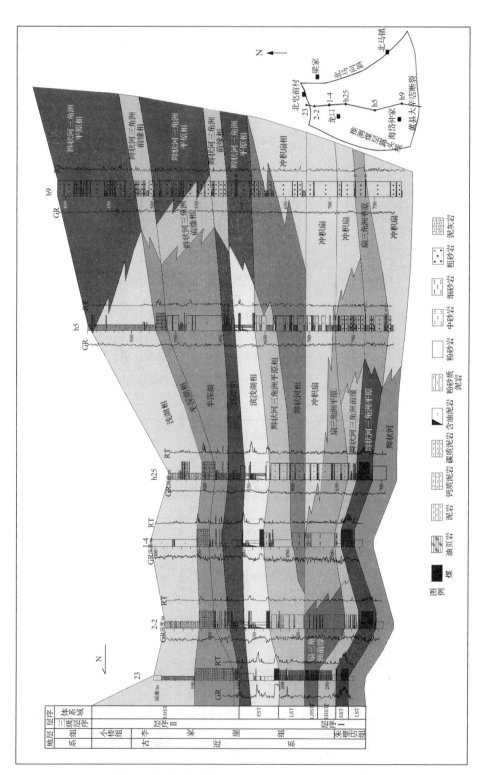

图 4.34 黄县盆地西部古近系沉积断面图（近南北向）

第4章 聚煤盆地系统与含煤地层层序地层分析

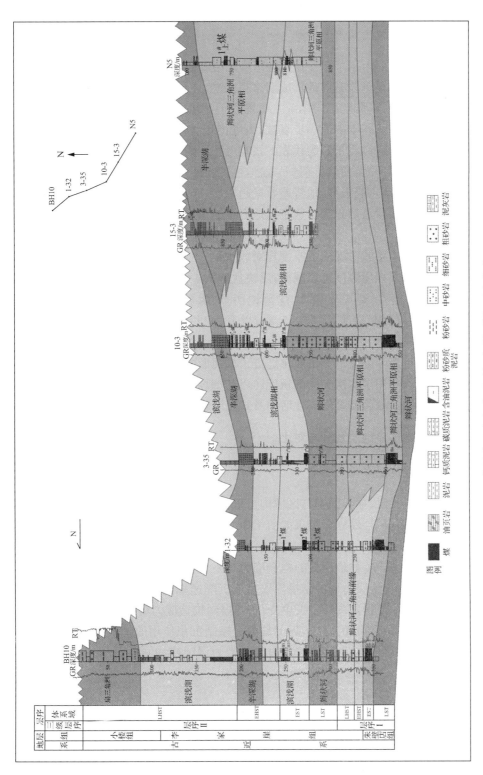

图 4.35 黄县盆地中部古近系沉积断面图（近南北向）

大,反映了该时期盆地仍较平坦,整体覆水不深的特征。

4.4.3.2 层序Ⅱ发育及沉积特征

盆缘断裂的再次强烈活动带来了盆地充填的第二沉积旋回。与第一期沉积旋回不同,初期盆缘断裂的活动远没有盆地形成期来得强烈,主要表现为间歇性的缓慢下沉,下降速率低,沉降幅度小。因此,碎屑体系主要发育于盆缘区,且以细碎屑为主。随盆地的稳定下陷,A/S 增大,碎屑体系进一步衰减,再度出现大规模聚煤作用。同时,滨浅湖沉积逐渐向浅湖沉积过渡,以泥灰岩为代表的浅湖沉积不断向盆缘扩展,聚煤作用也随之向盆缘迁移。这是第二沉积旋回的早期——盆地再扩张期,即层序Ⅰ低水位-水进体系域时期。之后盆缘断裂活动再趋强烈,地势差异又趋明显,碎屑体系进积,盆地水域收缩,聚煤作用终止,盆地淤浅以致最后封闭。这是盆地充填的第二沉积旋回后期,即层序Ⅱ高水位体系域时期。

层序Ⅱ的 EST 体系域中沉积了厚度相对较大的 2# 煤,但相对 2# 煤薄,富煤带分布在盆地的西部,向东部煤层厚度迅速减薄,反映盆地从 4# 煤沉积到 2# 煤沉积期构造相对稳定,继承性较好;但 2# 煤厚度较 4# 煤薄说明 2# 煤沉积期稳定构造持续时期缩短。EST 还发育了一层 1# 煤,较薄,大都在 1.5m 以下,很多地区都小于 1m;但富煤带的分布范围变化较大,富煤带呈北东向贯穿整个盆地。

总之,黄县古近系断陷盆地充填演化经历了早期形成阶段、中期成熟发展和后期衰退消亡三个阶段,其间经历了两次大的沉积旋回,相应地形成了两个三级层序。盆地的扩张与萎缩呈现周期性,为盆缘断裂周期性活动及基底沉降所控制。

4.4.4 柴达木盆地层序地层划分与对比

4.4.4.1 层序地层界面的确定

柴达木盆地内三级层序界面都与区域构造事件有关,本次研究以下面几类界面作为参考三级层序界面划分,层序划分结果如图 4.36 所示。

1. 构造应力场转换面

由于构造背景的转变,盆地所处的构造应力场发生变动。盆地从扩张到萎缩的过程有时可能是由于盆地构造应力场的转换导致盆地沉降速率的急剧变化,使充填沉积物发生较显著的变化,进而使得盆内环境发生变化。这样,构造应力场的转换面在沉积上表现为沉积体系或体系域的转换面。这实际上是构造控制沉积作用的物质表现形式,这种界面在盆地中央可能为整合界面,而在盆地边缘地带为侵蚀或冲刷界面,如中新世末的 T2 界面。

2. 大面积侵蚀或冲刷不整合面

大面积侵蚀或冲刷作用,实际上代表一种事件作用。这种界面在盆地不同地区表现出不同的特征,如盆缘地带为陆上沉积间断(剥蚀或侵蚀),除出现无沉积作用外(可能为沉积物路过面)还出现明显的大面积侵蚀和冲刷现象,在地震剖面上可见到明显的削截现象。拗陷中央为水下沉积间断,出现由沉积作用非常缓慢或无沉积作用所产生的时间间

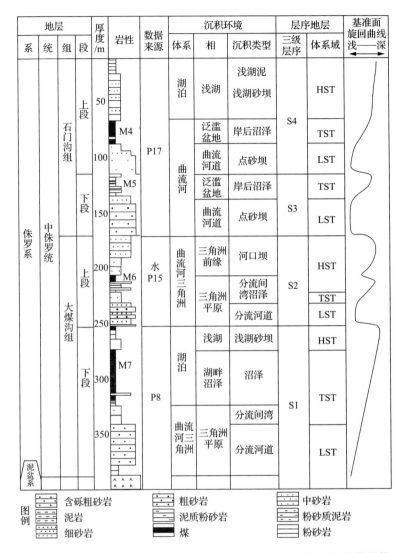

图 4.36 柴北缘老高泉中侏罗统岩相、沉积环境和层序地层综合柱状图(黄曼等,2007)

断。在间断面上下不仅岩性差异较大,而且在有机质丰度和有机质类型上具有明显的差异,这在充填序列中也比较容易识别和对比。

3. 大面积超覆界面

由于盆地构造机制的改变,也可以说盆地属性发生改变,如断陷盆地向拗陷盆地转变或拗陷盆地向断陷盆地转变,可导致全盆范围内出现大面积的超覆界面,使盆地充填机制发生改变。这类界面在盆地周缘地带为角度不整合面,而盆地中央地带可能为事件面或者为平行不整合面。

4. 沉积体系域转换面

该界面是等时性地层界面的标志,与相关的地质事件相伴产生,分割两个具有不同充填样式的沉积体系域。本区相转化面主要表现为两类不同的成因,一是区域性水系废弃界面,一是构造事件在盆内反映的整合凝聚界面。这类界面主要有分割二级层序的不同体系单元中的 T21 界面,界面之下为湖泊三角洲沉积,界面之上为辫状河三角洲沉积,代表古柴达木盆地经渐新世—中新世大规模扩张后至此逐渐萎缩,沉降中心迁移。此外,构造事件叠加凝聚界面 T2,在盆内也表现为一相转换面。

5. 大规模沉积体系废弃时出现的泥炭沼泽化沉积界面

陆相盆地充填过程中,由于构造机制改变(他成因)或充填沉积本身(自成因)引起盆地废弃,冲积沉积物供应量减少,且水体深度较浅,盆地出现沼泽化进而泥潭沼泽化。这实际上是盆地构造机制变化中的一种特殊情况,即构造活动比较稳定时期,盆地演化达到废弃阶段,大面积沼泽化也可能形成较厚的煤层。这类界面具有等时性,是划分三级层序良好的界面。在柴达木盆地中,中生界地层出现大面积的泥炭沼泽或煤层,如湖西山组三段中的煤层在盆地中大面积的分布,具有等时对比的重要意义。

6. 饥饿沉积导致的沉积缺失界面

该界面是由于盆地内可容空间增加速度超过沉积物供给速度,导致盆地内出现既无沉积又无剥蚀的现象,主要由偏心率长周期导致的气候冷、暖变化过程中形成的沉积充填序列组成。此界面代表了重要的沉积间断,是进行三级层序对比的重要标志。

4.4.4.2 层序地层划分

根据识别出的层序地层界面,侏罗系可以划分为 8 个三级层序,分述如下。

1. 层序 1

层序 1 即侏罗系下统湖西山组一、二段。在柴北缘地区层序 1 为冲积扇扇根—扇中的大套红色厚到巨厚层中-细砾岩,间夹薄层中-粗砂岩,由中、粗砾岩—砂砾岩—砂岩组成的韵律重复出现,向上韵律变厚,砂层增多,每个韵律显示典型的二元结构。

湖西山组第一段的岩性粒度较粗,以砂砾岩为主,为扇三角洲相,反映盆地断陷初期为低水位体系域沉积,不发育烃源岩。

湖西山组第二段中下部,岩性以灰色泥岩、粉砂质泥岩为主,夹有沉凝灰岩、泥晶灰岩,为浅湖半深湖亚相,反映盆地的进一步拉张断陷和湖泊的迅速扩张,为湖侵体系域沉积。

湖西山组第二段上部,岩性主要为煤层及炭质泥岩,为沼泽相,属湖盆收缩期的高水位体系域沉积。

2. 层序 2

层序 2 即侏罗系下统湖西山组第三段。湖西山组第三段下部岩性主要为砂砾岩、煤层及炭质泥岩,为扇三角洲相及沼泽相,属湖盆早期的低水位体系域沉积。

湖西山组第三段上部岩性以灰色、深灰色、黑色泥岩为主,属湖盆剧烈扩张期的半深湖-深湖相的湖侵体系域沉积。

3. 层序 3

层序 3 即侏罗系下统小煤沟组。该层序岩性为灰色、灰白色砂质泥岩、砂岩、含砾砂岩及砾岩互层,上部发育煤层及灰绿色泥岩,沉积相主要为扇三角洲相、河流相及沼泽相,属高位体系域沉积。

4. 层序 4

层序 4 即侏罗系中统大煤沟组第一、二、三段。岩性为灰色、灰白色砂质泥岩、砂岩、含砾砂岩及砾岩互层,上部发育煤层及灰绿色泥岩,沉积相主要为扇三角洲相、河流相及沼泽相,属高水位体系域沉积。

5. 层序 5

层序 5 包括中侏罗统大煤沟组第四、五段。层序 5 始于大煤沟组第四段底部的冲积体系,内部缺乏划分准层序的明显标志,顶至大煤沟组第六段底部的冲积体系。旋回转折点为湖相的泥岩或炭质泥岩沉积。岩性底部和中部以中、细砾岩,含砾砂岩为主,夹少量砂质泥岩、页岩,冲刷面发育,具斜层理和交错层理;上部以厚层煤、页岩和炭质泥岩为主,夹泥质砂岩和少量含砾砂岩。该旋回低位体系域为冲积体系;湖进体系域为滨湖和浅湖相沉积;高位体系域为沼泽沉积。该煤层厚度较大,在盆地侏罗系广泛分布。

6. 层序 6

层序 6 底界为中侏罗统大煤沟组第六段底部的冲积体系,底面为一沉积间断面,止于采石岭组底的扇三角洲沉积,顶面为一构造层序界面,表现为平行不整合、古风化壳、构造应力转换面和古生物组合突变面,局部发育石膏沉积物。岩性下部为含砾粗砂岩、砂岩夹炭质泥岩;中部为砂质泥岩夹粗砂岩、粉砂岩和薄煤层;上部为油页岩、泥岩、炭质泥岩互层,夹菱铁矿层,见细水平层理。该旋回低位体系域为冲积体系;湖进体系域为滨浅湖至较深湖沉积;高位体系域为较深湖和浅湖沉积,顶部缺失。

7. 层序 7

层序 7 即侏罗系上统采石岭组。采石岭组第一段,岩性以砂砾岩为主,为冲积扇或扇三角洲相,属低水位体系域沉积;第二段主要为以褐灰色泥岩为主的氧化宽浅型滨浅湖相,是湖侵体系域沉积;第三、四段,为褐灰色砂岩、粉砂岩、含砂泥岩互层的河流相和三角洲相沉积,属高水位体系域沉积。

8. 层序 8

层序 8 即侏罗系上统洪水沟组。红水沟组在柴达木盆地北缘的残余厚度很小,如鱼卡露头仅有 17m,但在盆地西部的阿尔金山前红水沟露头厚达 447m,其岩性主要为红色泥岩夹黄灰色砂岩、粉砂岩,为氧化宽浅型滨浅湖相沉积,属湖侵体系域沉积。其下缺失低水位体系域,其上的高水位体系域被剥失。

4.4.4.3 层序划分结果

老高泉地区处于赛什腾山南麓,基底地层为下元古界变质岩系、奥陶系复理石建造、泥盆系碎屑岩及火山岩及加里东期基性、超基性、中酸性侵入岩组成。含煤地层为中侏罗统大煤沟组和石门沟组,位于昆祁板块、柴达木断陷盆地北部、柴达木北缘拗褶带内,构造线方向受柴北缘断裂带控制,以加里东和海西运动表现较为强烈。在断褶带内赛什腾山总的走向北西—南东向,其断裂带及山前拗陷、山间盆地多为北西—南东向,与柴北缘断裂带走向方向一致。晚三叠世末,印支运动使得阿尔金山、祁连山及昆仑山三大山系抬升并向盆地逆冲,造成盆地边缘基底断裂,形成一系列相互分割的边缘断陷盆地,这些盆地具有前陆盆地的性质。随后在断陷盆地内开始了早、中侏罗世河湖相含煤建造的沉积,老高泉地区缺失下侏罗统,主要沉积为中侏罗统,沉积环境主要为湖泊沼泽相及河流冲积相(图4.37)。

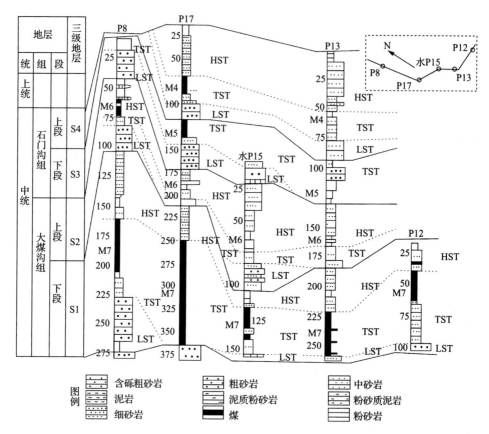

图4.37 老高泉地区中侏罗统北西-南东向连井层序展布

第5章 煤聚积多元理论体系

5.1 泥炭与泥炭沼泽

5.1.1 泥炭沼泽及其形成条件

沼泽是地表土壤充分湿润、季节性或长期积水、丛生着喜湿性沼泽植物的低洼地段。如果沼泽中形成并积累着泥炭,则称为泥炭沼泽。泥炭沼泽既不属于水域,又不是真正的陆地,而是地表水域和陆地之间的过渡形态。

世界上很多地区都分布有现代泥炭沼泽,总面积约 $160 \times 10^4 \mathrm{km}^2$。我国沼泽分布总面积达 $11 \times 10^4 \mathrm{km}^2$,其中泥炭层堆积较厚的面积约为 $2.6 \times 10^4 \mathrm{km}^2$。

泥炭沼泽的形成和发育是地质、地貌、水文、土壤、植物等多种自然因素综合作用的结果。

晚近时期构造运动对泥炭沼泽发育的影响,主要表现为断裂或节理裂隙所构成的破碎带,经风化剥蚀而发展成洼地,形成汇水地区,从而为泥炭沼泽的形成提供了地貌、水文条件。地壳升降运动的幅度、速度、频率等,影响泥炭沼泽的形成和泥炭层数及其厚度。一般来说,地壳上升,往往引起侵蚀作用增强,地下水位下降,不利于泥炭沼泽的形成,如果地壳沉降速度与植物堆积的速率相对平衡,在地面平坦的低洼地段造成地区泄水条件不畅,有利于泥炭沼泽的发育。

地壳运动常伴有岩浆活动,其中火山喷发往往形成火山口湖,这就为泥炭沼泽的形成提供了空间;此外,由于岩浆溢出,也可造成熔岩堰塞湖,加之火山活动造成土质及大气等许多有利沼泽植物繁衍条件,这些湖泊常演化为泥炭沼泽。

自然地理、地貌条件与泥炭沼泽的形成有密切关系。发育泥炭沼泽首先应有缓慢沉降的低洼地带,这种洼地有利于水的汇聚而不利于水的排泄,由于基底的缓慢沉降,使地下水位能保持缓慢速度持续抬升;其次,泥炭沼泽发育地区大多与活动能量大的水体(如海、湖、河)之间以一定形式的保护屏障被相对隔离的地带,被沙坝、沙嘴或沙滩阻隔,如相对分离于开阔海域以外的海湾潟湖地带、天然堤与活动河道分离的河后沼泽及废弃河道等;再次,泥炭沼泽发育的地带,大多为地表地形高差变化不大且地表宽缓低平能量低的地带。

5.1.1.1 泥炭沼泽重要发育地带——滨海平原

泥炭沼泽具有水陆过渡性质。滨海地带正是海洋与陆地相互作用的结果,尤其海水的波浪、岸流、潮汐及大范围的海面升降等作用,都为泥炭沼泽的广泛发育创造了有利的地貌条件。

北美大西洋、墨西哥湾沿岸的滨海平原宽达 500 余千米,地势低平,滨海平原上分布有若干宽阔的河流盆地,由于泄水不良,泥炭沼泽发育,有的可达几千平方千米。

滨海地带的海水与沿海陆地地表水和潜水之间的相互关系,也往往构成有利于泥炭沼泽发育的条件。沿海地区是海洋与陆地各种内外营力交互作用的场所,由于地势低平,径流缓慢,堆积作用盛行,滨海平原地表多细碎屑物质,地表水流不易下渗,地下水埋藏浅,加上大气降水大,湿度大,因而有利于泥炭沼泽化。特别是海水与地下潜水具有水力联系的地区,更有利于泥炭沼泽的形成和发展。海水退潮时,河水径流与地下径流则注入大海;涨潮时,海水顶托、倒灌,河流与地下径流发生回流,因而使河水面和地下潜水面抬升,造成地表过湿和积水,因而在滨海平原地区形成和发育大面积的泥炭沼泽。

滨海地带的海湾内,由于波浪作用微弱,易形成海滩、沙嘴等堆积地貌,发育的结果可使海湾封闭形成海湾潟湖,这是泥炭沼泽发育的良好场所。美国弗吉尼亚州东南方向的底斯摩沼泽,处于温带地区,面积最大曾达到 $5700km^2$。

在三角洲平原上分流河道之间的低洼地及靠近海边缘部分的潟湖湿洼地,也是引起泥炭沼泽化的良好场所。如我国长江三角洲和珠江三角洲地带,地下埋藏的泥炭层正是这种古三角洲平原上的产物。美国密西西比河三角洲平原上沼泽密布,沼泽化程度很高,现代泥炭厚度可达 4m。

在热带、亚热带地区的海岸和河口地区,还可以形成一种特殊类型的滨海泥炭沼泽——红树林泥炭沼泽。红树林是热带、亚热带的一种海岸植被,一般发育在潮间地带或潮汐能影响的河口地带,如我国沿海从福建南部的惠安、泉州开始,向南一直到海南岛和广西沿海均有分布。其中,海南岛文昌县一带的潟湖内,红树林沼泽普遍发育;广西钦州泥炭层厚度达 5m。

5.1.1.2 内陆有利发育泥炭沼泽的地区

内陆有利发育泥炭沼泽地区,一般多属于河流作用、冰川作用有关的河湖地带。

内陆地区地表径流是塑造地貌的重要营力。一般在山地、丘陵、台地,由暂时性流水的作用易形成源头洼地、沟谷洼地、洪积扇缘洼地等;在平原地带,由经常性流水作用塑造成长条状洼地,如河漫滩洼地、废弃河道洼地等。这些洼地往往成为泥炭沼泽发育的有利场所。

河流的发源地源头沟谷地区,多位于河流上游的支谷中。谷底平坦宽浅,纵横比降都很小,为地表径流汇聚区。由于坡面径流的作用很易于形成围椅状或掌状洼地,到一定阶段,谷底可塑造出相对平衡剖面,取得较稳定的潜水补给。由于流水不畅,常常形成泥炭沼泽化。

沟谷洼地一般为流水离开源头或上游而进入低山丘陵和山间盆地,由于沟谷已发育到壮年、老年阶段,谷底展宽、水流分散。因而有些地区出现河床、河漫滩、阶地的分化,谷底起伏不平,河漫滩地上往往有废弃河道,在河漫滩与阶地的后缘,常有丰富的地下水露头,因此形成土质湿润或有薄层积水条件,从而成为泥炭沼泽化的场所。天然堤外的洼地,因洪泛的影响也易于泥炭沼泽化。

在山地与平原交接的山前地带,往往由于有利的地质构造条件形成洪积——冲积扇群,在这种扇群上的沟道内,由于扇顶有泉水溢出,流经扇身,常年积水形成扇身的过渡湿润。在扇前缘洼地由于地下水在扇缘溢出并积聚于洼地,地下水不断溢出,溶于水中的矿物质沉积下来,因而形成长期处于养分较丰富的条件,构成了有利于泥炭沼泽化的场所。

在进入壮年和老年期的平原地带,一方面由于河道曲流化的发展,上下凹岸间的曲流颈逐渐缩短变窄,受到洪水的冲决,形成自然的截弯取直,因而形成与主河道相隔离的牛轭湖;另一方面由于河床长期侧向迁移和河流的周期泛滥,形成略高出于平均水位的河漫滩,此地带表面平坦,地势起伏不大,大多坡积了厚层的松散堆积物;在河漫滩的中央部分,因距河道较远,只有洪泛沉积物的细碎屑物质,地势低洼,因而往往积水成湖。在近河谷的河漫滩上一般在谷坡地段常具有最低洼的地势,也分布有湖沼。上述几种湖泊地带,在其他因素有利的条件下,都可以成为发育泥炭沼泽的场所。

大陆内的湖泊地带中湖滨洼地由于受到潜水和洪水泛滥的影响,在近湖区,因湖水上涨,积存洪泛水或潜水位上升,形成长期积水条件,沼泽植物丛生,泥炭堆积迅速进行,因而形成有利泥炭沼泽堆积的地带。

大陆内的山地和高原地区,在构造条件相对稳定的条件下,经外营力长期剥蚀夷平的剥夷面,地面起伏缓和,风化壳较厚,排水条件较差,形成了有利于泥炭沼泽化的自然地理条件,在山地、高原中,常具有不大的封闭或半封闭的山间盆地,因地形封闭并常有泉水出露,常形成地表水和地下水的汇集,因此,也成为有利于泥炭沼泽化的地带。如我国青藏高原东北边缘的若尔盖就是我国最大的高原草本泥炭沼泽区,南北长约200km,东西宽达100km,全区泥炭沼泽总面积约为5000多平方千米。若尔盖泥炭沼泽区是青藏高原整体上升中的相对下沉区,是高原东北部的一个较大的断陷盆地,四周为海拔4000多米的高山环抱,盆地内多分布有宽谷、低山与丘陵,黑河、白河纵贯全区,北入黄河。由于地壳长期相对下沉,河道迂回多变,湖泊、洼地极多,谷地地表低洼,排水不畅,多为常年积水或过湿地区,加上分布有若干浅湖,因而形成有利于泥炭沼泽长期发育的沉积环境。堆积的泥炭层厚度一般达 2~3m,最厚可达 10m。

在大陆内部,由于大陆冰川的消融和退缩,留下一系列冰蚀、冰积地貌,往往构成泥炭沼泽发育很有利的场所。冰川的刨蚀作用形成了一些冰斗、围谷、槽谷等低洼地貌。槽谷底部又因差别侵蚀和冰碛物的聚积,造成谷底极不平坦,常常出现一些湿地和湖沼,更由于冰碛物的透水条件差,形成了有利泥炭沼泽化的条件。此外,冰水冲积平原,由于坡度小,沉积较细的碎屑,透水性差,也可以成为泥炭沼泽广泛发育的有利地带。

在山地和高原,往往分布有封闭或半封闭的山间盆地,易于汇集地表水和地下水,可生长喜湿植物和水生植物,因此易于泥炭沼泽化,又由于沼泽环境较为稳定,常形成质量较好、较厚的泥炭。在热带、亚热带湿润地区,岩溶地貌发育,溶蚀洼地也可形成泥炭沼泽。

气候条件对泥炭沼泽的形成起着重要的作用。气温和土壤温度影响植物的生长速度和生长量,同时还控制着微生物的繁殖和活动强度,从而影响植物残体的分解速度。当气温、土温低时,植物生长缓慢及植物残体分解速率低,因而泥炭积累不多;在热带地区,植物的生长量和分解速度都较高,泥炭积累亦受到限制。在气候条件中,湿度因素对植物的生长、微生物活动及泥炭沼泽的形成和发展具有重要意义。当年平均降水量大于年平均蒸发量时,即湿润系数大于1时,泥炭沼泽可得到广泛的发育。当湿润系数达1.33时,在缓坡地带也可形成泥炭沼泽。此外,湿度还影响微生物的活动强度。一般在湿度为土壤最大持水量的60%～80%时,微生物的活动力最强;大于80%或小于40%时,微生物活动力较弱或极弱。

形成泥炭沼泽的水文条件主要是入水量,即地表水和地下水的流入量及大气降水量要大于出水量(即地表水、地下水的流出量和蒸发量),这样才能使泥炭沼泽化地带长期处于排水不畅的积水状态。

5.1.2 泥炭沼泽形成的方式

泥炭沼泽是水域和陆地的过渡形态,因此,它的形成产生于两种泥炭沼泽化的方式。即由陆地演化为泥炭沼泽,称为陆地泥炭沼泽化;或由水域转化为泥炭沼泽,称为水域泥炭沼泽化。

水域包括湖泊、河流、滨岸地带的各种海湾和河口湾等。水域的泥炭沼泽化都是从岸边及水体底部植物丛生开始,这些地带往往水深不大,水层透明度较好,水温适宜,含盐度低等。淡水湖(含盐度<0.3%)易于沼泽化,碱水湖(含盐度>24.695%)植物生长困难,难以泥炭沼泽化,微碱水湖(含盐度在前二者之间)有可能沼泽化。滨海的潟湖,如不经过淡化过程,就难以泥炭沼泽化。河流的泥炭沼泽化大多发生在平原或山间谷地的中、小河流地带,这是由于河道迂回曲折,河床宽浅,水流平稳,岸、底植物丛生,植物的繁茂更加减缓水的流速,有利于泥炭沼泽化。水域泥炭沼泽化可以概括为以下三种模式。

5.1.2.1 浅水缓岸湖泥炭沼泽化的发育模式

这种湖泊由四周向湖心逐渐变深,湖水停滞或仅有微弱流动,波浪小且水的光照条件好。湖底首先沉积含少量有机质的黏土和砂层,其上为腐泥层。湖水逐渐淤浅,在湖底沉积的同时,岸边与不同水深的湖滨地带,植物繁殖起来,由于水深各异而形成不同的植物群落,由岸向湖心方向植物群落呈有规律的变化,可区分出几个植物带(图5.1)。在岸边地下水接近地表或积水的地段,生长着以苔草为主的植物群落,并常形成高大的草丘,在近代泥炭沼泽中可见泽泻科、慈菇、两栖蓼、毛茛等,积水较深处可形成木贼独立带;湖水深不足1m地段,为挺水(抽水)植物带,如芦苇、香蒲等;水深1～2m地段,为浮叶植物带,常由蔓延在湖面上的长根茎植物,如水芋、睡莲、眼子菜和一些藻类组成;在水深2～8m范围内,则为沉水植物带(或称微型植物带),带内植物生长在湖底,属于孢子藻类,如蓝绿藻等。随着各植物带之下逐渐积累泥炭,湖泊也逐渐淤浅,因此,原有植物群落由于水深生态环境演化而依次向湖心推移,形成了植物带有规律地向湖心扩展,最终将湖泊转变为泥炭沼泽。这种由湖滨向湖心演化的模式,大多是在水位变动小,且长期处于稳定的条件下才有可能,因此称为向心泥炭化型,有人称为向心陆化型。在湖水水位变化剧烈的情况下,这种湖在水位降低时可出露湖底,由于水层很浅或只有薄层积水,促使湿生和水生植物大量繁殖,逐渐积累成泥炭层;随后因水位缓慢回升,且与泥炭的积累速度保持平衡,此时出现泥炭沼泽化由湖心向岸发展,这种发育方式称为离心泥炭化型或离心陆化型。

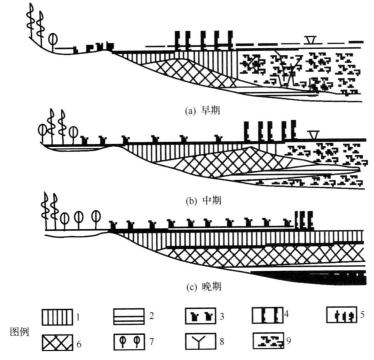

图 5.1 浅水缓岸湖泥炭沼泽化发育模式（据柴岫,1990）
1. 苔草泥炭;2. 睡菜泥炭眼子菜;3. 苔草草丘;4. 芦苇;5. 藻类沉水植物;6. 芦苇泥炭;
7. 针叶阔叶树;8. 浮水植物;9. 腐泥

5.1.2.2 深水陡岸湖泥炭沼泽化发育模式

在这种湖中，因湖边大量繁殖漂浮植物，植物死亡后，其残体沉入湖底转化为泥炭，这是一种由上而下的泥炭化过程。初始，在避风浪的湖边水面长满了漂浮植物，并与湖岸相连，形成漂浮植物毯（简称浮毯或漂筏子）。漂浮植物主要是蔓延在水面上的长根茎植物，近代的如甜茅、睡菜、水芋、沼委陵菜等。这种长根茎植物，根茎交织成网，风砂带来的矿物质停积其上，养分逐渐改变，其他植物也入侵繁衍，浮毯增厚，密度加大，进而又为苔草植物生长提供有利的条件。随着浮毯的逐渐加大积厚向水中沉没，其下部死亡的植物残体，因重力作用，脱落沉入湖底，转化为泥炭。因而逐渐使湖底填积加高，渐渐与浮毯相连，浮毯不断向湖心扩展造成湖泊的淤浅而萎缩(图 5.2)。

5.1.2.3 小河泥炭沼泽化模式

这种泥炭沼泽化大致与第一种模式近似，呈带状，植物分带不明显，往往在流速最小的河段河底开始生长水生植物，植物繁茂后，由于河床的糙度增加，流速减小，于是在河面及河边出现漂浮植物，在水中充氧不足的条件下，积累起泥炭，使整个河道泥炭沼泽化。

陆地沼泽化比水域沼泽化更为广泛，面积也较大，尤以气候温和湿润地带最为发育。陆地泥炭沼泽化有多种成因：有的是由于地下水位升高或溢出地面，或由于地表低洼，洪

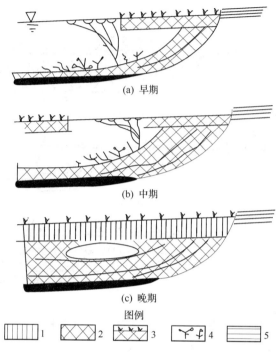

图 5.2 深水陡岸湖泥炭沼泽化发育模式（据柴岫，1990）
1. 苔草泥炭；2. 混合泥炭；3. 浮毯；4. 浮水植物；5. 亚黏土

水、冰雪融水及大气降水的汇集，使地表过湿或积水，土层通气条件恶化而形成；有的则是由植物自然更替而引起土壤养分的贫化而形成。

陆地泥炭沼泽化可产生在草甸、干谷、森林地带和永久冻土地带。分布在各种地貌类型中的草甸，如河漫滩、阶地、拗沟、山间小盆地、平缓分水岭、缓坡地、扇缘洼地、冰蚀冰碛谷地及溶蚀洼地等，在有利的温湿条件下，都可以发生草甸泥炭沼泽化。森林地带的沼泽化，往往由森林残落物的过分积累及土壤灰化作用引起。永久冻土区的泥炭沼泽化是由于气候严寒、降水少，地表切割微弱，地面众多封闭的洼地易形成小的湖沼，由于永久冻层可作隔水层，使地表水不能入渗，在气温低、湿度大、蒸发量小的情况下出现厌氧条件，从而形成了泥炭沼泽。

5.1.3 泥炭沼泽的类型

5.1.3.1 按照泥炭沼泽表面形态和水源补给及养分和植被等特征划分

通常将泥炭沼泽划分为 3 种类型，即低位泥炭沼泽、中位泥炭沼泽和高位泥炭沼泽（图 5.3）。

1. 低位泥炭沼泽

这种沼泽类型多处于泥炭沼泽发展的初期。低位泥炭沼泽的表面由于泥炭积累得不厚，且尚未改变原有的地表低洼形态。地表水和地下水作为丰富的水源补给，潜水位较高或地表有积水，溶于水中的矿物质养分丰富。沼泽多为中性或微碱性，pH 为 7～7.8，沼

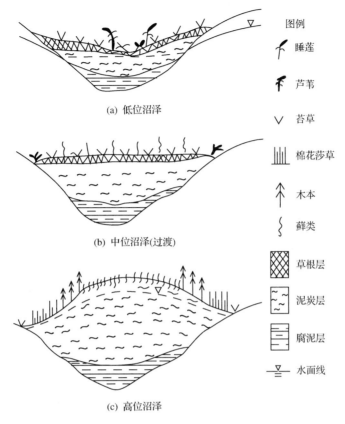

图 5.3 不同发育阶段的泥炭沼泽示意图

泽植物要求养分较多,种属较丰富。

由于低位泥炭沼泽富营养,有人称之为富营养泥炭沼泽。在这类沼泽中高等植物容易大量繁殖,形成茂密的植被,这就对泥炭形成提供了有利条件。在低位泥炭沼泽中形成的泥炭,灰分较高,沥青质含量低,焦油产出率较低。我国第四纪泥炭形成于这种类型的沼泽约占 90%,在地史中各成煤期也大多形成于这种泥炭沼泽类型。

2. 高位泥炭沼泽

这种类型的泥炭沼泽往往处于泥炭沼泽演化的后期。沼泽主要是由大气降水补给,沼泽的水面位于潜水面之上,水泥不充足,水中缺少矿物质养分,因而有人称为贫营养泥炭沼泽。高位泥炭沼泽在发展演化中,泥炭积累速率与养分的供给状况发生了变化。即在沼泽的边缘部分,易得到周边流水所携带的丰富营养;而中心部位则难于得到富养分的地表水和地下水的补给,仅靠大气降水补给,促使贫营养植物首先出现于中心地带。由于中心地带植物残体分解速度慢,使得泥炭增长速度快,与沼泽周边相比,泥炭积累快,于是形成了高位泥炭沼泽中部高出周边的特有剖面形态。这类沼泽生长的植物多为草本或藓类植物,种属较为稀少,多发育在地势较高且较冷和较潮湿的气候条件下。

3. 中位泥炭沼泽

这类泥炭沼泽多出现于前两类沼泽的过渡时期,在特征与性质上具有过渡特点,因此又称为过渡类型或中营养泥炭沼泽。这类泥炭沼泽的表面,由于泥炭的积累趋于平坦或中部轻微凸起,地表水和地下水通过周边的泥炭层时,其中的水分和养分被部分吸收达到中心地带时,已大为减少,因而潜水位变低、营养状况变差,泥炭层也处于中性到微酸性,植被以中等养分植物为主。

5.1.3.2 按照植被生长情况划分

泥炭沼泽按植被生长情况划分可分为草本沼泽、泥炭藓沼泽和木本沼泽。

(1) 草本沼泽。是典型的低位沼泽,类型多、分布广,常年积水或土壤透湿,以苔草及禾本科植物占优势,几乎全为多年生植物,很多植物具根状茎,常交织成厚的草根层或浮毯层,如芦苇和一些苔草沼泽。

(2) 泥炭藓沼泽:又称高位沼泽,主要分布在北方针叶林带,由于多水、寒冷和贫营养的生境,泥炭藓成为优势植物,还有少数的草本、矮小灌木及乔木能生活在高位沼泽中,如羊胡子草、越橘、落叶松等。

(3) 木本沼泽:又称中位沼泽,植被以木本中养分植物为主。沼泽地是纤维植物、药用植物、蜜源植物的天然宝库,是珍贵鸟类、鱼类栖息、繁殖和育肥的良好场所。沼泽具有湿润气候、净化环境的功能。

5.1.3.3 按照沼泽的水动力条件分类

按照沼泽的水动力条件、岩性组合以及沉积物特征,泥炭沼泽可划分为闭流沼泽、覆水沼泽和泥炭沼泽三种类型。

(1) 闭流沼泽。闭流沼泽以深灰色、黑色粉砂岩、黏土岩和粉砂质黏土岩为主。闭流沼泽中水体较浅,水介质运动微弱,一般层理不发育,含有丰富的植物根、茎化石,甚至可见保存完好的直立植物根化石。常见菱铁矿、黄铁矿结核,局部可能保存少量的淡水动物化石。闭流沼泽多发育在聚煤作用的早期,在含煤地层中多见于煤层底板,煤层顶板和夹矸中也可见到。在我国华北地区北部二叠系山西组中较常见。

(2) 覆水沼泽。覆水沼泽中的水体相对较深。沉积物以黑色炭质泥岩、炭质页岩为主,局部粉砂质含量较高,常发育水平层理或缓波状层理,层面上常保存大量的炭化植物叶、茎碎片,偶含淡水动物化石,也含菱铁矿和黄铁矿结核。覆水沼泽多发育在聚煤作用的晚期,在含煤地层中多见于煤层顶板,煤层底板和夹矸中也可见到。

(3) 泥炭沼泽。泥炭沼泽是介于闭流沼泽和覆水沼泽发育期之间的特殊地质阶段,是地质历史上的主要聚煤环境。

5.1.3.4 按照水介质的盐度分类

泥炭沼泽按照水介质的盐度可以划分为3种类型:淡水沼泽、半咸水沼泽和咸水沼泽。淡水沼泽在成煤沼泽中占重要地位,由湖泊演化成的沼泽及河流两侧的泛滥平原沼泽一般都是淡水沼泽;而在滨海环境下,3种类型的沼泽都可以发育,但以半咸水和咸水沼泽为主。

5.1.3.5 按照成因环境分类

根据与其他环境的成因联系,可以把沼泽分为河漫滩中低洼地带形成的河漫沼泽;湖泊充填演化而成的湖成沼泽;以及在海洋沿岸地带的滨海平原、潟湖、海湾、潮坪等场所演化形成的滨海沼泽等。

5.2 成煤的原地堆积与异地堆积

泥炭沼泽是在水陆过渡环境中形成的,这种环境可以在由水域向陆地过渡中转换形成,也可以在由陆地向水域过渡中转换形成,由泥炭沼泽与其堆积场所关系可以划分出原地堆积和异地堆积两种机制,同一个聚煤盆地可能只存在原地堆积的煤,也可同时存在原地和异地堆积的煤。

5.2.1 原地堆积成煤机制及其条件

煤是由泥炭经过沉积成岩及变质作用而来,泥炭的原始堆积对于成煤作用影响很大。泥炭是煤层形成的物质基础,而泥炭堆积受古植物、古气候、古构造及古地理的影响,因此,探讨煤聚积作用时,首先要探讨古植物生长的条件。一般说来,煤层发育地方往往被认为是古植物生长地方,即泥炭堆积的地方即为煤层赋存地,被称为原地堆积成煤。

由此可见,煤的形成与聚煤古环境单元密切相关。从一定意义上说,原地堆积成煤主要出现在泥炭沼泽发育区,且后期能够被保存下来,因此,原地堆积成煤机制研究主要包括适宜植物生长与泥炭保存的古气候、古地理及古构造背景。如曲流河的岸后沼泽、滨湖平原、湖泊三角洲平原、滨海平原或潮坪、障壁-潟湖等都可以成为泥炭原地堆积的环境。也就是说在不同的沉积环境内,由于沉积环境演化,形成了有利于植物发育的空间,如曲流河岸后沼泽,在稳定枯水期,岸后沼泽内由于水体比较稳定,在岸后沼泽中发育大量植物,随着植物死亡与保存,岸后沼泽逐渐被淤积填平,最终形成泥炭沼泽;滨湖平原或湖泊三角洲,因在静水期发育大量植物,从而形成了环绕湖泊的泥炭沼泽向湖心发育,逐渐湖泊被淤积填平废弃,最终形成湖泊体系废弃泥炭沼泽化。由此可见,原地堆积可以分为活动碎屑体系不同阶段的环境单元形成局部泥炭沼泽化(分流间湾、滨海潮坪),也可以原有的碎屑体系废弃后泥炭沼泽化(河道泥炭沼泽、湖泊淤浅及潟湖等),这种泥炭沼泽大部分为原地堆积,其形成条件最关键的是植物生长、保存及控制沉积环境的古气候和古地理景观。

5.2.2 异地堆积成煤机制及其条件

异地堆积成煤主要是指泥炭保存区域并不是植物生长区域,主要是由于存在活动的体系将泥炭沼泽搬运至另一个适宜的区域堆积、保存下来。因此,异地堆积的泥炭必须要有一定的搬运体系,如河流、波浪等,同时搬运体系能够为泥炭找到适宜其堆积与保存的古环境和古构造,如浅湖甚至深湖或浅海等。

异地堆积泥炭实际上属于事件沉积，因为其经过事件性碎屑流体搬运和再沉积，造成了这种环境形成的煤层易破碎，煤层顶底板都发育深水沉积物，如水下重力流沉积或者海相灰岩沉积。在现实煤田地质勘探中，经常可以发现异地煤与原地煤共同发育的煤系（王华等，1999；胡益成和苏华成，1992），这主要与沉积环境转换有关，随着海（湖）平面的变化、沉积物供给及泥炭沼泽发育淤积填充，使原来的部分深水异地泥炭沼泽堆积环境变浅而成为浅水原地泥炭沼泽堆积环境，从而形成异地煤与原地煤共同发育于同一煤系之中。

5.3 海平面变化与海侵事件成煤

5.3.1 沉积旋回与旋回层序

在华北石炭二叠纪含煤地层中，海侵沉积与煤层的直接组合关系比较突出，即海相沉积直接压煤且呈多旋回交替出现，构成一种特殊的沉积相组合。海相沉积以海相灰岩为主，还有海相泥岩、泥灰岩等，含有大量海相动物化石，如在鲁西发育的泥晶生物碎屑灰岩（L3）中含牙形刺有：*Streptognathodus elongatus*, *S. wabaunsensis*, *S. fachengsis*, *Hindeodolla multidenticulata*；采到蜓化石有 *Schwagrina gregaria*, *S. bellula*, *Paraschwagerina renodis*, *P. qinghaiensis*, *Quasifusulina compacta*, *Q. longissima*, *Boultonia willsia* 等，其他灰岩中采集到类似的海相动物化石组合，此外还采集到腕足、棘皮、有孔虫、海绵骨针、苔藓、珊瑚等化石。而直接伏于海相灰岩之下的煤层则不含任何海相动物化石。这种浅海相沉积大面积覆盖在非海相沉积物之上的现象在华北陆表海盆地东南缘充填沉积垂向序列上反复出现10余次，代表10余个典型的特殊旋回。海相层与下伏煤层之间具有相序缺失，即没有海水逐渐侵没（向陆侵进过程的相应的沉积序列）。这可能是一种突发型海侵或称事件型海侵。

如果在煤层底板识别出暴露沉积，那么这种暴露沉积可能代表一种曾受到剥蚀或无沉积面，实际上可能为一种沉积间断面（图5.4），这样，煤层的底板、煤层、煤层之上的海侵沉积就分别代表3种不同环境的沉积，三者之间就代表不同沉积学意义的界面。如煤层中含有夹石层，而这种夹石层正如有些学者研究的那样，为火山灰降落事件沉积，那么，煤层与海相灰岩的组合关系就更加复杂化了，事件沉积所代表的则是另外一种意义的沉积，其等时性和大面积分布的特点指示层序地层划分的重要界面。因此，华北陆表海盆地的上述特殊沉积序列代表了环境演化中的特殊事件，在进行层序划分和恢复盆地演化史中是不可忽视的。

海相沉积与煤层的组合受海平面变化周期的控制，在低级别的海平面变化周期中形成薄层海相灰岩/较厚煤层的组合，高级别的海平面变化周期中则多形成厚层海相沉积/薄煤层组合。在层序地层格架中，海侵体系域的煤层位于体系域的底部，而海退成因的煤层则位于高水位体系域的顶部。可以说，煤层的发育都与海平面升降变化中的转折期有关，而海侵成煤成为陆表海盆地成煤的重要特色。在低级别的海平面变化周期内，适合泥炭沼泽发育的持续时间相对较长，尽管海平面波动对泥炭堆积产生重要影响，但泥炭堆积

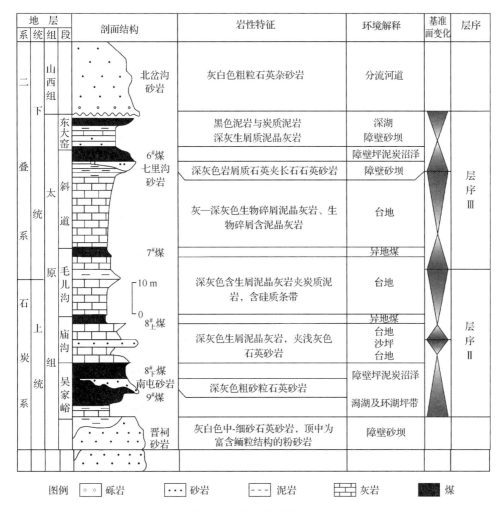

图 5.4 鄂尔多斯盆地东部含煤沉积序列

得以较稳定的进行且最终成煤。从盆地较大范围观察煤层与海侵沉积的稳定性,可以看出,煤层与海侵沉积间存在互相消长的关系,靠陆方向煤层较厚,靠盆地方向煤层较薄,而海相灰岩则恰恰与之相反(图 5.4 北部为向陆方向,南部为向海方向)。

如果最大海泛面位于海侵事件成煤组合中,那么这一界面附近应有凝缩段沉积(或称为密集段),笔者认为应是煤层或海相层的组成部分,或者是海相层的下部层段。这是一种相当缓慢的、基本无陆源碎屑供应的还原环境下的饥饿期沉积。此时的凝缩段沉积并不是海侵过程所对应的沉积序列,而是最大海泛期的饥饿沉积。海侵事件成煤是一种新的成煤作用类型,为陆表海盆地所特有,海侵事件成煤沉积组合及其相关事件界面的识别与鉴定,为高分辨率层序地层划分、对比及建立陆表海盆地高分辨率等时层序地层格架提供理论和实际依据。其作为一种新的成煤作用模式,丰富了煤地质学的基础理论(图 5.5~图 5.8)。

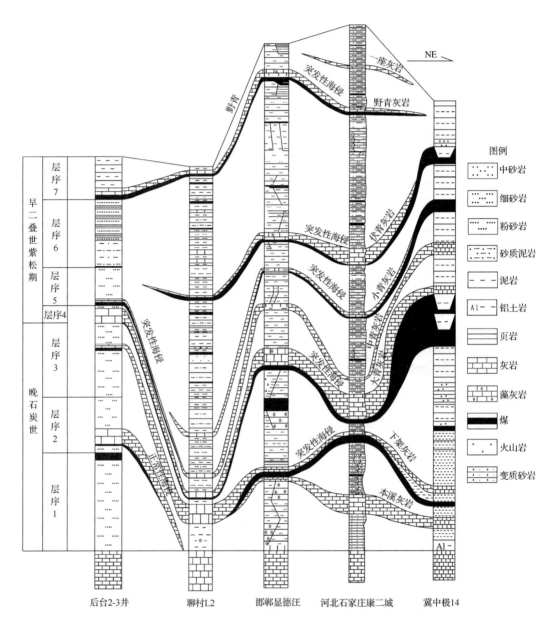

图 5.5 河北及邻区晚石炭世—早二叠世灰岩对比图

第5章 煤聚积多元理论体系

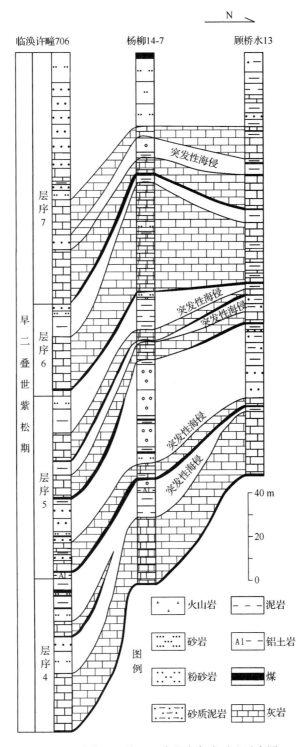

图5.6 南华北两淮地区南北向灰岩对比示意图

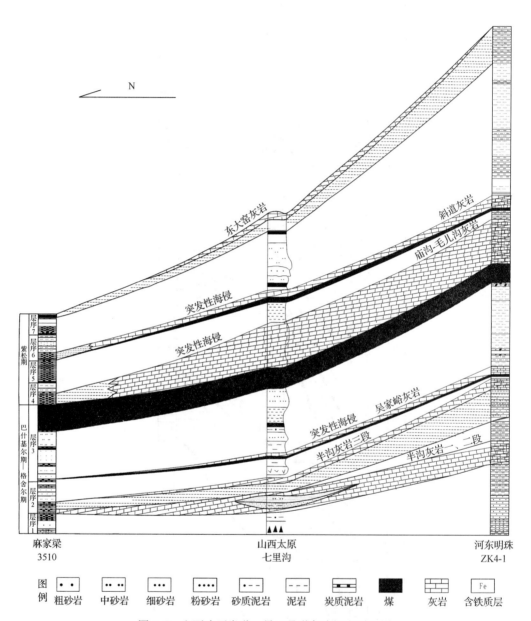

图 5.7 山西晚石炭世—早二叠世灰岩沉积对比图

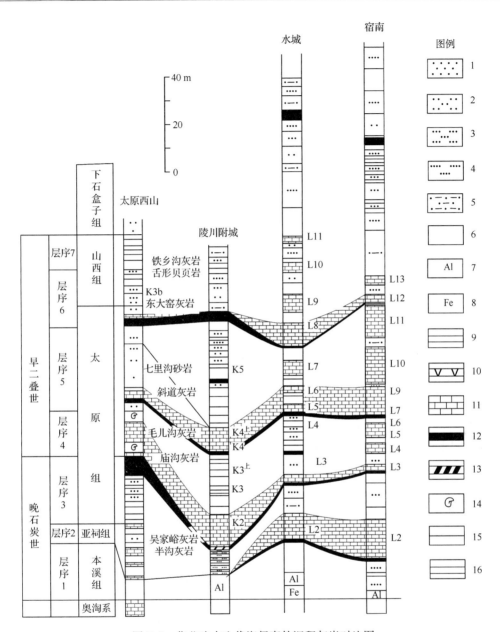

图 5.8 华北晚古生代海侵事件沉积灰岩对比图

1. 粗砂岩;2. 中砂岩;3. 细砂岩;4. 粉砂岩;5. 泥质粉砂岩;6. 泥岩;7. 铝质泥岩;8. 铁质泥岩;9 硅质泥岩;
10. 凝灰层;11. 灰岩;12. 煤;13. 炭质泥岩;14. 海相动物化石;15. 平行不整合;16. 褐铁矿层

5.3.2 海侵事件及背景分析

5.3.2.1 海侵事件及沉积特征

海侵事件沉积具有明显的暴露特征,因此,煤层和其底板泥岩表现出淡水特征,本节以山西地区 667 孔为例(图 5.9 和图 5.10)分析其地球化学特征。

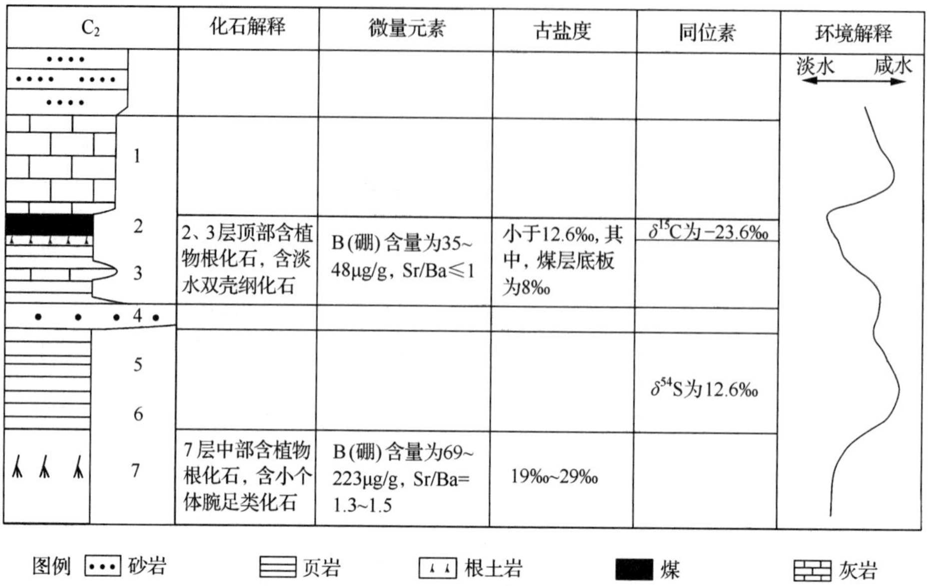

C_2	化石解释	微量元素	古盐度	同位素	环境解释 淡水 咸水
1					
2	2、3层顶部含植物根化石,含淡水双壳纲化石	B(硼)含量为35~48μg/g, Sr/Ba≤1	小于12.6‰,其中,煤层底板为8‰	δ^{13}C为-23.6‰	
3					
4					
5				δ^{34}S为12.6‰	
6					
7	7层中部含植物根化石,含小个体腕足类化石	B(硼)含量为69~223μg/g, Sr/Ba=1.3~1.5	19‰~29‰		

图例 ⋯ 砂岩　≡ 页岩　⋀ 根土岩　■ 煤　▦ 灰岩

图 5.9　山西地区 667 孔海侵事件地球化学组合分段图

除海侵灰岩沉积层与煤层、煤层顶部和其底部的根土岩中间含植物根化石,为淡水或微咸水沉积环境外,其他各层均为半咸水或咸水沉积环境,前者标志主要为 B(硼),含量为 35~48μg/g,Sr/Ba 小于等于 1,古盐度小于 12‰,含淡水双壳纲化石。后者地层 B 含量为 69~223μg/g,Sr/Ba 为 1.3~1.5,古盐度为 19‰~29‰,含小个体腕足类化石。因此,在海侵事件沉积组合中可以明显地发现 Sr/Ba 曲线具有突变特点,也就说,比值由小于 1 突变至大于 1。沉积磷酸盐也能反映出海陆变化特征,在海侵事件沉积组合特征中可以看出曲线特征呈现突变特点,底部的暴露沉积磷酸盐含量一般<3.0($8^\#$煤层),而顶部灰岩沉积一般大于 22‰,反映出暴露沉积与海相深水沉积地球化学特征的组合。在 5 层的黄铁矿中,δ^{34}S 为+12.6‰,相当于海水硫酸盐硫的同位素值。$3^\#$煤层镜煤的 δ^{13}C 为-23.6‰,为淡水陆生植物成煤环境。其底板古盐度值为 8‰,表明泥炭沼泽是在淡水条件下发育起来的。在如太原西山庙沟-毛儿沟灰岩下部的 $8^\#$~$9^\#$煤层,泥岩和煤层中 B 含量为 37~160μg/g,Sr/Ba 值为 0.6~3.7,古盐度为 8‰~27‰,一般小于 15‰。经过研究发现,山西太原地区海侵事件沉积煤层主要包括 $8^\#$煤层、$7^\#$煤层。煤层的镜煤碳(δ^{13}C)和黄铁矿硫(δ^{34}S)值均反映出本组合段沉积环境以淡水沉积为主,但有局部地段在短暂时间里受海水侵入的影响,使煤层盐度增加。总的来说,海侵事件沉积表现出海水沉积层直接覆盖到淡水沉积层之上,且淡水沉积层之下具有暴露沉积。海侵过程沉积则表现不同,如山西地区煤层,除 $6^\#$煤层、$7^\#$煤层及其底板根土岩为淡水或受海水影响的沉积外,其他各层很难被认为是淡水沉积层。

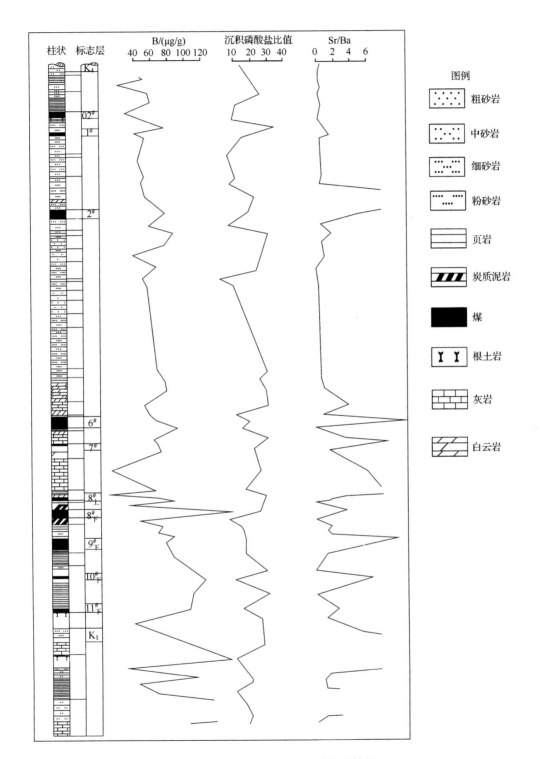

图 5.10 山西地区 667 孔地球化学特征

5.3.2.2 华北海侵事件沉积研究意义

华北地区晚石炭世—早二叠世陆表海盆地的海相沉积与陆相沉积交互出现,这给地层研究与对比带来很大困难,尤其是给层序地层划分带来很多的争议。近几年来,有关华北晚古生界层序地层划分与对比争论不休,至今没有形成统一的划分方案,海侵事件沉积的研究从一定程度上能够解决这个问题,并可以提出新的地层划分方案。

(1) 海侵事件沉积具有等时性,可以进行全区的对比(图 5.11~图 5.13)。笔者经过对华北地区上千个煤田钻孔分析研究发现,晚石炭世—早二叠世的海侵层可以进行广泛的区域对比。如鲁西地区的 16#煤,向北到河北地区的邢台的 10#煤,靠近海相灰岩或海相泥岩顶板附近发现大量黄铁矿结核,不但个体大(直径最大达 20 多厘米),而且多呈夹层出现。在山西柳林-阳泉、大同-阳泉地区下煤组等皆表现出这个特点。

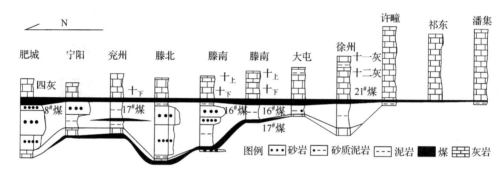

图 5.11 山东十下灰与 16#煤的等时对比图

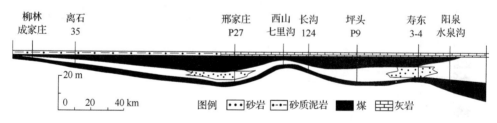

图 5.12 柳林-阳泉间下煤组剖面形态图

(2) 可以作为层序划分的重要界面,是识别海侵体系域的重要标志。华北陆表海盆地充填层序可以划分为 3 个层序,其中层序 2、层序 3、层序 4 的海侵体系域底界都为海相灰岩压煤现象,体现出初始海侵的开始,可以作为海侵体系域的重要初始界面,因此,海侵事件沉积就可以作为海侵体系域。山东地区的 L10 灰与 16#煤之间的界面可以作为层序 2 突发性海侵界面,可以进行区域对比。

(3) 事件沉积具有一定的沉积相序间断等特点,应正确地寻找事件沉积。经详细研究陆表海盆地的充填沉积特点,发现其沉积相的组合具有较大的差异。陆表海盆地充填沉积序列中有两种较为典型的相组合,一是相与相间发育的间断面,为不连续沉积组合,但在时间序列上是连续的,即自下而上依次为暴露沉积、潮坪沼泽及泥炭沼泽、浅海沉积。其中暴露沉积代表一种剥蚀或沉积间断,而沼泽与海侵沉积之间存在海侵过程沉积相序

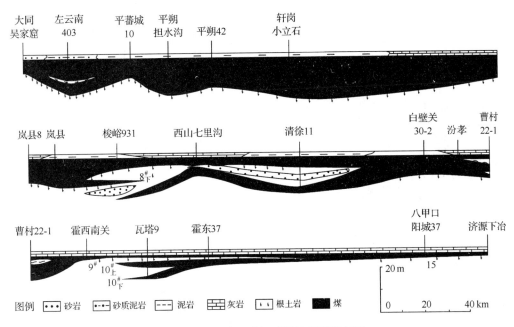

图 5.13 大同-阳城间下煤组剖面形态图

缺失,两者之间存在饥饿沉积或无沉积面,实际上缺少海水向岸扩展的海岸退积序列。这种序列反映了陆表海盆地沉积环境演化上的突发性。第二种序列是连续相序,盆地沉积演化为一个渐变的过程,即由潮坪向泥炭沼泽逐渐转化,没有出现过暴露沉积。以上两种序列之间区别的关键点是盆地在演化中基底有无暴露发生。在基底有暴露的情况下,基准面低于盆地基底,则发生暴露土壤化作用,也可能遭受剥蚀。此种情况下,暴露沉积之上的煤层代表一种基准面开始上升的标志,即在土壤化基础上,海平面上升导致基准面上升,土壤开始湿润,泥炭沼泽发育,紧随其后的大面积海侵使泥炭沼泽发育中断,并使泥炭快速处于深水环境而最终形成煤层(图 5.14)。

5.3.2.3 海侵事件发生的盆地背景分析

海侵、海退是地质学的基本概念。自从莱伊尔的现实主义原理问世以来,人们一直坚持对现代海湾过程进行观察,以期建立海侵、海退的基本模式。基于这些观察,海侵被定义为海水逐渐、缓慢地侵浸到陆地上的一种地质过程,反映在沉积物的分布规律上,可以看到海相沉积物由海及陆的各相带依次向陆地方向超覆,在纵向上则表现为自下而上,由陆相到滨海相再到浅海相的纵向序列。反之,海退表现为海水的逐渐退却或陆地环境依序向海洋推进。在纵向序列上,自下而上可以看到由浅海相变为滨海相再变为陆相的相变关系。一般而言,海侵、海退是区域性的地质现象,与全球性的海平面变化有关。莱伊尔的科学哲学统治地学界一百余年,近一二十年来受到了新灾变论或突变论的挑战,于是有事件地质学的诞生或突发式演化理论的提出。地质事件是在短时间内以极高速度进行的地质过程,往往要几万年、几十万年、几百万年乃至几千万年才能出现一次。在人类历史上大多没有记载,也就超出了莱伊尔的均变论的认识范围。这种新的科学哲学弥补了

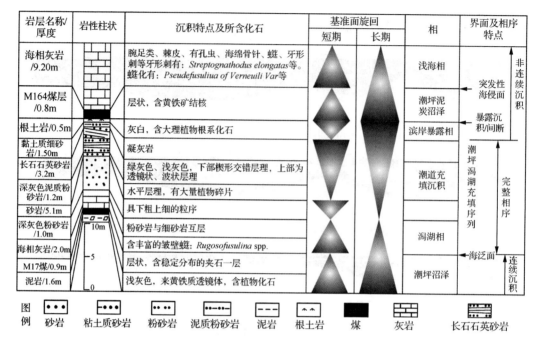

图 5.14 陆表海盆地充填沉积中的连续沉积与非连续沉积的比较(鄂尔多斯地区)

莱伊尔的不足,得到大多数地质学家的认可。华北地区海侵事件沉积现象比较显著,其沉积组合及岩石化学特征独具特色,然而在这一个能源聚集的盆地中,海侵沉积比较复杂,尤其是海侵过程沉积与海侵事件沉积交替出现,更增加了区分海侵事件沉积的难度。海平面变化、构造作用、沉积过程和气候条件相互作用的结果均表现在地层特征上。构造作用和海平面升降变化造成海平面的相对变化,它控制沉积物获得的空间;构造作用和气候变化控制着沉积物的数量和类型,而沉积物供应量决定有多少容纳空间被充填。因此,综合层序地层、盆地沉降和构造地层分析的结果,可以较为合理地解释地质发展史,总结出海平面升降变化、构造和沉积作用所产生的层序地层特征。

5.3.2.4 事件型海侵(突发性海侵)

突发性海侵是何起祥等(1991)根据许靖华提出的地中海干化模式提出的,其定义指在具有峡口启闭的受限陆表海盆地,由于海平面上升,海水迅速地倒灌于盆地中,形成了海相沉积物直接覆盖在陆相沉积物上,二者中间出现相序的缺失,无过渡相带,其经历时间短,影响范围广,广泛的海相沉积物具有等时对比意义。

1. 发生背景

突发性海侵不像渐侵型海侵,一般发生在海平面缓慢上升的开阔海边缘(图 5.15),因为后者造成的主要是侵蚀间或不整合,一般没有沉积纪录。突发性海侵一般发生于岛屿环境的受限陆表海。由于海平面的升降导致峡口的启闭,往往形成海陆交互相沉积序列。用板块构造的观点进行分析,在活动边缘,由于板块俯冲形成的岛弧构造是造成受限陆表海的天然屏障。因此,突发性海侵多发生在古活动边缘,而渐侵型海侵则多发生于被动大陆的边缘地带(坡折带)。突发性海侵则是发生在板内克拉通盆地内,盆地三面凸起,一侧与海相通,且存在着与海相隔的岬口,当海平面上升超过岬口时或者岬口由于构造等原因低于海平面时,海水迅速地倒灌于盆地内,不存在过渡的过程,即使海平面上升幅度不大,也会淹没盆地的广大区域。这就使得海侵的过程相对于边缘海盆地来说非常短暂,没有"逐步地、缓慢地"向陆侵进的一个很长的过程。

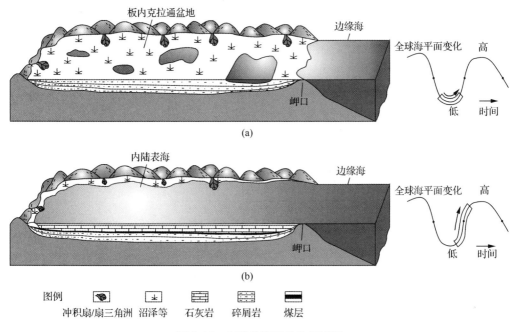

图 5.15 突发性海侵发生示意图

2. 突发性海侵的特点

从以上定义和形成背景来看,突发性海侵强调的是水体的突进,带有灾变现象,是快速倒灌式的,因此,其沉积物具有下列特点。

(1) 时间上的连续性和沉积相序上的不连续性。经常见到海陆相频繁交替,而其间并无侵蚀间断;也常见形成深度不同的沉积物直接接触。所谓时间上的连续性与相序上的不连续性应该联合起来思考,也就是说,突发性海侵所形成的沉积是无间断的沉积,但是其在沉积相序上则表现为相序的缺失,地层垂向序列表现为浅水沉积物与深水沉积物直接接触,且相互之间并没有水体变深的过渡性沉积物,从沉积相方面解释来说就是深水相(一般是海相)与浅水相(陆相)的相互叠加。

(2) 海相层一般为单一的同性相,分布面积广,横向稳定,除底部地形起伏引起的相变外,一般无明显相变。

(3) 海侵层在时间上具有极好的等时性,既是同性相,又是等时相,因此,可以作为地层对比的标志层。

(4) 受限陆表海具有很好的生油环境,峡口启闭引起的突发性海侵海退,必然引起生物群的突发性兴衰,世界上的许多含油气盆地,包括我国的一些陆相盆地在内,都有多次突发性海侵的纪录,这一现象值得进一步研究。

（5）突发性海侵是典型的正常性海侵，从这一点来说，它属于过程型海侵的一种，但从其发生背景来看，它的发生条件远远高于过程型海侵中的正常海侵，也就是说除了其发生的地理条件之外，还要求全球海平面变化速度远远大于沉积物供给和构造沉降之和[式(5.1)]，即沉积物供给和构造沉降对海侵影响可以忽略不计，而其海退也是由于全球海平面下降引起海水大面积的后退，即强制性海退，所以，突发性海侵与海退的组合是正常海侵-强制性海退。

$$\frac{\mathrm{d}f}{\mathrm{d}t} \gg \frac{\mathrm{d}T}{\mathrm{d}t} + \frac{\mathrm{d}s}{\mathrm{d}t} \tag{5.1}$$

式中，$\frac{\mathrm{d}f}{\mathrm{d}t}$、$\frac{\mathrm{d}T}{\mathrm{d}t}$、$\frac{\mathrm{d}s}{\mathrm{d}t}$分别为海平面变化速率、构造沉降速率和沉积物供给速率。

3. 突发性海侵的研究意义

首先，突发性海侵引起的海平面大幅上升，导致海相层与陆相层互相叠置，具有很好的生储盖条件，海相沉积物一方面具有很好的烃源岩，同时也是良好的储层；其次，由于突发性海侵发生时间短，规模大，范围广，因此，所形成的沉积物在全区上具有一定的对比标志意义。

4. 过程型海侵与突发性海侵的差别

现今，国内外学者主要研究被动大陆边缘的海侵情况，海侵的类型应该划为过程型海侵，而我国学者在实际工作和研究过程中，发现突发性海侵在影响沉积及油气资源等方面具有重要的意义。因此，正确区分这两种海侵具有重要的现实意义。

1) 地质条件不同

过程型海侵发生在被动大陆边缘地带，由于海平面上升速率大于可容纳空间速率，使海水缓慢地经过坡折带侵入陆地。突发性海侵则发生在板内克拉通盆地内，盆地三面凸起，一侧与海相通，且存在与海相隔的岬口，当海平面上升超过岬口时或者岬口由于构造等原因低于海平面时，海水迅速地倒灌于盆地内，不存在过渡的过程，即使海平面上升幅度不大，也会淹没盆地的广大区域。这就使海侵的过程相对于边缘海盆地来说非常短暂，没有逐步、缓慢地向陆地侵进的一个很长的过程（图5.16）。

2) 海侵沉积序列有所差别

无论海相沉积、煤层还是泥质碎屑沉积，大多以薄层出现，且交替频繁。构造上表现为稳定性强、整体统一的特点。从层序角度来看，海侵沉积序列可以划分为海侵体系域，其底界为首次海泛面，顶界为最大海泛面，但过程型海侵与突发性海侵的海侵体系域有所差别，过程型海侵主要是由于海侵渐侵性，形成的海侵类型呈现出陆相—过渡相—海相沉积序列有规律地渐变，应该说过程型海侵形成的完整序列相带具有三元结构的正旋回层序，具有水体缓慢加深的证据。而突发性海侵则不然，其形成的海侵类型为陆相-海相沉积序列，中间缺少过渡相沉积，形成的完整沉积序列相带具有二元结构的正旋回层序，不能发现水体缓慢加深证据。

3) 泥炭化、煤化作用原理不同

边缘海盆地在海平面上升、缓慢海侵过程中的泥炭堆积和成煤过程是一个逐渐推进的过程，泥炭层与下伏黏土岩底板之间有相当长的沉积间断，因此，海侵沉积是逐渐向陆

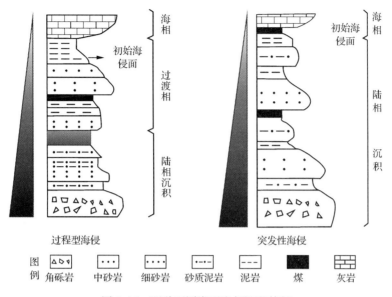

图 5.16 两种不同类型海侵沉积特征

超覆的,泥炭的堆积也是逐渐向陆地推进的,这样,泥炭堆积与其下的沉积必然有一个穿时界面。而陆表海盆地的这种向陆超覆是不明显的,或者仅在盆地边缘部位出现,盆内广大区域是比较一致的缺失某些相的叠覆(或为加积)沉积。

5.3.2.5 华北海平面变化的周期性特点及成因背景

华北大型聚煤盆地是一种稳定的内陆表海沉积盆地,其类型为克拉通内拗陷盆地。盆地的南北两侧均为历经多次拼接的汇聚型板块边缘,在成煤期盆地基本上处于均衡调整的构造环境,盆地的总体轮廓呈向东南倾没和敞开的箕状,盆地基底主要为中奥陶统石灰岩侵蚀-夷平风化面。海侵发生于晚石炭世本溪期,煤系底部的铁铝质岩层是伴随海侵过程而沉积在古夷平面上的岩性地层单位,在盆地内有广泛分布。在含煤地层沉积期,构造作用相当平稳,基本上以缓慢的沉降作用为主(其沉降幅度很小)。盆地北侧的天山-大兴安岭陆间海槽经多次俯冲、消减,于二叠纪末以弧形切线方式碰撞闭合,对华北聚煤盆地的充填、演化具有深刻的影响,主要表现为在盆地沉积期提供陆缘物质。

因此,在构造作用、海平面变化、沉积作用和气候条件四个因素中,华北聚煤盆地的构造作用和古气候因素是相对比较稳定的,而海平面变化和沉积作用成为控制聚煤期盆地充填的主要因素。

1. 海平面变化的高频率和周期性特点

晚古生代,华北陆表海盆地海平面变化具有高频周期性特点,即具有高频率变化和周期性两大特点。海平面变化具有周期性,在地层记录上皆有表现,高频周期性海平面变化必然在地层记录上留下高频率变化的旋回性地层特征。空间上的旋回性表明时间上的周期性(但地层记录中旋回性的缺乏并不表明时间上周期性的缺乏)。Miall(2010)提出了旋回中含旋回的概念,即由于受不同制约因素的影响,地层的旋回性具有不同的级次,而且相互叠加,最终反映出不同级次相互叠加的海平面变化周期,即复合海平面变化周期。华北晚古生代陆表海盆地的高频率周期性海平面升降变化即构成复合海平面变化的显著特点,在高级别、长周期的海平面变化周期中复合叠加了低级别、短周期的海平面变化周期。

华北陆表海盆地沉积地层是由一种较薄的反映水深向上变浅的复合旋回性序列组成,其分界面是由地史上瞬时的相对海平面上升形成的间断事件所产生的,而紧接着则是一种均衡的堆积过程。陆表海的海水进退事件应属于瞬时事件,但在水体加深作用过程中也会产生非常慢的堆积作用。海平面升降变化导致沉积物容纳空间增长速率、海底水体环境的周期性变化,从而形成旋回性的沉积记录。

2. 周期性海平面变化的成因分析

海平面的全称应为平均海平面,它的精确定义是根据大地测量学的发展而定的。基于人类对海水表面位置的传统观念,为了确定大地测量高程的零点,人们假定一定长的时间周期内海水表面的平均高程是静止不动的,它可以作为大地测量的基准面。海平面本身并不是一个平面,这是因为地球本身不是一个圆球,海平面的高低不平早已为沿海的潮汐观测和大地水准测量所发现。海岸线为海水与陆地的交界线,曲折蜿蜒、环绕着陆地。由于潮汐和波浪等因素的作用,海平面发生周期性升降,海岸线也在周期性变动。海岸线作为海平面和大陆面相互作用的产物,不仅受海平面变化的影响,而且也受陆面变化的影响。据以往研究发现,海平面上升和海岸陆地下降的综合作用导致海岸线的淹没与后退,海平面下降和海岸陆地上升的综合作用导致海岸线的抬升和推进,只有海岸的堆积和侵蚀作用可以改变这种过程。

海平面随时间而变化,既存在垂直方向上的升、降过程,也存在水平方向的海平面起伏位移。造成海平面变化的原因很多,Miall(1984)归纳为两种主要因素:构造海平面变化和冰川海平面变化。构造海平面变化指由于洋脊扩张等构造活动造成海洋盆地变化而产生海平面变化,板块内部的构造沉降速率的变化亦属此类,主要形成长周期海平面变化。冰川海平面变化指由于地球轨道偏心率、黄赤交角变化及岁差的天文周期造成地球日照量的周期性变化,从而引起极地冰盖的增长,使海水的体积发生变化,最终导致海平面的升降变化,这是高频海平面变化周期的主要控制因素。

Allen 和 Allen(1990)认为,全球海平面变化可能由下列 4 种原因引起:①板块构造作用引起的岩石圈物质的持续分异作用;②由沉积物的堆积或沉积物的移出所引起的大洋盆地体积容量的变化;③由大洋中脊系统的体积变化所引起的大洋盆地体积容量的变化;④藏在极地冰盖和冰川中有效水体的减少。

大洋中脊和岛弧火山活动可以增加大洋水体的容积。与此相反,水体也可以通过新地壳的热蚀变和沉降而发生移出。这两个过程大致是平衡的。从物质平衡的观点分析,海平面是海水体积和洋盆体积(容积)的统一;从能量平衡的观点看,海平面是一个等势面,它符合地球内部重力场和磁力场分布的平衡,也符合地球绕着它的转动轴自转的引力平衡。

关于海平面变化有下列理论:海水体积发生变化;海盆容积发生变化;海平面分布发生变化等。

海水体积发生变化,可能由下列原因引起:大陆冰川的消长,孤立海盆效应,原生水的交换,海水的密度效应以及孔隙水的潜没等。大陆冰川体积的变化与海平面变化的关系实质上是固态水和液态水体积的转换问题,可以通过海水和冰川的密度系数(海水 $1.03g/cm^3$,冰川冰 $0.92g/cm^3$)进行定量换算。冰川型海平面升降理论认为:在冰期气候中,大陆冰川消长是全球海平面变化的主导因素,它可以在1万年至2万年内,造成全球海平面变化发生100~200m的升降变化。因此,由于轨道旋回(岁差旋回、偏心率旋回等)造成地球上接受的太阳辐射量的变化而产生极地冰川消长,最终可能造成在2万年、10万年、40万年等级上出现数米至数十米的海平面升降旋回。冰川型海平面升降理论加强了地质学、地层学、地貌学和古气候学,以及古冰川学的联系。在20多亿年的地质历史时期,曾发生过七次大的冰期:赫罗连冰期、奈舍冰期、斯特廷冰期、维兰杰冰期、奥陶纪冰期、石炭纪二叠冰期及更新世-第四纪冰期。各冰期间隔时间大约为3亿年,因此有些学者认为这些冰期及由此造成的海平面升降变化旋回与银河年周期(2.9亿年)有关。

由于蒸发作用,海洋和湖泊的水分不断和大气层与地表水进行循环交流。当一个海域表面蒸发的水量大于降水量和周围海洋注入水量的总和时,这个海域的海平面就比较低,其他海域的海水将流入该海域。如果这个海域和其他海域长期隔绝,这个海域的水位总要降低。这种隔绝的状态长期存在下去,直到海水干涸,海水中所含的盐分将在海底结晶,积聚成蒸发岩。原来海盆里的海水通过大气循环充填到其他海域,造成世界性的海平面上升;反过来,一个低海平面的孤立盆地被打通,海水将迅速注入充填,一个新的陆间海的出现,意味着全球的海平面下降了。这就是海平面变化的孤立海盆效应。

海平面变化的原生水理论由美国地球化学家Rubey(1951)于20世纪50年代提出,他们认为在漫长的地质历史时期,地球内部存在着一个缓慢而稳定的排气作用,使地表水量逐渐增加。原生水理论提出了全球海平面变化的一个基本因素,但造成100m的海平面上升大约需1亿年的时间,因而,一般在几百万年的时间尺度内不考虑原生水的海平面效应。

在海水质量不变的情况下,密度增大,海水体积缩小,海平面下降;反之,密度减少,海水体积扩大,海平面上升。这就是海平面变化的海水密度效应。温度变化对海水体积的影响是据热胀冷缩的原理而来。据推算,当全球的海水温度升高1℃,海平面大约可升高0.6m;如果海洋表层100m内温度升高10℃,将造成海平面升高10cm左右。如果在海平面之下180m内的水全部由10℃升高到10.6℃,那么海平面要升高2.5cm。据计算,如果全球的海水盐度从35‰减少到34.9‰,全球的平均海平面要上升1.9cm。海平面的密度效应在海平面变化中有明显的反映。

从板块构造观点看,海底岩石圈在深海沟附近俯冲潜没,大量深海沉积物携带着孔隙水进入地幔,造成海平面下降,这就是海平面变化的孔隙水潜没说。

引起海盆容积变化的海平面变化理论主要有构造型海平面升降理论、地壳均衡型海平面升降理论等。在构造型海平面升降理论中,海底扩张作用在地质时代中具有突出意义。Hallam(1977)提出海岭垂直运动对海平面波动的影响。在地球上,大洋底部海岭系统的体积为 $1.6 \times 10^8 km^3$,在全部海水体积($1.37 \times 10^9 km^3$)中约占1/9,因此,海岭体积的变化可以改变海盆的体积,对海平面升降的影响是巨大的。海岭体积的变化可以通过大洋中脊的扩张速率的变化来实现,也可以通过海岭系统和海沟总长度的变化来实现。当海底板块扩张速率加快时,地幔对流作用给洋中脊带来了炽热的熔岩,海底地壳增生,海岭不能像正常情况下有充分的时间冷却而发生热膨胀。海岭体积的扩大使海水溢出正常的海岸线,泛滥进入到大陆内部。当海底板块扩张速率减慢时,地幔对流作用减弱,大洋中脊变冷收缩,海底下沉,海水从陆地退回到海盆中。海底扩张作用控制着海平面变化的关键是壳下加热速率的变化。如果地球处于稳定状态,单纯由于海洋岭脊的产生并不影响海平面升降,因为在这种情况下,每立方千米岭脊的出现必然伴随着1km^{3}岭脊的消亡。在数十亿年的地质历史时期,地球没有被海水全部淹没,也没有完全干涸,就是因为这种海洋岭脊的产生和消亡作用基本上处于平衡状态,只是海底扩张速率的快慢交替变化激发海平面的升降变化。据Berger和Winterer(1974)研究估算,海底扩张速率变化10%,并持续1000万年,要产生20m的海平面变化。二叠纪的海平面下降可能是由于海底扩张以平均每年5cm的速率减少造成的。Bloom认为,海底的扩张速率可以达到每年2～10cm,随着海底地壳向两侧的扩张,地壳温度逐渐降低。离中脊越远,洋壳收缩越强,典型的冷缩作用速率为3～6cm/ka,冷缩作用深度达到100～200km,造成洋壳以上述速率下沉。原来位于洋中脊附近的海岛下沉成为平顶山。Bloom提出,仅最后间冰期以来的海盆扩张,就使海平面下降了8m。

Hallam(1977)提出,在某一段时期,海底扩张作用造成的海岭系统的长度变化,可能比海岭扩张速率的变化对海盆容积的影响更大。始新世发生在欧亚大陆的较大海侵可以解释为中大西洋海岭向北扩张,伸入大西洋北部和挪威海。同样,早在白垩纪,大西洋海岭伸入印度洋,可能加强了其他地方由于海底扩张速率的变化引起的海平面变化。

一条新海沟的形成将增加海盆的容积,海平面下降。海沟的深度很大,但面积很小,所以海平面变化的影响相对较小。一般地,大陆板块分裂时期,海岭发育导致世界性的海侵,板块拼接时期,超大陆形成而伴随着世界性的海退。在古生代,加里东-阿开丁地缝合线和海西-阿巴拉契亚地缝合线的形成,是两次重要的世界性海平面下降时期。中生代的世界性海侵对应着联合古陆的逐渐分裂。

海底扩张速率的变化可以导致海洋300～500m的变化,它是百万年的时间尺度内海平面变化的主导因素。Pitman(1978)提出,扩张速率的突变可以产生每千年10m的海平面变化,比大陆冰川体积的变化引起的海平面变化慢了3个数量级。海洋地区的山地隆起、盆地拗陷、断裂活动和火山喷发等局部区构造运动都可能引起海盆容积的变化,因而造成全球性的海平面变化。局部构造运动引起的海平面变化在构造活动区和其他地区的表现不很相同。构造活动区的相对海平面变化幅度远远大于全球性的海平面变化幅度。由于印度地块向下俯冲至亚洲地块之下,挤压形成喜马拉雅山脉,从而使大陆面积减少100万km^2,形成大约10m的海平面下降。Pitman(1978)计算,在印度和亚洲碰撞期间,全球海平面下降速率为每千年0.22cm,经过均衡调整,海洋岛上的海平面下降速率为每千年0.15cm。Bloom(1967)认为,局部构造引起的海平面变化速率可以相当于大陆冰川效应的十分之一。实际上,不同类型的构造运动引起的海平面变化速率和幅度也不同,如火山、地震、岩体崩塌都是一些突发性的作用,它们所造成的海平面变化一般较小。而造山运动是一缓慢的过程,它所造成的海平面变化较大。

海平面变化的地壳均衡作用理论是1855年普拉特和艾里在喜马拉雅山地区的重力测量中分别进行的研究工作奠定的。与海平面变化有关的地壳均衡作用包括冰川均衡作用、水力均衡作用及沉积均衡作用。根据苏格兰海岸现代海平面以上相似海相沉积物的分布,认为冰盖的负荷造成地壳的下翘和上隆,即反映了冰川的推进和后退。Bloom(1967)提出了一种简单模式:在间冰期,120~130m厚的海水从地球表面71%的面积集中到占地球面积5%的大陆地面上,形成约3000m厚的冰盖。在结冰和消冰过程中,地壳上部物质的转移,必须通过壳下物质的均衡补偿来完成。冰川在高纬度地区的聚集产生了地壳的冰川均衡作用,一旦冰川融化,水体分散在全世界的海洋中,海洋地壳的均衡反应称为水力均衡作用。冰盖融化后,大约100m的水加荷到整个洋底,将使洋底下沉,而大陆相对抬升。海底的沉降量大约和海水增加深度成正比,均衡调整的幅度相当于水深增加量的1/4~1/3。

沉积均衡作用是由于沉积物的堆积负荷引起的地壳均衡作用,由于海底沉积物沉积速度很慢,所以这种均衡作用不明显。

海底沉积作用引起全球性的海平面变化。大陆的侵蚀作用使陆面物质流向海底,直接置换海水,造成海平面上升。但随着沉积物重量增加,沉积盆地里会发生均衡下沉,而这种下沉实际上减少了海平面上升量。局部地区的造山运动把海底沉积物抬升到海平面以上,海底扩张作用使一部分海底沉积物消失在板块潜没带,这些都使海底沉积作用造成海平面升降的复杂化。

影响海平面分布变化的原因除了大地水准面的变化外,还有气象学、水文学和海洋学等因素引起的动力海平面变化,以及天体引力造成的潮汐海平面变化。

石炭二叠纪是冰川发育的重要时期,具备周期性旋回发育的极好条件。冈瓦纳大陆的石炭系一般发育不全,下中统仅见于北非、澳洲东部等地,属海相或海陆交替型沉积。上统分布广泛,普遍出现冰碛层,证明当时冈瓦纳大陆普遍出现大规模的冰川活动。在南美东部及澳洲东部,晚石炭世冰碛层常与煤层交替出现,代表冰期和间冰期的更替现象。但冈瓦纳大陆冰川活动的高峰以晚石炭世至早二叠世为主,在印度、澳洲和南极洲都有相似的冰碛层和冷水动物群。令人注意的是冈瓦纳大陆石炭二叠纪初的大规模冰川活动持续时间长达50Ma。就地壳运动来看,石炭纪是重要的造山时期,地球上分布最广的晚古生代海西山系的锥形,基本上是石炭纪时形成的。早古生代末期(图5.17),全球构造格架发生了大规模变化,劳亚、西伯利亚、华北-塔里木和冈瓦纳大陆发生重要碰撞,联合古大陆的锥形在早石炭世末已基本完成。构造运动,大陆冰盖的增长与消融等都是石炭—二叠纪时期引起海平面变化的重要因素。

5.3.2.6 海侵事件与成煤作用

海侵事件成煤与海侵过程成煤同属海侵成煤,与陆相成煤不同,它们有以下共同点:第一,其煤层发育在海侵体系域,前人研究认为,海水侵入淹没滨海泥炭田不仅反映在煤层之上的沉积物中,而且也表现在煤层本身,常表现为煤层剖面的上部黄铁矿硫含量增加

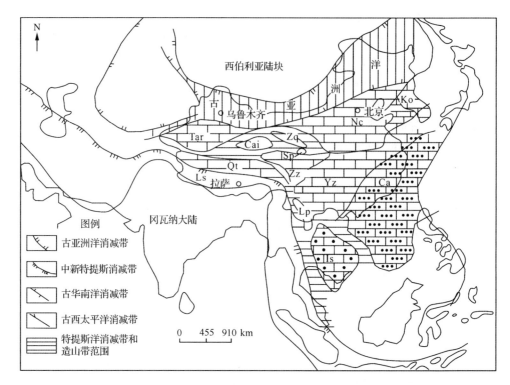

图 5.17　中国早石炭世末期大陆构架图（据许效松等，1996）

Nc. 华北板块；Qt. 姜塘-昌都陆块；Zz. 中超陆块；Yz. 扬子陆块；Cal. 柴达木陆块；Lp. 兰坪徽陆块；Ca. 华夏陆块；Tar. 塔里木陆块；Sp. 松潘陆块；Ls. 拉萨陆块；Ko. 朝鲜陆块；Za. 中祁连微陆地；Is. 印支陆地

等（图 5.18 和图 5.19），据此可区别煤层是否受到海水影响。含煤层序中受海水影响的煤层数目取决于地层柱状中所记录的海侵频率及持续时间。晚古生代华北陆表海盆地含煤沉积属于多旋回性的海侵煤层组合序列。第二，受海相层影响的煤层化学特征类似，海侵成煤具高的硫含量和低的硫同位素比。煤及其附近的沉积物显示了硫同位素比和沉积环境之间的联系，这和现代泥炭很相近。就是说煤中硫含量与煤层顶板及最靠近煤的上覆海相层底部间距之间具有密切的相互关系。大多数研究者认为，具有海相层顶板的煤中硫的分布是受海水影响且煤层中的高硫量始自泥炭期。第三，具有海相顶板煤层的煤岩显微组分并非与其他煤层不同，但煤岩组分的富集程度不同，尤其是在煤层剖面的上部，其煤岩结构中暗淡型煤岩类型较丰富。地下水位的上升可由亚原地和异地的碎屑惰性体及偶含腐泥煤的增长表现出来，而植物组织被破坏的程度通常与受海水影响的泥炭的 pH 的增高有关，因为这种泥炭比淡水泥炭更适合细菌的活动。受海水影响的煤层，其组织保存程度非常低，结果导致碎屑镜质组含量增长。第四，具有海相顶板的海侵煤层中高荧光强度和低反射强度在煤层剖面中是分布不均匀的，多集中在受海水影响最近的地方，如煤层剖面的上部。

虽然许多受海水影响的煤层表现出壳质组含量增加，但由于化学侵蚀作用，也有的表现为壳质组含量降低。这是因为泥炭水的 pH 上升超过中值所致，如与碱性海水有较长

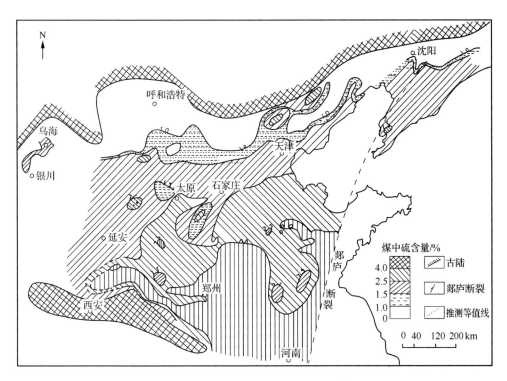

图 5.18 华北地区太原组煤层硫分分布图

的接触时间。但随着碱度的增加,其保存情况迅速地恶化。

5.3.2.7 海侵事件与油气关系

很多持海侵论观点的学者都认为海侵影响下形成的半咸水沉积,几乎全是其所在盆地的主力油源层,有的学者甚至由此认为对烃源岩的成因需要重新认识等。持纯陆相观点的学者在反对海侵论的同时,也认为咸化湖泊沉积环境是烃源岩形成的最有利环境。

毫无疑问,有争议层段被公认为是所在盆地的主力油源层,主要原因是在这段地层中含有大量的沟鞭藻类或颗石藻类。我国主要油气田的储量丰度都与这些藻类的丰度成正比,特别是与沟鞭藻的关系更为密切;世界各地质时代的大油田也都与沟鞭藻类、疑源类和颗石藻类的繁盛相对应。此外,不论我国还是国外,也不论老地层还是新地层,优质烃源岩的岩石学特征是非常相似的,主要的变化是在颜色上,如最常见的颜色是褐色,也有黑色或绿色等。它们几乎总是有纹理的,纹理条带几乎完全由填集紧密的远洋生物残体组成,形成一种原生的生物沉积,生物一般为单一类型的甚至为单一种的,如有孔虫、颗石藻、硅藻、沟鞭藻或放射虫类,而底栖动物群却大部缺失或完全无存。

研究还表明,包括我国在内,大多数盆地中优质烃源岩都是继盆地沉积间断之后早期海进高峰时形成的沉积,在层序地层中属于密集段,其特征相似,分布稳定。

笔者认为,在世界范围内,不管是陆相还是海相地层,油气的形成可能都主要是来源于少数几层优质烃源岩。这种有机质由单一的原生生物沉积组成的优质烃源岩层能够大面积形成,其本身就具有事件性的含义。进一步结合密集段的性质和分布特征,如其形成

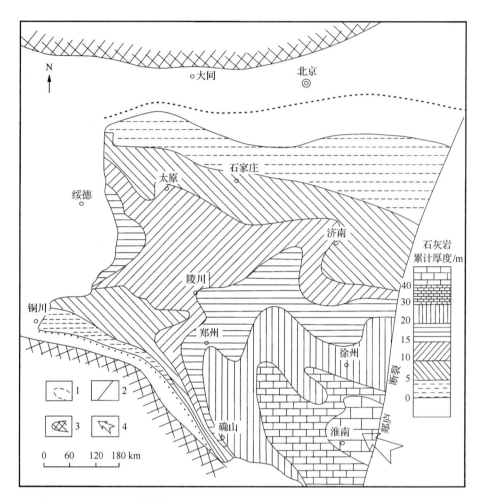

图 5.19 华北地区太原期早时海相石灰岩累计厚度及海域分布（据陈钟惠等,1993,修改）
1. 海域分布边界；2. 郯庐断裂；3. 剥蚀区；4. 海侵方向

时期相对水体很深、可容纳空间最大，地层特征相似，有机质都是几乎完全由单一类型的远洋生物残体组成，普遍缺失底栖动物群，铱元素异常，并与缺氧事件相联系等，以及在我国陆相盆地内与其有密切关系的这些地层属于事件型海侵形成，可以认为，事件型海侵为优质烃源岩的形成提供了有利条件。

我国陆相盆地的油气主要来源于少数几套与事件型海侵有关的优质烃源岩，这些岩层的岩石学特征相似，在地震剖面上特征很明显。根据这一认识，有可能在对一个新区进行评价时投入少量的资金而较准确地评价资源量。例如，根据少数几条框架地震测线，找出地层层序中的密集段和可能密集段分布，然后在有利部位部署探井，主要是验证其可靠性和为全面综合研究提供资料。这项工作需要配合做精细的分析化验工作，特别是要对可疑层段加大扫描电镜和微体古生物样品分析密度，做出高精度的地层和有机地化特征综合柱状图等，最终通过综合研究对盆地进行总体资源评价。这一方法的主要特点就是强调主力烃源层的重要性，不能因为其厚度薄或颜色浅而漏掉，因为，相对于一般的暗色地层,它们的生烃贡献更大。

5.3.3 海侵事件成煤机制

5.3.3.1 海侵事件沉积标志

华北地区晚古生代陆表海盆地充填序列为一典型的海陆交互相沉积,其陆相与海相沉积叠置复杂,尤其是北华北的本溪、太原组和南华北的太原、山西组地层,其沉积多样,存在着海相层与陆相沉积的相互叠置,如前文所提,本次研究主要侧重研究海侵事件沉积特点,经过大量的野外踏勘和室内分析,笔者发现,中国北方晚古生代海侵事件沉积可以分为深水沉积与陆相沉积组合、风暴沉积及火山碎屑沉积3种类型。其中,火山事件沉积主要是经过风与海水的传输沉积,由于其与海侵有关,因此本书把火山事件沉积列入海侵事件沉积研究的范畴。

华北海侵事件沉积最为常见的是深水沉积上覆陆相沉积组合,纵向上表现为无沉积的间断,具有相序缺失,其界面具有一定的等时性,其中表现为深水泥岩或灰岩直接覆盖于浅水沉积物上,其沉积环境演化突变性很强,差别很大,这是华北板块陆表海沉积的一大特色。北华北地区,太原组地层由海陆交互相沉积形成,其多次的海侵、海退形成的沉积地层具有不同的沉积特征,在这套复杂的沉积地层中有4种类型沉积组合表现为海侵事件沉积。

(1) 海相灰岩压煤现象,其沉积组合为海相灰岩-煤层-根土岩或铝质泥岩。这是华北陆表海沉积的重要特征之一。海相灰岩代表深水相,煤层代表还原环境,根土岩或铝质泥岩代表暴露沉积。这种组合现象在华北地区晚石炭世晚期和早二叠世比较常见,其组合特征主要指:煤层底板具有根土岩、风化黏土、铝土岩或铝质泥岩等,含大量植物根系化石,表现为滨岸暴露相,说明煤层与其下伏地层为非连续沉积,则可能在泥炭沼泽发育的前期,往往是盆地基底暴露发生土壤化的沉积时期,代表一种沉积间断面。煤层顶板为海相灰岩,富含腕足类、棘皮、有孔虫、海面骨针、䗴、牙形刺等海相动物化石,煤层及上覆的海相层在海平面上升过程中连续沉积,并形成了海泛带沉积。在测井响应上,煤层呈现"三高""三低""一扩"的特征,"三高"为高中子孔隙度、高声波时差、高电阻率(烟煤),"三低"为低自然伽马、低岩性密度、低自然电位,"一扩"为扩径,其顶板灰岩伽马伽马曲线表现为低值异常。灰岩沉积一般表现为向上变浅序列,表明海侵发生后海水逐渐退出本区,说明海侵的突发性及其海退的持久性,见图5.20~图5.24。

(2) 海相灰岩—深水泥岩—煤层—铝质泥岩或根土岩组合。该类组合与第一类组合不同之处在于海相灰岩与煤层之间夹了一层深水黑色或深灰色泥岩,也就是说,煤层顶板为浅海相薄层泥岩,富含腕足类、有孔虫、海面骨针、䗴、牙形刺等海相动物化石等化石,纵向上与上伏灰岩为同一沉积相,与其下伏煤层呈连续沉积,横向上可以与灰岩对比,形成原因为滨海泥岩沉积。该类组合易形成于陆表海盆地内地形较高地区,由于海侵范围的扩大,暴露于地表沉积泥炭沼泽由于突发性海侵不足引起海水足够淹没凸起区域,形成浑水沉积的泥岩覆盖于泥炭沼泽之上而终止了泥炭沼泽化的进程,其后,海侵大面积发生,形成海相灰岩覆盖于海相泥岩之上(图5.25,图5.26)。其海侵发生过程主要包括两

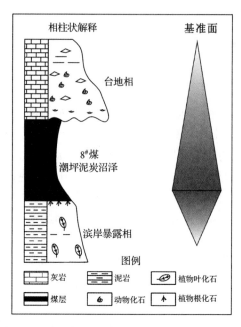

图 5.20 海相灰岩压煤(山西河东煤田 ZK6-1 孔)

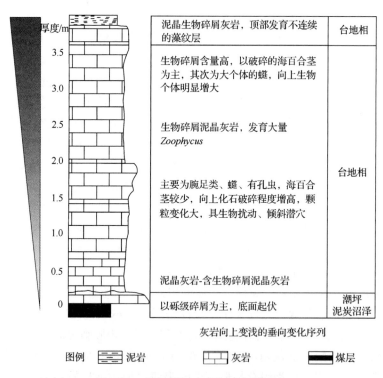

图 5.21 峰峰煤田大青灰岩实测层序

次突发性海侵,第一次突发性海侵影响范围较大,但未波及波状地区的起伏地带,因此,沉积的海相泥岩终止了泥炭沼泽的发育;其后,冰川融解,又发生了第二次突发性海侵,本次

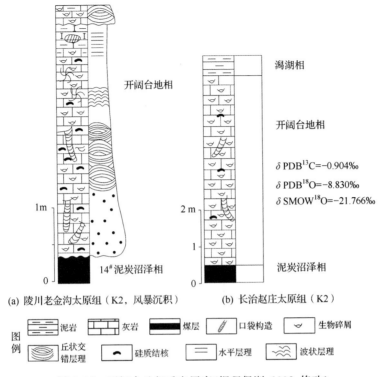

图 5.22 开阔台地相垂向层序(据程保洲,1992,修改)

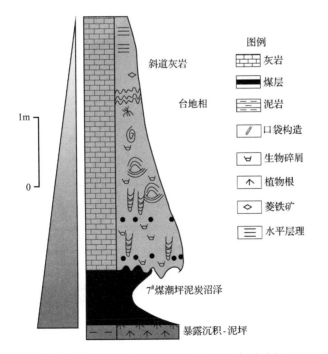

图 5.23 野外露头灰岩压煤现象(山西太原西山)

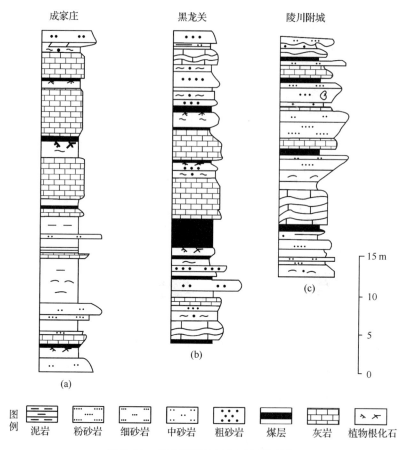

图 5.24 华北西部地区灰岩压煤现象

海侵影响范围最大,在形成海相泥岩压煤基础上又形成了海相沉积灰岩层,这种沉积组合一般发生在盆地边缘地带或者波状凹陷地区。该类型与第一种类型不同之处在于灰岩沉积,第一种类型灰岩沉积表现为向上变浅序列,表明发生了一次海侵之后便发生了海退,而该类型表现为两次海侵,第一次表现为突发性,第二次表现为范围更加广泛的侵漫于盆地内,说明海侵的多发性,中夹小规模的海退。如图 5.26 所示,准噶尔煤田 9 号煤具有此特点,其第一次突发性海侵形成了局部地区的灰岩压煤现象,而在其波及的周边地区形成海相泥岩压煤现象,其后发生了更大范围的海侵,形成上述现象。

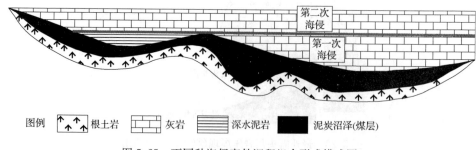

图 5.25 不同种海侵事件沉积组合形成模式图

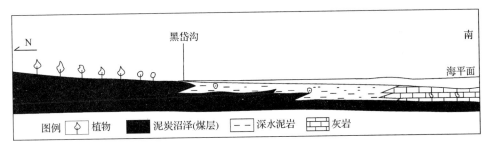

图 5.26 准噶尔煤田晋祠组 9# 煤厚度变化与扒楼期海侵相互关系示意图(据陈钟惠等,1993)

(3) 深水泥岩—煤层—铝质泥岩或根土岩组合。该类组合与第二种组合有些类似,主要是由于小规模的突发性海侵在波状起伏的高处地区形成了海相泥岩压煤现象,煤层顶板为浅海相薄层泥岩,富含腕足类、有孔虫、海面骨针、蜓、牙形刺等海相动物化石,为浅海相,与其下伏煤层呈连续沉积,横向上,可以与灰岩对比,形成原因为滨海泥岩沉积,该类组合易形成于陆表海盆地内地形较高地区,由于海侵范围的扩大,暴露于地表沉积泥炭沼泽由于突发性海侵不足引起海水足够淹没凸起区域,形成浑水沉积的泥岩覆盖于泥炭沼泽之上而终止了泥炭沼泽化的进程。这种类型组合在山东济宁煤田、滕州煤田以及河北等地现象比较明显,见图 5.27。

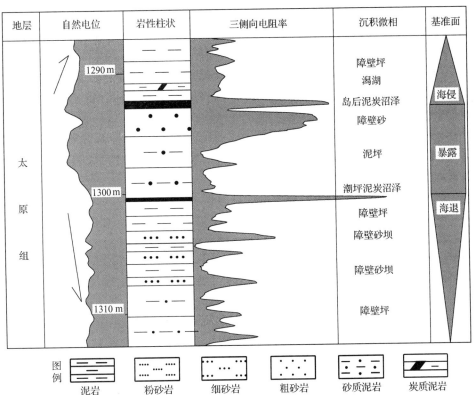

图 5.27 海侵煤层为海相泥岩压煤沉积组合(河北聊村 L2 孔)

图中的数为地层深度

(4) 深水泥岩(海相灰岩)—铝质泥岩或根土岩组合。该类组合主要发生在海侵时期靠近盆地边缘地区,由于盆缘区地势较高,海水不能够大面积侵入,因此,形成了较浅的海水直接侵入暴露沉积之上,有关这种类型的沉积组合主要表现在全华北的铝土质沉积以及地形起伏较大的南华北地区等,而这种铝土质泥岩的成因至今没有定论。

5.3.3.2 海侵事件成煤机制

1. 海侵成煤相关理论

海侵过程成煤模式打破陆相成煤理论统治地位,它强调的是成煤的过程型,也可称为均变性,所形成的煤层具有一定的穿时性,而不具有等时性,因此在进行层序地层研究中,煤层是不可能作为等时性标志层来确定的。然而,在华北陆表海盆地,存在海相沉积物(一般是灰岩)压煤组合,海相沉积物压煤组合分布范围广、全区可对比,具有良好的等时性,这与Diessel海侵过程成煤具有一定矛盾性,事件地层学与事件沉积学为解决这一问题带来新的思路,因此,笔者提出海侵事件成煤理论,该理论主要内容为:海相沉积与煤层的组合受海平面变化周期的控制,海侵开始之初,可能导致在原有暴露的土壤基础上发育泥炭沼泽;这种泥炭沼泽是在陆表海盆地海水退出一个时期后,由于暴露土壤化,或者海水退出不是十分彻底,而使盆地处于一个浅水但不是一种典型水域的环境,这实际上是一种沼泽环境;由于这种环境持续相当长的时间,植物茁生蔓延,泥炭沼泽进一步发展;泥炭沼泽不同于大陆上的泥炭沼泽,时常受到海水的侵扰;后来发生突发性大规模海侵,终止了泥炭沼泽堆积,并使泥炭沼泽处于水下还原环境被保存。在层序地层格架中,海侵体系域的煤层位于体系域的底部,而海退成因的煤层则位于高水位体系域的顶部。可以说,煤层的发育都与海平面升降变化中的转折期有关,而海侵成煤成为陆表海盆地成煤的重要特色。在低级别海平面变化周期内,适合泥炭沼泽发育的持续时间相对较长,尽管海平面波动对泥炭堆积产生重要影响,但泥炭堆积得以较稳定地进行且最终成煤。

值得注意的一点是,并不是所有的具有海相沉积层顶板的煤层都为海侵事件成煤,对于边缘海盆地,海侵煤层可以分为有海相层顶板和无海相层顶板两类,煤层通常不具有等时性,煤层底板通常不出现相序无沉积的间断,也就是说,泥炭沼泽环境经常通过过渡性的潟湖、海湾、河口湾等与海相连,随着海侵向陆推进,过渡性环境也随之推进,所形成的泥炭沼泽因此不具等时性。

2. 海侵事件成煤特点

海侵事件成煤属于海侵成煤,与陆相成煤不同,主要有以下几个特点:①海侵事件煤层常具有海相顶板,煤层形成于海侵体系域,而受海水影响的煤层数目与海侵次数及海侵的持续时间有关。②海侵事件所形成的煤层剖面的上部黄铁矿硫含量增加,Sr/Ba比值增加,B含量增高,具高的硫含量和低的硫同位素比。③煤层在垂向上的宏观煤岩分出现一定的变化,煤层剖面的上部暗淡型煤岩类型较为非富。④显微煤岩组分也具有一定的特点,如壳质组、碎屑镜质组含量较高。⑤煤层中高荧光强度和低反射强度在煤层剖面中是不均匀分布的,多是集中在受海水影响最近的地方,如在煤层剖面的上部。

3. 华北地区海侵事件成煤

1) 相序组合特征及识别标志

海侵事件成煤的相序组合以海相沉积层与煤层的直接组合为典型特征。海相沉积以海相灰岩为主，还有海相泥岩、泥灰岩等，含有大量海相动物化石，灰岩中可见到多种类型的古生物化石，如在鲁西发育的泥晶生物碎屑灰岩中含牙形刺（*S. abaunsensis*，*S. fachengsis*，*Hindeodolla multi-denticulate*）和蜓化石有（*Schw. agrinagregaria*，*S. bellula*，*P. qinghaiensis*，*Quasifusulina. compacfor*，*Q. long issima*，*Boultoniawillsia*）等，也包括部分的腕足、棘皮、有孔虫、海绵骨针、苔藓、珊瑚等化石。另外，在煤层底板识别出暴露沉积（常表现为根土岩），这种暴露沉积可能代表一种曾受到剥蚀或无沉积面的沉积间断面。部分海侵事件的煤层中含有夹石层，可能为火山灰降落事件沉积。因此，华北陆表海盆地的上述特殊沉积序列代表了环境演化中的特殊事件，在进行层序划分和恢复盆地演化史中是不可忽视的。从盆地较大范围观察煤层与海侵沉积的稳定性，可以看出，煤层与海侵沉积间存在互相消长的关系，靠陆方向煤层较厚，靠盆地方向煤层较薄，海相灰岩则恰恰与之相反。

2) 主要类型

煤层与海相灰的组合具有以下几种关系：①厚层海相灰岩与薄层煤层组合；②薄层海相灰岩与薄层煤层组合；③中厚层灰岩与薄层煤层组合，见图5.28；④厚层灰岩与较厚层煤层组合。这些组合反映了海侵持续的时间和规模及聚煤作用的强弱。上述组合出现于含煤序列的不同阶段，但主要发育于海侵体系域。海侵成煤的煤层含硫分较高，晚石炭世太原期几乎整个华北地区煤层的硫分含量>1%，最高>4%，反映一种还原的水体环境。

3) 典型事件成煤实例

山西太原七里沟剖面的吴家峪灰岩与11#煤层组合反映晚石炭世较大规模的海侵（局部区域为突发性），但是该组合分布极不稳定，说明突发性海侵发生规模不大，早二叠世的庙沟-毛儿沟灰岩为早二叠世最早的大规模海侵，其下伏8#或9#煤层底板具有暴露沉积，说明海侵突发性具有全区的广泛性和可对比性，其次斜道灰岩与7#煤层组合也是区域上的海侵事件成煤作用的结果。

吴家峪灰岩与11#煤层沉积组合。西山地区该组合为较薄层灰岩与较薄层煤层组合，煤层不稳定，灰岩一般厚1~2m，南北分布差，中间厚。该组合为层序1海侵体系域内一个重要的组合，该组合表明晚石炭世的最大海侵，由于此时海侵范围仍然较小，且水体浅，因此，所形成煤层为光亮型煤层，凝胶化组分比较高，达83.30，可以进行局部区域的对比，如其与山东的十一灰与17#煤、河北地区下架灰岩与下架煤可对比等。

庙沟-毛儿沟灰岩与8#煤层沉积组合。该组合在西山地区为较厚层灰岩与较厚层煤层组合，煤层与灰岩界限为晚石炭世与早二叠世分界，即蜓类动物群 *Pseudoschwagerin-Pseudofusulina-Chlaroschwagerina* 带之底界。煤层厚度为2.00~4.40m，向西南厚度变薄，灰岩厚5~10m，南厚北薄，向南东方向展布，海侵的方向为南东向，为早二叠世最大海侵。该段组合为层序2（紫松期）的海侵体系域下部，全区能够进行广泛对比，如山东的十下灰与16上#煤、河北地区大青灰岩与大青煤，陵川松窑沟灰岩与8#煤层组合、阳泉四节灰岩与丈八煤组合等，见图5.28~图5.31。

斜道灰岩与7#煤层组合。该组合在全区较稳定，属于中厚层灰岩与薄煤层组合，为层序2高水位体系域基准面变化的转折点。该组合分布较庙沟-毛儿沟灰岩与8#煤层组合范围缩小，向北尖灭于除大同煤田、宁武煤田外的其他区域。在河东煤田，7#煤由北向

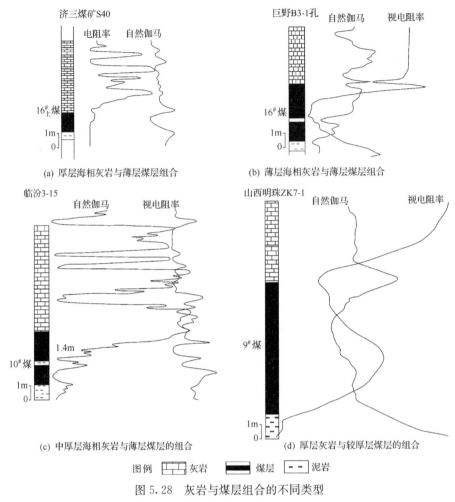

图 5.28 灰岩与煤层组合的不同类型

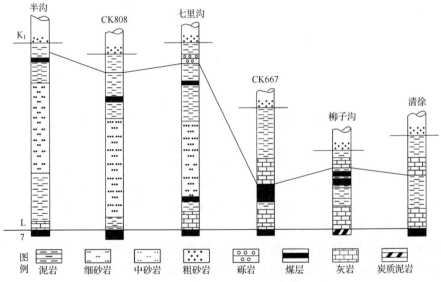

图 5.29 山西地区层序 1—层序 3 海侵体系域对比

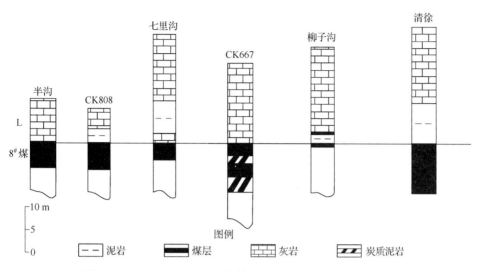

图 5.30 山西地区层序 4 海侵体系域突发性海侵界面等时对比

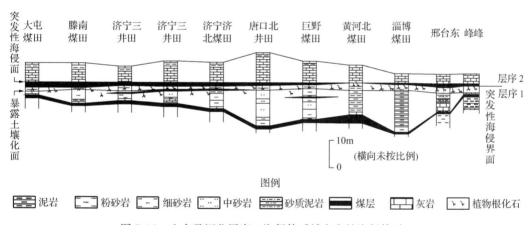

图 5.31 山东及河北层序 4 海侵体系域突发性海侵等时面

南变薄,到中部青龙城一带尖灭,煤层凝胶化组分达到最低,为 71.80,说明此时为最大海泛面,灰岩厚度在 2.5~5m,分布呈现中部厚南北薄的南东方向展布特点。斜道灰岩与山东济宁三灰、河北峰峰小青灰岩可以进行对比。

山西太原西山剖面的 11# 煤层组分以光亮型和半光亮型为主,其顶板吴家峪灰岩具淡化海性质沉积,反映出 11# 煤层的煤化作用位于浅水区域,从煤中的生物组分看,在多处发现除有广盐度的双壳纲、舌形贝外,还有小个体的腕足类、海胆和海蕾等化石,前者属半咸水生物,后者属狭盐度生物,煤层中 B 的含量为 $110\mu g/g$,Sr/Ba 值为 5.0,古盐度为 20.0‰,其下伏泥岩 B 的含量为 $115\mu g/g$,Sr/Ba 值为 1.25,古盐度为 27.6‰,具有潟湖、潮坪的特点,11# 煤层与上覆灰岩为渐变过渡,说明吴家峪灰岩形成时的海侵突发性不强、不稳定,主要是晚奥陶世以来,华北板块刚沉入水下,地形仍有部分起伏,形成类似于边缘海海侵沉积的煤层。

4. 煤层煤岩组分

煤层煤岩组分以光亮型和半光亮型为主,但暗淡型和半暗淡型煤层有所增加,反映出 $8^\#$ 煤层形成于浅水向深水过渡的环境,$8^\#$ 煤层凝胶化作用较 $11^\#$ 煤层差,为 74.45,说明其泥炭沼泽进行煤化时正处于海侵阶段。该灰岩组合的地球化学特征具有一定的特殊性。本次着重研究了太原西山 $8^\#$ 煤层和庙沟灰岩及山东的 $16_\text{上}^\#$ 煤层及十灰的地球化学特征,发现煤层的 Sr/Ba 值均远大于 1,$8^\#$ 煤比其顶板庙沟灰岩(L1)的古盐度还要高,说明庙沟灰岩沉积环境为受淡水影响的海相环境,海侵开始时为陆相暴露沉积,煤层的形成是由于海侵的发生终止泥炭化作用,反映了海侵的突发性,见表5.1。

表 5.1　$7^\#$、$8^\#$ 和 $11^\#$ 煤层中 B、Ga、Sr、Ba 含量及其比值

煤层	B(μg/g)	Ga(μg/g)	B/Ga	Sr(μg/g)	Ba(μg/g)	Sr/Ba
$7^\#$	70	10	7	1100	130	8.46
$8^\#$	160	10	16	700	180	3.89
$11^\#$	110	20	5.5	800	160	5.0

$7^\#$ 煤与其顶板斜道灰岩的差别较大,煤层暗淡型和半暗淡型含量达到最高,说明此时应是华北地区早二叠世最大海侵,斜道灰岩沉积属于正常的浅海沉积,$7^\#$ 煤层受到海水入侵影响的咸水-半咸水介质环境,其底板根土岩为淡水泥并受海水影响,表现为暴露沉积。其顶底板 B 的含量分别为 66μg/g(斜道灰岩)、75μg/g(黑色泥岩),Sr/Ba 值分别为 3.71(灰岩)和 1.50(泥岩),古盐度分别为 32‰(灰岩)和 23‰(泥岩),这些都证明 $7^\#$ 煤层的顶底板属半咸水或咸水介质环境。说明 $7^\#$ 煤层都是海侵期的产物,即海侵事件成煤。$7^\#$ 煤层与灰岩组合在局部区域的对比见表 5.2。

表 5.2　煤层和灰岩的古盐度

煤层	古盐度/‰	灰岩	古盐度/‰
$7^\#$	14.0	$7^\#$ 煤层顶板	32.0
$8^\#$	27.0	$8^\#$ 煤层顶板	20.7
$11^\#$	20.0	$11^\#$ 煤层顶板	27.7

综上所述,$7^\#$ 煤层和 $8^\#$ 煤层发育于滨岸三角洲咸水泥炭沼泽,它发育的基础为三角洲前缘,水域开阔,受海水的影响,成煤条件稳定,突发性海侵终止了大面积的泥炭化作用并开始了煤化作用。$11^\#$ 煤层形成于局限湖、半咸水的泥炭沼泽环境,其发育的基础是湖、潮坪或浅滩化砂坝,在海水的影响下,其成煤条件较差,突发性海侵终止了局部区域的泥炭化作用,形成了局部区域的煤层。

5. 海侵事件成煤模式

根据海侵事件成煤理论,结合风暴异地煤沉积和火山事件沉积特点,绘制出海侵事件成煤模式图(图 5.32),由图可见,海侵事件成煤要求盆地内进行了大量的泥炭沼泽化,聚煤中心位于较低凹处,在靠近盆地边缘地区,由于时常受到海水影响,因此,形成的煤层薄,盆地内部地区,由于海侵影响不到,形成的煤层厚,随着突发性海侵的初始海泛面终止

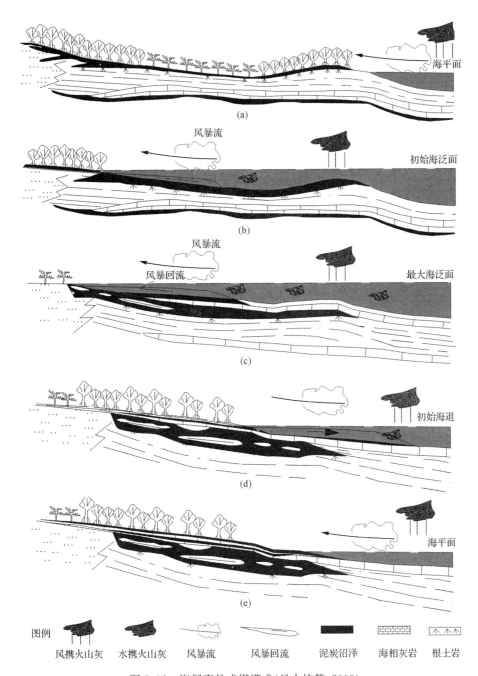

图 5.32 海侵事件成煤模式(吕大炜等,2009)

(a)→(b)→(c)海平面迅速上升;(c)→(d)→(e)海平面缓慢下降。(a)海侵发生前,陆表海盆地内发育了大量的泥炭沼泽;(b)突发性海侵发生,初始海侵终止了泥炭沼泽的发育,且风暴流沿岸侵蚀泥炭沼泽;(c)海侵达到最大海泛期,盆地内泥炭沼泽基本终止发育,泥炭顶部形成海相碳酸盐岩沉积,且风暴作用继续将泥炭沼泽带回海平面以下,形成了风暴异地煤(泥炭沼泽);(d)海平面开始下降,在已经形成的海相层上发育泥炭沼泽,且风暴将新发育的泥炭沼泽带回海平面以下,形成顶底板都为灰岩的沉积;(e)海平面下降到最低点,盆地内开始发育大量泥炭沼泽

盆地内泥炭沼泽发育(盆地边缘地区仍有泥炭发育),并开始煤化作用,随着海侵的迅速进行,海水迅速漫延到全盆地,淹没所有的泥炭沼泽发育区,在靠近盆地边缘地区,由于受到风暴潮的影响,盆地边缘的风暴回流带回陆地上的泥炭沼泽,分布于沿岸风暴流之下,形成一个广泛的风暴异地煤带,具有区域对比意义;火山喷发物经过大气和海侵作用传输到煤层或海相沉积物里,形成火山事件沉积。当海退发生时,沿岸和盆地内部又开始泥炭沼泽化,只有风暴流影响沿岸泥炭沼泽的堆积。

5.3.4 海侵期事件古地理研究

研究发现,巴什基尔期-格舍尔期中的海侵体系域的吴家峪灰岩沉积期、紫松期海侵体系域早期的庙沟-毛儿沟灰岩沉积期及隆林期的海侵体系域早期的东大窑灰岩沉积期是重要的海侵事件沉积期,本节重点研究紫松期高水位体系域中斜道灰岩沉积期的古地理特征,发现该期沉积也存在海侵事件沉积组合。

5.3.4.1 晚石炭世海侵事件岩相古地理

晚石炭世沉积期的主要物源为阴山古陆,沿着阴山古陆,有三角洲沉积、冲积扇沉积等分布在华北北缘及鄂尔多斯北部地区,在华北中部地区,主要以潟湖-潮坪沉积为主,海侵主要发生在两个区域,即北方的辽宁、渤海湾地区及南部的临沂、两淮地区,海侵方向有东北向侵入转入东南向侵入,形成的沉积相带具"南北分带、东西展布"的特色,且由南向北,沉积相由陆相经过渡相向海相过渡,北部地区主要以冲积扇、河流、三角洲沉积体系为主,向南过渡到以潮坪、障壁-潟湖沉积体系,并与台地共生,台地主要沿郯庐断裂西侧分布。

结合晚石炭世华北板块海侵发生规律,发现晚石炭世存在一次较大的海侵事件沉积,局部表现为事件型海侵组合(山东的十一灰与 17# 煤、河北地区下架灰岩与下架煤、吴家峪灰岩与 11# 煤层),垂向序列上表现为灰岩压煤沉积。笔者编制了晚石炭世最大海泛面古地理图,发现该期海侵事件尤以河北、山西地区最显著,能够进行区域对比,华北中东部的山东地区及南华北地区(两淮地区除外)不太显著,向南则逐渐过渡为海相泥岩等潮坪相沉积,事件沉积表现不明显。平面上的优势相表现为台地相,已占据整个华北板块东部的郯庐断裂西侧,以开阔台地、局限台地为主,向西南过渡为潮坪、潟湖沉积,中部的山西地区、北部的河北地区大部分表现为浅海半深海的台地相,沉积表明海侵的方向是由东北的辽宁地区侵入,沿着阴山古陆地势低洼地区向盆地中心侵入,一直到乌兰格尔隆起。在南华北地区,由于南部地势较高,离海侵发生地较远,因此,台地相只发育于两淮地区,至西南地区的河南、山西南部等地,由于伏牛古陆的存在,地势较高,海水不能够完全侵入,因此形成了类似于边缘海的潮坪、潟湖沉积,其中,河南地区以潟湖沉积为主,向西逐渐过渡为潮坪沉积,经过对该区的沉积相剖面研究发现,该期垂向上由台地相向潮坪潟湖沉积过渡,煤层与海侵呈现正相关关系,聚煤中心主要位于华北中部及北部的局部有海相层沉积的地区,向西、向南歼灭(图 5.33)。

5.3.4.2 早二叠纪紫松期海侵事件古地理

紫松期沉积期为早二叠世紫松期沉积,由于华北板块主体发生由北东转向南东倾斜

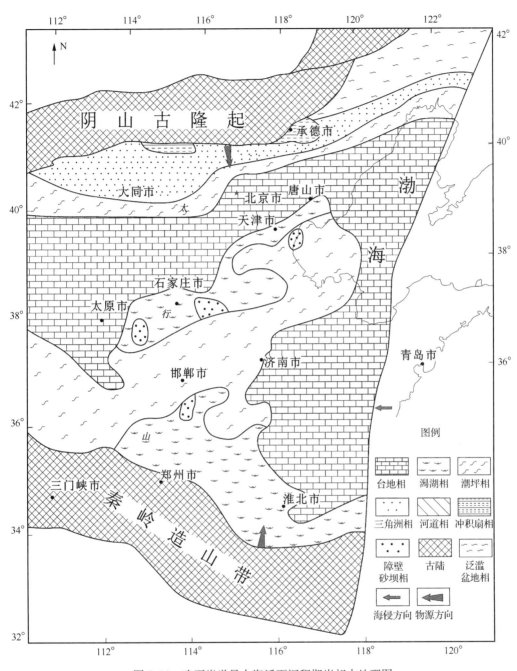

图 5.33 晚石炭世最大海泛面沉积期岩相古地理图

的跷跷板运动,地势转变为北高南低、向南倾斜的古地理面貌,因此,海侵主要由东南部的两淮地区频繁地进入腹地,此时海侵范围扩大,形成广泛的陆表海海陆交互相沉积,沉积范围延伸至鄂尔多斯地区(武法东等,1995),东西海域相互连通,总的古地理格局为北部发育河流、扇三角洲及三角洲沉积,中部发育障壁-潟湖-潮坪沉积,南部形成广泛的台地相沉积,即由北向南沉积相带由过渡相向海相过渡的类型。

研究紫松期海侵体系域古地理特征发现华北地区最大海侵存在于该期,其古地理分布见图5.34,可以看出研究区大部分地区为浅海台地相沉积,北部至中部的山西太原、河北北部等地,南部至南华北地区大部,全为正常浅海沉积,华北北部也间歇地受到海水的影响,主要为河流体系、三角洲沉积及潮坪沉积体系,相带的展布具明显的南北分带特征,由北向南,沉积相带依次表现为河流相—三角洲相—海相的古地理景观,此时华北地区经历了多次海侵作用,因此,区内以海相沉积为主,由图5.34可以看出,华北中部及南部地区,以碳酸盐台地相沉积为主,北部地区以潮坪-潟湖沉积体系为重要特色,反映出海水影响本区的全面性。根据钻井资料、地震资料等垂向沉积序列的演化特征,笔者分析出海侵体系域内存在着一次具有重要意义的海侵事件沉积层,即庙沟-毛儿沟灰岩沉积期与$8^{\#}$煤层的组合。该期沉积广泛,河北地区的大青灰岩与大青煤、山东的十下灰与$16^{\#}$煤、两淮地区的L2灰岩与其下薄煤层等皆可与之对比。经研究发现庙沟-毛儿沟灰岩沉积为最大的突发性海侵,该期海侵表现为全区性的事件,形成广泛的灰岩压煤等海侵事件沉积类型,能够进行全区的对比。该期海侵的古地理图如图5.34所示,发现灰岩分布与煤层分布呈负相关关系,海水由两淮南东部地区侵入,因此,在两淮地区灰岩表现最厚,多期的海侵及长时间的海相碳酸盐台地相沉积使灰岩沉积在7m以上,向北灰岩沉积厚度减少而煤层厚度增加,在山西及河北邯郸等地,煤层最厚达到6m以上,成为主要的聚煤中心,煤层呈现南北分带东西展布的特点,与灰岩展布相似,反映出煤层分带特征与灰岩的分带特征相关性很强,也说明海相层在控煤沉积中的重要作用。根据前人研究,$8^{\#}$煤层在形成之前全华北发生了大规模的泥炭化作用,所形成的泥炭沼泽底界面在整个华北地区具有等时性,由于南部的突发性海侵,终止了泥炭沼泽的发育,因此,形成的煤层顶界面或海相层顶界面也具有等时性。根据海侵成煤理论分析,泥炭沼泽作用终止期也就是煤化作用开始,同时也是海侵发生期。经研究发现,灰岩沉积较厚的地区煤层较薄,灰岩沉积较薄的地区煤层较厚,反映出海侵事件成煤都较薄的特点,相对来说,在华北中部地区,易形成厚层海相灰岩与中厚层煤层组合,南部地区易形成厚层海相灰岩或薄层海相灰岩与薄煤层组合,北部地区易形成薄层海相灰岩与较厚煤层组合。根据以上研究事实,做出庙沟-毛儿沟灰岩沉积期岩相古地理图,发现庙沟-毛儿沟灰岩沉积期的浅海台地相北部达到了保德—石家庄—肥城—新汶等地,海侵事件沉积范围在该线以南表现为灰岩压煤沉积,以北区域表现为海相泥岩压煤沉积。

高水位体系域的斜道灰岩与$7^{\#}$煤层局部区域也存在着海侵事件沉积特征,本次做出其沉积期古地理图和灰岩等厚线图(图5.35,图5.36)。研究表明,斜道灰岩沉积期,其古地理特征与庙沟-毛儿沟具有相似性,只是北部相带有向南移动趋势,反映出海水逐渐退出研究区,其海相灰岩等厚线趋势继承了庙沟-毛儿沟灰岩等厚线图的趋势,而$7^{\#}$煤层与$8^{\#}$煤层趋势表现不同,华北中部及南部两淮地区煤层厚,成为主要的聚煤中心,其他地区煤层薄,这可能与海侵类型及构造演化有关,即该期沉积主要由于南部秦岭-大别构造带运动,使河南地区下降速度增快,两淮地区的海侵表现为渐侵性,所形成的煤层具有穿时性,而北方地区煤层表现为突发性,其具有等时性成因,这在沉积组合上也证实了这一特点。北华北地区如山西斜道灰岩与$7^{\#}$煤层、河北小青灰岩与小青煤等都表现出了事件型暴露沉积,而南华北地区,由于处于高水位体系域中的海平面变化转折期,煤层与其底板

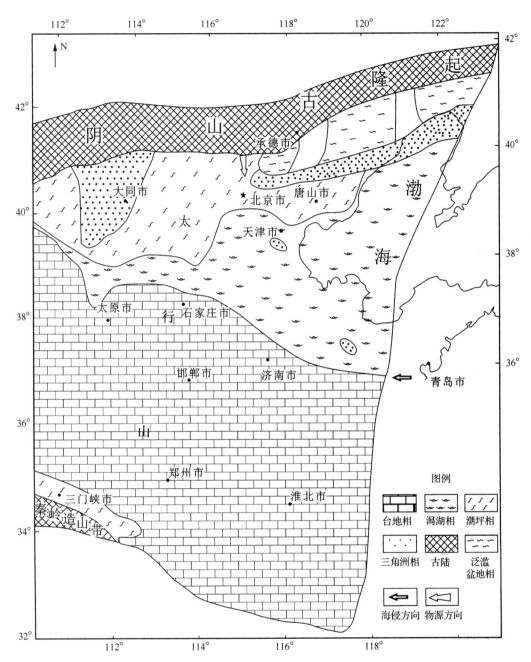

图 5.34 层序 4 庙沟-毛儿沟灰岩沉积期古地理图
紫松期海侵体系域

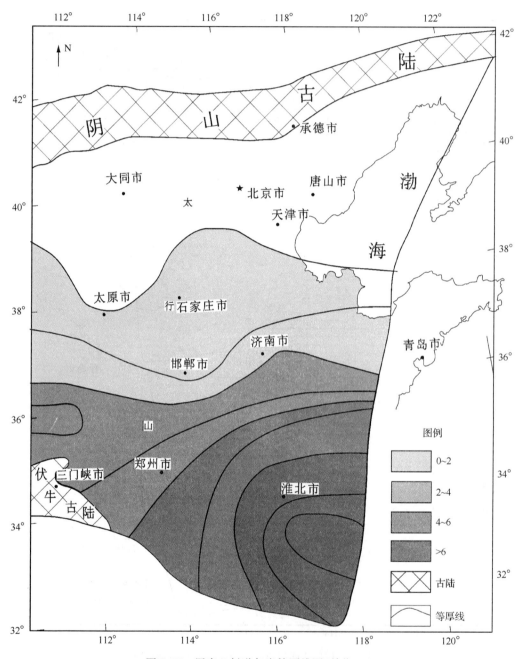

图 5.35 层序 7 斜道灰岩等厚线图(单位:m)

沉积相表现为连续性。该期事件型规模较庙沟-毛儿沟灰岩沉积期小得多,只是局部地区能够对比。根据其沉积相带展布特征及其灰岩等厚线图(图 5.35),绘制出古地理图(图 5.36),可以发现斜道灰岩沉积期浅海碳酸盐台地相范围较庙沟-毛儿沟灰岩沉积期缩小,潟湖-潮坪沉积范围扩大,反映出海平面由上升转为下降的趋势。

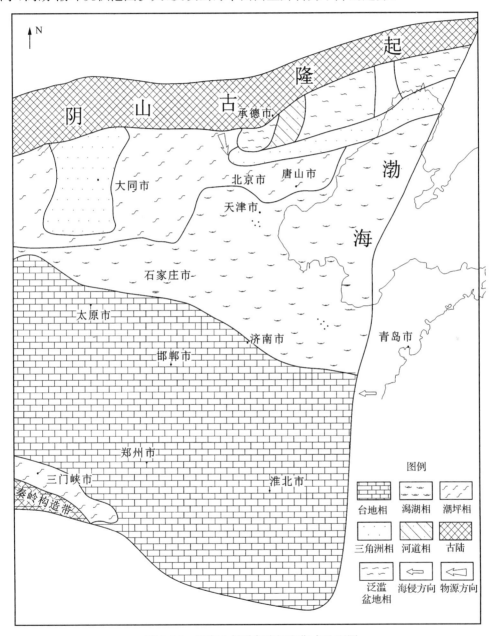

图 5.36 层序 7 斜道灰岩沉积期古地理图

5.3.4.3 早二叠纪隆林期海侵事件古地理

隆林期由于大量的陆源碎屑物质向盆地注入,海岸线迅速向南迁移至南华北,北华北发育大量的过渡相沉积物,仅有局部的碳酸盐台地相分布。该期古地理展布具明显的南北分带性(图5.37),在北纬38°以北地区以河流相、三角洲相为主,38°以南地区以障壁海岸沉积体系及沉积相为主,该期海水对研究区沉积影响较小,经过对比发现,局部边缘海地区在有较大规模的海侵发生时仍有部分海侵事件沉积,如山西东大窑灰岩与6#煤层等地,由于此时海侵发生次数少,横向对比较难,且规模不大,只是在局部地区表现为突发性,等时性不强,不做重点分析研究。

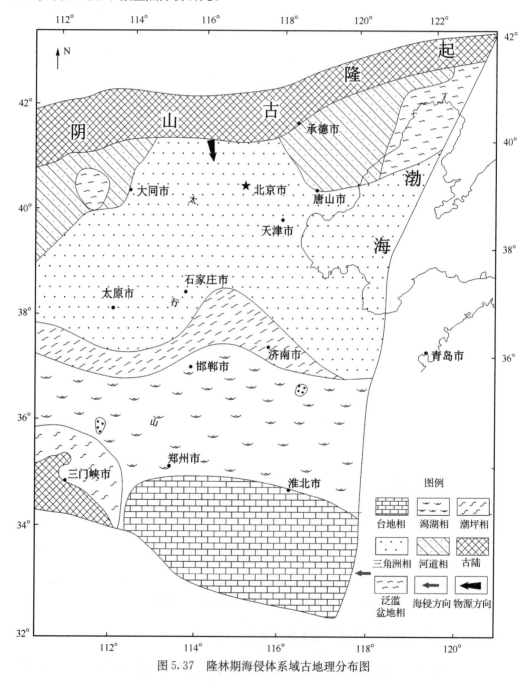

图5.37　隆林期海侵体系域古地理分布图

5.3.4.4 海侵事件古地理演化

上述研究发现华北晚古生代陆表海沉积盆地海侵事件沉积与盆地沉积充填、构造运动、海平面变化密切相关,其中,海平面变化对海侵事件沉积的发生起决定性的作用,构造演化为海侵事件的发生提供背景,而碎屑物质的输入量与古气候等因素控制海侵事件沉积序列的组合。根据陈世悦(2000)研究,华北地区岩相古地理演化可以划分为五个阶段:盆地萌芽阶段、盆地发展阶段、盆地鼎盛阶段、盆地萎缩阶段和盆地转化阶段,据本次研究可以发现,海侵事件的发生主要在晚石炭世晚期(晚石炭世,相当于盆地发展阶段)、早二叠世早期(紫松期,相当于盆地鼎盛阶段)及早二叠世晚期(隆林期,相当于盆地萎缩阶段)三个时期,且以早二叠世早期为主;而在晚石炭世早期,由于盆地东北地区初次沉降形成一个类似于大陆斜坡边缘地带的边缘海沉积,海水是以渐侵式侵入,沉积形成了类似于边缘海沉积的碎屑岩,因此,不能够形成事件沉积;中二叠世以后,由于海水已经退出本区,也不能产生海侵事件沉积。

1. 晚石炭世海侵事件古地理演化

晚石炭世早期,随着全球海平面的上升,华北克拉通板块为陆表海所掩盖,此时海水已侵进到北部的内蒙古大青山等地,并形成广阔的滨海环境,大青山地区处于华北北缘濒临北侧古亚洲洋,且此时华北板块已向北俯冲而引起隆升,南部地区,由于华北板块与扬子板块造山运动,南部地区的盆地基本消亡,出现了造山带,仅在北淮阳带可能还存在残余海盆地(张国伟等,1995)。

随着华北板块的沉降,这一时期海侵主要发育在郯庐断裂以东地区,海水沿着本溪—唐山—内蒙古南部—太原一线侵入华北腹地,随着海侵范围的扩大,盆地沉积区迅速扩大到了盆地中北部地区,盆地内的水动力条件以潮汐作用和地区性的风暴作用为主,河流作用、三角洲沉积体系等仅限于北缘地区。盆地内部主要发育台地沉积体系、障壁-潟湖沉积体系及潮坪沉积体系,该层序可以划分出海侵体系域和高水位体系域,海侵体系域主要有两次较大规模的海侵,第一次规模较大,为渐侵型海侵,全区能够对比(如山东徐家庄灰岩、山西半沟灰岩及河北本溪灰岩等)。其后,由于次级海退,在盆地的北西缘地区(山西、河北等地)环海岸线的潮坪、障壁-潟湖等基地平缓的沉积区形成广泛潮坪泥炭沼泽,随后高一级的海侵(吴家峪灰岩沉积期)表现为突发性,形成了海侵事件沉积。晚石炭世海侵期沉积主要在北部地区比较低的基础上发生,由于北部地区地势平坦,如内蒙古南部、河北北部及山西地区,形成广泛的滨海沉积,海退发生时,大面积发育潮坪泥炭沼泽和岛后泥炭沼泽。吴家峪海侵期,北部来的海水迅速地侵漫到北部的盆地,终止泥炭沼泽的发育,因此,该期的聚煤中心应该集中在北部区域,形成的煤层在盆地北部的边缘地区具有区域对比性,煤层与海侵层的分带性具有一致性。而在南华北地区,秦岭-大别地区地势较高,没有发育泥炭沼泽,即使海侵突发侵入,也不能迅速侵漫整个南华北地区,因此,表现为渐侵型海侵,其海侵事件沉积可对比性不强。

2. 早二叠世紫松期海侵事件古地理演化

晚石炭世末—早二叠世初,秦岭-大别微板块与华北板块商丹-北淮阳主缝合带的造山作用进入全面接触碰撞阶段,使华北板块发生北升南降的跷跷板运动,早二叠海侵也发现了转换,南部紧邻北秦岭构造带形成沉积盆地,成为华北地区的主要沉积中心,北部晚石炭世—早二叠世早期期间大青山晚古生代聚煤盆地经历了一个完整的断拗盆地演化过程,内蒙古的大青山地区由于地势抬升海水逐渐退出研究区,其晚古生代聚煤盆地演化成为陆相河流沉积环境,北部的阴山天山地区成为主要的物源区,发生以上转换,构造运动是最重要的因素,因为盆地北侧内蒙古造山带板块构造作用首先导致陆源区的拱起隆升和其南侧大青山一带断拗盆地的形成,并且控制和影响断拗盆地的演化。

早二叠世早期,海水由北东向转入南东向的两淮—确山—徐州—郑州一线侵入,盆地范围迅速扩大,北抵大同—张家口—兴隆—平泉—朝阳一线,向西越过乌兰格尔隆起,形成统一的华北陆表海。本期海侵发生频繁,盆地水动力条件以潮汐作用和风暴作用为主,总的岩相古地理景观特征表现为南部的碳酸盐台地沉积、中部的障壁-潟湖沉积及北部的河流、三角洲沉积。由于晚石炭世海退后,全华北地区发生大规模的泥炭沼泽化,气候温暖湿润,适合植物的生长,至紫松期海侵体系域沉积的庙沟灰岩沉积期终止全区的泥炭沼泽发育,该期为最大海侵期,北达保德—石家庄—肥城—新汶一带,由于海侵突发迅速,规模大,迅速地终止泥炭沼泽的发育,并使之快速地埋藏于深水还原的环境之中,形成的煤层分布与海侵具有密切的关系,最早发生海侵的部位煤层薄,远离海侵发生的部位煤层厚,体现出泥炭沼泽化时间的不同,煤层分带性与海侵层沉积分带性具有明显的一致性,煤层的沉积中心位于华北中北部的山西地区,这也反映出盆地沉积的基地背景是南东向倾斜的簸箕状。海侵事件组合达到该线以北的区域,广泛的沉积范围能够作为全区等时性对比标志。

高水位体系域中也存在一次区域可以对比的海侵事件沉积,即斜道灰岩与7#煤层组合沉积,其位于高水位体系域海侵最大范围区,在盆地边缘地区的潟湖、潮坪沉积具有全区对比意义,其形成的煤层分布和海相层分布与庙沟-毛儿沟沉积期具有一定的相似性,但也存在不同。煤层主要的沉积中心位于华北北部的山西、河北、山东地区及淮南地区,说明此时泥炭沼泽化时间比较长,从海侵事件成煤理论来解释这个问题,在华北南部两淮地区煤层厚可能说不通。经过笔者分析与研究,发现紫松期晚期由于秦岭-大别微板块和华北板块以顺时针和逆时针方向旋转,使北淮阳地区产生了扩张运动(张国伟等,1995),从而使南华北地区盆地基地呈现不同速率的沉降,河南地区沉降速率快,淮南地区沉降速率慢。因此,海侵影响也出现了差别,在河南、山西等地为海侵事件沉积,在华北东部地区,如两淮、山东等地,出现了类似于边缘海地区的渐侵型沉积,继而形成了上述沉积地层的分布。随后,紫松期以海水退出本区而聚煤作用结束,海侵事件沉积的组合特征也因此停止发育。

3. 早二叠世隆林期海侵事件古地理演化

早二叠世隆林期,随着华北板块南北两侧持续不断挤压的作用,整个华北盆地抬升,海水向东南方向退却。华北北部的内蒙古造山带的构造演化表现为华北板块与西伯利亚南缘南蒙微板块已进入全面陆-陆碰撞作用阶段,在碰撞缝合带南侧的苏右旗-林西构造带沉积区范围逐渐缩小,局部地区逐渐隆升为陆。在两大板块的碰撞作用中盆地以北原单一隆升的蚀源区,开始发生较为强烈的挤压隆升褶皱和冲断,并逐渐向成为造山带前陆褶皱冲断带转化。其间的沉积以深灰、灰黑色泥岩、砂质泥岩和粉砂岩为主,夹炭质泥岩和煤层,厚度约为40~80m,大体上南厚北薄、东厚西薄。这一时期也是华北的主要成煤期之一。

本阶段海侵仍然来源于南东部的两淮地区,但是海侵范围较紫松期大为缩小,该阶段盆地基底沉降幅度大,形成厚度巨大的硅质碎屑沉积,在两淮至徐州地区底层厚度近千米(陈世悦,2000)。隆林期海侵体系域全区分布呈现明显的南北分带、东西展布的特点,华南地区,表现为正常的浅海碳酸盐台地、障壁-潟湖及潮坪沉积,向北部,则过渡为浅水三角洲沉积,靠近阴山古陆则表现为陆相的河流湖泊沉积,由于盆地南部与北部的构造带构造活动加强,北部成为全区的重要物源区,提供大量的碎屑物质,其中,隆林期的海侵体系域底部的东大窑灰岩与6#煤层沉积组合属于海侵事件沉积组合,主要分布于盆地中西部地区,如山西、河北西部等地,主要是由于此时该区位于浅海边缘地带,地势平坦,发育大量的泥炭沼泽沉积,海水的微小震荡,引起边缘地带局部性的突发海侵,使其成煤作用得以发生,因此,局部区域可对比。向南由于处于海相碳酸盐岩沉积,大部分表现为海相沉积体系,泥炭沼泽不能发育,煤层逐渐尖灭,海侵事件沉积组合消失,向北煤层表现为三角洲分流间湾相,而不是事件沉积组合。

5.4 事件沉积与事件成煤作用

事件及事件沉积是以海侵事件或风暴事件为主要研究类型而定义的成煤模式。现今,关于这种类型的成煤模式研究较多(胡益成和苏华成,1992;李增学等,1998;吕大炜等,2009;邵龙义等,2008),如构造/沉积幕式成煤、海侵事件成煤和风暴事件成煤。另外,在煤层中发现火山碎屑岩沉积,其区域对比性较强(彭格林和赵志忠,1998),因此,本书也将火山事件纳入研究范围。

5.4.1 海侵事件成煤理论与模式

5.4.1.1 海侵事件沉积原理

华北海侵、海退是最基本的地质现象,有两种基本类型:普通的超覆和不连续的海侵。前者是由下而上沉积物由粗变细或滨岸沉积逐渐过渡为浅海相乃至较深海相的渐进型序列,后者是突然侵漫式的海侵沉积,相序上有明显的不连续现象,见不到海水逐渐侵进的沉积记录。后一种海侵现象标志着一种快速突发的海水侵漫事件,因而称为事件型海侵或突发性海侵。两种海侵发生于不同的地质环境:渐侵型海侵一般发生在海平面缓慢上升的开阔海边缘;事件型海侵一般发生于岛屿环绕的受限陆表海。

事件型海侵是快速倒灌式的,具有时间上的连续性和相序上的不连续性(何起祥等,1991)。常见到海陆沉积频繁交替,而其间并无侵蚀间断,也常见到形成深度不同的沉积物直接接触。海相层一般为单一的同性相,分布面积广、横向稳定,除底部地形起伏引起相变外,一般无明显的相变。海侵层在时间上具有很好的等时性,既是同性相又是等时相,因此,可以作为地层对比的标志层。显然,这类海侵层可以作为层序地层划分与对比的依据。

在华北晚古生代含煤地层中,常见到浅海相灰岩大面积直接覆盖在陆相沉积物上,与下伏沉积物之间存在明显的相序不连续现象,而不是海相沉积逐渐增加的渐进序列。如鲁西地区太原组中有多层煤层之上直接为海侵层(海相灰岩),如十二灰与19#煤、十一灰与17#煤、十灰与16#煤、九灰与15#煤、八灰与14#煤、七灰与12#煤、六灰与11#煤、三灰与7#煤等(图5.38)。而对上述煤层进行煤岩、煤质和微量元素分析及对煤层底板岩石组成、古生物化石组合分析表明,煤层本身并非海相成因,因此,潮坪或潟湖淤浅沼泽化障壁岛后沼泽化形成泥炭沼泽,最终成煤是陆表海盆地聚煤作用的基本特点。潮坪沼泽具有与陆相沼泽根本不同的成因机制。在潮坪泥炭沼泽堆积的泥炭得以保存是由于突发性海侵导致巨大的潮坪体系突然覆水较深,泥炭处于还原环境,而聚煤环境很快成为陆表海盆地(浅海)环境。

因此,海相沉积及其与煤组合具有极佳的等时性,海侵表现出突发性事件的特点,而聚煤作用则表现为海侵过程成煤(这里的海侵过程成煤与海相成煤是两个根本不同的概念)。这种突发性海侵一方面使潮坪泥炭沼泽发育很快中断成为覆水较深的陆表海盆地;另一方面又使已聚积的泥炭很快处于深水还原环境而得以保存,最终成煤。鲁西地区各煤田太原组下部第十层石灰岩与16#煤层之间为一突发性海侵事件界面,该界面可在山东全区、南至徐州煤田、两淮煤田追踪对比(图5.38)。

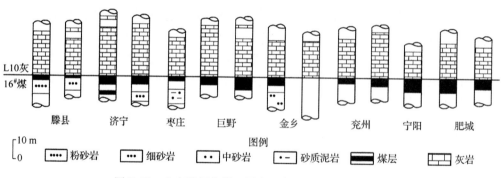

图5.38 山东地区各煤田层序Ⅱ突发性海侵事件界面

突发性海侵事件还造成不同海平面变化周期级次的不对称性,即在沉积旋回上表现为海侵半旋回厚度薄、海退半旋回厚度大的特点。在层序结构上则表现为海侵体系域厚度薄、高水位体系域厚度大的典型不对称层序。

5.4.1.2 典型序列与相组合

陆表海盆地充填沉积序列中有两种较为典型的相组合,第一种是相与相间发育的间断面,为不连续沉积组合,但在时间序列上是连续的,如图5.39初始海泛面之上的部分相组合,即自下而上依次为暴露沉积、潮坪沼泽及泥炭沼泽、浅海沉积,其中暴露沉积代表一种剥蚀或沉积间断,而沼泽与海侵沉积之间存在海侵过程沉积相序缺失,两者之间存在饥饿沉积或无沉积面,实际上缺少海水向岸扩展的海岸退积序列。这种序列反映陆表海盆地沉积环境演化上的突发性。第二种序列是连续相序,盆地的环境演化是渐变的,如

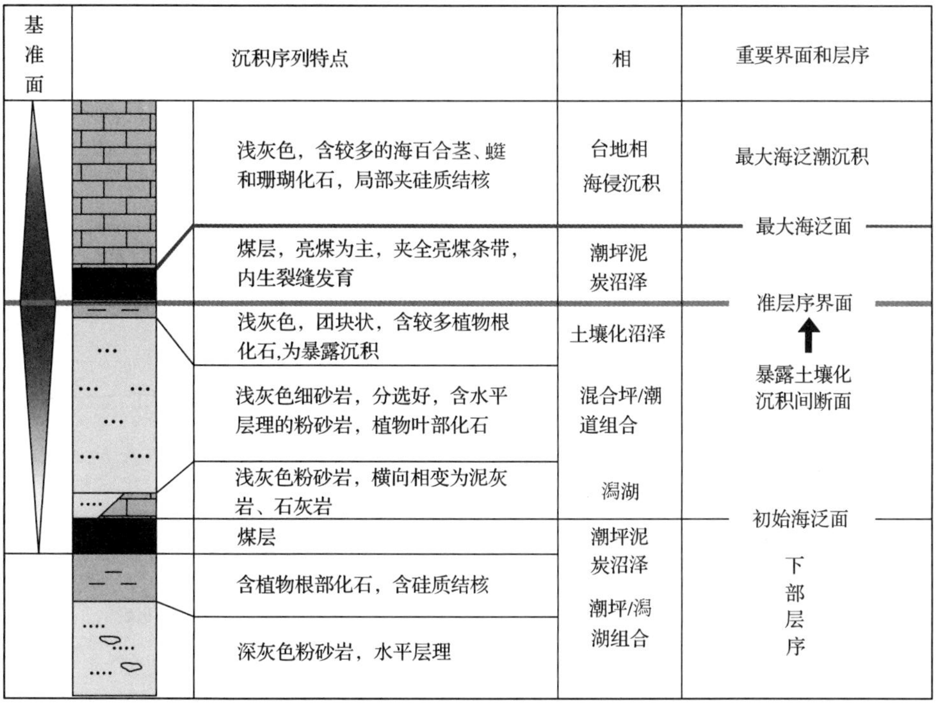

基准面	沉积序列特点	相	重要界面和层序
	浅灰色,含较多的海百合茎、蜓和珊瑚化石,局部夹硅质结核	台地相海侵沉积	最大海泛潮沉积
	煤层,亮煤为主,夹全亮煤条带,内生裂缝发育	潮坪泥炭沼泽	最大海泛面
	浅灰色,团块状,含较多植物根化石,为暴露沉积	土壤化沼泽	准层序界面 ↑ 暴露土壤化沉积间断面
	浅灰色细砂岩,分选好,含水平层理的粉砂岩,植物叶部化石	混合坪/潮道组合	
	浅灰色粉砂岩,横向相变为泥灰岩、石灰岩	潟湖	初始海泛面
	煤层	潮坪泥炭沼泽	下部层序
	含植物根部化石,含硅质结核	潮坪/潟湖组合	
	深灰色粉砂岩,水平层理		

图 5.39 陆表海盆地充填沉积中的不完整相序和完整相序特征(资料取自山东鲁西地区上碳统)

图 5.39 的下部序列,潮坪沼泽化逐渐泥炭沼泽化是一个连续过程。以上两种序列之间的关键区别点是盆地在演化中基底有无暴露发生。在基底有暴露的情况下,基准面低于盆地基底,则发生暴露土壤化作用,也可能遭受剥蚀。此种情况下,暴露沉积之上的煤层是一种基准面开始上升的标志,即在土壤化基础上,海平面上升导致基准面上升,土壤开始湿润,泥炭沼泽发育,大面积海侵使泥炭沼泽发育中断,并使泥炭快速处于深水环境而保存下来,并最终形成煤层。陆表海盆地充填沉积中,以上两种相序都存在,正确区别二者并准确确定间断面的位置,对高分辨率层序划分具有重要指导意义。前已述及,突发性海侵对陆表海盆地泥炭沼泽的发育与中止、泥炭的堆积与保存起关键性控制作用。图 5.40 和图 5.41 展示的是山东煤层赋存区煤层与海相灰的组合特点,具有以下几种关系:①厚层海相灰岩与薄层煤层组合;②薄层海相灰岩与薄层煤层组合;③中厚层灰岩与薄层煤层组合;④厚层灰岩与较厚层煤层组合。这些组合反映海侵持续的时间和规模及聚煤作用的强弱。上述组合出现于含煤序列的不同阶段,但主要发育于海侵体系域。

5.4.2 幕式成煤

邵龙义等(1992)在研究中国南方石炭二叠系时注意到海陆交互相环境中的一些厚煤层横跨不同相区呈大面积分布(数百至数千平方千米),同时也注意有些大面积连续展布的煤层的形成环境与煤层下伏沉积物的沉积环境并没必然的联系,提出了幕式聚煤作用概念(图 5.42),用以表示这种横跨不同相区的大面积聚煤作用。这种大范围的聚煤作

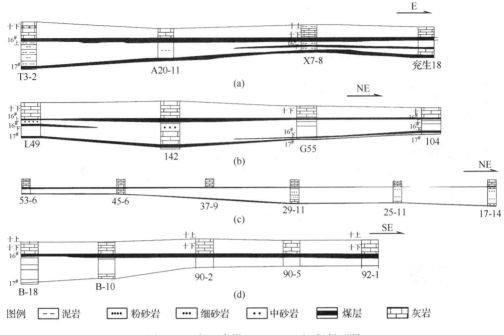

图 5.40 鲁西南煤田 L10-L11 沉积断面图
钻孔左侧为自然伽马曲线；右侧为电阻率曲线

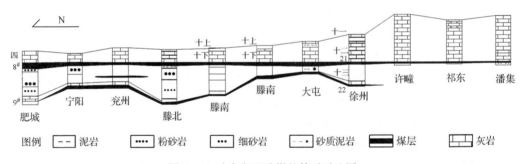

图 5.41 十灰与 16# 煤的等时对比图

用是由区域性甚至全球性的海平面（基准面）变化引起的，它可以跨越不同的亚环境、不同的沉积相带甚至不同的盆地。这一理论强调海平面幕式上升期间滨岸平原环境的聚煤作用和一次幕式聚煤作用的同期性。在幕式聚煤作用发生期间，一次沉积事件和其中所包含的若干个次一级的沉积事件都可能形成具有一定分布规模的煤层。大规模的海侵事件（如三级或二级海侵事件）所形成的煤层常常具有大区域或盆地范围的分布规模（图 5.42），而在次一级海侵过程（如四级或四级以上的海侵事件）中形成的煤层则具有较小区域的分布规模。前者相当于层序地层学和成因地层学中的最大海泛期沉积，后者则相当于一个正常的海泛面沉积。因此，大范围分布的厚煤层多是主要幕式聚煤期的产物，多代表最大海泛面沉积，而较小范围展布的煤层则是次一级幕式聚煤作用期的产物，代表正常海泛面沉积。在两次大规模海侵事件之间，可能会发生多次的次级海侵事件（图 5.43），形成多

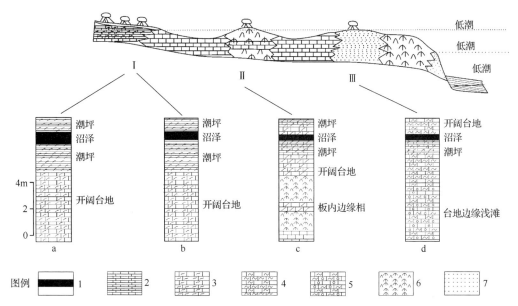

图 5.42 中国南方贵州和广西晚二叠世碳酸盐台地含煤沉积模式图(据王佟等,2011)

1. 煤和炭质泥岩;2. 稳层状有机质藻屑泥质颗粒岩;3. 藻屑泥质颗粒岩;4. 生物碎屑泥质颗粒岩;
5. 砂屑-生屑可砾岩和泥质颗粒岩;6. 海绵障积-黏结岩;7. 砂岩

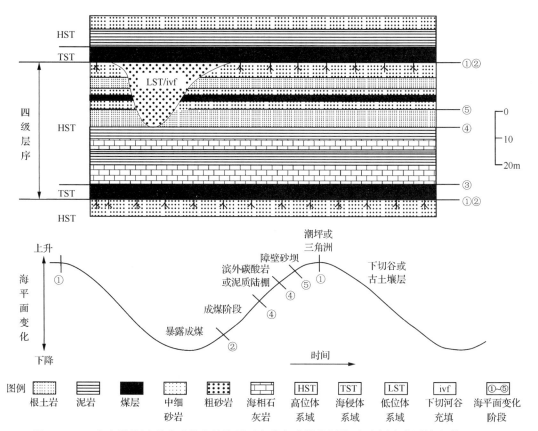

图 5.43 一个含煤旋回形成过程中的海平面变化与聚煤作用关系示意图(据邵龙义等,2008)

个次级的聚煤作用幕,而多个次级聚煤作用幕的叠加则形成更高级别的聚煤作用幕。幕式聚煤作用与层序地层学原理相结合,可以划分出对应于不同级别海平面变化的聚煤作用幕,并预测聚煤中心的迁移、煤层的展布规模等。

5.4.3 火山事件

含煤地层中的火山事件层具有延展性、瞬时性和等时性的特点(桑树勋等,1999a,1999b),可以构成发育良好的区域等时面;含煤地层中普遍发育火山事件层,如能找到火山事件层并建立对应的等时面,就可以对煤岩层对比结果进行检验和补充。火山事件层具有旋回性,结合火山事件层的期次分析对比是建立火山事件等时面的有效方法。应用火山事件等时面,并与传统方法结合,是对区域煤岩层对比方法的新探索。火山事件"次"的概念是指火山活动中一个最短的独立时间单位。据现代火山事件的观察资料,一次独立的火山喷发持续几小时至几天,完整的喷发过程往往包括气柱的形成、爆炸的发生、大量火山碎屑的喷出和火山穹丘隆起。火山事件的一个喷发期由几次或数十次喷发组成,这些喷发具时间上的延续性,一般间隔数天至几个月,它们具有相同的岩浆源、相似的岩浆成分和喷发方式。整个喷发过程可划为初期、高峰期和后续期三个阶段,喷发强度由弱到强、再由强到弱。一期火山喷发可持续几个月、几年或更长时间。一个火山事件层一般代表一期火山喷发作用,但并非是该期完整喷发过程的记录,而是其中一次或几次较强喷发所形成的沉积记录。同一火山源不同强度的火山喷发在同一剖面形成的沉积记录不同,即对于来自同一火山源的火山事件层,其火山碎屑物的特征能够反映喷发强度的大小。不同剖面中同一事件层反映出的喷发强度不完全一致,远离火山源方向反映出的喷发强度减弱,但这并不影响同一剖面不同事件层喷发强度相对性的比较,喷发强度是一个相对概念。

桑树勋等(1999a,1999b)研究华北中部太原组火山事件层与煤岩层对比,将事件层反映出的喷发强度划为强、较强、中等、较弱和弱五级,不同喷发强度火山事件层的特征如下。强喷发火山事件层,多具有火山灰流型、空降型成因;火山碎屑的含量一般大于90%,其中,石屑(特别是浆屑和熔岩碎屑)的含量一般大于50%,(半)塑性玻屑常见;火山碎屑的平均粒级大于0.5mm;垂向上喷出物物态组分的变化常具明显的规律性,代表多次喷发的强度变化。较强喷发火山事件层,多具有空降型和空降水携复合型成因;火山碎屑的含量一般为60%~90%,石屑含量为30%~50%,半塑性玻屑较常见;火山碎屑物平均粒级在0.5mm左右,喷出物的物态组分垂向上略具规律性变化。中等喷发火山事件层,多具空降-水携复合型成因;火山碎屑的含量一般为40%~60%,其中石屑含量为10%~30%,可见半塑性玻屑;火山碎屑的粒级为0.25~0.50mm;物态组分的垂向变化不明显。较弱喷发火山事件层,多具空降-水携复合型、水携型成因;火山碎屑的含量为25%~40%,其中石屑含量小于10%,以晶屑和刚性玻屑含量高为特征,有时晶屑含量可大于50%;粒级变化较大。弱喷发火山事件层,多为水携型成因;火山碎屑的含量为10%~25%,其中石屑少见,主要为晶屑,晶屑含量多大于50%;垂向上物态组分单调,事件层厚度小。

在火山事件旋回划分对比的基础上,要建立等时面必须进行旋回内火山事件层的对比。提出火山事件层对比的依据为：①火山事件层在旋回中的位置相似；②同一火山事件层岩石学特征具相似性或规律性变化，如火山碎屑物态组成相似、物态组分特征相似、火山碎屑反映的岩浆成分相同、远离火山源岩石结构由凝灰结构和沉凝灰结构变为含凝灰结构；③同一火山事件层成因上具统一性，如火山事件层喷发期次、成因类型、火山喷发强度等相似或远离火山源发生规律性变化。在此基础上，对华北太原组地层进行划分、对比与总结（图 5.44，图 5.45，表 5.3）。

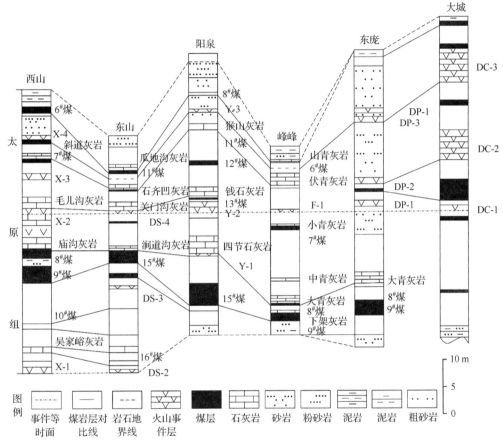

图 5.44　华北中部太原组主要煤岩层对比（据桑树勋等，1999a，1999b）

表 5.3　基于火山事件层的地层对比

地层	太原西山	太原东山	阳泉	峰峰
上覆地层	山西组	山西组	山西组	山西组
太原组	东大窑灰岩	瓜地沟灰岩	猴石灰岩	伏青灰岩
	斜道灰岩	石齐凹灰岩	钱石灰岩	小青灰岩
	毛儿沟灰岩	关门沟灰岩	四节石灰岩	大青灰岩
	庙沟灰岩	涧道沟灰岩		
	吴家峪灰岩	石灰岩		下架灰岩
下伏地层	本溪组	本溪组	本溪组	本溪组

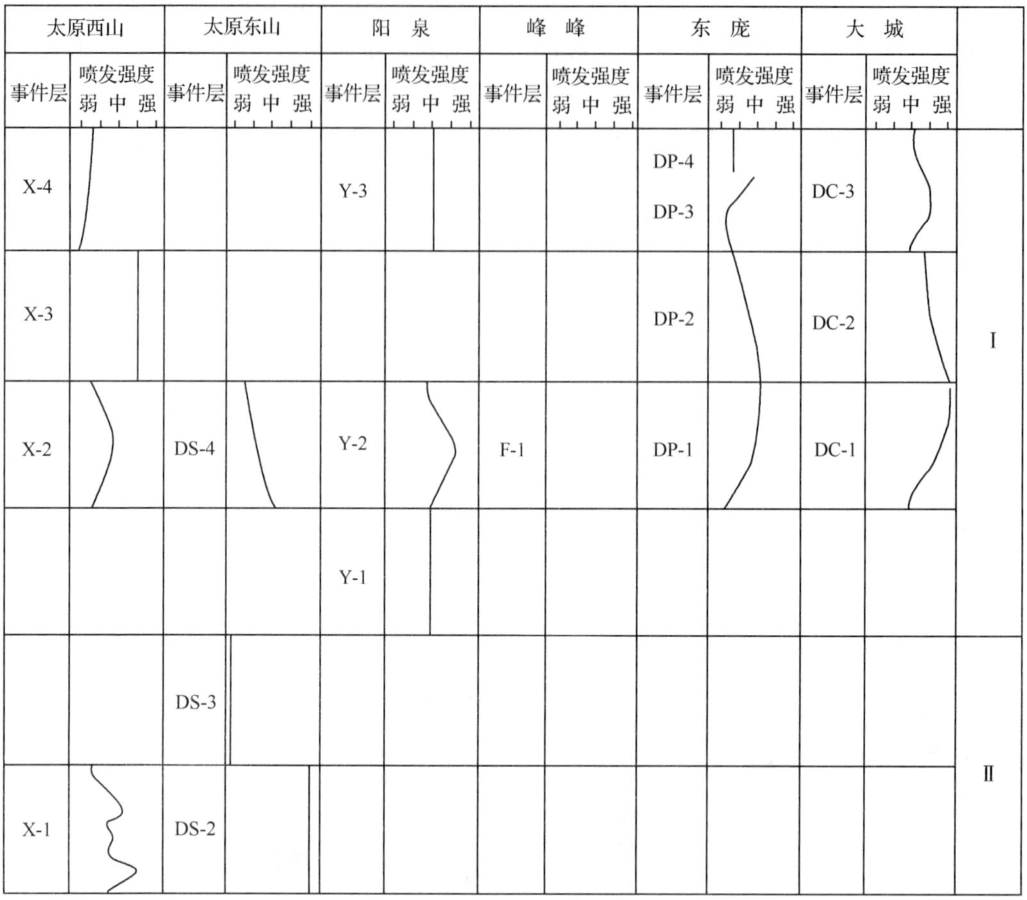

太原西山		太原东山		阳泉		峰峰		东庞		大城		
事件层	喷发强度 弱中强	事件层	喷发强度 弱中强	事件层	喷发强度 弱中强	事件层	喷发强度 弱中强	事件层	喷发强度 弱中强	事件层	喷发强度 弱中强	
X-4				Y-3				DP-4 DP-3		DC-3		I
X-3								DP-2		DC-2		
X-2		DS-4		Y-2		F-1		DP-1		DC-1		
				Y-1								
		DS-3										II
X-1		DS-2										

图 5.45　华北中部太原组火山事件旋回划分与对比（桑树勋等，1999a，1999b）

5.4.4　风暴事件沉积

陆表海海陆交替型含煤层序中的风暴事件沉积对建立华北晚古生代含煤地层的层序地层格架具有重要作用，风暴事件沉积是具有极佳等时性特点的对比层位。尽管在山东地区尚未进行这方面的系统研究，但风暴沉积的某些证据和层位已被初步识别，如鲁西南煤田第八层石灰岩与其上覆煤层的组合关系具有风暴事件沉积的基本特点[煤层（未编号）底板直接为第八层石灰岩]。胡益成和苏华成(1992)在河南地区太原组识别出风暴事件沉积层位，并总结出一些基本特点和规律性。

5.4.4.1　风暴异地煤的特征

华北晚石炭世含煤地层含有多层风暴异地煤。这些异地煤与微异地煤，特别是与原地生成煤明显不同。如在河南巩县小关两个露天铝土矿所揭露出的太原组下部灰岩段中（图5.46～图5.48），风暴异地煤具有以下明显特征。

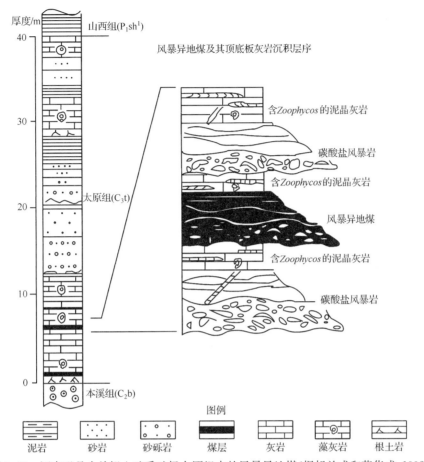

图 5.46 河南巩县小关铝土矿采矿场太原组中的风暴异地煤(据胡益成和苏华成,1992)

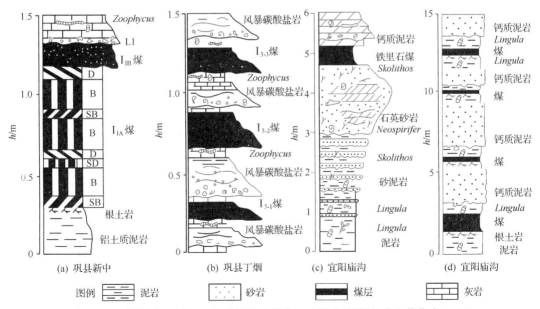

图 5.47 风暴潮作用对早二叠世早期聚煤作用的影响(据胡益成和苏华成,1992)

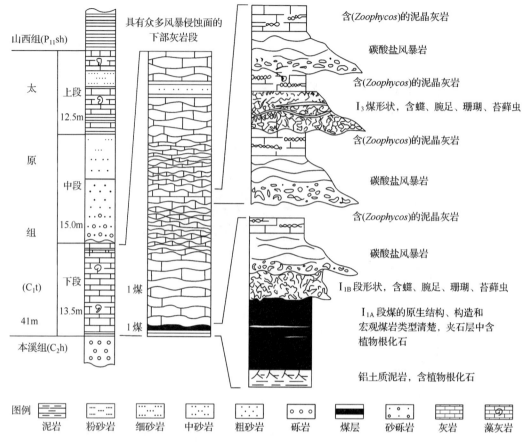

图 5.48 河南巩县小关铝土矿采矿场太原组中的风暴异地煤（据胡益成和苏华成，1992）

（1）煤层的直接顶底板都是泥晶灰岩。灰岩中除含有丰富的腕足类、蜓、珊瑚、海百合、苔藓虫等正常海动物实体化石和代表浅海-半深海的痕迹化石动藻迹（Zoophycos）外，还具有明显的浅海风暴成因的丘状层理。

（2）煤层中含有大量的腕足类化石，有时还可见到蜓、单体珊瑚和苔藓虫等动物化石，它们在煤层中的含量可达10%，甚至30%～40%，可谓"生物碎屑煤层"。这些被煤类似基底式"胶结"的化石，自下而上有变少、变小的趋势。以腕足动物化石为例，下部主要是粗大的个体和碎屑，直径1.0～4.0cm；中下部为中-小型个体，直径为0.5～1.0cm；中上部以细小的碎片为主。在这种粒序中，细小的碎片由下到上都存在。可以看出，这是一种具有粗尾递变特征的沉积。煤层中化石的保存程度和保存状态，在垂向上也有一定的变化规律。中下部以厚壳为主，多数两壳分开，少数两瓣合在一起。两瓣分开的壳体，凸面和凹面向上的都有。两瓣合在一起的壳体，当时可能是活体，这是在快速搬运、快速沉积和快速埋藏的突发事件中，机体为了保护自己而紧闭双壳的结果。中上部多为薄壳的碎片，碎片沿波状纹层面分布，且长轴多数为平行纹层面。这种特征表明，薄的碎片在沉积时受振荡介质的影响，从而使其沿纹层面定向排列。

（3）煤层全部破碎成粉砂级—泥级，易染手。煤的原生结构如线理结构、凸镜状结构和条带状结构等完全看不到,但能看到煤层的层状构造,特别是中上部可见波状和水平层理。层理由细小的动物化石碎片定向排列而显示。这些特征反映泥炭物质不仅受到过侵蚀和扰动,而且在再沉积过程中经过重力分选,并同时受到波浪振荡运动的影响。煤层本身下部为含大量海相动物化石的滞积层,中部具有类似丘状层理的波状层,上部为水平纹层。其层序特征几乎可与该煤层直接顶底板浅海碳酸盐风暴岩类对比。

（4）煤层中有时可见到磨圆较好的石英等碎屑,还可见到直径 0.5～1.0cm 的椭球状或不规则状的黄铁矿结核,层理绕结核而过。这体现泥炭物质在受到扰动和搬运过程中,混入了较多的碎屑物质,而在再沉积后处于一种强还原环境。

5.4.4.2 风暴异地煤的形成机制

众所周知,低纬度的热带-亚热带地区,是产生飓风最频繁的地区。强烈的风暴作用,不仅通过风暴涡流对海底沉积物挖掘和改造,而且通过风暴流对滨岸沉积物侵蚀和搬运。笔者所说的风暴异地煤就是在后一种情况下形成的。风暴异地煤的形成,大致经过以下过程(图 5.49)。

（1）风暴来临时,海面升高,具有特高水位的风暴流(有时伴随着大潮汛而形成威力更强大的风暴潮)推进到海岸区时,以其巨大的威力侵蚀海岸。随着风暴不断增强,风暴流向陆地方向推进到滨海泥炭沼泽,强烈侵蚀和扰动泥炭层,并使大量的泥炭物质被掀起而悬浮于海水中。

（2）在风暴达到高峰期后,随着底摩擦作用的增强和风暴作用的减弱,向岸推进的风暴流达到极限,继而出现的是向海流动的风暴回流。携带着大量泥炭物质的风暴回流在重力作用下,流速不断增大,扰动作用也不断增强,沿途使更多的生物介壳悬浮其中(粗大的介壳在回流底部呈滚动和跳动移动)。这是一种由海水、泥炭物质和生物介壳等混合物质组成的高密度流,它以块状搬运的方式进入浪基面和风暴浪基面附近的浅海区。

（3）悬浮于海水中的泥炭物质和生物介壳(含有大量泥炭物质的涡动海水具有持续支撑生物介壳及其碎片呈悬浮状态的能力),在风暴衰退的早期和中期,粗的生物介壳作为筛选滞留物首先沉积下来,然后是较小和细小的碎屑沉积(部分填隙于大颗粒中)。在风暴接近停息和停息时,悬浮在海水中的大量泥炭物质和薄壳的生物介壳开始沉积。这些细的沉积物在面波对底部沉积物不再影响的情况下继续沉积,直到风暴回流携带的所有物质沉积到海底为止。

（4）风暴作用完全停止后,遭受风暴作用的海域又恢复到原来的状态,继续接受碳酸盐泥的沉积。风暴异地煤的形成过程,即野外剖面中的灰岩—煤层—灰岩沉积层序,酷似平缓开阔的陆表海在海退后转变成泥炭沼泽,而后又海侵转变为浅海过程中形成的灰岩—煤层—灰岩的沉积层序。但在海退海进层序中,煤层中没有海相化石,特别是没有大量的海相化石。而在风暴异地煤层序中,煤层直接底板灰岩中不存在植物根化石或根痕化石;而且直接顶、底板灰岩中具有由风暴侵蚀面—化石滞积层—丘状层理构成的众多风暴岩层序。煤层中的生物化石,绝不是潮汐或风暴流把生物介壳从海的方向带到泥炭沼泽中沉积下来的。这不仅是因为含有大量生物化石的煤层具有类似风暴碳酸岩盐的沉积层序;而且煤层不存在由于海浪侵蚀泥炭沼泽而使泥炭层表面出现大小不等的凹坑或沟槽,从而造成灰岩顶板具有凹凸不平的"蛤蟆顶"。煤层和顶板灰岩之间的接触关系在大范围内是平整的。

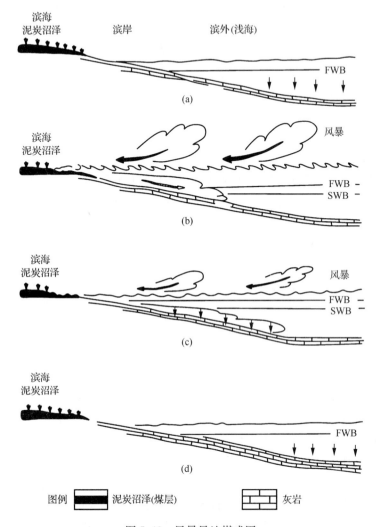

图 5.49 风暴异地煤成因

(a) 风暴期前,浅海区接受碳酸盐沉积;(b) 风暴来临时,风暴流强烈侵蚀滨海泥炭沼泽,风暴回流携带大量泥炭物质和植物遗体到浅海地区;(c) 风暴减弱或停息期间,风暴回流携带的大量泥炭物质和植物遗体在浅海地区沉积;(d) 风暴期后,浅海恢复碳酸盐沉积;FWB. 正常浪基面;SWB. 风暴浪基面

5.5 同沉积构造与控煤作用

盆地基底先存构造是指盆地形成之前基底岩系中已经存在的各种构造形迹。基底先存构造对盆地几何形态、水系样式和盆地早期的构造格架等有重要影响,某些基底先存构造形迹也可能发生再活动,而成为成盆期同沉积构造系的组成成分。成盆期同沉积构造

泛指盆地充填过程中对盆地形成演化起控制作用的基底构造和影响岩性岩相和厚度分布的盆地内部低级别构造。成盆期同沉积基底构造活动是盆地形成、演化和构造格架的主要控制因素,它与基底先存构造可能属于不同的构造旋回,形成于完全不同的动力作用方式和方向。同沉积基底构造可以追踪先存构造形迹,其发育部位、延展方向受到先存构造的制约,也可以是新生的构造系穿切基底先存构造形迹,或迁就、利用、包容先存构造形迹,使其作为新生构造系的组成成分。

5.5.1 聚煤盆地基底先存构造

盆地基底和盆地充填岩系之间常常存在构造-剥蚀面。盆地基底性质、界面特征和先存褶皱、断裂等构造形迹,对盆地的几何形态、构造格架、沉积环境单元配置和早期充填序列有重要影响,是盆地构造分析的重要内容。

5.5.1.1 基底先存褶皱

克拉通内聚煤盆地的基底界面常常是构造-剥蚀界面,可能存在先存宽缓褶皱,这可以通过钻探和物探手段填绘基底界面古地质图加以圈定。但由于基底界面被上覆沉积岩系埋藏,因此,基底界面的性质和褶皱形态不易精确确定。基底先存褶曲是聚煤盆地形成前的古构造形迹,可以借以推断古构造的动力作用方式和方向,追索区域构造演化史和聚煤盆地形成的构造背景。在长期风化剥蚀过程中,基底先存褶皱可能造成地貌差异,控制区域水系,在盆地形成的早期阶段对沉积环境产生显著的影响。在盆地演化过程中往往表现出一定的继承性,影响含煤沉积岩性岩相和聚煤带的展布。如我国四川盆地,晚三叠世含煤岩系与下伏基底岩系之间为微角度不整合(图5.50)。中三叠世末的印支运动形成北东向泸州-开江宽缓背斜,经长期风化剥蚀后,核部出露中三叠统嘉陵江组,两翼残留中三叠统顶部的雷口坡组。在晚三叠世含煤岩系形成过程中,这个大型宽缓背斜没有明显的显示,其两翼的古华蓥山断裂为沉积厚度梯度带和岩性岩相变化带,西部为稳定湖盆区,东部为河流冲积平原区。

5.5.1.2 基底断裂和断裂带

张文佑和边千韬(1984)依据穿层深度和地质、地球物理标志将断裂和断裂带划分为:岩石圈断裂、地壳断裂、基底断裂和盖层断裂。这里所说的聚煤盆地基底断裂包括上述各种类型的断裂,且以地壳断裂和基底断裂两种类型为主。

基底先存断裂和断裂带是地壳的薄弱带,也常常是不同构造单元的分划性构造,具有长期和多次活动的特点。断裂和断裂带沿一定方位延伸,构成聚煤盆地的边缘或轴部控制性断裂;在地貌上表现为狭长的槽地,在聚煤盆地发展过程中,作为成盆期同沉积构造控制盆地的演变和岩相带的分布。基底断裂和断裂带可根据下列标志加以识别。

(1) 基性或酸性岩浆岩带或呈串珠状分布的岩体连线。
(2) 裂谷型沉积盆地和地堑盆地的伸展方向或串珠状沉积盆地连线。
(3) 地热异常、热液矿化和煤的高变质带。

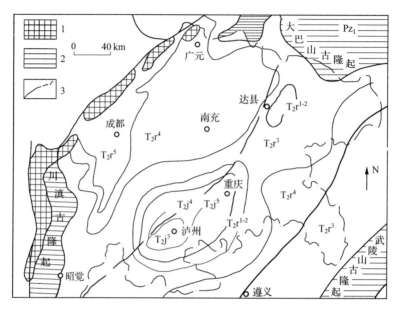

图 5.50　四川盆地晚三叠世前古地质构造略图（据成都地质学院地质力学研究室，1976；据林耀庭和许祖霖，2009）

1. 前震旦系；2. 早古生代古隆起；3. 古断裂；T_2j. 中三叠世嘉陵江组；T_2r. 中三叠世雷口坡组

（4）沉积盆地边界巨厚的冲积扇带，狭窄的特殊岩相和厚度梯度带。

（5）温泉、湖泊等的线状分布。

我国东北地区古近纪聚煤盆地明显地受基底断裂带的控制，沿抚顺-密山断裂带和依兰-伊通断裂带发育两个煤盆地群（图5.51）。

单个煤盆地呈狭长几何形态，长轴方向与断裂带方向基本一致，岩相带和富煤带的展布与盆地长轴方向也大体相当。各盆地沿基底断裂带呈串珠状等距排列，十分醒目。以抚顺-密山断裂带为例，北起黑龙江省的虎林，南至辽宁省的沈阳地区，延伸约700km，由北而南为：虎林、平阳镇、敦化、桦甸、梅河、清源和抚顺煤盆地等。煤盆地的基底岩系主要为前震旦变质岩系，抚顺煤盆地的主煤层直接位于底部含煤玄武岩、凝灰岩组之上。抚顺-密山、依兰-伊通断裂带附近煤矿区的地温梯度较大，双鸭山尖山子矿为3.6℃/100m，辽源为3.4℃/100m，抚顺为3.0～4.6℃/100m。由于在深断裂带中新生代以来地温较高，煤的变质程度也比邻区同时代煤高，抚顺和依兰煤盆地的古近纪煤变成具有黏结性的低变质烟煤，其镜质组反射率R^o_{max}值已达0.55%～0.67%。

5.5.1.3　基底先存断裂网络

聚煤盆地的基底可能被不同方位的几组断裂所切割，构成基底先存断裂网络。这些断裂主要为基底断裂和盖层断裂类型，将盆地基底分割为三角形、菱形或四边形的楔状或柱状断块，深刻影响盆地的形成和演化。基底先存断裂网络具有以下主要识别特征。

（1）煤盆地大多呈三角形、菱形、四边形等几何形态，由不同方向的盆缘断裂构成边框。

图 5.51　东北古近纪煤盆地群(据韩德馨和杨起,1980,简化)
1. 新生代拗陷;2. 古近纪煤盆地;3. 断层;4. 背斜;5. 等厚线/m

(2) 盆地内相对抬升断块和陷落断块交错配置,形成次级断陷和断隆,因之存在一系列沉降、沉积中心,尤以盆地发育的早期阶段最为显著,可能形成相互分隔的亚盆地。

(3) 盆地外围基底岩系出露区发育不同方位的断裂系,其构造样式可与推测的盆地基底断裂网络相类比,邻近盆地的较大规模断裂可追踪至盆地内部。

(4) 主盆缘断裂一般呈锯齿状或波状,这是由于追踪其他方向断裂所形成的。

(5) 沿盆地轴向和倾向岩性岩相变化剧烈,各区段含煤性差异显著。

云南昆明盆地是一个经过较为详细研究的第四纪褐煤盆地(黄发政,1984),盆地的基底界面为一古夷平面,并具有厚层风化壳。基底为震旦、寒武系构成的复式背斜,并被多组断层所切割(图5.52)。南北向延伸的西山断层为西侧盆缘断裂,具有走滑断层性质,并将区域北东向 F_4、F_5 和北西向 F_6、F_7 断层围限的菱形地块分割为两个三角形块体,西侧隆升为山,东侧陷落成盆,共同构成盆地的基本构造格架,并决定冲积扇、三角洲和湖泊、沼泽沉积环境的配置。盆地的形成和演化受上述三个方向断层切割的基底断陷和断隆的控制。盆地形成的初期,沿先存断裂形成河谷,局部裂陷断块形成孤立的湖盆或洼地;而后超覆扩张,湖面加宽,由于河流淤浅作用而形成沼泽,在不同方向断层形成的断陷复合部位,出现断陷中心和聚煤中心。基底先存断裂的复活是因区域性走滑断层所产生的局部伸展构造环境所诱发,盆地基底断块的相对运动常具有反向特征,即成盆期前为正向隆起单元,成盆期则表现为负向断陷单元。盆地外围的地貌和新构造运动形迹可提供十分重要的盆地基底构造信息。

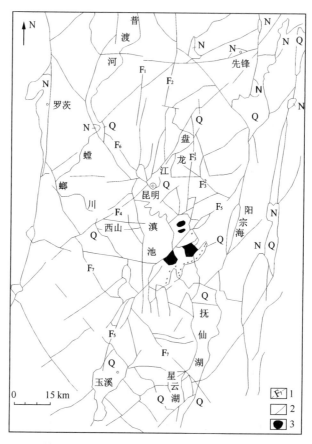

图 5.52　昆明盆地构造格架(据黄发政,1984)
1. 控制性断裂及编号;2. 次级断裂;3. 基岩剥蚀残丘

5.5.2　成盆期同沉积构造

成盆期同沉积构造是指在盆地形成演化过程中与含煤沉积同期的构造活动和构造形迹,又称聚煤期古构造。它包括同沉积褶皱和同沉积断裂两大类。

5.5.2.1　同沉积基底隆起和拗陷

同沉积隆起和拗陷实际上是盆地基底不均衡沉降的表现,主要通过沉积厚度和岩性岩相的差异而反映出来。同沉积隆起和拗陷不能作为具有一定力学性质的结构面对待,因而也不能据以直接恢复构造应力场。有的同沉积隆起或拗陷一直延续至聚煤期后,并在后期构造过程中成型为背斜或向斜,这时便可确切地定名为同沉积背斜或向斜。

同沉积隆起和拗陷常相邻伴生,在补偿沉积盆地的条件下,沉积物厚度向同沉积隆起脊部显著变薄,向拗陷槽部增厚,这种变化反映了沉降幅度的差异。岩性岩相的变化规律必须联系整个聚煤盆地的古地理景观加以鉴别,如在陆相环境下,当河流沿拗陷槽地发育时,较快的盆地沉降得到充分的陆源补偿,沿同沉积拗陷堆积河流相粗碎屑沉积,而沉降速率较慢的同沉积隆起部位则为静水条件下的湖沼相细碎屑沉积;相反,在非补偿条件下,同沉积拗陷可能出现湖泊相细碎屑沉积,而同沉积隆起部位则为浅水粗碎屑沉积。在实际工作中,一般侧重于圈定同沉积隆起或同沉积背斜,其主要识别标志如下。

(1) 含煤岩系或层段厚度显著减薄。

(2) 沉积间断面频繁,代表浅水环境的层面流水构造和胶结硬化的风化壳发育,流水再搬运作用显著。有时隆起于沉积界面之上,导致某些层段的缺失,或成为局部陆源区。

(3) 沉积超覆现象明显,沉积剖面旋回结构不对称,海退部分沉积物由于遭受剥蚀和再搬运而显著减薄,因此旋回曲线显示快速海退。

(4) 岩性岩相发生明显变化,一般为粗碎屑岩分布区,有时则为黏土岩或泥炭沼泽沉积持续发育区,煤层向同沉积隆起或同沉积背斜合并,向拗陷带分岔,各分岔煤层与合并后的厚煤层的相应分层可以对比。

(5) 煤层底板根土岩比较发育,反映较长时间的暴露和较深的风化层。

我国华北石炭-二叠纪聚煤盆地晚石炭世太原组厚度大体由北西向南东方向加大,呈向南东方向敞开的箕状盆地,盆地内部发育一系列次级同沉积隆起和拗陷(图5.53)。在盆地北部边缘,次级隆起和拗陷呈北东向相间排列,主要同沉积隆起自东而西为:辽东、闾山、阜平、清水河隆起等。这些隆起的北东端与盆地北侧的东西向阴山构造带相连,处于沉积界面之上,为局部陆源区,沿隆起周缘有冲积粗碎屑边缘相带分布;向南西方向,则潜没于聚煤盆地之中,成为沉积界面之下的"隐伏隆起",隆起带的含煤岩系厚度较薄。介于同沉积隆起之间的同沉积拗陷带是沉降-补偿较为均衡的地区,含煤岩系厚度较大,也是厚煤层分布区。

5.5.2.2 次级同沉积褶皱

煤盆地内有些后期构造形迹是伴随含煤岩系堆积过程而发育起来的,是一种同沉积向斜和背斜。同沉积背斜包括三种类型:①滚动背斜,与同沉积正断层相伴生;②继承背斜,与基底断隆相对应,分布在基底高的部位;③挤压背斜,是区域挤压或扭动作用的产物。这种同沉积背斜可能影响水系样式、局部沉积过程和聚煤作用。澳大利亚悉尼盆地,煤层和其他地层单位的厚度在小型背斜脊部减薄,在向斜槽部增厚,显示同沉积背斜的特征(Cook,1969);同时,在背斜部位煤层底板根土岩比较发育,表明较长时间的暴露和较厚的土壤层存在。我国辽宁阜新煤盆地内斜列的短轴状背斜构造可以作为同沉积背斜的典型实例,盆地内部的这种同沉积背斜是一种正花状构造,与北东走向的基底断裂有成因联系(李思田,1988)。背斜的规模较小,上部背形展宽仅1~2km,隆起幅度不超过500m。背形起伏向深部变缓,在接近元古宇—太古宇基底处消失,被切入基底岩系的直立断层所取代。花状构造主要发育于沙海组及海洲组下部层位,通常与各种铲状正断层共生。阜新东梁矿区花状构造之上海洲组中已证实存在雁列褶皱和辐射状正断层系,北

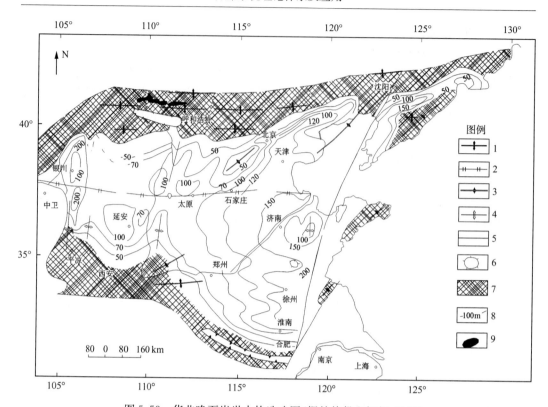

图 5.53 华北晚石炭世古构造略图（据韩德馨和杨起，1980）
1. 纬向构造；2. 区域东西向构造；3. 北东向构造；4. 经向构造；5. 郯庐断裂带；6. 穹隆；7. 古陆；
8. 晚石炭世太原组等厚线；9. 晚古生代前侵入岩

部的东梁背斜具有顶薄特征，褶皱和断裂系统反映沉积盖层中核心部分逆时针旋转的扭动状态。聚煤期后仍保持了背斜形态，位于背斜脊部的大部分煤层已被剥蚀，雁列褶皱形式反映基底断裂的左旋走滑运动（图5.54）。

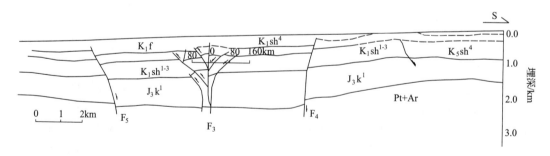

图 5.54 阜新盆地东梁-艾友纵向地震构造剖面解释图（据李思田，1988）

5.5.2.3 同沉积基底断裂

同沉积基底断裂是指盆地形成演化过程中新生或再活动的基底断裂及其延续断裂。同沉积基底断裂的动力作用方式、延伸方向、组合型式和活动性特征等，决定断陷型聚煤盆地的几何形态、构造样式、盆地沉积-构造结构、盆地的沉降性质和盆地群体配置等。

同沉积基底断裂是一种线性构造，因而具有明显的方向性，与区域构造有成生联系，并可作为一种构造结构面看待，而区分为张性、压性和走向滑动断裂及其过渡类型。沉积分析和剖面对比是确定同沉积基底断裂的主要方法，其主要识别标志如下。

（1）盆缘断裂内侧有粗碎屑冲积扇带，沉积层向盆缘断裂倾斜和增厚。

（2）同沉积断裂两侧岩性岩相和层段厚度差异显著，沿断裂构成岩相变化带或厚度梯度带。

（3）碎屑岩楔或煤层向同一方向变薄尖灭或分岔、合并，并且这种变化呈明显的带状展布。

（4）同沉积断裂两侧的地层层序不对应，下降盘层序完整，底部层段可能存在早期堆积的粗碎屑岩楔，上升盘层序不完整，可能缺失下部层段，而上部层段超覆于剥蚀面之上。

（5）古流体流向和样式的急剧改变，古河流持续发育的拗陷带，由此产生的煤系和煤层中河道冲蚀填充体的叠置。

（6）断层两侧岩层、煤层厚度显著不同，各层段断距不等，自下而上断距逐渐减小，直至消失。邻近活动基底断裂带同沉积变形构造发育。

盆缘断裂是控制盆地形成、演化的主干断裂，往往是切割较深的基底断裂或地壳断裂，有时可能切穿整个岩石圈，并伴生岩浆或热液活动。盆缘断裂可以是挤压、伸张、走滑断层，也可以是张扭或压扭性过渡类型断层，以区域伸展作用产生的正断层和区域扭动作用产生的走滑断层最为常见。盆缘断裂往往是由多条断层组成的复杂断裂带，不同演化阶段可能处于盆地边缘的不同位置，沿剖面方向呈阶梯状由里向外增生扩展。盆缘断裂沿走向可能被横向或斜向断层所错移，或追踪基底先存断裂，以致在平面上呈锯齿状或折线状。伸展作用形成的盆缘断层向盆内倾斜，浅部倾角较陡，向深部变缓、变平而呈铲状。走滑断层的产状一般为陡倾斜或近于直立。盆缘断裂达于地表，是沉积盆地和剥蚀区的分划性构造。断裂的一侧不断上隆而遭受剥蚀，断裂的另一侧不断沉陷而接受沉积，邻近断层是盆地的最大沉陷带。与盆缘断裂近于直交的陡坡度山间河流携带大量粗碎屑沉积物，注入盆地，沿盆缘形成巨厚的冲积扇、扇三角洲叠覆体，构成断陷盆地典型的粗碎屑边缘相带。由于盆缘断裂外侧剥蚀区主要为外流水系，因而在强烈裂陷期，深湖区可直抵盆缘断裂，这时边缘相则主要来自断崖滑坡和崩塌岩屑、冲积扇和泥石流沉积，与湖泊沉积相共生。

我国辽宁阜新煤盆地四周被断层所限，其长轴方向为北东向 $25°\sim30°$。东缘间山断层是控制盆地形成和演化的主干断裂，沿断裂内侧分布着巨厚的粗碎屑冲积扇，宽达数千米，在盆地演化的各个阶段持续发育，对整个盆地的层序更替和环境演化亦有重要影响（图 5.55）。盆缘断裂具有间歇性活动特征，可区分为相对活动期和稳定期，含煤组中所夹的多层砂砾岩层可作为这种断裂活动态势的沉积标志。断裂活动期使盆缘地带沉陷加剧，冲积砂砾岩楔被限制叠积在盆缘地带，而盆地内部则广泛发育湖泊、沼泽相沉积，当盆缘断裂趋于稳定时，冲积相碎屑岩楔越过盆缘地带，延伸覆盖整个盆地，聚煤作用则暂时终止。随着断裂活动衰亡，整个盆地被冲积相粗碎屑沉积物所填充。阜新盆地东部盆缘断层呈显著的锯齿状，是追踪北东向、北北东向、北西向、北北西向向四组基底先存断裂所致。断面向盆内倾斜，倾角为 $45°\sim75°$。在盆地演化的不同阶段，盆地东缘断裂可能处于不同的位置，其南段多处见到煤系上覆孙家湾组红色、杂色角砾岩直接不整合于元古宙、太古宙片麻岩之上(图 5.56)。

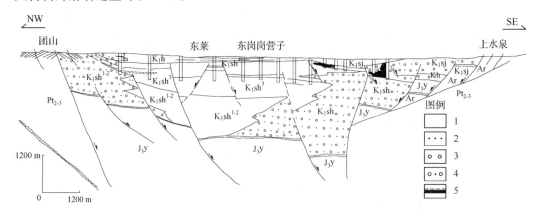

图 5.55 阜新盆地横向沉积-构造综合剖面图(据李思田,1988)
1. 泥岩、粉砂岩;2. 砂岩;3. 砾岩;4. 冲积扇;5. 炭质泥岩和煤层

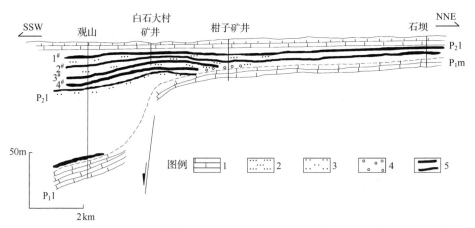

图 5.56 湖南斗笠山矿区二叠纪含煤岩系沉积剖面图(据杨起和韩德馨,1979)
1. 灰岩;2. 细砂岩;3. 中粒砂岩;4. 砂岩;5. 煤层

盆地内部的同沉积基底断裂可以造成地层和充填层序的显著差异,在盆地发育的早期阶段,作为剥蚀单元和沉积单元的分划界线。随着盆地范围的扩展,演变为隐伏断裂,作为沉积分区的分划界线。湘中北纬 27°30′左右,大致横过斗笠山矿区中部有一条区域性东西向构造带,二叠纪表现为沉积类型南北差异的突变"陡坎"(图 5.56)。早二叠世茅口晚期,由于华南地区东吴运动的影响,构造带的北侧隆起,并遭受剥蚀;南侧则持续沉降,并堆积了茅口晚期含煤碎屑岩系。晚二叠世早期,伴随华南地区广泛的海侵,沉积盆地向北超覆扩张而形成统一的聚煤盆地,但南北沉积分异显著,形成湘中南型、北型两种沉积类型。其中,南型含煤沉积以碎屑岩为主,总厚为 200～1000m,自南而北逐渐变薄,含煤 4～20 余层,可采 2～6 层,平均可采厚度 0.7～7m,煤层稳定性差;北型含煤沉积主要由石灰岩、泥质岩组成,超覆沉积于早二叠世茅口灰岩侵蚀-溶蚀界面上,局部可见残积角砾岩,含煤岩系厚约 70m,含煤 1～3 层,平均可采厚度 0.4～4m,煤层较稳定,结构简单。这条狭窄的东西向突变带是一条具有长期发育历史的基底断裂带,对震旦系冰碛层、

泥盆纪宁乡式铁矿和早石炭世测水组含煤性都有一定的分划作用。

5.5.2.4 生长断层

聚煤盆地内的生长断层主要指分布于沉积盖层中的大量低级别同沉积断裂,是发育于未固结沉积物中的塑性变形。生长断层主要由沿软弱层的重力滑动作用或不同岩性沉积体的差异压实效应引起,有的生长断层与基底地形或基底断裂有成因联系。盆地充填过程中,当沉积界面的原始倾角超过 2°时,未固结沉积层在重力作用下易于产生滑塌。大型进积三角洲的前缘,河流搬运的大量砂质沉积物覆于深水泥质沉积物或有机软泥之上,由于下伏泥质沉积物的压缩和滑塌作用,沿砂体和泥质沉积物界面极易产生生长断层系。断层的规模一般不大,主断面向盆地方向倾斜,断面上部倾角为 60°～70°,向下变缓,为 30°～40°(图 5.57)。

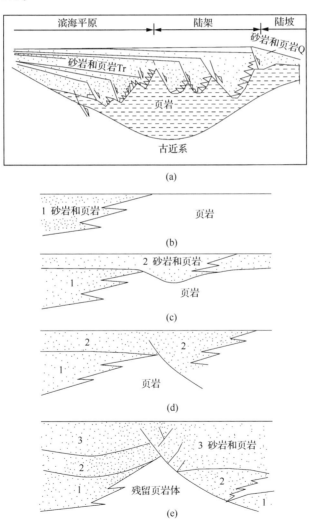

图 5.57 美国墨西哥湾海岸三角洲沉积体中生长断层形成机制图示(据 Bruce and Moore,1972)
1、2、3 分别表示不同的沉积阶段

下伏松软层的滑脱作用所产生的生长断层系,其规模可达几千米至上百千米。断层带大致沿岸线延伸,滑脱体向盆地方向滑动。断层面浅部较陡,切截不同岩层,向深部变缓变平,而与层面近于平行。滑脱体的后方为一系列拉张正断层,而滑脱体的前方发育同沉积褶皱和冲断层。这类生长断层发育于一定的层位,具有层控特征。生长断层的主要识别标志如下。

(1) 断层面呈铲状,上陡下缓,向盆地方向倾斜,有时发育对偶断层,构成生长断层系。

(2) 断距随深度的加深而增加,两盘岩层、煤层不等距错位。

(3) 断层两盘岩性、层厚、间距和煤层结构等显著不同,下降盘厚度突然增大,上、下盘层序难以对接。

(4) 生长断层是发生于未固结沉积物中的变形,一般不具断层破碎带,有时沿断裂面有后期充填物。

(5) 常常集中发育于一定的充填层序,具有一定的层控特性。

(6) 断层或断层带延伸方向与沉积方向或岸线方向平行。

5.6 盆地属性与聚煤作用

5.6.1 盆地属性

不同盆地类型、同一盆地不同演化阶段,其发生聚煤作用的过程是不同的。陆相盆地一般分为断陷盆地和拗陷盆地(有时候二者共存或转化),以及河流-泛滥盆地类型;过渡相盆地类包括三角洲盆地、扇三角洲盆地及辫状河三角洲盆地;海相盆地类主要指边缘海盆地和陆表海盆地。下面分别阐述不同盆地类型的聚煤机制问题。

5.6.1.1 陆相盆地类

一般说来,陆相盆地中成煤作用主要受湖体扩张与萎缩的控制,当盆地发生超覆扩张时,煤层形成于水进体系域,此时形成的煤层一般发育在滨湖平原或滨湖三角洲,属于活动碎屑体系成煤;从沉积构造角度上来看,属于阶段性成煤(可以由水体扩张或构造等造成的阶段性沉积);当湖体扩张终止,湖泊周围泥炭沼泽发育,则逐渐向盆地中心扩张,此时属于水退成煤,煤层形成于高水位体系域。另外,在陆相盆地中,可能存在火山事件沉积,在煤层中可能识别出火山碎屑沉积等。

1. 拗陷盆地

陆相拗陷盆地沉积基底比较稳定,盆地水体扩张与萎缩主要发生在滨湖及滨湖三角洲区域,其中,在湖水扩张期,滨湖平原及其上发育的泥炭沼泽逐渐向陆地扩展,能够形成水进成煤,当水进速度较快超过岩相迁移速度时,在滨湖三角洲或冲积区域逐步发生废弃,则形成了废弃体系成煤(水进终止其煤层发育);该时期煤层分布比较稳定,在滨湖平原湖水扩张所形成的煤层易于对比,而水退废弃体系所形成煤层(如滨湖、三角洲甚至河流泛滥平原区)比较稳定,能够被广泛对比(图 5.58)。

2. 断陷盆地

煤层的赋存形式较多,断陷盆地可分为两种类型,分别为浅覆水的断陷湖盆与深覆水

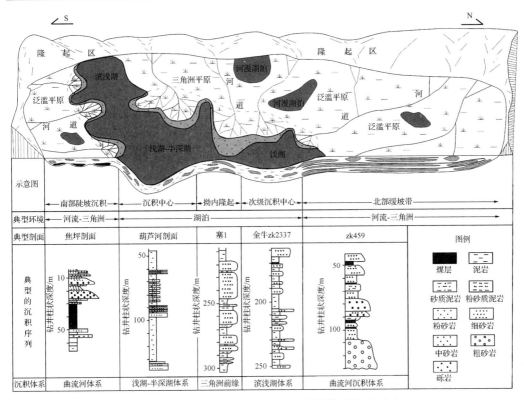

图 5.58 鄂尔多斯盆地延安组沉积成煤模式图(南北向)

的断陷盆地湖泊,聚煤特点有显著差异性。

(1)浅覆水的湖泊煤层可以在整个湖盆发育,且可能在湖区发育厚煤层;一般是在湖泊萎缩期(或发育初期),全湖盆范围内均发生聚煤作用。这种盆地成煤较好,但这种盆地相对较少见(图 5.59 和图 5.60)。

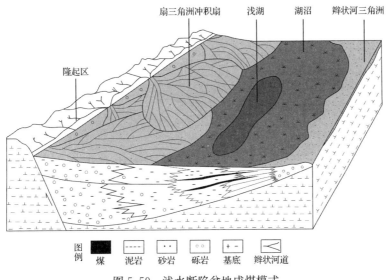

图 5.59 浅水断陷盆地成煤模式

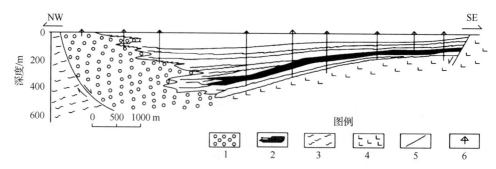

图 5.60 浅水断陷盆地成煤(霍林河盆地)

1、2.霍林河群(组):1.扇砾岩;2.湖沼相;3.变质岩;4.兴安岭群火山岩;5.盆缘断裂;6.钻孔

(2) 在深覆水的断陷盆地湖泊,煤层大都发育在湖泊的周缘,成煤强度不大。单断型盆地一般可以分出长轴和短轴、缓坡带和陡坡带,一般长轴两端发育的扇三角洲、辫状河三角洲及滨湖平原相对宽广,可以发育规模相对较大的泥炭沼泽,利于相对大范围的成煤作用发生;在短轴方向,一般可以分出缓坡带和陡坡带,缓坡带地势平缓,可以发育规模相对较大的扇三角洲、辫状河三角洲、滨湖平原等,利于大范围发育聚煤作用;而陡坡带则一般发育规模较小的扇三角洲,有利成煤作用发生的范围较小(图 5.61)。地堑型盆地往往两边均为陡坡带,有利于泥炭沼泽发育的地带较小,成煤作用一般较差。在湖盆的萎缩阶段,湖沼范围增大,成煤强度会相应增大(图 5.62)。

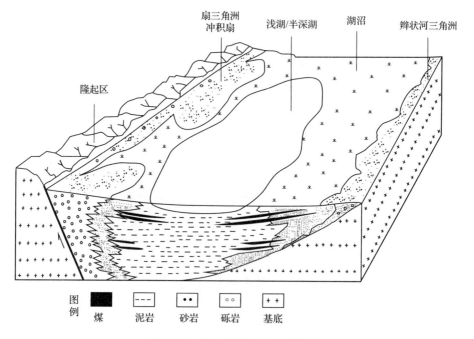

图 5.61 深水断陷盆地成煤模式

在断陷盆地中,最常见的为单断型深水盆地,即盆缘一侧常常发育正断裂,是控制盆地形成和演化的主干基底断裂。盆地基底又往往被走向和横向断裂所切割,形成基底断

第 5 章 煤聚积多元理论体系

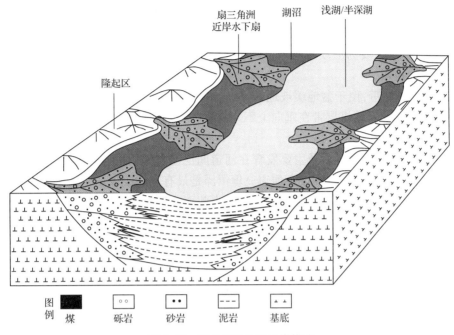

图 5.62 深水拗陷盆地成煤模式

裂网络。因此,整个含煤岩系形成过程中,基底断块的不均衡沉降控制了沉积环境的配置和演变,相应地煤层形态和煤层厚度显示出沿倾向的分带性和沿走向的分区性。这种盆地发育的煤层多位于盆地缓坡带,向盆地方向煤层分叉增多、变薄等,煤层以原地堆积为主,在靠近湖盆中心地带可能发现异地煤,煤层对比性较差。含煤岩系各煤组由盆缘断裂内侧向盆地中部可大体划分为以下三个带(图 5.63)。

(1) 无煤带:位于盆缘断裂内侧的边缘地带(往往靠近物源区),煤层分支尖灭,被冲积扇砾岩所代替。

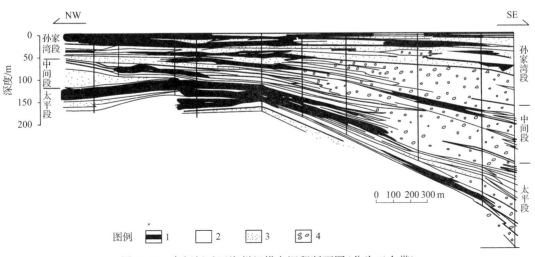

图 5.63 阜新新丘区海州组横向沉积断面图(分为三个带)
1. 煤层;2. 泥岩、粉砂岩;3. 砂岩;4. 砾岩

(2) 分岔煤层带:位于尖灭煤层带的内侧,煤层向盆缘断裂方向多次分岔,形成马尾状分岔样式。煤层层数增多,间距加大,并向扇带逐渐过渡,单层逐渐变薄,分岔位置在垂向上不完全一致,主要为活动碎屑体系成煤,煤层一般形成低位体系域或高位体系域,局部可以发现异地煤。

(3) 聚结煤层带:位于盆地缓坡地带,煤层密集或合并,单层厚度达到最大值,而层间距最小。各层段的聚结煤层带在垂向上不一定重合,与盆缘冲积扇向盆地推进程度有关。

3. 河流-泛滥盆地

河流-泛滥盆地区泥炭沼泽主要发育在河道间泛滥盆地,如河漫沼泽、河漫湖泊淤浅区域等。曲流河以岸后沼泽和废弃河道充填沼泽是最有利的成煤场所。岸后沼泽环境有利于形成厚煤层,主要是由于反复出现洪泛和由此而产生的天然堤的垂向增高,对洪泛盆地和岸后泥炭沼泽起障壁作用,因此,在堤的外侧直至洪泛盆地内部就成为成煤的最重要场所。煤层分布特点表现为稳定的河道间沼泽或河漫湖泊淤浅区煤层厚度大、分布广、稳定性好,以原地堆积成煤为主。但由于洪泛作用加剧等原因而造成的决口扇沉积,还会侵入到这种成煤地带,从而干扰或破坏已形成的泥炭堆积,不稳定的河道间形成的煤层分布局限、稳定性差,在局部位置,由于河流作用在泛滥盆地内造成了微异地或洪水决口导致异地堆积成煤的情况。

辫状河沉积体系成煤条件是有限的,正在形成的辫状河体系对泥炭沼泽的形成和发育往往不利,因而难出现有工业价值的可采煤层。Haszeldine(1980)认为,良好的煤层可以发育在辫状河废弃体系之上,即周期性出现的辫状河系进入低能的滨岸地带,形成大面积的砂质辫状河平原、滨海平原,在这种沉积体系之上出现成煤条件。

网结河废弃常常形成大范围的沼泽化,为泥炭沼泽的广泛发育创造良好条件。在网结河道间或网结河与扇前辫状水系之间,会出现长期发育的沼泽或泥炭沼泽,可形成巨厚的煤层(图5.64)。如我国东北的中生代断陷盆地,尤其是地堑型盆地中(如阜新盆地)网结河系是较有利的聚煤环境之一。

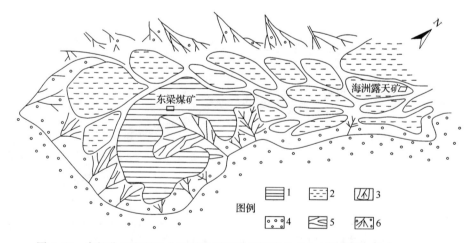

图5.64 阜新盆地海洲组中间层段的网结河沉积体系古环境图(据李思田,1988)
1. 浅湖;2. 湿地;3. 扇三角洲;4. 冲积;5. 河道;6. 辫状河

5.6.1.2 过渡相盆地类

过渡相盆地类主要是指三角洲盆地、扇三角洲或辫状河三角洲盆地，这些盆地一般是向海过渡，沉积动力学较为复杂。目前，三角洲盆地发育煤层是以华北中二叠世过渡相盆地为典型，扇三角洲和辫状河三角洲盆地成煤主要发育于古近纪或新近纪的断陷海相盆地之中(如琼东南盆地等)，其中三角洲盆地成煤最好。

1. 三角洲体系成煤特征

Ferm(1974)根据现代及古代成煤三角洲环境的研究，进一步将河成三角洲平原划分为上三角洲平原、下三角洲平原及其过渡带(图5.65)。上三角洲平原以高能量河流作用特征，河道侧向迁移明显，泥炭堆积的范围不甚广泛，但环境较为稳定，以淡水环境为主，因而往往有利于森林沼泽的形成与发育；局部可形成较厚的煤层，煤层在河道间低洼处厚，短距离内变薄，平行河道方向煤层连续性好；由于决口扇沉积而出现煤层分岔；煤层灰分高、低硫；若分流河道废弃，则泥炭沼泽的扩展有利于成煤。下三角洲平原河道显著分支、分流间湾发育，海水及潮汐水影响显著。其沉积由分流河道砂、分流河口沙坝砂及在侧向上共生的分流间湾沉积构成。分流间湾沉积以深灰色至黑色泥岩为主，夹有不规则的灰岩及菱铁矿层。泥炭堆积多沿河道近堤岸地带分布，平行河道方向煤层连续性略好。

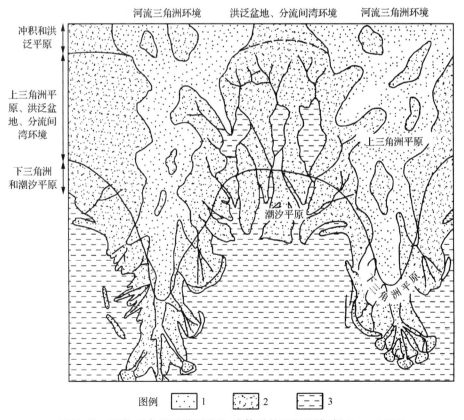

图 5.65 河流-三角洲及洪泛盆地-湾体系的沉积环境(据 Ferm,1974)
1. 河道砂、天然堤砂、决口扇砂、海侵沙岛、沙坝、沙嘴、沙滩；2. 泥炭堆积；3. 海水湾及湖泊

由于煤层顶板多为海相沉积,因而煤层硫分含量高。成煤条件从狭窄的近堤岸地带逐渐向分流间湾环境扩展。淤浅的决口扇表面植被的发育→再次出现溢岸洪泛沉积和决口扇沉积→淤浅,形成下三角洲平原中所特有的分流间湾充填含煤层序,而这种情况往往发生于海平面下降,整个下三角洲处于暴露期(图 5.66)。

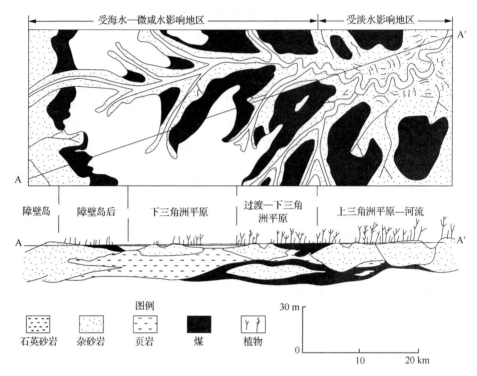

图 5.66　浅水三角洲沉积体系的划分(据 Horne et al.,1978)
1. 石英砂岩;2. 杂砂岩;3. 页岩;4. 煤

三角洲形成煤层主要有两种情况,第一种是活动碎屑体系成煤,主要是指上下三角洲分流间湾泥炭沼泽,这种泥炭沼泽严格受分流河道的控制,泥炭沼泽属于富营养化。第二种是活动碎屑体系废弃成煤,当三角洲分流河道的坡降比达到一定程度,河流会改道于较大坡度的新河床入海,旧河道淤塞,泥砂供应断绝,加之海浪的改造和侵蚀,而逐渐废弃;在三角洲废弃阶段,整个三角洲都可以发育成稳定性较好的泥炭沼泽;当相对海平面上升时(可能为事件型海侵也可能是过程型海侵),泥炭沼泽堆积终止,并被保存下来。三角洲泥炭沼泽一般以原地堆积为主,但也有部分原地堆积的泥炭(尤其是下三角洲平原)在风暴期被刨蚀、搬运到浅海等地区,被保存下来而发育成异地煤。

2. 扇三角洲体系成煤特征

扇三角洲体系通常有较好的含煤性。扇三角洲平原广阔平坦的地貌特征及废弃阶段构造活动的相对稳定为泥炭沼泽的发育提供有利条件。在扇三角洲体系中,出现理想聚煤场所必备的条件有:①形成扇三角洲沉积体系的冲积扇必须是湿地扇;②扇三角洲朵体发育在滨海区的广阔平台之上,有一个开阔平坦的扇三角洲平原;③在扇三角洲发育过程中,应出现持续时间较长的稳定发育阶段。泥炭沼泽首先在废弃的扇三角洲平原和三角洲边缘平原区发育,随后向近端和远端蔓延,聚煤面积逐渐扩大。因此,聚煤条件最好的是近海周缘带扇三角洲体系,其次是纵向水系发育的扇前和扇间洪积-冲积平原体系。

(1) 凡是扇三角洲平原比较发育,而扇三角洲前缘、前扇三角洲相对不发育的,含煤性比较好(图 5.67)。其中细粒沉积物发育的扇三角洲平原含煤性更好。与此相反,扇三角洲前缘、前扇三角洲特别是水下重力流沉积发育,而扇三角洲平原不发育的沉积体系,含煤性差甚至不含煤。

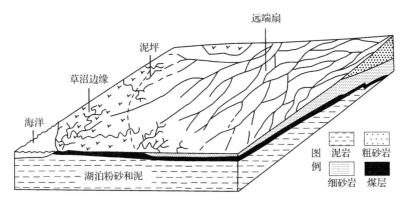

图 5.67 近海扇三角洲泥炭沼泽发育图

(2) 扇三角洲砂质朵体规模的大小,特别是沿古水流方向的长短是决定聚煤条件好坏的重要因素。长轴型扇三角洲体系,通常发育一个平坦的扇三角洲平原,容易形成广阔的聚煤沼泽环境,其含煤性好;而短轴型扇三角洲的聚煤条件较差。

(3) 扇前和扇间洪积-冲积平原能否聚煤与纵向网结河体系的发育程度有关。纵向水系不发育,横向辫状水系占优势的沉积构成中,砂岩含量高,泥质含量低,含煤性不好,甚至不发育煤层。

(4) 扇三角洲不同阶段聚煤不同。①建设阶段,以水退为主,扇三角洲边缘盆地或边缘平原区可能出现间歇性沼泽化,形成薄而分布局限的煤层。河流作用较强,河道的迁移、决口扇的发育、扇朵叶的建设与废弃等,使得每期成煤作用持续时间不是很长,且能够破坏先前形成的泥炭层或煤层。②破坏阶段,以水进为主,不利于形成泥炭沼泽,聚煤作用较弱。海水动力太强,海水频繁地淹没扇三角洲平原,不利于沼泽的稳定发育和植物的大量生长。③废弃阶段,出现的聚煤沼泽面积最广,持续时间最长,在扇三角洲朵体的边缘,具有煤层层数多、累计厚度大的特点;在废弃的扇三角洲平原区,具有煤层层数少、单层厚度大的特点。扇三角洲朵体的边缘受海水的影响较频繁,成煤作用频繁地发生-终止,单期成煤作用持续时间短,故层数多、单层薄,但累计厚度较大。废弃的扇三角洲平原区,离海较远,受海水的影响次数较少,单期泥炭沼泽能长时间发育,故煤层厚、层数少。

5.6.1.3 海相盆地类

我国的海相盆地构造基础是在元古生代已经固结的塔里木、华北、扬子三大板块之上形成的(贾承造等,2007;图5.68)。震旦纪—早古生代板块内部以台地相碳酸盐岩沉积为主,板块边缘以拗拉槽、被动陆缘或边缘拗陷的盆地相或盆地斜坡沉积为主,沉积了一套深水环境下的陆缘海碳酸盐岩夹砂页岩的组合(贾承造等,2007),该期由于古植物、古地理等因素不适宜发育和形成煤层。晚石炭世—晚三叠世古大洋逐步消亡,板块逐渐拼贴聚合,板内的拗陷盆地和板缘的裂陷盆地普遍接受了海陆交互相含煤沉积,煤层既有海侵过程形成的,也有海退过程形成的;从沉积环境角度上看,主要是滨海平原成煤,当然也有废弃碎屑体系成煤,如三角洲废弃成煤。例如,鄂尔多斯盆地寒武纪—中奥陶世发育了稳定的陆表海碳酸盐岩沉积,石炭—二叠纪发育了海陆交互相、陆相含煤沉积;并不是所有盆地都含煤层,如塔里木盆地发育齐全的下古生代碳酸盐岩和上古生代海相-海陆相碎屑岩沉积,不含煤层。

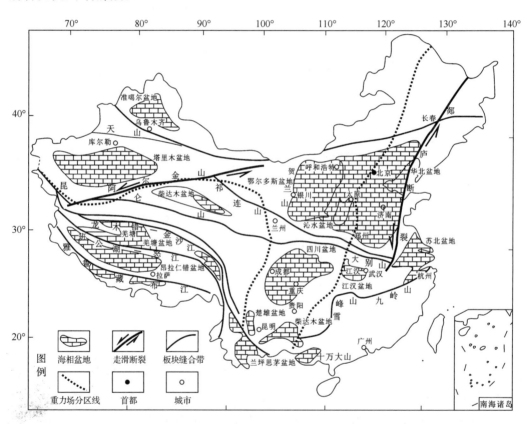

图5.68 我国陆上古生界海相沉积盆地分布示意图(贾承造等,2007)

海相盆地形成的煤层主要发育于滨岸区,滨岸带一般指滨海平原的外缘一直到正常浪基面以上的地带,它是狭长的海水高能环境,是一种海、陆交互的过渡地带。滨岸带成煤一般出现在两个地区,即障壁-潟湖区和潮坪区;其中,障壁-潟湖成煤主要发育在障壁内侧的障壁坪和淤浅的潟湖区,为潟湖逐渐废弃成煤;其发育过程为障壁岛后的障壁坪或滩首先发育沼泽及泥炭沼泽,逐渐扩展到环潟湖潮坪带、潮汐三角洲和冲越扇,之后潟湖逐渐废弃淤浅,整个潟湖区发生泥炭沼泽化成煤;该时期形成的煤层一般发育在海水退却、潟湖淤积变浅阶段,为水退成煤,煤层位于高水位体系域顶部。障壁岛-潟湖体系成煤的特点包括以下几个方面:①在障壁后潟湖淤浅沼泽化形成的煤层,其长轴平行于沉积走向,即平行障壁岛砂体延伸方向;②煤层分布较广泛;③但由于成煤前的古地形及周期或成煤后期潮道的影响,厚度变化较大;④煤层硫分含量较高。

潮坪区成煤主要出现在潮上带和潮间带上部,在海平面上升过程中,滨海地区形成一系列地势低洼的区域,这些区域碎屑物质供应较少,主要发育泥炭沼泽堆积随着海水侵进,泥炭沼泽逐渐向陆上迁移,先期形成的泥炭沼泽被海水覆盖,泥炭逐渐保存下来并成煤,即为海侵过程成煤。由于煤层形成于海侵过程中,将煤层划分到海侵体系域(Diessel,1991)。

5.6.1.4 陆表海盆地

陆表海盆地是海相盆地中最典型的一类盆地,如华北陆表海盆地,具有以下特点,首先,由于华北晚古生代陆表海盆地的特殊古地理背景(如极为低平的盆地基底等),海侵过程常具有快速侵进的特点,与普通的海侵过程比具有"事件"性质(何起祥等,1991),在沉积记录上表现为水体深度截然不同的沉积组合直接接触,其间具明显的相序缺失(非侵蚀间断缺失),海侵层在时空上具有较好的稳定性和等时性。陆表海盆地的煤层形成具有多样性,因其含有大型的潮坪、障壁-潟湖沉积,成煤类型复杂多样。潮坪沉积体系中的潮间带和障壁坪能够形成大量泥炭沼泽,由于高频海平面下降至最低点时,潮坪体系及障壁-潟湖体系废弃形成大量植物生长空间,大量泥炭沼泽发育,直至被后期海侵所终止,潮坪体系等形成于海侵体系域为海侵过程成煤(李宝芳等,1999)。其次,在华北晚古生代含煤地层中常见海相石灰岩大面积直接覆盖在浅水或暴露沉积物上,且具有多旋回性,这一现象是比较典型的突发性海侵导致的结果,这种突发性海侵对陆表海盆泥炭沼泽的发育与中止、泥炭的堆积与保存,起到了主控作用,突发性海侵控制下形成的煤层又称为海侵事件成煤(李增学等,2003)。再次,陆表海盆地中存在大量的水退成煤,由于陆表海海平面碎屑体系活动,靠近物源区地势低洼处的潮坪或障壁-潟湖环境被充填形成了煤层,这类煤层严格受活动碎屑体系控制,但其对比性较差,空间分布较局限,一般被划分到高水位体系域,煤层被作为盆地充填序列的终止标志。陆表海盆地中泥炭沼泽堆积以原地堆积为主,但由于海平面变化频繁,波浪潮汐作用规模较大,所以在局部地区可能发育异地煤(胡益成和苏华成,1992),这主要是因风暴期的风暴潮侵蚀潮坪泥炭沼泽将其带入浅海环境中聚集而成。最后,由于陆表海盆地周边为板块缝合带,可能存在火山作用,在火山喷发期,火山灰在水、风作用下,被带入到陆表海盆地内与陆源碎屑一同沉积下来,因此,可以在陆表海盆地中发现火山事件沉积(钟蓉,1996)。

综上所述,不同盆地类型的聚煤沉积环境不同,煤层分布特征、煤层的堆积机制等均有不同,本书对其进行了总结,见表5.4。

表 5.4 不同聚煤盆地煤层分布特征及堆积机制

与聚煤有关的盆地类型	聚煤沉积环境	煤层分布特征	堆积机制	典型实例
陆相盆地类	拗陷盆地	滨湖平原、湖泊三角洲、湖湾、河流泛滥平原、冲积扇体间及河道间	围绕湖泊中心煤层大致呈环带状发育，由湖中心无煤区向盆缘煤层厚度呈薄—厚—薄的变化趋势，湖泊外围的河流泛滥平原煤层厚且稳定，湖泊三角洲、滨湖平原、冲积扇区煤层薄且不稳定	盆地的大部分地区为原地堆积成煤，在风暴作用、异常气候条件导致的突发性洪水侵入下，浅湖-半深湖区可能有异地堆积成煤	鄂尔多斯中生代盆地（王双明，1999）
陆相盆地类	断陷盆地	滨湖平原、湖泊三角洲、湖沼	盆地的缓坡带一般发育较厚的煤层，向盆地中心变薄分叉；盆地中心也可出现厚煤层（含异地成分），并向盆缘变薄、尖灭；在湖盆演化晚期，可能出现整个湖盆淤浅成煤	在滨湖、湖泊三角洲区为原地堆积成煤；在浅湖-半深湖区可能由于风暴、洪水或水下重力流作用而出现异地堆积成煤	内蒙古霍林河古近纪盆地（李思田，1988）、云南古近纪先锋盆地（吴冲龙等，1996）
陆相盆地类	河流-泛滥盆地	河道间泛滥盆地，如河漫沼泽、河漫湖泊淤浅区域等	稳定的河道间沼泽或河漫湖泊淤浅区煤层厚度大、分布广、稳定性好；不稳定的河道间形成的煤层分布局限、稳定性差。网结河废弃也能形成煤层	以原地堆积成煤为主，局部由于河流作用在泛滥盆地内造成了微异地或洪水决口导致异地堆积成煤	美国波德河盆地、辽宁铁法盆地（王宇林和杨福珍，1996）
过渡相盆地类	三角洲盆地	上三角洲平原河道间、过渡带-下三角洲平原的分流间湾	上三角洲平原可形成沿河道展布、范围局限的厚煤层；过渡带-下三角洲平原，在平行于分流河道堤岸地带煤层较厚，向分流间湾逐渐尖灭	上三角洲平原及过渡区以原地堆积为主。在下三角洲平原发现泥炭沼泽被风暴期的波浪刨蚀搬运的痕迹	华北中二叠世中北部盆地（李增学，1995）、两淮中晚二叠世盆地（韩树棻，1991）
过渡相盆地类	扇三角洲盆地	扇三角洲平原分流河道间	煤层主要发育于扇三角洲平原和滨湖（海）平原区，特别是纵向水系发育的扇前与扇间洪积-冲积平原体系，成煤作用较强	靠近扇三角洲前缘可出现风暴或重力流作用造成的异地堆积成煤	琼东南古近纪崖城组沉积盆地（张功成等，2012）、石炭纪柴达木盆地（杨超，2010）
过渡相盆地类	辫状河三角洲盆地	辫状河三角洲平原分流河道间	煤层主要发育于辫状河三角洲平原分流河道间，向盆地方向逐渐减薄、尖灭	靠近辫状河三角洲前缘可出现风暴或重力流作用造成的异地堆积成煤	滇东黔西晚二叠世潮控辫状河三角洲盆地（邵龙义等，1994）、大别山北麓石炭纪盆地（李宝芳，2000）
海相盆地类	边缘盆地	滨海平原的潮坪、障壁坪、淤浅的潟湖	煤层主要发育于潮上带和潮间带上部，平行于古海岸线方向煤层稳定性好；障壁海岸的环潟湖平原和淤浅阶段的潟湖区，成煤作用较强	以原地堆积成煤为主，潮下带可出现风暴作用造成的异地堆积成煤	滇湘赣早石炭世盆地（中国煤炭地质总局，2001）

续表

与聚煤有关的盆地类型	聚煤沉积环境	煤层分布特征	堆积机制	典型实例
陆表海盆地*	潮坪及障壁坪、淤浅的潟湖	煤层主要发育于潮上带和潮间带上部,煤层分布广、稳定性好;障壁海岸的环潟湖坪和淤浅阶段潟湖区,成煤作用较强	以原地堆积成煤为主,潮下带可出现风暴作用造成的异地堆积成煤	华北晚石炭世—早二叠世盆地(陈世悦等,2001)

* 由于陆表海盆地的发育及其充填演化具有特殊性,其聚煤作用特点也具有独特性,因此单独将其划为一种聚煤盆地类型。

5.6.2 事件与聚煤作用的关系

事件沉积是指地质历史中具有突发性、瞬时性、灾变性的地质事件形成的沉积物(杜远生,1991),主要包括外星碰撞地球形成的地外事件沉积和重力流、地震、海啸、风暴、火山等引起的地内事件沉积。一般说来,与聚煤有关的事件以地内事件沉积为主,主要有幕式构造沉积、火山事件、海侵事件和风暴事件沉积。地质历史上的主要聚煤期往往伴随事件沉积,其性质不同、规模不同、发生的盆地不同等,对聚煤作用的影响则不同,因此,要根据具体情况进行聚煤分析。不同事件沉积发生的背景及其对泥炭堆积机制的影响见表5.5,下面详细介绍这几种事件沉积对聚煤作用的影响。

表 5.5 与聚煤作用有关的事件沉积对泥炭堆积机制影响

事件沉积类型	盆地背景	堆积机制
幕式构造/沉积	陆相盆地类 过渡相盆地类 边缘海盆地 陆表海盆地	幕式构造/沉积变化速率(沉降)远大于泥炭堆积速率时,不利于泥炭堆积;幕式构造/沉积变化速率(沉降)等于泥炭堆积速率,利于泥炭堆积。构造的幕式作用导致聚煤作用的阶段性,构造活动时期与稳定时期的聚煤作用范围、强度都不同
火山事件		突发的火山事件及其沉积作用,导致聚煤作用终止,使煤层分叉或形成煤层夹矸。同时,火山事件发生过后,火山碎屑沉积可能为古植物提供了良好的土壤,有利于植物的生长
突发性海侵事件	陆表海盆地	突发性海侵事件终止泥炭堆积、破坏聚煤环境,但也使已经形成的泥炭被保存下来而最终成煤。盆地边缘处,泥炭沼泽被海水侵扰并被搬运至浅海,形成了泥炭的异地堆积
风暴事件	边缘海盆地 陆表海盆地 陆相盆地类	破坏滨岸带或潮坪、潟湖等区域原地堆积泥炭层,携带部分泥炭至正常浪基面或风暴浪基面之下异地堆积

5.6.2.1 幕式构造/沉积

陆相断陷盆地演化过程具有多幕性,发育由不同级别的幕式构造所控制的沉积旋回,盆地的充填序列所反映的阶段性及区域性间断记录了这些幕式运动的周期及相应的构造事件,构造作用在聚煤过程中影响很大,一般说来,在陆相盆地中,形成陆相断陷盆地最基本的因素就是幕式构造,因此,陆相断陷盆地幕式构造是形成三级旋回(层序)的主要因素(任拥军等,2005),盆地充填沉积是构造作用的直接响应。构造作用不仅控制沉积物的充填厚度和地层的旋回性,而且还控制沉积体系类型和内部沉积构成(解习农等,1996),幕式构造沉降控制沉积,而沉积控制着泥炭沼泽的发育及泥炭堆积作用。沉降速率快沉积物(含泥炭)供给速率与可容空间变化速率差别太大,则泥炭沼泽不发育,不易形成煤层;构造沉降缓慢,局部地区可容空间变化速率与泥炭沼堆积相差不大,则易保存泥炭,形成煤层相对较厚。

5.6.2.2 火山事件

火山事件层具有延展性、瞬时性和等时性的特点(桑树勋等,1999a,1999b),火山事件"次"的概念是指火山活动中一个最短的独立时间单位。据现代火山事件的观察资料,一次独立的火山喷发持续几小时至几天,完整的喷发过程往往包括气柱的形成、爆炸的发生、大量火山碎屑的喷出和火山穹丘隆起。火山事件的一个喷发期由几次或数十次喷发组成,这些喷发具时间上的延续性,一般间隔数天至几个月,它们具有相同的岩浆源、相似的岩浆成分和喷发方式。整个喷发过程可划为初期、高峰期和后续期三个阶段,喷发强度由弱到强、再由强到弱。一期火山喷发可持续几个月、几年或更长时间。一个火山事件层一般代表一期火山喷发作用,但并非是该期完整喷发过程的记录,而是其中一次或几次较强喷发所形成的沉积记录。火山事件在沉积时对于聚煤作用有两个方面的影响:第一个方面是在火山事件沉积后,为古植物提供了良好的土壤,有利于植物的生长;第二个方面,火山事件层能够影响成煤作用,如鲁西石炭二叠纪煤系中的薄层黏土岩夹矸在煤层中的出现,而且两者之间呈突变接触,象征着煤的沉积在地质历史中发生突然短暂的中断。这种中断与火山地质事件(火山灰降落)有关(韩作振等,2000)。

5.6.2.3 突发性海侵事件

突发性海侵事件是指在陆表海海侵过程中,由于基底比较平缓,微小的相对海平面上升,造成了整个盆地的海侵具有一定的突发性和快速性等特点,海侵事件沉积对于终止泥炭发育及泥炭保存具有重要意义。一般说来,由于海侵事件的发生,使泥炭化作用被终止,原有的泥炭迅速被覆于海水之下而被保存下来,因此,海侵事件对于成煤作用具有两个方面的作用,第一,终止泥炭化作用;第二,保存泥炭。另外,需要指出的是海侵事件也能够引起盆地边缘地区的泥炭沼泽被海水侵扰而造成了泥炭被搬运,从而形成泥炭的异地堆积。

5.6.2.4 风暴事件

风暴是滨海或滨湖地区常见的事件,风暴沉积的研究最初从20世纪50年代开始至目前已有60多年的研究史。在国外这项研究已取得了不少突破性成果,开始建立的风暴流理论,被公认为与50年代出现的浊流理论一样为沉积学乃至地质学发展的里程碑。风暴事件沉积一般具有六个特点:①风暴浪将沉积物卷起来并搬离近岸带,有时将粗屑搬向海带岸;②风暴浪可构成比正常波浪更深的浪基面,即所谓的风暴浪基面(最深可至20m);③由于浪基面降低,原正常浪基面下(近滨)形成的沉积物被冲蚀形成侵蚀面,并有粗碎屑滞留;④在晴天正常浪基面以下,风暴浪还将近滨带沉积物卷起形成风暴流,具密度流或重力流性质,向下可流几十千米甚至上百千米,继续向下流动就变成深海浊流;⑤在风暴浪基面以上以碎屑沉积为主,包括介壳灰岩和滞留沉积,总的砂砾层厚而泥很少,风暴浪基面以下,砂越少泥越多,最后变成泥晶灰岩。前者为近风暴岩,后者则是远风暴岩(图5.69);⑥风暴浪开始平息时,细粒沉积物再度在正常浪基面下沉积,并受风暴浪导致的底流影响而形成纹理层。平息后又沉积最细悬浮物,构成无风暴浪影响的背景沉积物。

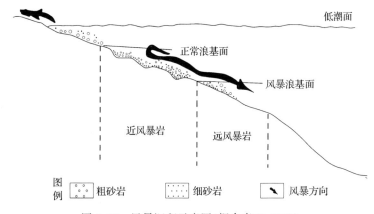

图5.69 风暴沉积示意图(据余素玉,1985)

由此可知,风暴沉积对低潮面之上的海岸带(低潮面和高潮面之间)和正常浪基面基底具有一定的侵蚀搬运作用,如果在滨海地区发育泥炭沼泽,当风暴潮来临时,则风暴潮侵入到滨海地区的泥炭沼泽内,其携带的碎屑物将终止泥炭沼泽的发育,形成煤层中的海相夹矸;同样,当风暴潮退去时,其将携带泥炭至正常浪基面乃至风暴浪基面之下沉积,进而形成泥炭的异地堆积。因此,风暴事件沉积对泥炭的堆积具有很大影响,一方面,它能破坏滨岸带的泥炭原地堆积机制,另一方面,它将携带部分泥炭至正常浪基面或风暴浪基面之下异地堆积。

5.6.3 层序地层学与聚煤作用

层序地层学理论体系给聚煤作用分析带来了等时性对比、精细煤聚积规律等研究的新思路,聚煤作用的发生、发展及煤聚积的规律性,可以从新的视角进行科学分析。聚煤作用分析要在层序及其单元的划分、层序地层格架的建立进行。虽然不同盆地类型中,层序的各体系域的基准面变化和可容空间变化趋势基本一致;但在不同的盆地类型中及不同体系域下,成煤的沉积相及成煤相带迁移规律、海(水)进退对煤层的控制等各有特色(表5.6)。

表5.6 不同聚煤盆地(类)在层序格架内不同体系域下的聚煤作用特点

层序地层单元		LST	TST	HST
可容空间变化		基准面下降,可容空间减小	基准面上升,可容空间变大	基准面先稳定,可容空间不变,后转入下降,可容空间逐渐变小
陆相盆地类	成煤沉积相及迁移规律	成煤沉积相向湖泊迁移,成煤单元主要集中在河流下切谷的河流阶地、滨湖、湖泊三角洲分流河道间、冲积扇扇端、扇三角洲前缘等	成煤沉积相向陆地迁移,煤层形成于滨湖、湖泊三角洲或扇三角洲、辫状河三角洲。在半深湖或深湖区有部分煤层发育	一般分两个不同的时期,最高水位及稳定阶段和逐渐水退阶段。最高水位及稳定阶段,可容空间最大,但聚煤作用范围仅限于盆地边缘。水退阶段,成煤沉积相向盆地中心迁移,煤层形成于冲积扇体间、河道间及扇或泛滥湖泊及三角洲区域,易发生沉积体系废弃成煤。在深湖或半深湖可能有煤层分布
	水进退对煤层控制	水退控制煤层的发育,煤层分布比较局限,河流下切谷内可能局部发育稳定性较差的煤层,局部水洼淤浅后可形成比较厚的煤层,煤层横向对比性差,为水退成煤	以水进为主,煤层随着水进向陆地发育,在湖盆边缘的三角洲等不发育区、滨湖煤层呈现环带状,煤层对比性好。形成煤层具有一定的穿时性,为水侵成煤。深湖与半深湖区可能有异地煤	稳定期,盆缘区的煤层主要是由水体萎缩形成。水退期,煤层向湖盆中心迁移,高水位体系域晚期可能出现废弃碎屑体系成煤,废弃体系成煤对比性好,可以作为层序对比的界面。深湖-半深湖煤层为异地煤
过渡相盆地类	成煤沉积相及迁移规律	成煤沉积相下三角洲平原-过渡带,且逐渐向陆迁移,上三角洲平原的分流河道间洼地煤层较少,煤层主要形成于下三角洲平原-过渡带。河口湾区煤层不是很发育	成煤沉积相向滨海平原转移。煤层分布广泛,主要分布于上三角洲平原、过渡带和下三角洲平原,三角洲朵叶体之间积水洼地常见厚煤层。浅海区也出现煤层	成煤中心向下三角洲平原-过渡区迁移,煤层相对较厚,煤层分布广泛,局部煤层出现分叉,可能出现废弃碎屑体系成煤(三角洲朵叶体废弃)。在浅海区可见煤层
	海进、海退对煤层控制	以水退为主,较厚煤层分布于下三角洲平原-三角洲过渡带,上三角洲平原煤层不是很发育。以水退成煤为主	以海侵为主,煤层分布广泛,同一期形成的煤层平行于古海岸线。煤层形成机制为海侵过程成煤。煤层呈现穿时性。浅海区煤层为异地煤	稳定期,煤层主要形成于上三角洲平原河道间,但煤层不是很发育。水退期,煤层分布广泛,尤其是在废弃三角洲朵叶体上煤层更加发育。由陆向海煤层先变厚后变薄。浅海区的煤层为异地煤
海相盆地类	成煤沉积相及迁移规律	成煤沉积相位于滨海、潮坪或障壁-潟湖地带,或者在泥质海滩之上,煤层分布较小。在靠近在陆地方向河流下切谷地周边可能发育煤层	成煤沉积相向盆地边缘方向发展,潮坪泥炭发育区扩大,潟湖泥炭沼泽向陆地迁移。浅海区出现煤层	煤层向着海方向迁移,潮坪泥炭沼泽范围扩大,障壁潟湖范围扩大,局部出现废弃体系成煤(三角洲朵叶体废弃)。在浅海区域内也发现了煤层
	海进、海退对煤层控制	滨海区海退控制煤层的发育,随着煤层沿着潮坪、障壁-潟湖等积水洼地发育。下切谷地内的煤层主要是由水体萎缩形成泥炭	以海侵为主,煤层形成于滨海平原、障壁-潟湖等环境,海侵促使泥炭沼泽发育,其后又终止其发育并将其保存下来。沿海侵向陆地方向,煤层分布广泛,为海侵过程成煤。浅海区煤层为异地煤	稳定期,在滨海环境下形成以加积地层为主,有煤层形成。海退期,煤层向海方向迁移,部分煤层顶部受到活动碎屑体系冲刷,另外,部分碎屑体系废弃形成穿时煤层沿着滨海方向分布,浅海区的煤层为异地煤

续表

层序地层单元		LST	TST	HST
陆表海盆地	成煤沉积相及迁移规律	盆地内部不发育低位体系域,在盆地边缘地区存在冲积扇及三角洲沉积,煤层分布于扇体或河道之间,局部较厚,分布不够广泛	成煤沉积相在整个盆地内都发育,主要包括潮坪、障壁-潟湖、潮汐三角洲,其中滨海潮坪区和潟湖区泥炭沼泽规模较大	煤层向着海方向迁移,潮坪泥炭沼泽范围扩大,障壁-潟湖范围扩大,局部出现废弃体系成煤(三角洲朵叶体废弃)。浅海区可能存在煤层
	海进、海退对煤层控制	盆地内以暴露为主,海水不时侵扰盆地内部,有利于植物生长,但泥炭并没有被保存下来,在盆地边缘地区积水洼地逐渐被充填,局部形成泥炭沼泽,即为水退成煤	海侵终止了泥炭沼泽的发育,又保存了先前形成的泥炭,煤层形成于障壁-潟湖和潮坪沉积环境,且分布广泛。既有海侵事件成煤也有海侵过程成煤,前者形成煤层等时,后者穿时	稳定期,煤层主要形成于潟湖坪及潮坪潮上带,煤层分布较局限。海退期,成煤相带向海迁移,潮坪增大,煤层分布广泛。也有碎屑体系废弃成煤,分布广泛,可作为层序界面。浅海区煤层为异地煤。陆表海盆地易发生突发性海侵事件,海水的突然浸侵往往导致大面积泥炭沼泽被海水浸没,之后发生成煤作用

5.6.3.1 低位体系域

低位体系域是指处于层序边界之上的以海泛面为界的准层序组,主要有3个独立单位,即盆地扇、斜坡扇和低水位楔。低位体系域形成机理是因为相对海平面下降到最低点,盆地内部基准面下降,可容空间减小,盆缘地区由于相对海平面下降,河流作用复苏,下切作用增强,形成河流下切谷;盆地内部由于碎屑活动体系搬运作用,盆地内部形成盆地扇、斜坡扇和低水位楔。其中,盆地扇是以下陆坡或盆地底部上的海底扇沉积为特征;斜坡扇是以陆坡中部或底部的浊积或碎屑流为特征;低水位楔以陆架上的下切河谷充填为特征,通常上超于层序界面之上。由此可知,低位体系域盆地内相对水(海)平面下降,水退控制着煤层的发育,成煤沉积环境变差。

1. 陆相盆地类

在陆相盆地中,成煤沉积相带由于水体萎缩,成煤沉积向湖泊迁移,冲积区成煤沉积单元主要集中在河流下切谷地周边较稳定的局限环境,如河漫滩、分流间洼地等。在冲积扇或扇三角洲区,成煤沉积环境主要集中在扇端或扇三角洲前缘。无论是河流下切谷内还是扇朵叶体间洼地等形成的煤层稳定性较差,虽局部可形成较厚煤层,但横向上对比较差,如黄县盆地李家崖组沉积早期的4#煤就形成于低位体系域期(李增学等,1998)。

2. 过渡相盆地类

过渡相盆地中,低位体系域成煤沉积相主要在下三角洲平原-过渡带环境之中,且逐渐向陆地迁移,上三角洲平原分流河道洼地,此时上三角洲分流河道发育,河道比较稳定,碎屑体系输送能力强,局部积水洼地可能发育较少煤层,在过渡区和下三角洲平原区,水体区域稳定,煤层相对较发育。另外,过渡相盆地中,存在河口湾环境,由于低位体系域海平面相对较低,河口湾两侧潮坪环境大部分处于潮上带;由于地下浅水较低,不利于植物生长与保存。

3. 海相盆地类

海相盆地中,煤层主要分布在滨岸带,成煤沉积环境包括障壁-潟湖、潮坪或泥质浅滩等,靠近陆上冲积区,可能存在河流下切谷,也发育部分煤层。靠近障壁-潟湖、潮坪及泥质浅滩环境中,煤层沿着环潟湖坪、潮坪中的潮间带及泥质浅滩等环境发育,在河流下切谷周边存在不发育的煤层。因此,煤层形成于水体萎缩环境之中,局部受到海侵影响。

4. 陆表海盆地

陆表海盆地是海相盆地中特殊的一类,其盆地内部不发育低位体系域,在陆表海盆地边缘地区发育低位体系域,因此,低位体系域主要形成于盆缘附近(刘翠等,2004),煤层形成于水体萎缩期的河流下切谷内和盆缘的冲积扇河道间及泛滥盆地区,煤层分布局限,对比性较差,横向上不稳定(陈世悦等,2001)。

5.6.3.2 海侵(水进)体系域

海进体系域是最大海(湖)泛面或初始海(湖)泛面之间的部分,以一个或多个退积式准层序组为特征,反映相对海(湖)平面迅速上升,向陆地超覆的过程。由此可看出,海侵(水进)体系域期间主要是海(湖)向陆侵入。此时盆地基准面上升,可容空间增大。

1. 陆相盆地类

陆相盆地水进体系域表现为湖体扩张,迅速向盆缘侵进过程,在盆缘区往往形成湖侵成煤,即由于湖体扩张造成盆地边缘地区尤其是相带向盆地边缘地区迁移,成煤相带主要包括湖泊三角洲、滨湖、扇三角洲、辫状河三角洲,局部在深湖-半深湖地层中也发现煤层。该相带主要是由于湖体扩张,在滨湖地区形成滨湖水进成煤,煤层于滨湖区域呈现环形分布。另外,在由于湖侵作用致使滨湖三角洲的分流河道间、扇三角洲平原或辫状河三角洲平原前端的河道间有泥炭堆积区,泥炭较为发育,所形成的煤层向陆地超覆,具有一定的穿时性。当湖体动荡频繁时,部分泥炭沼泽被搬运至深湖-半深湖保存下来,成为异地煤。

2. 过渡相盆地类

过渡相盆地类主要受海侵作用影响,随着海侵进行,成煤沉积相向滨海平原转移。煤层分布广泛,为海侵过程成煤,主要分布于上三角洲平原、过渡带和下三角洲平原。在三角洲朵叶体之间积水洼地中常见厚煤层,浅海区也出现煤层。在三角洲区域的分流河道间泥炭沼泽逐渐被覆于海水之下,使煤层与海相层直接接触,在扇三角洲、辫状河三角洲平原区由于海侵作用也使局部煤层直接被海相层覆盖,煤层逐渐由三角洲河道控制变为由滨海海侵控制,煤层对比性增强,但垂向上煤层具有一定穿时性,海侵过程中,由于滨海风暴作用,部分泥炭被搬运到浅海保存下来成为异地煤。

3. 海相盆地类

海相盆地类成煤环境主要集中在滨海环境,即滨海平原、滨海泥质浅滩、潮坪、障壁-潟湖等。随着滨海海侵进行,滨海平原(含泥质浅滩)发育的泥炭沼泽被随后的海侵终止发育,成煤沉积相带向陆地迁移,为典型的海侵过程成煤。滨海地区存在无障壁海岸环境的潮坪、障壁-潟湖环境,在潮坪的潮间带存在泥炭沼泽,由于海侵作用终止泥炭沼泽的发育,煤层保存于深水还原环境之中,障壁-潟湖环境成煤条件较为复杂,但煤层一般形成于环潟湖坪地带。总体来说,海侵过程中,滨海平原环境煤层分布广泛,但煤层比较薄,常常是煤层与海相沉积直接接触。浅海区也有泥炭堆积,成为异地煤。

4. 陆表海盆地

成煤沉积相在整个陆表海盆地内部都发育,主要包括潮坪、障壁-潟湖、潮汐三角洲,其中滨海潮坪区和潟湖区泥炭沼泽规模较大。随着海侵发生,由于陆表海盆地基底平缓,海侵具有一定的突发性,海水迅速在陆表海盆地基底漫开来,泥炭沼泽迅速覆于海水之下,当时随着沉积进行,在部分坡度相对较大区域,形成海侵过程成煤。海侵事件形成的煤层具有等时对比性,分布广泛,既有海侵事件成煤也有海侵过程成煤,前者形成煤层等时,后者穿时。

5.6.3.3 高水位体系域(TST)

高水位体系域是相对海平面达到最高点,以一个或多个加积式准层序组,继之以一个或多个具有前积斜层几何形态的前积纹层为特征的一种沉积体系域。由此可以看出,高水位体系域分为两期,第一期是稳定加积期,第二期是进积期。高水位体系域内部的准层序在朝陆地方向上超于层序边界之上,在朝盆地方向下超于海进或低水位体系域顶面之上。高水位体系域实际上是沉积物沉积速率超过可容空间增加速率,因此,造成了正常性水退现象。

1. 陆相盆地类

陆相盆地类高水位体系域形成沉积特征比较复杂,最高水位阶段,处于稳定期,盆缘区的煤层主要由水体的萎缩形成。该期可容空间最大,但聚煤作用范围仅限于盆地边缘。水退阶段,成煤沉积相向盆地中心迁移,煤层向湖盆中心迁移,煤层形成于冲积扇体间、河道间及扇缘或泛滥湖泊及三角洲区域。高水位体系域晚期可能出现废弃碎屑体系成煤,废弃体系成煤对比性好,可以作为层序对比的界面。深湖-半深湖煤层为异地煤。

2. 过渡相盆地类

过渡相盆地在高水位体系域期间的沉积横向上变化比较大,稳定期煤层主要形成于上三角洲平原河道间,由于碎屑体系活动频繁,输送碎屑物质比较多,但煤层不是很发育;水退期,煤层分布广泛,尤其是在废弃三角洲朵叶体上煤层更加发育。由陆向海煤层先变厚后变薄。成煤中心向下三角洲平原-过渡区迁移,煤层相对较厚,煤层分布广泛,局部煤层出现分叉,可能出现废弃碎屑体系成煤(三角洲朵叶体废弃)。过渡相盆地中,常常出现河道迅速迁移等,所形成的泥炭沼泽受河道影响,煤层往往与河道砂体呈现侵蚀接触,随着沉积碎屑体系堆积,三角洲朵叶体可能存在改道前的活动碎屑体系废弃并发育大量的泥炭沼泽,如果构造沉降,碎屑体系重新活动,则先前废弃的碎屑体系则被保存下来。因此,在滨海地区,浅海区的煤层为异地煤。

3. 海相盆地类

海相盆地类中滨海平原、障壁-潟湖及潮坪环境比较有利于煤层发育。高水位稳定期滨海平原地下潜水与滨海海平面相同区域形成有利泥炭沼泽发育区,此时,稳定期可以形成局部较厚的煤层,潮坪的潮间带发育泥炭沼泽发育范围较大;潟湖坪地区泥炭沼泽也较发育,并且逐渐淤浅潟湖。水退期,煤层向着海方向迁移,潮坪泥炭沼泽范围扩大,障壁-潟湖范围扩大,局部出现废弃体系成煤(障壁-潟湖废弃)。在浅海区域内也发现了煤层。

煤层为风暴异地煤。

4. 陆表海盆地

陆表海盆地在高水位期以障壁-潟湖和潮坪区成煤为主。稳定期煤层主要形成于潟湖坪及潮坪潮上带,煤层分布较局限;海退期成煤相带向海迁移,潮坪增大,煤层分布广泛。也有碎屑体系废弃成煤,分布广泛,可作为层序界面。浅海区煤层为异地煤。陆表海盆地易发生突发性海侵事件,海水的突然浸侵往往导致大面积泥炭沼泽被海水浸没,之后发生成煤作用。

成煤理论主要以一个中心(泥炭沼泽堆积样式)与一个基本点(水进成煤还是水退成煤)为立论基础来展开分析,泥炭沼泽堆积方式可以是原地和异地,现今大部分煤层主要由原地堆积的泥炭沼泽演化而来,因此,原地堆积泥炭沼泽可以根据盆地属性、层序地层单元及沉积环境进一步来确定其成模式。陆相盆地中原地堆积泥炭沼泽主要见于浅湖和湖泊三角洲环境之中,煤层一般被划分到水进体系域和高位体系域,另外冲积扇和过渡相盆地原地成煤一般都是被划分到高位体系域,泥炭沼泽形成于水体环境变浅过程中,异地堆积的煤层在浅湖中常见,西部地区的巨厚煤层有人认为可能是风暴成因(王华等,2000)。过渡环境中的煤层主要见于三角洲沉积环境,煤层形成于分流间湾,一般被划分到高水位体系域,在进积型的河控三角洲中常见(如华北晚古生代中二叠世),因为进积型的河控三角洲区域适宜植物生长,泥炭沼泽质料比较丰富,水动力比较小,所以有利于泥炭沼泽的保存。一般说来,过渡相盆地的煤层是原地堆积的泥炭沼泽发育而来,但由于三角洲与海相连,煤层中也常发现风暴侵蚀的特征,被侵蚀的煤层保存近海盆地的滨海地带(胡益成等,1997)。风暴沉积煤层可以发育于海侵体系,也可以形成于高位体系域。近海盆地主要指滨海地带的滨岸带,尤其是无障壁海岸体系中的泥质潮坪环境,也包括障壁海岸环境中的潮坪-潟湖环境,这种煤层主要发育于海侵体系域或者高位体系域,成煤原始堆积物质是红树林等(刘焕杰,1991)。从以上来看,多种成煤理论所探讨的问题可能是同一个问题从不同角度提出来的,每种理论都在特定的盆地背景中进行分析,这样才能很好地理解不同的成煤理论,见表5.6和表5.7。

表 5.7 多种成煤理论隶属关系表

理论划分依据		盆地属性及相			层序地层单元			冲积	沉积体系及演化				
		陆相盆地	过渡相	近海盆地	HST	TST	LST		湖泊	三角洲	河口湾	滨海带	潮坪-潟湖
事件及事件沉积	海侵事件					√				√		√	√
	沉积构造 幕式		√	√							√		
	火山事件	√	√	√							√		
	风暴事件											√	√
成煤物质堆积过程	原地堆积	√	√	√	√	√	√	√	√	√	√	√	√
	异地堆积	√	√	√									
水(海)平面变化	水(海)进过程	√	√	√		√						√	√
	水(海)退过程	√	√	√	√							√	√

5.6.4 陆相拗陷盆地层序地层式样与成煤模式

拗陷型盆地与被动大陆边缘的近海型含煤岩系类似,其中大面积分布的煤层主要形成于可容空间增加速率与泥炭堆积速率保持平衡或略高于泥炭堆积速率时。由于陆相含煤盆地影响可容空间的因素(如古气候、基底沉降、湖平面变化等)远比海相地层复杂,煤层在层序格架内的发育也具有多样性。鄂尔多斯盆地延安组含煤岩系,从曲流河冲积平原到三角洲平原再到湖泊环境,层序与煤层的发育呈规律性变化(图5.70)。

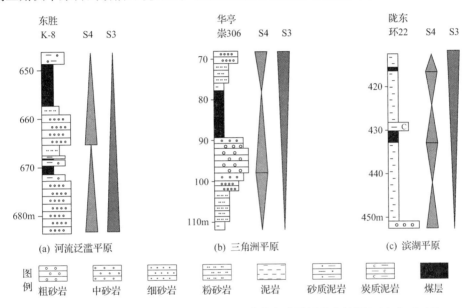

图 5.70 鄂尔多斯盆地延安组含煤岩系层序格架内煤层发育特征(王东东,2012)
S3. 三级基准面升降;S4. 四级基准面升降

(1) 在曲流河冲积平原[图5.70(a)]中,三级层序主要由多个四级层序基准面上升半旋回低位体系域和湖侵体系域叠置组成,自下而上四级层序低位体系域砂岩层数减少,厚度减小,而湖侵体系域煤层和粉砂岩等细碎屑岩较少,总体上它们构成三级层序基准面上升半旋回的湖侵体系域。此时,煤层发育于四级层序的湖侵体系域,自下而上煤层厚度增大的趋势明显,厚煤层靠近上部为最大湖泛面发育。

(2) 在三角洲平原(图5.70)中,三级层序主要由多个基本对称的四级层序基准面旋回叠置组成,但自下而上四级层序低位体系域砂岩层数增加,厚度增厚,而湖侵体系域煤层和粉砂岩等细碎屑岩减少和减薄,总体构成三级层序的高位正常湖退体系域,而三级层序高位正常湖退体系域发育较差。此时,煤层主要发育于四级层序的湖侵体系域。

(3) 在滨湖平原[图5.70(c)]中,三级层序以高位体系域为主,其次为湖侵体系域和低位体系域。高位体系域中后期由多个四级层序基准面上升半旋回湖侵体系域和基准面下降半旋回高位体系域叠置而成,煤层发育于每个四级层序湖侵体系域下部,煤层底板为四级层序初始湖泛面。自下而上,煤层厚度减薄,煤层间距也逐渐缩小。

鄂尔多斯盆地延安组沉积期，在南北走向断面上表现为北缓、南陡、中部拗陷、拗中有隆的地形特征，盆地南部地区为相对狭窄的斜坡带，地势较高，沉积开始较晚，地层厚度变化较大，受后期剥蚀严重，煤层主要发育在古地貌的洼陷区，煤层厚度大但稳定性差；北部为宽缓的斜坡带，且构造稳定，沉积的地层厚度变化不大且保存较好，发育的煤层(组)稳定性较好；中部为湖域区，沉积中心位于拗陷中南部，北部为次级沉积中心，中北部砂岩较发育，为相对隆起区。在东西走向断面上，表现为西部为沉降中心、地层厚度大，东部为沉积中心、地层厚度小，中部过渡带相对隆起、地层厚度中等；由于西缘受西部地块的逆冲挤压，导致西缘地区快速挠曲沉降，由于靠近物源沉积物供应充分，沉积地层厚度较大。煤层主要发育在西部沉降中心和过渡带地区，东部沉积中心不发育煤层。

盆地南部和北部斜坡带的层序构成包括3个体系域，即低位正常湖退、湖侵和高位正常湖退体系域，南部斜坡在延安组沉积早期，由于地势较高，仅在河道沉积区发育低位体系域，其余地区一般不发育低位体系域；北部斜坡层序的构成较齐全。中部湖区在湖水退却陆上区域，已经不再接受沉积甚至发生剥蚀的时候，在湖区仍沉积了一套粒度较粗的沉积物，为强迫湖退沉积。自盆地边缘向中部拗陷区，盆地基底的构造沉降速率逐渐增加，在中南部沉积中心达到最大，北部次级沉积中心次之，拗内凸起沉降速率相对较低。沉积物充填速率，在南北部斜坡带较大，向两个沉积中心的沉积速率明显减小，拗内凸起的充填速率相对较大。该时期可容空间的增加速率，从南北斜坡向中部凹陷区明显增大，南部斜坡高于北部斜坡，凹内凸起相对较小。聚煤作用强度从盆地边缘向南北部斜坡逐渐增大，向中部凹陷区逐渐减小为零；沉积早期南部的聚煤强度最大，单煤层厚度较大，晚期聚煤强度较小；北部斜坡发育多个煤组，整体聚煤强度较大(图5.71)。

盆地西部陆地区(沉降中心和过渡带)的层序构成包括3个体系域，即低位正常湖退、湖侵和高位正常湖退体系域，东部湖区(沉积中心)的层序构成包括4个体系域，在层序末期发育一个强迫湖退体系域。盆地西部沉降中心沉降构造速率较快，中部过渡带构造沉积速率较慢，东部沉积中心沉降速率也较快。沉积物充填在西部沉降中心最快，导致发育的地层厚度最大，中部过渡带次之，东部沉积中心沉积充填速率最小。可容空间增加速率在西部沉降中心和东部沉积中心较快，中部过渡带较慢。聚煤强度在西部沉降中心最大，但沉降速率最大的地区聚煤强度有所减弱，向过渡带聚煤强度逐渐减弱直至消失(图5.72)。

鄂尔多斯盆地是典型的大型内陆拗陷盆地，但盆地西缘受板块挤压，造成西部地层向下挠曲，具有前陆盆地前渊性质。鄂尔多斯盆地沉积中心位于延安及其周围地区，但该地区沉积地层厚度较小；而西缘逆冲带和天环凹陷地区，沉积地层厚度较大，是明显的沉降中心。由图5.73可以看出，鄂尔多斯盆地东西向上是一个沉积中心和沉降中心不一致的盆地，中部葫芦河地区沉积中心沉积的地层厚度较小，西部沉降中心沉积的地层厚度较大，表现为由西部盆缘向中部湖中心地层厚度逐渐减小的趋势。在沉积环境上，西部盆缘主要发育河漫湖泊(如钻孔L203)，由于沉降速率较快，且距离物源较近，沉积物供应充足，所以沉积了厚度较大的地层，最厚地区可超过700m，主要为滨浅湖泥岩、砂坝、滩坝和泥炭沼泽沉积，该地区单煤层厚度不是很大，煤层层数多，煤层的累积厚度一般较大。在

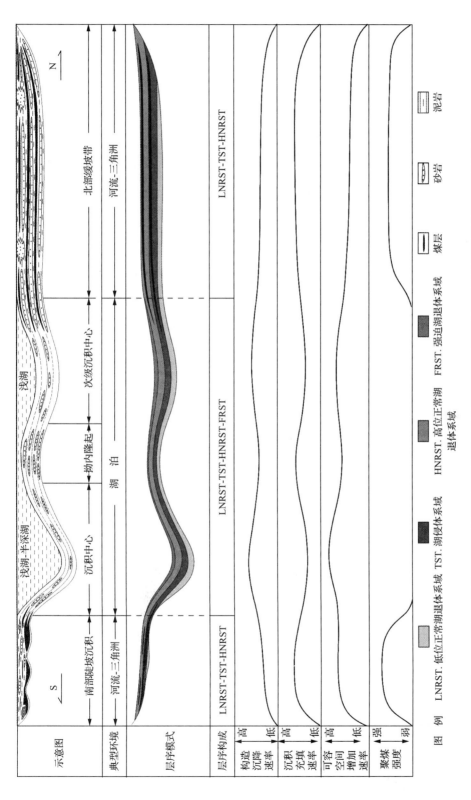

图 5.71 鄂尔多斯盆地延安组地层残存区东部南北向层序发育及可容空间控制的聚煤模式图（据王东东，2012）

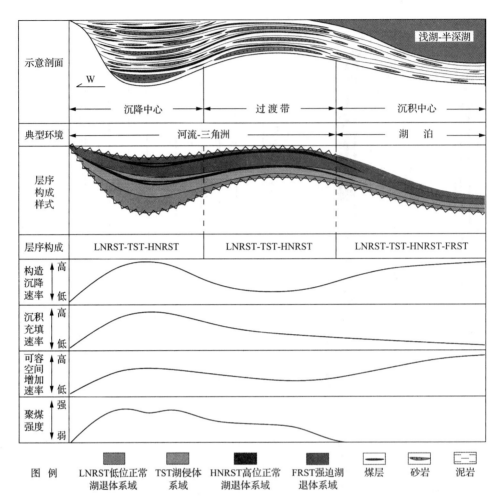

图 5.72　鄂尔多斯盆地延安组地层残存区中部东西向层序发育及可容空间控制的聚煤模式图（据王东东，2012）

中部湖中心沉积区，由于水体深、物源供应不足，沉积地层厚度较小，一般在 200m 以内，主要发育浅湖、半深湖沉积，以葫芦河剖面为代表，可见大段的浅湖-半深湖泥岩沉积，瓣鳃类等化石常见，该地区没有煤层发育。沉积中心和沉降中心之间有一个相对隆起的过渡带，该地区，主要发育河道砂岩、泛滥平原沼泽、河漫湖泊、泥炭沼泽、三角洲前缘河口坝等沉积（图 5.73），该地区煤层也较发育。从东西向看，鄂尔多斯盆地延安组沉积时期表现为"跷跷板式"沉积特征，即西部沉降中心水体浅、沉降快、地层厚，东部沉积中心水体深、沉降慢、地层薄。

鄂尔多斯盆地延安组沉积期南北向表现为北部发育宽广的缓坡带（图 5.73），主要发育大型的河流、三角洲沉积，湖岸带多个三角洲平原连成一片，广泛而平缓的冲积平原为泥炭堆积提供广阔的空间，因而发育五套厚度较大而横向展布稳定的煤系；南部发育相对狭窄的陡坡带，主要发育河流和小型的三角洲沉积（见焦坪剖面），由于南缘靠近南部秦岭褶皱带，构造活动相对活跃，该地区沉积前基底凹凸不平，在相对凹陷的地区发育巨厚煤

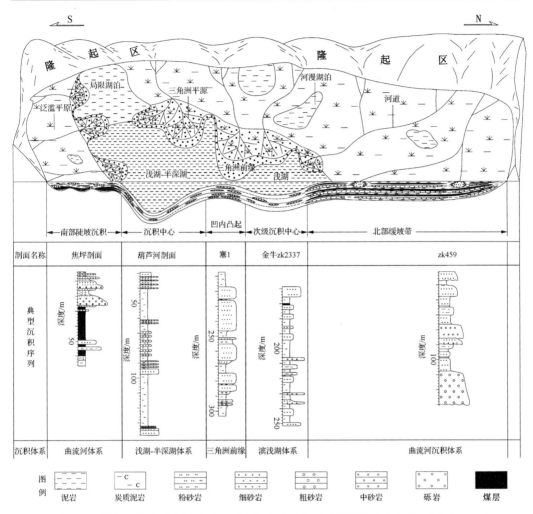

图 5.73 鄂尔多斯盆地中部东西向延安组古地理控制下的聚煤模式图(据王东东,2012)

层,华亭地区煤层厚度可达 70m 以上,黄陇地区煤层最厚也超过 40m,但煤层展布不稳定,煤层厚度横向变化较大,煤层发育整体表现为"鸡窝状"或"串珠状"。在一些凸起地区不发育煤层,甚至延安组地层都不发育煤层,可能是未沉积延安组地层,但由于盆地南部地层受后期剥蚀影响严重,也可能是后期剥蚀导致地层的缺失。盆地中部主要发育湖泊沉积,沉积中心主要发育在葫芦河地区,主要发育浅湖-半深湖沉积(见葫芦河剖面),不发育煤层;次级沉积中心发育在横山—子长中部地区,主要发育浅湖-三角洲沉积,也有煤层发育(见金牛 zk2337);而中部的子长-安塞地区,地势相对较高,水体相对较浅,砂岩含量较高,主要发育三角洲前缘沉积(见塞 1 孔),不发育煤层。从宏观上看,由鄂尔多斯盆地延安组地层东部南北向剖面可以看出,该时期是一个北缓南陡、中部拗陷、拗中有隆的 W 形沉积。

宏观而言,在鄂尔多斯盆地延安组沉积期,盆地的北部、西北部、西部主要为大范围的河流沉积,河流泛滥平原上发育一些河漫湖泊沉积,在近湖岸发育三角洲沉积;盆地西南部的陇东地区镇原-平凉地区主要为滨浅湖沉积;南部黄陇地区及西南部的华亭、崇信等地区发育范围相对较小的河流和三角洲沉积。煤层围绕湖中心呈环带状发育,以榆林—横山—志丹—吴旗—华池—正宁—富县一线,东部为湖区,基本不发育煤层,该线的北部、西部和南部均有不同程度的煤层发育。

5.6.5 陆相断陷盆地层序地层结构与聚煤模式

本节以黄县盆地为例阐述聚煤模式(图5.74)。黄县盆地为一个畅流的断陷盆地,其西北应受到海侵影响(陈海泓,1988),南东和东部地区为两条边界大断层,即黄县断层和北林院断层,根据近年来的勘探生产实践发现:黄县断层发生较早,北林院断层发生较晚,为同沉积控盆构造(陈海泓,1988),黄县断层被北林院断层切割,在盆地的发育过程中,黄县断层和北林院断层造成的隆起区成为主要的物源区,且以黄县断层造成隆起区为主。根据盆地沉积特征,发现靠近黄县断裂地区为盆地的沉降中心,为冲积扇或扇三角洲发育区;而盆地西北部地区沉积物以细粒为主,煤层相对发育,为辫状河三角洲发育区,该区为盆地中心。

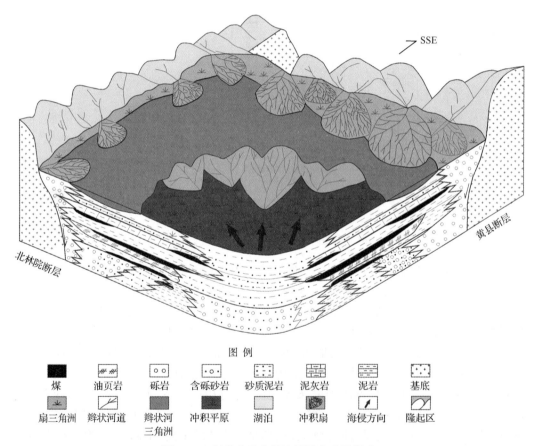

图 5.74 断陷盆地含煤地层层序地层样式

黄县盆地在初始发育期(低水位期),以陆相的冲积扇、扇三角洲和辫状河沉积为主,在局部地区,能够形成适宜植物生长的空间。由于盆地不断沉降,沉积物沉积速率较大,在扇三角洲前缘地区,存在局部的小型湖泊,在一定条件下形成不稳定的油页岩沉积。随着沉积物增加,原有的环境逐渐转变为不利于水生浮游生物生存的空间,在油页岩沉积物顶部终止,转化为泥炭沼泽沉积环境,形成低位体系域成煤,如 3# 油是 3# 煤底板。

黄县煤田湖扩期间歇式地扩张(主要包括两期大规模的海侵),当海水从西北部地区侵入湖盆时(初始湖扩期),在滨湖地区由于相对湖平面迅速上升,形成适宜泥炭沼泽发育区,随着海平面进一步扩大,终止滨湖的泥炭沼泽(2# 煤),发育形成湖相泥岩且覆盖于泥炭层之上,为泥炭保存提供一定的基础。原有的滨湖环境迅速转换为浅湖、深湖环境,由于海水盐度等介质环境与湖水不同,湖盆内的浮游生物迅速死亡,同时海水密度相对较大,能够在较短的时间内在湖体内迅速形成稳定的水体分层,且死亡的浮游生物能够保存于浅湖、深湖环境,从而形成了油页岩。当海水侵入到湖体且与海平面接近平衡时,海侵速率减缓,此时沉积物沉积速率近似等于构造沉降和海平面上升速率的总和,在湖泊边缘地区(滨湖)形成适宜高等植物发育区,从而形成泥炭沼泽的发育(1# 煤);海平面出现短暂的间歇,滨湖地区沉积速率逐渐增大,聚煤作用向盆地中心发展,先前浅湖或深湖逐渐转换为滨湖环境,在浅湖或深湖已形成的油页岩之上形成泥炭沼泽;随着泥炭沼泽化继续向湖中心发展,当下次小规模海平面上升时,原有的泥炭沼泽被覆盖保存,部分地区由于沉积环境的改变,形成不稳定的油页岩沉积(1# 油)。

在高水位期,盆地沉积速率加快,早期高位体系域是以水体稳定期为主,在先前海泛基础上,形成了广泛的泥灰岩沉积,全区可对比,局部有不稳定的煤层沉积(1# 煤,2# 煤和3# 煤),反映沉积中心不断转移,结合各不稳定的煤层等厚线可以发现,1# 煤至 3# 煤,成煤中心逐渐向黄县断裂靠近,且成煤作用范围逐渐减少,反映湖盆水体萎缩的过程。晚期高位体系域,水体发生正常性水退,主要是灰绿色和杂色泥岩、砂岩及粉砂岩沉积,不发育煤层和油页岩。

总之,黄县盆地演化特征与我国东部古近-新近裂谷盆地有所差别。底部无火山岩系,说明早期拉伸不强烈,晚期深陷作用也不明显。这种盆地属于裂谷系的边缘地段盆地(陈海泓,1988)。煤与油页岩组合沉积主要形成于水进水退之中,成煤原始物质泥炭沼泽主要为原地形成,煤与油页岩的不同组合代表水退水进的组合,其中,海侵在煤与油页岩沉积与形成中起到催化作用,即海侵造成湖体上升形成水扩感的滨湖成煤,而海水介质的特殊性能够造成水体迅速分层,在一定环境下形成油页岩沉积,这也是 2# 煤、2# 油、2# 油、2# 油、1# 煤及 1# 油在很短时间内出现的主要原因。

陆相聚煤盆地层序实际上是一个四元层序结构,即低位体系域、水进(扩张)体系域、早期高位体系域(EHST)和晚期高位体系域(LHST),其中有利于煤层发育的主要集中在水进体系域和早期高位体系域。低位体系域煤层发育比较局限,晚期高位体系域煤层也不稳定。

5.6.6 柴达木盆地聚煤模式

沉积环境分析和相模式是沉积学近代进展中最令人瞩目的一个方面。进入 20 世纪 70 年代以来,多数从事此领域研究的沉积学家致力于应用研究,力图把理论模式变成一种用于具体指导勘探和开发的模式,并取得了广泛的成功。美国学者对阿巴拉契亚煤田三角洲体系聚煤模式研究较成功地解决煤层和煤质预测问题,是应用沉积学领域的一个出色实例(Horne et al.;1978)。近年来许多学者汲取其思路和方法对各种环境与煤聚积的关系都进行了研究,并提出了各种各样的聚煤沉积模式,但总的来说对三角洲模式研究得最多,也最深入,对内陆盆地有关聚煤模式的研究则差得多。

在找寻、勘探和开发煤炭资源的过程中为了提高地质工作的预见性,从已占有的大量资料中概括出区域性模式的必要性显而易见。在狭长的内陆断陷盆地中,每个聚煤地区总是受多重沉积因素的影响,如位于盆地中心的浅湖沼泽化地区,在煤聚积过程中可能经常受冲积扇体进积的影响,扇沉积物可周期性地进入沼泽,甚至中断泥炭的聚积。从三维概念上可以看出,煤层总是在多相组合中为一种沉积体存在,按照这一思路分析得出柴达木盆地的垂向模式(图5.75),进而恢复横向地方性剖面模式(图5.76),这个模式很好地反映了柴达木盆地的发展情况和相展布情况。

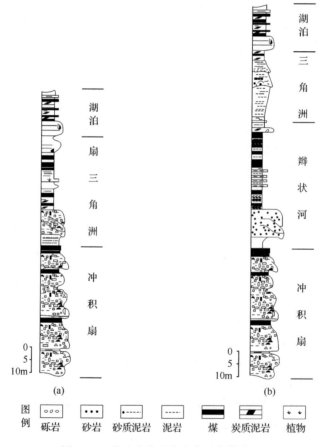

图 5.75　柴达木盆地中生代垂向模式图

从沉积环境和沉积体系可以看出,扇前-扇间洼地、扇三角洲平原、辫状河冲积平原及湖滨地带是最有利的聚煤场所。

1. 扇前-扇间聚煤模式

在冲积扇朵体之间及扇前缘地带,地势低洼平坦,由于扇体中水的涌出,这些地区地下水位较高,适宜植物的生长,常形成沼泽或泥炭沼泽,局部可形成小型湖泊。沉积物供

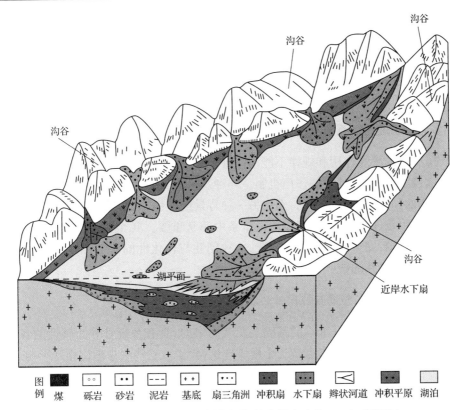

图 5.76　柴达木盆地中生代横向模式图(据白生海,2008,有修改)

给相对较贫乏,且粒度较细,以细粒的砂泥质沉积为主。沼泽和小型湖泊的沉积以泥岩、砂泥岩、粉砂岩等细粒沉积为主,并夹煤层或炭质泥岩。扇前-扇间与其他沉积体系中的沼泽沉积特征基本相同。但在横向上,由于扇体的活动性,煤层发育范围多较小,形成的煤层厚度变化较大。

2. 扇三角洲聚煤模式

当盆地内发育湖泊时,冲积扇极易推进到湖泊中形成扇三角洲,在这种情况下冲积扇和扇三角洲构成统一的沉积体系,因此,扇三角洲也总是出现于盆地的活动边缘。可能有两种聚煤模式发生,一种为湖泊淤浅形成洪泛地,沼泽化成煤。另一种为边缘带冲积扇发育,冲积扇进入水体中形成与之过渡的扇三角洲沉积,在扇三角洲平原发育沼泽聚集成煤,这种环境分布较广,稳定性较好。

3. 辫状河-辫状河三角洲聚煤模式

该模式主要发育于构造活动期,沉积环境不稳定,一般不利于成煤。但在构造相对宁静期,辫状河冲积平原或辫状河三角洲废弃后,在河漫滩和分流间湾上会有泥炭沼泽发育而成煤,如构造稳定时间长、基准面(湖平面)上升速度与泥炭堆积速度平衡时间长且没有陆源碎屑影响,则在辫状河冲积平原或辫状河三角洲上可形成横向连续、厚度稳定的巨厚煤层。

4. 湖滨地带聚煤模式

在扇三角洲平原废弃、发育沼泽、聚集成煤之后,有河流沉积(碎屑流)及浅湖亚相泥岩沉积。这时湖泊在总体水进的情况下发生淤浅,滨湖地带出现大面积沼泽,成为有利的聚煤场所,泥炭沼泽之上又为厚层浅湖亚相泥岩所覆盖。这种沉积环境对煤的形成最为有利,稳定性好,分布范围大。

5.7 多元聚煤理论体系的建立

5.7.1 多元聚煤理论体系建立的基本原则和立论基础

地质历史中的聚煤作用和规律不能用一种学说或机理完全解释清楚,必须找到各种因素中的关键因素,剖析其关键作用机制。一种理论在某种盆地或条件下解释聚煤作用是科学、合理的和具有实际价值的,而在另一种背景或条件下则可能不适用。任何模式和理论都有其适用条件,这在多元聚煤理论体系中非常重要。几个关键点构成构建多元聚煤理论的基本原则:完整性与协同性的统一,独创性与转化性的统一,继承性与发展性的统一,理论性与实践性的统一。

1. 聚煤理论体系完整性与协同性的统一

多元聚煤理论体系是在继承的基础上发展而来的,具有系统性和完整性的各种聚煤理论的整合和概括。该体系含有若干个聚煤理论(要素),这些聚煤理论相互影响,互为依托,无论哪种成煤理论都强调多种盆地背景下的多种环境或事件作用等成煤理论的完整性,这些理论组成都立足于成煤的条件(水域转换及古气候、古构造、古植物等)。聚煤理论体系的完整性,不但体现在沉积环境、盆地属性、盆地演化阶段(层序地层)等方面,更体现在相互作用成煤方面。但任何理论都是发展的,随着新的成煤模式的发现,不断有新的理论提出;因此,多元聚煤理论体系不是一成不变的,而是随着新成果的取得、新模式的发现、新理论的形成而协同发展,因而多元理论体系也必须适时进行完善。系统性、完整性与理论创新的协同发展是一个学科具有生命力的体现。因此,聚煤理论体系完整性与协同性的统一体现在全面系统性和动态性等方面。

2. 聚煤理论体系独创性与转化性的统一

由于不同聚煤盆地属性不同,背景与所处的气候带不同,盆地深部过程与沉积充填机制不同,根据具体盆地及某一演化阶段获得聚煤规律的认识具有独特性,理论的升华也就具有独创性。但在条件发生改变时,聚煤模式及其机制就可能发生转化,这种转化的结果可能导致聚煤模式发生根本转变。这就是说,多元聚煤理论不是每种成煤理论的简单集合,其核心思想是阐明各种因素的相互作用与影响或成煤机制的交叉。如海侵事件成煤的模式与理论源于大型陆表海聚煤盆地的研究,有其独特的背景条件和聚煤作用过程。随着陆表海盆地的逐步废弃和盆地属性的转变,发生海侵事件的条件没有了,那么这一模式和理论就不适用了。但事件与聚煤作用之间是否存在某种成因联系,则是其他聚煤盆地研究可以借鉴的。再如Diessel(1992)提出的海侵过程成煤模式与理论,是源于稳定大陆边缘海聚煤盆地的研究,其创新核心是发现海侵过程可以发生聚煤作用,并指出聚煤与层序地层模式的关系。这一理论打破传统煤地质学固有的海退成煤或陆相成煤的理论,具有里程碑意义。虽然该理论不能解决所有聚煤作用机制问题,但是海侵或水进过程成煤的思路是开拓性的,是其他盆地聚煤作用研究中可以借鉴的。因此,成煤理论的独特性在条件发生改变后而改变,并不意味着原有模式和理论存在错误,而是在条件转化后,如何在借鉴的基础上进行追踪和发展。

3. 聚煤理论体系继承性与发展性的统一

聚煤理论体系的继承性体现在基本点的继承和多种成煤理论的本质关键点的交叉和继承。任何理论创新都有其基础与适用条件,以往煤田地质科研工作者把煤层作为水退的产物,往往把煤层放在一个沉积旋回的顶部,这成为传统煤地质学的理论支撑点。随着海侵过程成煤、海侵事件成煤、幕式成煤、风暴异地成煤等成煤模式和理论的提出,成煤多样性研究的不断进展,传统理论受到巨大挑战。但这并不能否定传统成煤理论存在的合理性和正确性。同样的道理,大量不同类型异地煤的发现,并不能否定原地煤成因机制的合理性。继承性与发展性又是相互统一、互为补充的,现有聚煤理论在继承已有理论的本质关键点基础上,通过补充与完善新的关键点或将已有的关键点进行交叉,则发展转化成新的聚煤理论。

4. 聚煤理论体系理论性与实践性的统一

煤炭地质勘探、资源预测与新赋煤区块的寻找是检验聚煤理论正确与否的标准,聚煤理论体系中的任何理论与模式都来源于实践,理论升华的成果又必须接受实践的检验。即多元聚煤理论体系中的各种理论都是煤地质研究人员从实践中总结出来的,并在实践中得到了验证。理论要做到与时俱进,就必须紧密结合煤田地质勘探与找煤实践。因此,多元成煤理论体系理论性与实践性强调的是可读性与可操作性的结合,通过实践可以丰富并证明理论的合理性和先进性,而成熟的理论可以指导资源预测和勘探实践。

5.7.2 多元聚煤理论体系的基本内核及构建

基于上述对聚煤模式多样性和聚煤作用理论多元性的分析,以及在此基础上形成的多元聚煤理论体系的内核,按照本文提出多元聚煤理论体系建立的基本原则和立论基础,构建多元聚煤理论体系格架(图 5.77),并阐明各种作用关系。

多元成煤理论的基本内核是一个中心(泥炭堆积样式)、一个基本点(水域体制)、一个基本框架(层序地层格架内不同体系域聚煤差异性)和四个基本条件(古植物、古气候、古构造和古地理)的相互牵制,多种影响因素(如突发性水侵事件、构造事件、火山事件等)的相互作用,强调聚煤作用模式的多样性与聚煤作用过程与机制的多元性。

在实际煤地质研究与工作中,往往根据相关煤地质学知识判断煤层形成的盆地属性,如陆相盆地成煤、过渡相盆地成煤及近海盆地成煤,无论哪种盆地成煤,其内部沉积体系配置、沉积物供给、构造体制特点等都可能有利于成煤作用的发生,只要其沉积体系及沉积环境满足一定的泥炭堆积与保存关系。需要强调的是,聚煤盆地层序地层学的分析思路与方法是多元聚煤理论的重要组成部分。

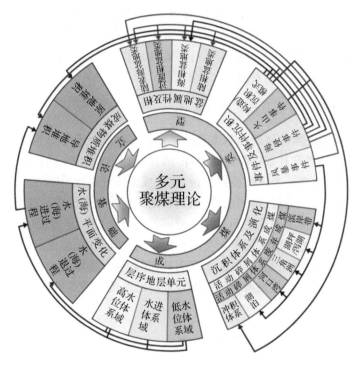

图 5.77 聚煤盆地多元成煤理论体系及相互作用因素

第6章 含煤系统与精细聚煤古地理
——以华北晚古生代为例

6.1 含煤地层划分与对比

6.1.1 华北石炭纪含煤地层

6.1.1.1 构造地层分区

根据我国和邻区晚古生代海西期大地构造和古地理格局,我国石炭纪地层区划分为9个地层区、12个地层分区。地层区为一组大陆克拉通及其大陆边缘带,包括微大陆和褶皱带;地层分区分为两类,即稳定大陆克拉通及其边缘系统和活动类型的由褶皱带关联的微大陆或地块。地层小区指稳定台地和沉降带,也指规模更小的克拉通内部不同成因的海槽和陆盆、沉降带的稳定小地块等。

我国石炭纪地层构造分区可以划分为:Ⅰ—天山-兴安区、Ⅱ—塔里木区、Ⅲ—祁连山-贺兰山区、Ⅳ—华北区、Ⅴ—昆仑-柴达木区、Ⅵ—北秦岭区、Ⅶ—青藏区、Ⅷ—华南区和Ⅸ—藏南区;本次研究的我国北部石炭二叠纪地层构造分区涉及的为Ⅳ华北区,见图6.1。

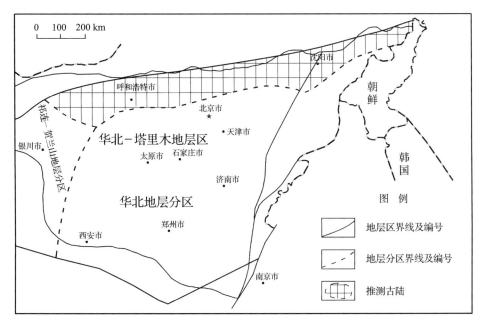

图6.1 我国北方石炭纪地层构造分区图(据金玉轩等,2000a,有修改)

6.1.1.2 含煤地层发育

我国北方石炭纪含煤地层主要发育在华北大部、燕辽、大别山、北祁连、甘肃龙首山、阴山等地区,主要为本溪组、虹螺蚬组、杨庄组、杨小庄组、臭牛沟组、靖远组、红土洼组、羊虎沟组、三岔组、尖山组、佘太组和拴马桩组。

1. 本溪组

本溪组主要发布在华北大部分地区。主要由黄绿、黄褐、灰色等铁质泥岩、黏土岩及灰到深灰色厚层状泥晶生物碎屑灰岩组成,夹砂岩和 1~3 层不稳定的煤线,假整合于奥陶系顶部的古风化壳上。由于奥陶系灰岩剥蚀面凹凸不平和海侵的先后,沉积厚度变化较大。

根据灰岩中所含蜓化石类型,本溪组可划分为两个蜓化石带,即下部的 *Eostaffella subsolana* 带和上部的 *Fusulina-Fusullinella* 带,相应的地层则称为复州湾段——本溪组下段和牛毛岭段——本溪组上段。

本溪组下段分布局限,目前仅于华北地区东南部的淮北、徐州、临沂一带及东北部的本溪、复州湾及开平一带发现,在复州湾、开平、临沂等地本溪组下部地层中发现 *Profusulinella paranibelensis* 及 *P. rhomboiaes* 等,可与 *Eostaffella subsolana* 相当。下段地层在南部的徐州、临沂厚度为 50~88m,含灰岩 4~5 层,灰岩累计厚度 14~32m。由此向南和向北,地层厚度和灰岩层数都迅速减少,至淮北涡阳,地层厚度仅 25~30m,有灰岩 2 层,至淮南则无下段地层。研究区东北部的复州湾,下段地层厚达 182m,有 6 层灰岩,累计厚达 40.43m,向北至本溪,厚度减至 40m 且未见灰岩。

本溪组上段在华北分布较广,总体呈现西薄东厚,南、北薄中部厚的特点,最大厚度可超过 40m。北部的沉积边界位于大同、平泉、南票一线以北,而南部的沉积边界在临沂、永城、郑州至铜川一线,再向南,太原组直接覆盖在古生代地层(主要是奥陶纪灰岩)之上。

本溪组上段的岩性总体上可分为两部分:下部为杂色铁铝质岩、黏土岩及透镜状产出的褐铁矿和菱铁矿层,著名的"山西式"铁矿及"G 层"铝土矿即产自这一层段;上部为细砂岩、粉砂岩、泥岩,夹灰岩或泥灰岩,一般含煤线或薄煤层 1~2 层,除本溪煤田及晋、冀、鲁个别地点外,多数不可采。

2. 虹螺蚬组

虹螺蚬组主要分布在燕辽地区,地层厚 90~120m。白、灰色及黑色页岩、砂岩和砾岩,夹煤层,底部有不规则的铝土页岩。含植物 *Calamites cistii*, *C. suckowii*, *Lobatannularia sinensis*, *Sphenophyllum oblongifolium*, *Cladophlebis nystroemii*, *Alethopteris scendens*, *Cathayiodendron chuseni*, *Odontopteris chui*, *Neuropteris wutaotingensis*, *Emplectopteris alatus* 等;在杨家杖子榆树屯西南,中部黑色板状页岩产腕足类 *Chonetes* cf. *latesinuata*, *Dictyoclostus taiyuanfuensis*, *D. grauenwaldti*, *Streptorthynchus kayseri*, *Schellwienella* sp. 等。

3. 杨山组

杨山组主要发育在大别山地区,地层厚 655~1250m。为石英砾岩与砂岩互层,夹泥岩及煤层。产植物: *Rhodea hsianghsiangensis*, *Bothrodendron flabellatum*, *Triphyllopteris* sp., *Lepidostrobophyllum* cf. *lanceolatatum*, *Sublepidodendron mirabile*, *Cardiopteridium spetsbergense*, *Eusphenopteris* cf. *scribanii*, *Adiantites* cf. *gothani*, *Lepidodendron* aff. *aolungpylukense* 等。下部巨厚石英砾岩夹砂岩透镜体。灰岩砾岩中含珊瑚 *Heliolites* cf. *anhuiensis*；牙形石 *Pancerodus gracilis* 等。

4. 杨小庄组

杨小庄组主要发育在大别山地区，地层厚度最大可达 900m。顶部为蚀变石英砂岩；上部为黑色板岩夹石英砾岩；下部为灰白及黄色页岩，夹石英砂岩、碳质板岩及薄煤层。含植物 *Neuropteris* sp.。

5. 臭牛沟组

臭牛沟组主要发育在北祁连地区。上段为厚层灰岩，夹生物碎屑泥灰岩、砂页岩，厚 34～140m；下段以灰黑色粉砂质页岩、粉砂岩为主，夹薄层灰岩及薄煤层，底部为细砾岩，含腕足类、珊瑚类、孢粉等，厚 18～120m。含珊瑚 *Aulina rotiformis*，*Yuanophyllum kansuense*，*Kueichouphyllum* sp. 等；腕足类 *Gigantoproductus edelburgensis*，*Kansuella kansuensis* 等；蜓类 *Eostaffella mosquensis* 带；牙形石上部 *G. bilineatus bollandensis* 带，下部 *Gnathodus girtyi-G. bilineatus bilineatus* 带。

6. 靖远组

靖远组主要发育在北祁连地区，地层厚度约 50m，由灰、黑色、黄色砂岩、页岩组成，夹灰白色砂砾岩及煤线，下部夹灰岩透镜体。含菊石 *Eumorphoceras bisulcatum*，*Cravenoceras shimanskyi*，*Verancoceras tabidum* 等；牙形石有 *Gnathodus bilineatus bollandensis*；植物 *Sphenophyllum tenerrimum*，*Eleutherophyllum waldenburgense* 等及孢子 *Simozonotriletes verrucus-Stenozonotriletes rotundus* 等。

7. 红土洼组

红土洼组主要发育在北祁连地区，地层厚度约 75m。上部为浅灰色、土黄色粉砂质页岩，夹黑色泥质灰岩及页岩；下部以黑、灰黑色页岩、钙质页岩为主，夹薄层灰岩及煤线。中、上部产菊石 *Bilinguites superbilingue*，*B. metabilinguis*，*Cancelloceras asianum* 等，牙形石 *Idiognathodus sinuatus*，*I. corrugatus* 及 *I. sulcatus*。底部产牙形石 *Declinognathodus noduliferous* 带。

8. 羊虎沟组

羊虎沟组主要发育在北祁连地区，地层厚度约 123m。上段以灰、黑色中厚层灰岩为主，夹页岩、硅质岩，厚 41m；中段为土灰色钙质粉砂岩、黑色页岩与灰岩互层，夹煤线，厚 47.5m；下段为灰白色石英粗砂岩，顶部为灰黑色、砂质页岩夹薄煤层、薄层灰岩及菱铁矿结核，厚 34.4m。含菊石 *Gastrioceras weristerence* 和 *Gastrioceras* (*Lissogas triceras*) *fittsi*；蜓类 *Profusulinella paranibelensis* 带；牙形石 *Idiognathodus delicatus*，*I. sinuatus*，*Neoganthodus symmetricus* 等。

9. 三岔组

三岔组主要发育在甘肃龙首山地区，地层厚度大于 56m，为深灰色板岩、变质砂岩，偶夹薄层灰岩，底部为灰色石英砂砾岩。在尖山大青羊口为灰褐、灰紫色砂岩夹黑色页岩、薄煤层及泥灰岩透镜体，出露厚度 81m。产 *Mesocalamites-Rhodeopteridium* 植物组合，

包括 *M.* cf. *cisttiformis*，*M. ramifer*，*Rhodeopteridium* cf. *chinghaiense*，*Sphenopteris emarginotus*，*Eleutherophyllum mirabile*，*Neuropteris gigantea*，*N. cardiopteroides*，*Linopteris brongniartii*，*L.* cf. *intricata*，*Asterophyllites longifolius* 等。

10. 尖山组

尖山组主要发育在甘肃龙首山地区，地层厚度大于 62m。岩性为灰色石英砂岩，夹灰黑色板岩、含砾砂岩及薄层灰岩。在尖山，岩性为砂岩和砂砾岩互层夹炭质页岩及煤线，厚度大于 378m。含植物 *Conchophyllum richthofenii-Neuropteris kaipingiana* 组合，包括 *Neuropteris pseudogigantea*，*Linopteris brongniartii*，*Sphenopteris neuropteroides*，*Cordaites principalis*，*Pecopteris plumosa*，*Asterophyllites longifolius*，*Aphlebia* sp. 等。

11. 佘太组

佘太组主要发育在阴山地区，地层厚度约 164m。中上部由灰绿色砂质或碳质页岩与灰白色石英砂岩呈不等厚互层；上部层位夹薄煤及煤线；底部为灰绿色或紫红色砂砾岩。含植物 *Neuropteris gigantea-Linopteris brongniartii* 组合，包括 *N. kaipingiana*，*N.* cf. *pseudogigantea*，*N.* cf. *otozamioides* 等。

12. 拴马桩组

拴马桩组主要发育在阴山地区，地层厚度约 732m。顶部为白色砾状石英岩夹黄绿色薄层粉砂质页岩；上部黑绿色粉砂质页岩，夹浅灰色砾状砂岩、细砾岩等；中部为灰白色砾状石英砂岩夹页岩、粉砂岩、砂岩、细砾岩和煤层；底部为灰白色细砾岩、砾状砂岩夹页岩和多层煤。产植物 *Neuropteris pseudovata-Lepidodendron posthumii* 组合。

6.1.2 华北二叠纪含煤地层

我国二叠纪地层构造分区可以划分为：Ⅰ—北部边缘地层区、Ⅱ—塔里木地层区、Ⅲ—华北地层区、Ⅳ—喜马拉雅地层区、Ⅴ—华南地层区。本书研究的我国北方二叠纪地层构造分区涉及Ⅰ北部边缘地层区中的Ⅰ1 内蒙古-松辽地层分区、Ⅰ2 北山地层分区，Ⅲ华北地层区中的Ⅲ1 北祁连地层分区、Ⅲ2 大青山地层分区、Ⅲ3 晋冀鲁地层分区、Ⅲ4 黄淮地层分区(图 6.2)。

我国北方二叠纪含煤地层主要分布在华北地区，代表性的地区如内蒙古包头、内蒙古准噶尔、河北唐山、辽宁本溪、陕西韩城、山西太原、山东淄博、河南禹县、安徽淮北等，在不同的地区地层发育特征有所差异，主要发育太原组、山西组、下石盒子组、上石盒子组。此外，在东北的黑龙江宝清、吉林中部也有少量含煤地层发育，主要为珍子山组。各组地层发育情况如表 6.1 所示。

6.1.2.1 太原组

太原期沉积达到华北石炭二叠纪的最大沉积范围。向南，特别是向东南方向，太原组大范围超覆在晋祠组和本溪组之上，在最南部的三门峡、禹县、淮南一线以南，太原组超覆在寒武系或奥陶系之上。太原组在沉积厚度方面总体呈现出西薄东厚，南北薄、中部厚的特点，最大厚度分布在渤海湾至临沂一带，可达 130~140m。向西至太原、宁武一带，厚度也大于 60m，准噶尔、大同一线以北，侯马、洛阳、确山一线以南，厚度均小于 40m。

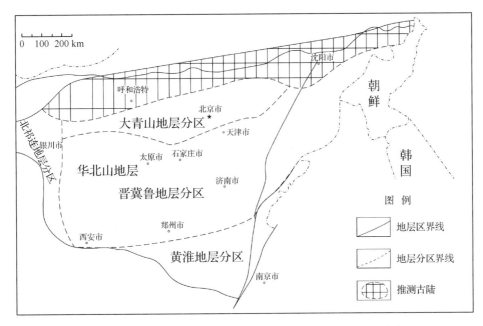

图 6.2 我国北方二叠纪地层构造分区图(据金玉轩等,2000b,有修改)

太原组是典型的海陆交互相含煤沉积,由于全球海平面变化、地壳运动升降频繁,引起海水时进时退,致使沉积物由粗到细有规律地重复出现。太原期沉积可划分出三个沉积旋回,即岩性上的下、中、上三段(晋祠组发育地区,晋祠组被认为是下段)。下段为第一旋回,底部由石英砂岩开始,向上沉积物逐渐变细,由砂岩、页岩、煤层和灰岩组成,代表海进开始逐渐过渡到滨浅海沉积岩相;中段为第二旋回,底部也由砂岩开始,向上为页岩、煤层和灰岩多层,岩性韵律明显,反映在海进过程中有多次小型地壳升降;上段为第三旋回,由下而上仍由砂岩、页岩、煤层和灰岩组成。

太原组岩性的变化在横向上也是明显的,主要因沉积区域或沉降环境而异。在盆地北部的准噶尔、大同、唐山一线以北,太原组以粗碎屑沉积为主,夹粉砂岩、泥岩,偶有1~2层海相泥岩。砂岩成分复杂、厚度大,分布不均,属近源的冲积成因。粗碎屑发育区含煤性差,煤层层数少,不稳定。细碎屑发育区,煤层层数多,且较稳定。在盆地中部的山西临县、河北峰峰及山东肥城一带,太原组沉积厚度增大,为60~140m,其中尤以东部为厚。西部临县、柳林一带,岩性以灰岩为主,发育四层较厚的灰岩,灰岩与灰岩之间主要为泥岩、粉砂岩,仅在下部有一厚层砂岩发育。向东到沁水、峰峰一带,太原组由砂岩、粉砂岩、泥岩、煤和灰岩组成,旋回性比较明显。再向东到山东肥城一带,随沉积厚度的增大,细碎屑岩的比例增高,灰岩层间距加大。整个盆地中部地区,主要煤层位于太原组下部,而中、上部只有次要煤层发育;在盆地南部,太原组以灰岩为主,夹泥岩及薄煤层,有少量粗碎屑岩。豫西三门峡至确山,太原组总厚度为20~30m,向东至阜阳、淮南一带增至80m,灰岩层数和累计厚度也明显增多、增大。

太原组含动、植物化石丰富。海相动物化石有蜓、有孔虫、牙形刺、介形虫、腕足、腹足、苔藓虫、掘足、双壳、头足、珊瑚、棘皮等十多类,其中以牙形刺、腕足类较为重要。植物化石中以石松类、楔叶类及羊齿类最为重要,是地层划分对比的重要依据。

6.1.2.2 山西组

二叠纪山西期,除华北南部部分地区有短暂的海侵外,总体上已基本脱离海洋环境而进入陆相沉积阶段。按以往传统地层划分方案,山西组是华北二叠纪早期的沉积。由石英砂岩及煤、砂页岩组成,含丰富的植物化石,反映本区早二叠世早期温暖潮湿的气候条件,属于内陆沼泽盆地,是华北二叠纪最早的成煤期。山西组的岩性在盆地的不同部位有较明显的变化。盆地北部的北京、宁武以北地区,山西组以砾岩、含砾粗砂岩及砂岩等粗碎屑沉积物为主,有少量粉砂岩、泥质岩,下部有不稳定的薄煤层。向南到唐山、太原一线,沉积物粒度明显变细,下部出现较稳定的可采煤层,底部出现 1~2 层含海相动物化石的泥岩,厚度一般不大,但代表了山西期最大海侵范围。位于盆地南部的淮北、淮南及豫西三门峡一带,岩性在东西方向上有较大差异。东部的两淮地区,山西组以泥质岩、粉砂岩、砂岩为主,夹煤层,含煤性差,厚度可达 80m 以上。向西至新郑、荥巩一带,厚度减小到 50~60m,岩性为砂岩、泥岩和煤层交互出现,一般为 2~3 个旋回。至西部三门峡一带,厚度锐减至 20~30m,以粉砂岩、泥岩为主,偶见一层海相泥岩及泥灰岩,含煤性差。从山西组总的沉积特征看,沉积中心位于淮南、阜阳及宿县一带。山西组的分布范围大致同太原组,东部厚度仍然较大,最大厚度超过 100m,沉积中心位于徐州、鲁南、济南及其以北的地区。西部厚度小,一般为 40~60m。

6.1.2.3 下石盒子组

下石盒子组是华北早二叠世晚期的沉积,以黄色砂页岩为主,下部有黑色页岩及不稳定的煤层,属沼泽相沉积,上部砂岩增多,已不含煤层,属河流相沉积。下石盒子早期气候已由湿热的沼泽环境逐渐向半干旱的气候环境转变。

下石盒子组在华北多数地区厚 100m 左右,最厚沉积区位于盆地东南部的两淮地区,最大厚度达 190m,向北、向西沉积厚度逐渐变小。在盆地的中部和北部,下石盒子组以杂色的粗碎屑沉积为主,呈正粒序,具有多阶性,分选磨圆比较差,仅下部含薄煤层或煤线。在盆地南部,厚度增大,含煤性变好,岩性显著变细,根据岩性特征将其划分为上、下两段。而在豫西、豫东和两淮地区,岩性特征和含煤性又有所不同。在豫西,下段以中细砂岩为主,底砾岩(下大占砂岩)分布比较稳定,夹粉砂岩、泥岩,含薄煤 2~4 层。上段由砂岩和杂色泥岩互层组成,偶含煤线。在豫东,下段可分为两个向上变细的旋回,下部旋回发育细砂岩,旋回顶部的二$_2$煤分布稳定,厚度一般为 2~5m,是目前主要的勘探、开采对象。上段由细砂岩与泥岩的频繁互层组成,含煤 2~5 层,一般可采 1~3 层,煤层累计厚度为 3~7m。上段底部普遍发育铝质泥岩(高岭岩),多含鲕粒,是对比煤层和地层的良好标志,并有一定的工业利用价值。在两淮地区,下段中的粗碎屑含量略高于豫东、豫西,煤层发育越来越好,在淮南的潘集、谢集等地,A 煤组由 2~3 层煤组成,其中 A1、A3 煤最为发育,煤层累计厚度可达 10m 以上。上段以粉砂岩、泥质岩为主,夹细、中粒砂岩,含煤层数显著增多,可达 8~10 层,累计厚度为 10~15m。

下石盒子组的颜色分异现象比较明显。在北部的内蒙古准噶尔、东胜一带,从下石盒子组下部就开始出现紫红色岩层夹层,中、上部则基本上全由紫红色岩层组成。在盆地南部的苏北、皖北、河南等地,整个下石盒子组以灰白、灰黑色岩层为主,仅有少量具灰紫色、玫瑰色或草黄色花斑的花斑状泥岩夹层。介于两者之间的中间地带,下石盒子组下部岩层以灰白、灰黑色为主,向上过渡到灰绿、灰黄色,直到顶部才出现花斑状泥岩。由此可见,下石盒子组自北而南紫红色岩层出现层位逐渐抬高。可以认为,随着时间的推移,不利于聚煤的干燥气候由华北盆地的北部逐渐向南部扩展。

下石盒子组未发现特征显著的海相沉积,仅在盆地东南部的宿县、淮南一带出现含舌形贝的过渡相沉积,表明海水这时已基本退出华北盆地。

6.1.2.4 上石盒子组

上石盒子组是华北石炭二叠纪含煤沉积的最高层位,属晚二叠世早期的沉积,总体上由紫、黄相间的杂色碎屑岩组成,属河湖相沉积,气候进一步趋于干燥炎热。上石盒子组形成时,由于北部阴山古陆的继续抬升及古地理古气候的变化,沉积物具有如下特征:①沉积厚度较大,在盆地的中部、北部和西北部,上石盒子组厚度为200～400m,在盆地南部,厚度达到500～600m;②岩性分异明显,在北部岩性较粗且颜色以红色和杂色为主,实际上已不属含煤沉积。在盆地南部,岩性较细,颜色表现为灰黑色与杂色层段的交互;③聚煤带继续向盆地南东迁移,有利的聚煤范围仅限于两淮,特别是淮南地区;④在盆地南部出现多层含舌形贝化石的层位。

在偏北部的太原西山,上石盒子组可分为三个岩性段:下段为黄绿、灰绿色砂岩、粉砂岩与紫色、紫红色页岩、砂质页岩互层,中间含铁质或铁锰质结核;中段为黄绿、草绿色砂岩夹杂色页岩、砂岩,其中含小砾石或长石;上段为黄绿、紫红色页岩与砂岩不等厚互层,总厚300余米。在盆地南部的豫西、豫东上石盒子组可分为五个含煤组(四煤组至八煤组),厚度为400～500m,岩性以中细粒砂岩为主,夹泥岩和煤层。就含煤性而言,由豫西三门峡及豫东永城到豫中的平顶山、确山一带,含煤性变好,煤层层数增多,厚度增大。在两淮地区,含煤沉积厚度约650m,划分为五段,含煤组编为第三至第七含煤组。每个段中又可划分出3～4个次级旋回,岩性依次为灰白色中-细粒砂岩、灰色粉砂岩、深灰色或花斑状泥岩及煤层,泥岩中常含紫色、绿色斑块,有的含铝质,菱铁矿鲕粒发育。自北向南,沉积物粒度变细,含煤性变好。淮北北部为薄煤层或炭质泥岩,至宿县、桃园、濉溪、童亭一带含煤层数增至10层,其中可采1～2层。至淮南一带可采煤层达到13层。在垂向序列上,下部以灰色的粉砂岩及泥质岩为主,向上粗碎屑含量增高,砂岩比例增大,岩石的颜色渐变为以紫色为主。盆地南部的上石盒子组常见个体较大的舌形贝化石,这应该是华北盆地南部此期曾发生海侵的标志。

6.1.3 华北晚古生代含煤地层对比

我国北方晚古生代含煤地层自下而上包括臭牛沟组、靖远组、杨山组、红土洼组、三岔组、佘太组、杨小庄组、本溪组、羊虎沟组、尖山组、拴马桩组、太原组、山西组、下石盒子组和上石盒子组。尽管含煤岩系在不同地区不一样,但总的来说比较稳定,变化规律比较明显,地层对比难度不大,但由于我国北方范围广大,各地含煤岩系的岩性组合、沉积相和含煤性有一定的区别,且各地研究程度不一,因而在横向对比上确有不少分歧。笔者认为,盆地内部的各地区乃至各煤田的地层划分对比是基础,然后综合考虑标志层、化石组合、含煤性等标志,这是解决区域地层对比的有效途径。(表 6.2)

6.1.3.1 山东地区石炭二叠系的主要标志层

1."山西式"铁矿层

"山西式"铁矿层是奥陶纪古风化壳上最早的沉积,常为紫色含铁质的泥岩,颜色鲜明,易于识别,是本溪组底部较好的标志层。由于本溪组的底界不是一等时面,因而本标志层也是穿时的。

2. G 层铝土岩

G 层铝土岩位于本溪组底部,在华北分布广泛,在山东常为铝质泥岩,其厚度一般为 1~3m,含植物化石。由于海侵时间不等,因而该层也不是一等时沉积。

3. 徐家庄灰岩(L2—L3)

徐家庄灰岩位于本溪组上部,不仅是山东省重要的标志层,而且在全华北都有对比意义。多为生物碎屑灰岩,厚度大,一般为 3~5m,东部淄博、临沂可达 9~10m,横向分布十分稳定,含燧石结核,化石极为丰富,以蜓($Fusulina$,$Beedeina$,$Fusulinella$,$Neostaffella$,$Taitzehoella$)和牙形刺($Idiognathodus$,$Idiognathoides$,$Neognathodus$)等最为重要。

4. 徐上灰或十二灰(L4)

本溪组的顶界灰岩,厚 1~2m,较稳定,为生物碎屑灰岩,下距徐家庄灰岩仅一至数米,以产本溪组典型的蜓及牙形刺和上覆太原组相区别。该层在淄博称"南定灰岩"、"无名灰岩"、"万山庄灰岩",在鲁西南统称十二灰。

5. 十一灰(L5)和 17#煤复合标志层

十一灰为太原组最下面的一层石灰岩,它是主要可采煤层之一 17#煤的直接顶板,两者组成复合标志层,全省及邻区均可以对比。灰岩中产典型的晚石炭世晚期(传统划分)的蜓($Quasifusulina$,$Rugosofusulina$)和牙形刺($Streptognathodus\ elongatus$,$S.\ gracilis$等)。

6. 十灰(L6)与 16#煤、十上灰复合标志层

十灰位于太原组下部,是山东太原组最厚最稳定的石灰岩,厚度一般为 3~6m,为生物碎屑灰岩,富含蜓、牙形刺等海相化石。十灰之上发育一薄层灰岩,厚度小,但十分稳定,称十上灰,是鉴别十灰的最好辅助标志,十灰同时又是太原组主采和稳定可采煤层 16#煤的主要顶板。因此,十灰、十上灰和 16#煤构成了山东太原组最完美的复合标志层,在区域对比和指导钻探找煤方面具有重要作用。这一复合标志层,分布范围很广,在河北、河南、安徽、江苏等省均较稳定。如河北西南部太原组的大青灰岩与中青灰岩便分别可以和十灰和十上灰对比。

7. 三灰(L13)

三灰位于太原组上部,为泥晶生物碎屑灰岩,富含丰富的蜓、牙形刺、腕足类化石,厚度大(南部 3~6m,北部 1~2m)且稳定,是太原组最好的标志层之一,在华北也普遍存在,故也是区域性良好标志。

8. 灰黑色海相泥岩

灰黑色海相泥岩位于太原组顶部,厚度几米至十几米不等,分布广泛,在邻省也普遍存在,含丰富的腕足类和双壳类化石,是一比较重要的标志层。

9. 3#煤

山西组下部的山东地区最厚最稳定的可采煤层,北部较薄,一般小于2m,向南逐渐变厚,新汶、宁阳7~8m,兖州、济宁9~11m,滕南可达10~14m。因此,3#煤是一很好的标志层,可以和邻省对比,如河南的二$_1$煤、江苏大屯的7#煤均为同一层位。

10. B层铝土岩

B层铝土岩位于下石盒子组顶部,属湖相沉积。山东北部较厚,向南变薄,地表露头常形成陡坎,标志十分明显,是山东上、下石盒子组良好的分界标志。根据面上的研究,山东的B层铝土岩可与河北唐山地区的A层铝土岩、山西的桃花泥岩、安徽泡泡砂岩之上的紫斑铝质泥岩进行对比,因此,其区域标志意义很大。

11. 奎山砂岩

奎山砂岩位于奎山段上部,为河流相中粗粒石英砂岩,质硬、厚度达20~40m,分布广泛,在山东及江苏等地均发育。地表上常成为山丘的盖帽砂岩,是上石盒子组中下部较好的标志。

12. 上石盒子组上部的海相泥岩

该层泥岩位于孝妇河段中上部,虽仅在鲁中、鲁西北个别地区有保留,但该层黑色海相泥岩厚度达10多米,含舌形贝化石,属海湾沉积,是海侵的产物,可与华北中南部对比,因而是上石盒子组中上部的重要标志层。

6.1.3.2 山西太原西山的石炭二叠系主要标志层

1. 山西式铁矿

山西式铁矿奥陶系顶界面上的含铁铝质岩,标志明显,为一穿时界面。

2. 半沟灰岩

半沟灰岩是本溪组最下部一层灰岩,位于西山剖面本溪组上段半沟段的底部,是本溪组上下两段的分界标志。产本溪期晚期的蜓化石。可与山西其他地区的张家沟灰岩、口泉灰岩对比。

3. 晋祠砂岩

晋祠砂岩是位于晋祠组底部的特征十分明显的砂岩,灰白色中细粒石英砂岩、粉砂岩夹黑色页岩,厚度大,在西山可达18m以上,分布广泛,是很好的标志层。

4. 吴家峪灰岩

吴家峪灰岩是中厚层灰岩,黑色,是晋祠组上部唯一的一层灰岩,距晋祠砂岩之顶仅2m多,产$Triticites$和$Quasifusulina$等化石,与其他地区的后寺灰岩相当。

5. 西铭砂岩

西铭砂岩黄白色、黄褐色中细粒长石石英砂岩,含菱铁质结核,厚度为6~11m不等,分布不均且较稳定,其上距煤层较近。

6. 庙沟灰岩

庙沟灰岩为深灰色石灰岩,上部为黑灰色硅质页岩夹泥质灰岩透镜体,含丰富的蜓、腕足、珊瑚、苔藓虫及牙形刺化石,是煤层的直接顶板,与陵川的松窑沟灰岩的下部相当,厚度为2.9m。

7. 毛儿沟灰岩

毛儿沟灰岩为深灰色石灰岩,含燧石结核,中部和底部为硅质层或硅质页岩。含丰富的蜓、腕足、苔藓虫、牙形刺及珊瑚化石。厚8m以上,距庙沟灰岩仅1m多,与松窑沟灰岩的上部相当。

8. 斜道灰岩

斜道灰岩位于太原组中上部,为深灰色石灰岩,下部夹海相页岩,底部为1.3m厚的硅质页岩,顶部为0.7m的褐黄色泥灰岩。厚6m,含丰富的蜓、珊瑚、腕足、苔藓虫、牙形刺化石。与老金沟灰岩相当。

9. 七里沟砂岩

七里沟砂岩为灰白色中粒含砾长石石英砂岩,在太原组上部 $6^{\#}$ 煤之下,厚5.7m,特征明显,利于横向对比。

10. 东大窑灰岩

东大窑灰岩位于太原组顶部,为灰色含泥质灰岩,顶部为灰黑色海相页岩夹灰岩透镜体。厚2.4m,含丰富的蜓、腕足及珊瑚、苔藓虫、牙形刺化石。与红矾沟灰岩相当。

11. 北岔沟砂岩

北岔沟砂岩为山西组底部的砂岩,厚度大,可达38m,为灰白色厚层巨粒、中粒含砾石英砂岩,上部为2.37m厚的细砂岩夹粉砂岩,含丰富的植物化石。

12. 骆驼脖砂岩

骆驼脖砂岩位于下石盒子组底部,为灰白色中粒石英砂岩,是山西组与石盒子组良好的分界标志。

6.1.4 重要地层界线的讨论

重要地层界线主要指年代地层界线。石炭、二叠纪的年代地层界线主要包括顶底界及统与统之间的界线。华北各地晚石炭世本溪组(甚至太原组)的不同层位与下伏地层不同层位呈现假整合关系。如前所述,由于有奥陶系单一的灰岩及其古风化面上的山西式铁矿层(或铁质泥岩)及G层铝土岩作标志,这条界线是清楚无疑的。

二叠系的顶界,以地层发育较全的地区而论,主要为晚二叠世晚期的石千峰组与早三叠世刘家沟组的整合接触,有植物、动物化石和古地磁作为其时代的证据。在山东淄博,虽无动植物化石,但古地磁是一致的。因此,石炭、二叠系的顶界也是清楚的。在地层界限问题上,最为重要且分歧最大的是石炭系与二叠系的分界以及二叠系上、中、下统的分界。

6.1.4.1 石炭—二叠系界线

国际石炭—二叠系界线,即下二叠统第一个阶阿瑟尔阶底部界线,已于1996年由国际地层委员会定义，金钉子剖面位于哈萨克斯坦北部，以有孤立结节的牙形刺 *Streptognathodus wabaunsensis* 的首现作为标志。

具体到华北地区，由于石炭—二叠纪海相地层不连续，露头发育不好，一直以来界线问题存在多种划分方案。本项目根据多年来华北石炭—二叠纪化石证据，拟在华北大部将该界线划在太原组中下部。以山东肥城煤田为例，其太原组中下部四灰牙形刺组合带 *Streptognathodus barskovi*，与国际界线较为接近，因此该地区石炭—二叠系界线应该位于四灰之底（苏维等，2006）。华北其他地区石炭—二叠界线更具地方特色，如黄淮地区该界线划在本溪组底部，内蒙古包头地区划在拴马桩组下部（表6.1、表6.2）。

6.1.4.2 中—下二叠统界线

国际中—下二叠统界线层型剖面于2001年定于美国得克萨斯州，以牙形刺 *Jinogondolella nankingensis* 的首现为标志。由于华北地区从早二叠世晚期开始即进入陆相沉积环境，华北该条界线的划定难度较大。结合本地区孢粉资料，暂定界线方案如下：华北大部分地区以山西组—下石盒子组界线作为中—下二叠统界线（苏维等，2006），黄淮地区该条界线位于山西组中下部，祁连地区和内蒙古部分地区该条界线位于下石盒子组下部（表6.1）。

6.1.4.3 上—中二叠统界线

国际上—中二叠统界线层型剖面于2004年定于我国广西，以牙形刺 *Clarkina postbitteri postbitteri* 的首现为标志。根据孢粉资料，黄淮地区该条界线划在下石盒子组下部，晋冀鲁地区和大青山、祁连部分地区划在山西组和下石盒子组之间，内蒙古包头地区划在杂怀沟组和石叶湾组之间（表6.2）。

6.2 晚石炭世古地理

华北晚古生代聚煤盆地沉积地层中砂、砾岩十分发育，特别是在华北陆块北缘大青山一带，砂砾岩占晚古生代全部沉积层厚度的71.67%，其中砂砾岩与泥质粉砂岩、粉砂质泥岩、泥岩之比为1/0.39。野外及室内岩矿鉴定表明，上古生界石炭—二叠系沉积地层中自下而上砂、砾岩的成分、结构等方面的变化规律明显，这对于判断母岩性质，推断陆源区的构造背景具有十分重要的意义。

晚石炭世主要存在几个大的隆起区：第一是华北板块北界，由于西伯利亚板块与华北板块挤压，致使华北北部隆升，形成重要的物源区，主要是由富含燧石的碳酸盐岩、石英砂岩组成；第二是华北板块南源由于扬子板块与华北板块南缘挤压形成秦岭造山带，造山带内岩性复杂，为以火山岩和中、新元古代为主的侵入岩和变质地层；第三，鄂尔多斯中部地区中央古隆起及西北源的阿拉善地块及北方伊盟隆起也成为一个重要的物源区，东北地区物源主要在北方，大面积的古隆起成为重要的物源区。

表 6.1 华北二叠纪地层对比表(李瑞生和顾谷声,1994)

华北地层区									国际(2013)	
大青山地层分区				晋冀鲁地层分区			黄淮地层分区			
内蒙古包头	内蒙古准噶尔	河北唐山	辽宁本溪	陕西韩城	山西太原	山东淄博	河南禹县	安徽淮北		
老窝铺组	刘家沟组		红砬组		刘家沟组	汶南组	刘家沟组	刘家沟组	下三叠统	
脑包沟组	孙家沟组	孙家沟组	孙家沟组	孙家沟组	孙家沟组	孙家沟组	孙家沟组	孙家沟组	乐平统	二叠系
石叶湾组	上石盒子组	上石盒子组	上石盒子组	上石盒子组	上石盒子组	上石盒子组	上石盒子组	上石盒子组	瓜德鲁普统	
	下石盒子组	下石盒子组	下石盒子组	下石盒子组	下石盒子组	下石盒子组	下石盒子组	下石盒子组		
杂怀沟组	山西组	山西组	山西组	山西组	山西组	山西组	山西组	山西组	乌拉尔统	
拴马桩组	太原组	太原组	太原组	太原组	太原组	太原组	太原组	太原组		
								本溪组		

表 6.2 华北石炭纪地层对比表（李瑞生和顾谷声，1994）

华北-塔里木地层区							国际(2013)
祁连-贺兰山地层分区		华北地层分区					
祁漫塔格		阴山	北祁连山	大别山	燕辽	华北大部	
诺木洪河组	四角羊沟组	P₁ 拴马桩组	P₁ 六黄沟组		蛤蟆山组	太原组	石炭系（宾夕法尼亚亚系）
		佘太组	羊虎沟组	杨小庄组	虹螺蚬组	本溪组	
格尔木河组	缔敖苏组			胡油坊组			
			红土洼组	道人冲组			
乌图美仁组	西汉斯特沟组		靖远组	杨山组			石炭系（密西西比亚系）
大干沟组	城墙沟组		臭牛沟组				
乌龙沟组	穿山沟组		前黑山组	花园墙组			
花岗岩	D₃	O₂		D₃?	O	O	

注："?"表示不能确定。

韩德馨和杨起(1980)用华北晚石炭世地层等厚线分布情况来反映该时期古地形特征，对我国北方晚石炭世古构造进行分析，其沉积总的厚度变化趋势是东、西部厚、中部薄。经过研究该期华北形成广阔坳陷。由于东部的郯庐断裂和西部贺兰山对该区的控制，形成了东部、中部和西部三个主要同沉积坳陷，详述如下。

（1）东部地区（郯庐断裂以东）地层厚度最大的地区主要分布在华北东北部，成为整个华北板块最大的沉积中心，辽东地区晚石炭世最厚达到 100m 以上，最厚达到了 350m。向东至浑江一带厚度减薄为 40～150m，至长白一带则为 80m 左右。总的趋势是向北向南逐渐增厚，由辽宁的本溪向东向西逐渐减薄。

（2）中部地区（郯庐断裂以西，贺兰山断裂以东）总体上表现为南高北低、西高东低的古地势，其中包含两个坳陷和三个隆起：北部坳陷位于渤海湾一带，最厚沉积达 120m；南部坳陷位于徐州的贾汪至皖北宿迁一带，范围较小，最厚沉积可达 90m，等厚线呈东西向延展。三个隆起是闾山隆起、阜平隆起和吕梁隆起。闾山隆起沿绥中北东向延展；阜平隆起由北京至太原呈北东向展布；吕梁隆起由内蒙清水河，晋西北的河曲、保德、兴县至晋西的离石以南，为一南北向的隆起。

（3）西部地区（贺兰山断裂以西），构造频繁，研究难度高，经研究发现，早石炭世羊虎沟组沉积厚度变化极大，等厚线围绕银川以北的大武口隆起呈南北向展布，其中，乌达地区厚度超过 1200m，该区为晚石炭末期，由于华北板块南北海槽在此对挤挟击，来自祁连山向北的持续挤压，查汉断裂发生左行走滑，产生北东向拉张，导致该区形成"坳拉槽"，因此，沉积了较厚的晚石炭世沉积，进而成为西部的主要沉积坳陷区。

总的来说，该期由于北部、南部及西部构造运动影响，华北板块内部发育大量的同沉积坳陷和隆起，这是造成华北内部地层沉积厚度差别的一个主要原因。晚石炭世，靠近阴山古隆起南侧为三角洲沉积体系，南部地区主要是海相环境，东北地区以古隆起为主，东北南部和东部有两个海区分布。晚石炭世华北板块主要是海相环境，为陆表海沉积环境，东北地区继承了谢尔普霍夫阶的特点，北部大兴安岭地区继续上升，全部隆起，海域消失；南部海槽存在并伴有强烈的火山活动，海槽东端吉林延边至饶河一带是连通在一起的浅海沉积环境。靠近阴山区仅有部分海相环境，形成海陆交互存在则空间展布（图 6.3）。

华北大部主要为海陆交互相灰岩及砂岩、泥岩组合；辽东及鲁中地区发育台地相灰岩夹泥岩、砂岩组合；在北部阴山古隆起附近发育河流及三角洲相砂岩、泥岩组合，局部地区发育冲积扇相砂砾岩组合；华北板块南部靠近秦岭构造带地区发育残积相铝土质泥岩；秦岭构造带北部的商城—金寨地区发育深水浊积扇相砂砾岩与泥岩；整体表现出南北分带、东西展布的特点。华北地区在晚石炭世主要为海相环境，在两大纬度构造带（阴山古陆与秦岭造山带）控制下，华北板块为一个向东北倾斜的东边敞口的箕状陆表海盆地，此时，该区温暖湿润，大量的海相动物发育，以蜓类、腕足类为主，并产有腹足类和瓣鳃类等海相化石。通过古水流研究发现，此时东部海水由东北向腹地侵入，西部祁连海由西北侵入，形成全区几乎皆为海相的古地理景观。该期东北地区主体为古陆，仅在南部与阴山之间存在部分的浅海陆棚和碳酸盐台地沉积区，详见图 6.3～图 6.7。

第6章 含煤系统与精细聚煤古地理——以华北晚古生代为例

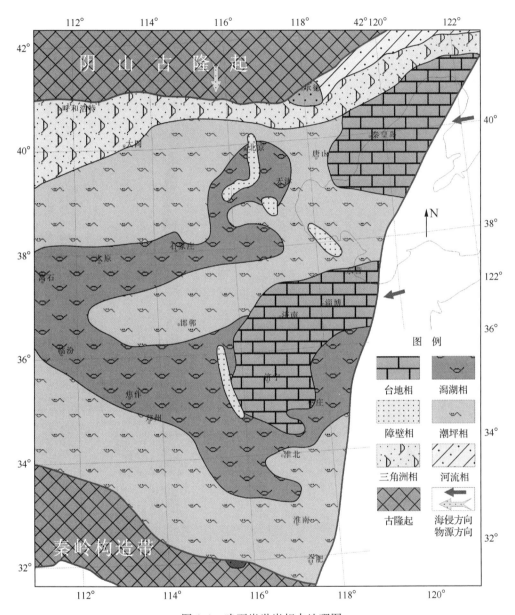

图6.3 晚石炭世岩相古地理图

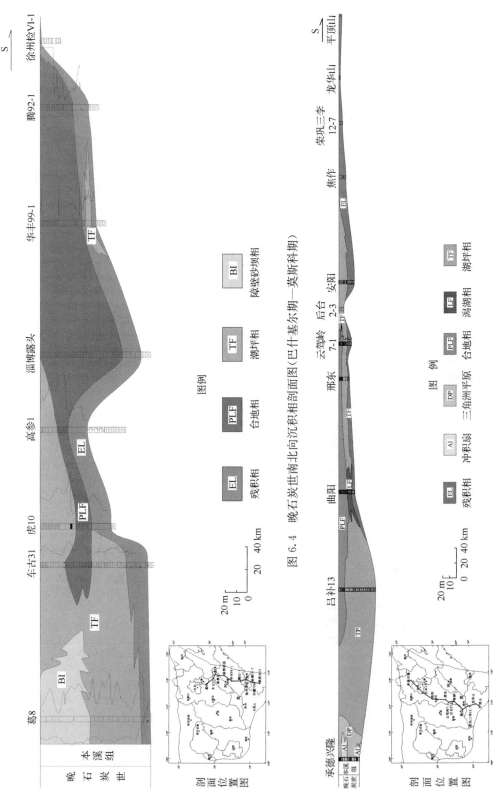

图 6.4 晚石炭世南北向沉积相剖面图(巴什基尔期—莫斯科期)

图 6.5 晚石炭世南北向沉积相剖面图(巴什基尔期)

第6章 含煤系统与精细聚煤古地理——以华北晚古生代为例

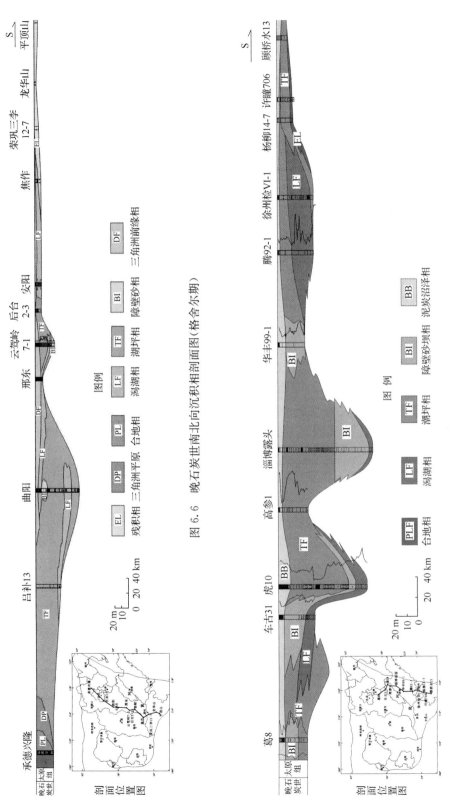

图 6.6 晚石炭世南北向沉积相剖面图（格舍尔期）

图 6.7 晚石炭世南北向沉积相剖面图（卡西莫夫期—格舍尔期）

6.3 早二叠世古地理

华北晚石炭世地层等厚线分布情况可以明显反映该时期古地形特征,对我国北方早二叠世紫松期—隆林期古构造进行分析,地层厚度最大的地区主要分布在华北东南部,最厚达到200m以上,其次是山东中部地区,最厚达1500m以上。华北地区晚石炭世同沉积拗陷主要有东部、中部和西部拗陷区。东部拗陷区主要位于阴山古隆起南缘及郯庐断裂以东的拗陷带内。该区地层厚度在100m左右,地层等厚线呈东西—北东向狭长带状分布。中部拗陷区主要位于郯庐断裂以西,北界为阴山古隆起,该期地层向古隆起方向超覆,在阴山古隆起南侧,形成了辽西-冀中拗陷的东南部位。根据该期沉积特点,华北盆地内部可以划分北、中、南三个沉积带。其中,北带沿着阴山古隆起南缘分布,其特征是粗碎屑岩占主要地位,沿着阴山古隆起南缘出现砾岩或含砾粗砂岩,含灰岩1~4层,向北灰岩尖灭。中带大致位于北纬$34°30'$~$37°30'$,该带含灰岩4~10层,海侵次数增多,下部沉积部位以太原周边为主要沉积中心,中部以阳泉至襄垣最厚,上部则南移至长治一带,其沉积中心由北向南迁移,反映华北早二叠世沉积中心由北向南迁移的总趋势。中带的岩性具有北带与南带过渡性质,南带指北纬$34°30'$以南区域,岩性以灰岩为主,反映海侵次数增多。西部拗陷主要在贺兰山、横山、韦州一带,呈现南北向线状延展。其内部构造分异较明显,大体可划分为一个隆起区和两个拗陷区。隆起区即固原-大武口隆起区,隆起区南端于甘肃平凉太统山缺失石炭系,隆起区北端的大武口紫松期沉积地层厚仅60余米。隆起东侧为石咀山、横山、韦州拗陷,厚度达到719m。

二叠纪是晚古生代的一个重要时期。早二叠世的古地理轮廓基本继承了晚石炭世的格局。但海西后期的构造运动使二叠纪的海陆变迁有了新的发展。华北板块主体自二叠纪起,海水开始由北向南退出,因此,早二叠世北部地区仅局部遭受短期的海侵影响,中部和南部仍然受海侵的影响。紫松期,海水改由南东侵入华北盆地,整个盆地大面积为陆表海所覆盖,台地广泛发育,至隆林期,由于大量的陆源碎屑物质向盆地注入,海岸线迅速向南迁移至南华北,北华北发育大量的过渡相沉积,南华北地区仅有局部的碳酸盐台地相分布(图6.8)。本书绘制了华北板块南北向沉积相剖面(图6.9~图6.11),由图6.10中可以看出,华北板块东部区域的北方以潮坪沉积为主,中部过渡为障壁-潟湖沉积,向南逐渐过渡为海相碳酸盐台地沉积,这反映出海水逐渐由北向南退却,隆林期,华北盆地东北部逐渐过渡为河控浅水三角洲沉积,煤层广泛的发育,向南,则过渡为三角洲前缘、障壁-潟湖沉积,最南部的两淮地区仍有局部海相碳酸盐台地沉积。

第 6 章 含煤系统与精细聚煤古地理——以华北晚古生代为例

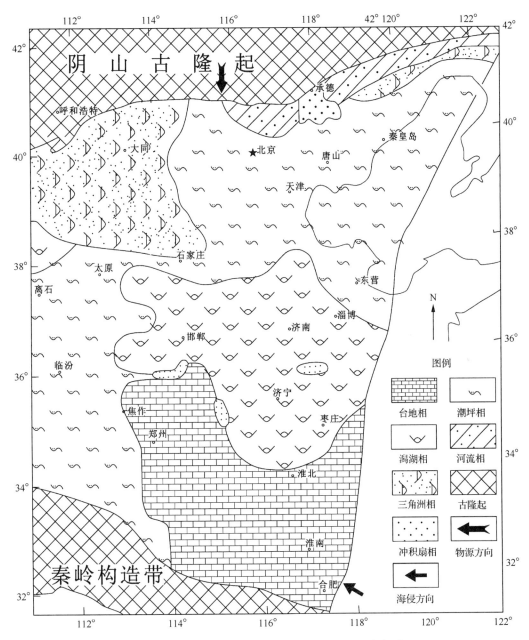

图 6.8 华北早二叠世紫松期—隆林期古地理分布图

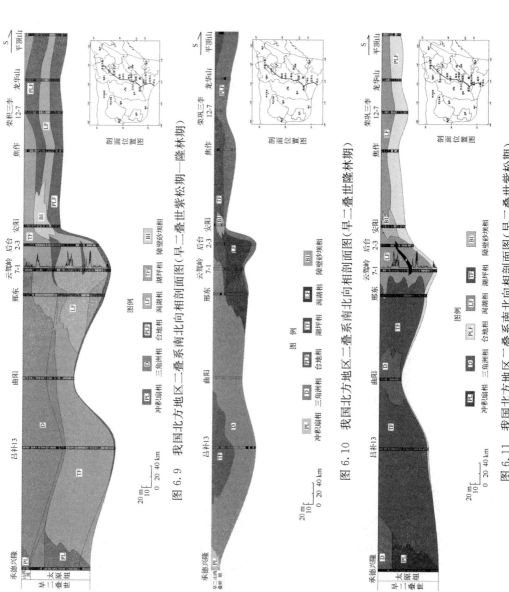

图 6.9 我国北方地区二叠系南北向相剖面图(早二叠世紫松期—隆林期)

图 6.10 我国北方地区二叠系南北向相剖面图(早二叠世隆林期)

图 6.11 我国北方地区二叠系南北向相剖面图(早二叠世紫松期)

6.4 中二叠世古地理

华北地区中二叠世的沉积体系以过渡相为主,北部发育了陆相沉积,向南发育了三角洲沉积体系,经过最近研究发现,该期主要的沉积体系为河控浅水三角洲沉积体系,南部则以有障壁海岸沉积体系为主,反映海水由北向南逐渐退出研究区(图6.12~图6.14)。

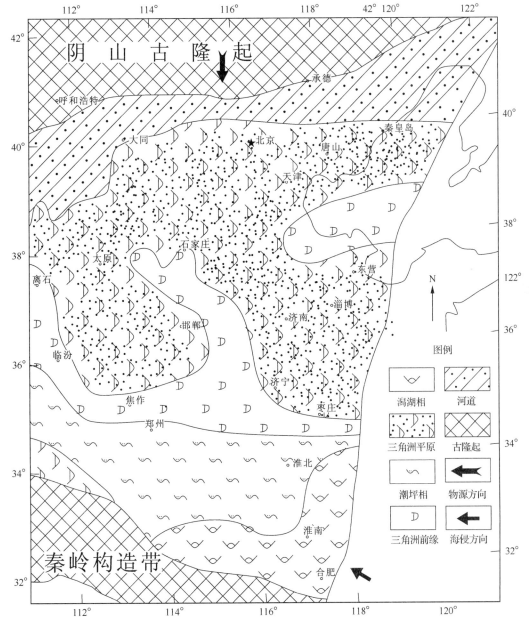

图6.12 华北中二叠世空谷期—罗德期古地理分布图

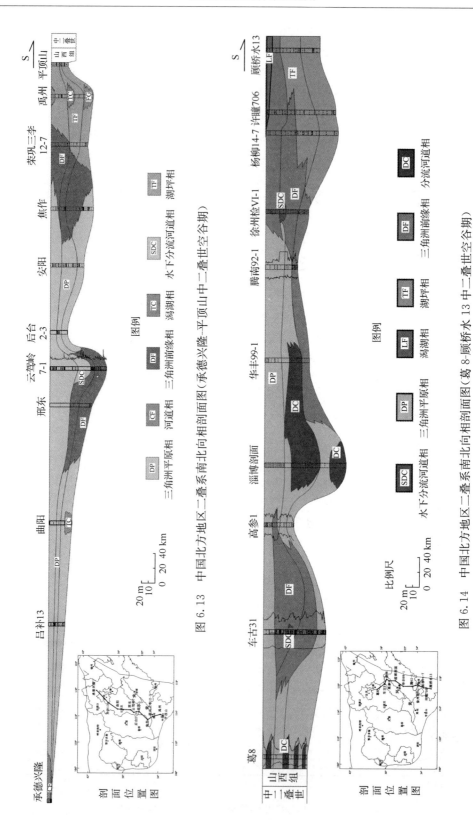

图 6.13 中国北方地区二叠系南北向相剖面图(承德兴隆-平顶山中二叠世空冷期)

图 6.14 中国北方地区二叠系南北向相剖面图(葛 8-顾桥水 13 中二叠世空冷期)

6.4.1 空谷期—罗德期岩相古地理

随着西伯利亚板块继续与华北板块挤压，华北板块逐渐北高南低的趋势越发明显，同时全球气候逐渐转为干旱，海平面由北向南逐渐发生海退，因此，该区主要出现了三角洲沉积环境，靠近北部的阴山陆地区，主要为陆相的河流、冲积扇、扇三角洲沉积环境，靠近南部秦岭地区以海相环境的潟湖为主。

华北地区中二叠世空谷期—罗德期地层厚度一般为 40~100m。大于 80m 的地区位于西华北环县、银川、乌海、石嘴山等地，桌子山最厚，达 167.80m；北华北准噶尔、大同、朔州、北京、太原、离石、汾孝、武乡、邯郸、肥城、淄博、新汶、滕州等地厚 80~120m，准噶尔最厚，可达 167.20m；南华北济源、郑州、禹州、漯河等地最厚达 104m；东华北辽阳、本溪等地区最厚达 121.90m。在鄂尔多斯地区及邻近古陆地带地层厚度明显变薄。地层含砂率一般为 10%~60%，大于 40% 的地区主要分布于本区北部，即乌海、包头、准噶尔、大同、兴隆、南票等地，南票、建昌一带含砂率最高，可达 70%~92%。有两个含砂率较大的条带由北而南延伸，准噶尔、离石、武乡、陵川一带含砂率为 40%~70%；南票、宝坻、北京、新汶一带含砂率为 40%~90%。另外，在本区南部的蒲城、洛南等地含砂率也较大，为 40%~50%。在南华北地区含砂率最小，多为 5%~10%，仅局部地点可达 40% 左右。可见阴山古隆起是本区的主要物源区，秦岭构造带也提供一些物质。

本期华北中部及北部地区主要为三角洲沉积体系，三角洲所成的煤层广泛发育，尤其是在华北鲁西、山西、河北等地，煤层厚度较厚，为典型的三角洲平原成煤。同时，沉积地层中可以发现大型河流交错层理、槽状层理，见图 6.12~图 6.14。

中二叠世海相分布面积减少，海岸线主要存在于郑州、开封、商丘一线，向南主要为潮坪-潟湖沉积，在鄂尔多斯盆地存在着一个独立的海相湖盆。该期气候开始由潮湿转为干旱，在山西乡宁、陕西的铜川和府谷等地发现蒸发岩是一个良好的证据。该时期，从北而南依次分布着河流沉积体系、三角洲沉积体系、潮坪-潟湖沉积体系，显著特征为河流沉积体系广泛发育，潮坪-潟湖沉积体系萎缩于平顶山、太康一带，反映该时期北部物源区物质供应充足，河流作用持续向南发展。古陆上升剥蚀加剧，沉降速率增大，致使海岸线向南东迁移至南华北。南华北有薄煤层或局部可采煤层赋存，而北华北碎屑沉积体活跃，加之地台北缘特提斯关闭，干旱气候出现，抑制了植物生长与泥炭聚积，反映该时期北部物源区物质供应充足，河流作用持续向南发展。东北地区主要为浅海陆棚相，海域分布较广泛，中部发育半深海相，沿古陆边缘地区发育了潟湖、潮坪及三角洲等沉积。盆地内总体体现为一个海陆交互相沉积，华北地区以三角洲沉积相为主，只有在南部地区剩下一部分潟湖、潮坪沉积，东北则仍以海相为主，反映此时华北海已经逐渐退出本区，东北则仍受到海相影响。

6.4.2 沃德期—卡匹敦期岩相古地理

华北自石盒子群沉积开始，盆地内部的差异升降作用明显增强，盆地北缘迅速抬升，导致海水大规模后退，沉积组合面貌在南北方向上的分带性更为明显。上石盒子组中普遍出现杂色层，说明气候已转干燥，除局部地区见薄煤层或煤线外，其余均不含煤。南华北地区石盒子群以细粒沉积为主,泥岩、砂质泥岩、粉砂岩、煤在剖面中占较大比例。上石盒子组沉积期,华北地区已经完全转换为陆相沉积,区内主要是河流相、湖泊相沉积,较下石盒子组沉积期,沉积物粒度明显变粗,含砾粗砂岩广泛发育,广大地区平均含砂率都在40%~60%,已经没有海水作用,因此,海水已经完全退出本区,阴山地区仍为主要的物源区,秦岭地区贡献的物源较下石盒子期增多,此时,华北地区气候干旱,繁育了陆生植物化石。上石盒子期主要有浅湖相、河流相等陆相沉积,其中,北部以河流相为主,南部以湖相沉积为主。东北地区以陆相河流沉积为主,湖体总体上由南向北萎缩,主要物源为阴山地区(图6.15)。

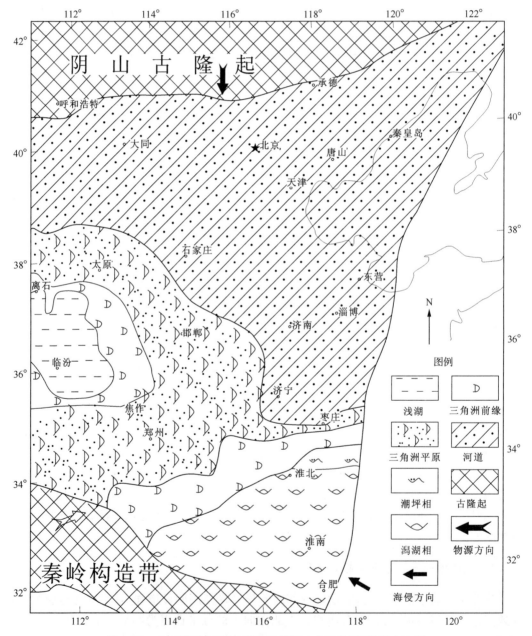

图6.15 中二叠纪上石盒子期(沃德期—卡匹敦期)岩相古地理

6.5 晚二叠世古地理

晚二叠世,我国古地理发生巨大变化。随着西伯利亚板块继续与华北板块挤压,华北板块逐渐北高南低的趋势越发明显,北方大部分地区上升,主要为陆相的河流、冲积扇、扇三角洲沉积环境,华北海已经完全退出本区。区内主要发育了湖相沉积,东北地区存在湖相沉积。华北北部地区湖岸线主要分布在天津、石家庄、阳泉、太原、定边一带,南部地区主要分布在咸阳、运城、晋城、开封、周口一带,湖泊面积较大。

晚二叠世,华北地区地层厚度为50~361m。大于250m的地区在南票、唐山、大城、肥城、晋城、平顶山一线以东,淮北最厚,达361m;鄂尔多斯厚200~310m;东华北厚200~360m。靠近北部和南部构造带,地层厚度迅速减小。本期地层厚度分异较大,出现上述三个沉降中心。

晚二叠世地层含砂率为20%~90%。阴山古隆起南侧的乌海、包头、准噶尔、朔州、大同、太原、大城、北京、兴隆等地,以及本溪、浑江一带,含砂率大于50%,顺义牛栏山含砂率最大,达99.4%。秦岭构造带北侧的铜川、韩城、晋城、济源、三门峡、宜阳、平顶山等地区,含砂率为50%~70%。含砂率较低的地区位于本区东部、南华北和鄂尔多斯中部,多小于30%。以上这些含砂率的分布和变化特征,反映北部阴山古隆起和南部秦岭构造带为本区的物源区(图6.16)。靠近古隆起地区常出现砾岩层和含砾粗砂岩层,而沉积盆地中部则多为中细砂岩。

晚二叠世气候比较干燥,地层以红色、紫红色为主,发育大量的陆生植物化石,海平面已经完全退出该区。

华北地区沉积相主要呈现东西展布、南北分带特点,此时物源区除了北部阴山陆还有南部的秦岭大别造山带地区,从物源向盆地中心逐渐为三角洲平原亚相、前缘亚相等,最深的地方位于鲁西地区及淮南地区,发展为湖盆相,东北地区主要是湖盆沉积。

华北地区总体上古地理景观为陆相、三角洲相沉积,东北主要是陆相的湖泊沉积,见图6.16。

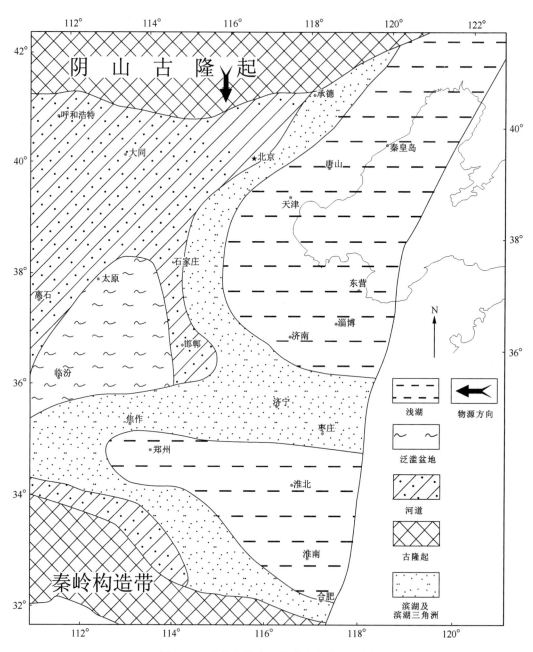

图 6.16 华北东部晚二叠世岩相古地理图

第7章 含煤系统研究与资源预测

7.1 华北含煤系统域划分

含煤系统按照大小、级别可以划分为含煤系统域、含煤巨系统和含煤系统。

含煤巨系统一般由大型断裂或隆起限定,中间为广阔的煤田,可以是含一个时代煤层的煤田,也可以是含多个时代煤层的煤田,这些煤田具有相似的地质构造条件和煤层赋存条件,在实际勘探开发中,能够对之进行综合的勘探。含煤系统域由多个含煤巨系统组成,即是一套具有相似成因的煤层,在后期的构造演化中,被分隔成多个含煤巨系统或含煤系统。

华北板块晚古生代是一个巨型含煤盆地,盆地范围广阔,蕴含多套不同成因的煤层,既有海陆交互相成因的煤层,也有河控浅水三角洲成因的煤层;从时间尺度上来看,成煤作用从晚石炭世至早中侏罗世均有发生;从区域位置上来看,聚煤作用从早期至晚期由北部向南部迁移。后期构造运动使部分区域煤系抬升而被剥蚀,划分了很多次级煤田,形成多个含煤巨系统。含煤系统域一般由含煤巨系统组合而成,一个含煤系统域往往由板块边界大的构造带组成,如秦岭构造带、郯庐构造带及鄂尔多斯西缘构造带等,这些构造带成为华北含煤系统域的边界。在华北板块内部,由板块作用形成的内部大型断裂,如太行山断裂、雪峰山断裂等,成为划分含煤巨系统的边界。含煤巨系统内部的主要分割断层,成为含煤系统的边界。

7.2 鲁西含煤系统

7.2.1 鲁西含煤系统构造格架

山东地区在漫长的地史发展中,经历多次构造运动,形成复杂的地质构造。基底构造十分复杂,以一系列褶皱为主,并遭受强烈的区域变质作用及混合岩化作用;变质岩类型包括板岩、千枚岩至麻粒岩、榴辉岩及各种混合岩,变质类型复杂。盖层构造较为简单,以单斜及宽缓褶曲为主,但断裂构造十分发育,并控制一系列中新生代断陷盆地。根据板块构造理论,以郯庐断裂为界,山东省西部和东部分别位于华北板块和秦祁昆褶皱系两个构造分区(图7.1,表7.1)。根据基底形成、沉积建造、岩浆活动、形变特征及与之相关的地球物理场特点等,可将省内华北板块部分划分为鲁西南拗陷区、鲁中隆起区、沂沭断裂带、鲁东隆起区、鲁西北拗陷区5个构造单元;秦祁昆褶皱系部分只包括胶南隆起区一个构造单元。根据精细区域构造区划,各构造单元又可以划分为若干个凹陷及凸起。

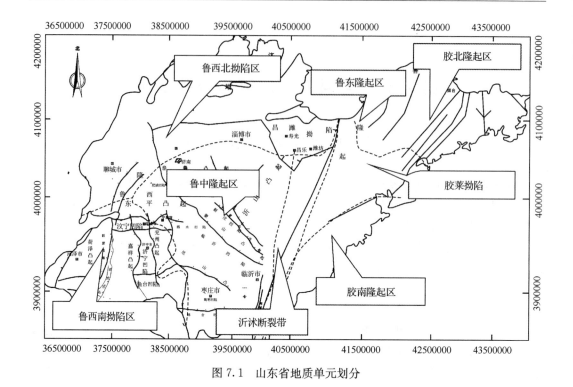

图 7.1 山东省地质单元划分

表 7.1 山东省构造单元划分表

华北板块	鲁中隆起区		阳谷-茌平凹陷、齐河-淄博凹陷、东平凸起、肥城凹陷、泰鲁凸起、泰莱凹陷、徂徕山-新甫山凸起、新蒙凹陷、蒙山凸起、沂山凸起、临沂凹陷、尼山凸起、泗水凹陷、陶枣凹陷、韩台凹陷
	鲁西南坳陷区		鄄城凹陷、菏泽凸起、汶宁凹陷、巨野凹陷、嘉祥凸起、济宁凹陷、兖州凸起、成武-滕州凹陷
	沂沭断裂带		潍北凹陷、寒亭凸起、潍坊凹陷、汞丹山凸起、苏村-马站凹陷、安邱-莒县凹陷、郯城凹陷
	鲁西北坳陷区	临清坳陷	德州莘县凹陷、东明凹陷
		埕宁隆起	宁津凸起、埕子口凸起
		济阳坳陷	惠民凹陷、车镇凹陷、义和庄凸起、滨县孤岛凸起、东营凹陷、广饶凸起、潍西凹陷、朱刘店凸起
	鲁东隆起区	胶北隆起	三合山凸起、黄县凹陷、招远-栖霞凸起、牟平-文登凸起、荣城凹陷
		胶莱坳陷	五莲-诸城凹陷、胶州凸起、高密-即墨凹陷、大野头凸起、莱阳凹陷、海阳凹陷
秦祁昆褶皱系	胶南隆起区		

7.2.2 鲁西含煤系统边界确定及划分

依据山东省构造划分特征,结合实际含煤地质条件,可以将山东省含煤地区划分为一个含煤巨系统,该巨系统内的含煤地层以石炭-二叠系为主,煤层分布较广泛,煤层易于对比,局部地区埋藏较浅。

该含煤巨系统可以进一步划分出两个含煤大系统,鲁西坳陷带和鲁中隆起带为一个含煤大系统,即鲁西隆起区含煤大系统,具体划分依据如下:①该区煤层赋存深度较浅,煤层厚度总体上较厚;②该区总体上处于隆起区,盆地内断层较多,且多为拉张正断层;③隆起区含煤地层剥蚀殆尽,凹陷区保存含煤岩系;④煤层变质程度相似,大部分为气煤或肥煤,局部受到岩浆作用影响变质为高变质煤。鲁西北坳陷区为鲁西北含煤大系统,具体划分依据如下:①煤层赋存深度较深,上覆地层厚度较大;②煤层分布面积可能较广泛;③盆地内部总体上处于凹陷区,煤层保存较好。依据含煤区煤层赋存特点,可以将每个大系统划分出相应的子系统,具体划分见表7.2。

表 7.2 鲁西含煤系统划分

含煤巨系统	含煤大系统	含煤系统
鲁西含煤区巨系统	鲁西隆起区含煤大系统	黄河北凹陷、淄博凹陷、肥城凹陷、泰莱凹陷、新蒙凹陷、临沂凹陷、泗水凹陷、陶枣-韩台凹陷
		鄄城凹陷、汶宁凹陷、巨野凹陷、济宁凹陷、兖州凸起、滕县凹陷
	鲁西北坳陷含煤大系统	德州莘县凹陷、东明凹陷
		惠民凹陷、车镇凹陷、义和庄凸起、滨县孤岛凸起、东营凹陷、广饶凸起、潍西凹陷、朱刘店凸起

7.2.2.1 鲁西隆起含煤大系统

鲁西隆起含煤大系统主要包括14个含煤系统,其中,黄河北凹陷、淄博凹陷、肥城凹陷、泰莱凹陷、新蒙凹陷、临沂凹陷、泗水凹陷、陶枣-韩台凹陷八个含煤系统位于该区北部,鄄城凹陷、汶宁凹陷、巨野凹陷、济宁凹陷、兖州凸起、滕县凹陷六个含煤系统位于该区南部。从区域构造上看,鲁西隆起区在区域上隶属于华北板块的鲁西块体,是一个以大型隆起为背景的地质构造单元,现今煤田分布见图7.2。鲁西隆起区含煤大系统东界为郯庐断裂带,南以丰沛断裂与南华北盆地相隔,西以聊考断裂为界与东濮凹陷、临清凹陷毗邻,北由广饶-齐河断层与济阳凹陷相隔。鲁西隆起区内分布着众多大小不等、形态各异、沉积差异很大的中新生代断陷、沉积凹陷盆地。

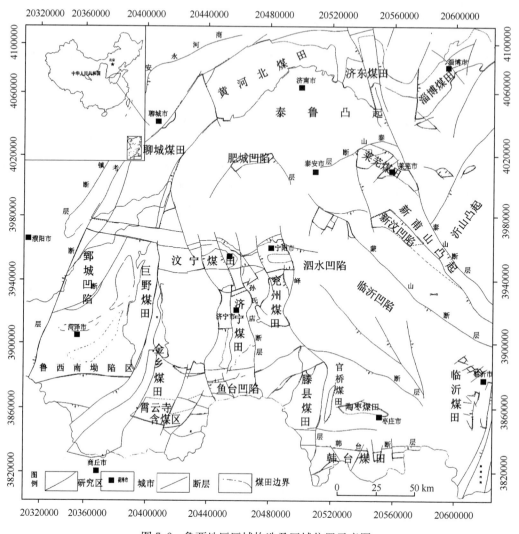

图 7.2 鲁西地区区域构造及区域位置示意图

7.2.2.2 鲁西北拗陷含煤大系统

鲁西北拗陷含煤大系统包括 10 个含煤系统,其中德州莘县凹陷和东明凹陷两个含煤系统位于北部地区,惠民凹陷、车镇凹陷、义和庄凸起、滨县孤岛凸起、东营凹陷、广饶凸起六个含煤系统位于济阳拗陷,潍西凹陷和朱刘店凸起两个含煤系统位于该区东部。从区域构造上来看,鲁西北拗陷区在区域上隶属于华北板块的鲁西块体,是一个以大型凹陷为背景的地质构造单元。鲁西北拗陷东界为郯庐断裂带,南以广饶-齐河断层为界,西界为聊考断裂,北界为省界(图 7.3)。鲁西北拗陷内石炭—二叠系埋藏较深,尤其是济阳临清等拗陷区,局部地区埋深达到 4000m 以上。

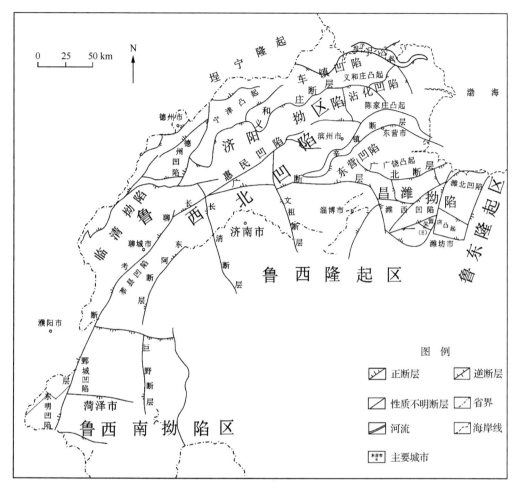

图 7.3 鲁西北拗陷区域地质图

7.2.3 鲁西地区典型含煤系统划分

7.2.3.1 汶宁含煤系统

汶宁含煤系统位于鲁西南断块拗陷的东北部,其边界主要是东西向和南北向的大构造。后期构造运动,形成了含煤系统的重要边界;在边界之外含煤地层缺失,边界之内含煤地层普遍发育。本区的东西向构造属昆仑-秦岭东西向构造带的东延北支,主体为受汶泗断裂和郓城断裂控制的汶泗凹陷,其为古近纪凹陷,呈东西向长条状分布,长 120km。自西向东又可分为次级的拳铺凹陷、汶上凹陷、宁阳凹陷。汶宁含煤系统以孙氏店断层为界,又可分为汶宁西区和东区。汶上-宁阳凹陷位于汶泗向斜,区域构造控制着构造格局和构造规律,由于先后受到东西向和南北向区域构造运动的作用,所以现在区内构造是上述两期构造运动复合的结果(图 7.4)。

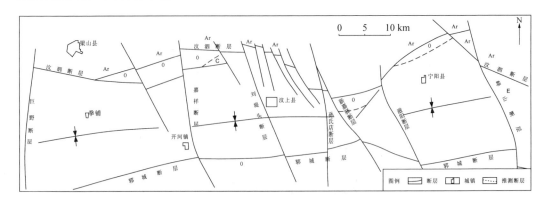

图 7.4 汶上-宁阳凹陷构造图

1. 东西向构造带

汶泗断裂呈东西向展布,断裂的落差最大约 3000m,对汶宁地区古近系起重要的控制作用。断面南倾,为陡倾斜正断层。断裂西部全部被第四系覆盖;断裂东部仅泗水一带裸露,北盘为太古界及下古生界,南盘自东向西依次出现官庄组下、中、上三段,反映断裂活动具有自东向西逐渐迁移的趋势。

郓城断裂亦呈东西向展布,是汶宁地区的南部边界断裂,断面北倾,亦为陡倾斜正断层,它对该区的古近系也有明显的控制作用,其全部被第四系覆盖。

在断层活动的影响下,区内古近系大多呈北或北北东向倾斜的单斜产出,地层走向与断层平行。但也有一些地区因受断层的影响,地层被牵引而形成规模不等的褶曲。沿断裂尚可见到与断面平行的断片。

2. 南北向构造带

与汶宁含煤系统东西向构造体系配套的南北向张性结构面也较发育,主要有嘉祥断裂、孙氏店断裂、峄山断裂。该组断裂平面上呈锯齿状展布,具等距性,属张性正断层,但略显左行平移性质。它们是在东西向构造两组扭裂面基础上追踪而成的,属东西向构造体系伴生的低序次结构面。该组断裂对煤田的分布起重要的控制作用。

7.2.3.2 黄河北含煤系统划分

黄河北含煤系统位于鲁西含煤巨系统北部,南部以东阿断层为界,东阿断层以南含煤地层缺失,东部以卧龙山断层为界,北部以聊考断层为界,聊考边界以北含煤地层埋藏较深,西以刘集断层为界限。矿区位于华北地台山东台背斜西缘,是台背斜向河淮台向斜延伸的转折部位,鲁西断块、鲁中块隆西北外缘,区域构造位于东阿-济南-临朐单斜凹陷的北部。其南为下古生界隆起区、泰山断凸、肥城断盆;北部边界为聊考弧形断层,断层上盘即华北断块的济阳块陷;矿区西部为阳谷茌平煤田预测区,东部为济东煤田。该区地跨东阿、长清、齐河、历城、高唐、禹城、济阳七县,均为全隐蔽石炭-二叠系煤田,矿区面积 4374km^2(图 7.5)。黄河北含煤系统可以划分为赋煤区块子系统及煤层气资源子系统,这两个子系统边界一致,煤层形成机制与煤层气形成机制具有一定的相关性。

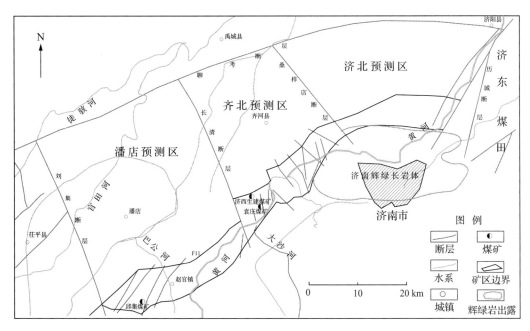

图 7.5 黄河北含煤系统平面图

7.2.4 鲁西典型区块含煤系统构成

7.2.4.1 含煤系统的地层格架

1. 汶宁煤田含煤系统

根据汶宁地区地层的发育情况及区域构造背景,考虑层序的发育同时受构造、气候、物源、A/S值变化和地层的自旋回过程等多种因素控制的特点,结合 Cross 按基准面旋回级别划分层序和层序命名的原则,提出同时考虑界面性质、界面级别、层序结构和叠加样式的超长期、长期、中期和短期 4 个级别的层序地层划分方案,将汶宁地区本溪组、太原组、山西组地层划分为 1 个超长期旋回层序(陆表海盆地构造旋回),4 个长期旋回层序(LSC1、LSC2、LSC3、LSC4),9 个中期旋回层序(MSC1、MSC2、…、MSC9)及二十多个短期旋回层序(表 7.3,图 7.6)。

表 7.3 汶宁地区石炭—二叠系高分辨率层序划分与岩石地层对比关系

统	组	构造演化	超长期	长期	中期
下二叠统	山西组	陆表海盆地萎缩发展阶段	陆表海盆地构造旋回	LSC4	MSC7~9
	太原组	陆表海盆地鼎盛发展阶段		LSC2、LSC3	MSC3~6
上石炭统	本溪组	陆表海盆地稳定发展阶段		LSC1	MSC1~2

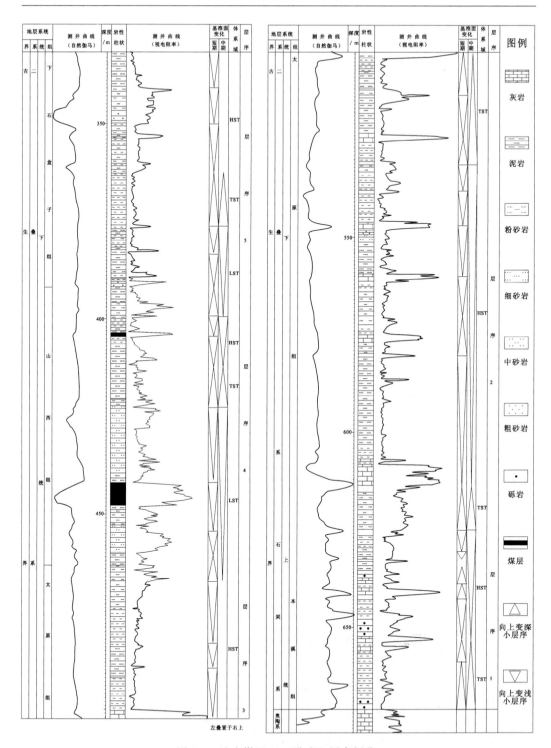

图 7.6 汶宁煤田 28-3 孔岩心层序划分

1) 短期基准面旋回层序

在研究区石炭—二叠系的地层中,由不同成因特征的边界所界定的短期基准面旋回主要有如下两种主要类型。

（1）向上"变深"的非对称型短期旋回层序（A型层序）。此类型发育于华北陆表海盆地高频突发性海侵过程中的台地沉积区及河控浅水三角洲的分流河道沉积区。特点如下：①均以保存上升半旋回沉积记录为主，层序的主体由开阔台地相的灰岩及分流河道中的砂体组成；②层序的底面以泥炭化事件界面和冲刷界面分开；③向上都以发育变细的沉积序列显示向上"变深"的上升半旋回结构；④形成于 $A/S \geqslant 1$ 的条件下。岩性组合相对简单，在太原组中下伏一般为泥炭，向上出现台地相的灰岩，上部岩性一般为混合坪相的泥岩或粉砂岩；在山西组岩性组合中下伏一般为泥岩，接着出现分流河道的砂岩（主要为中、细砂岩），上部一般由反映水体变深的粉砂岩组成（见图7.7）。

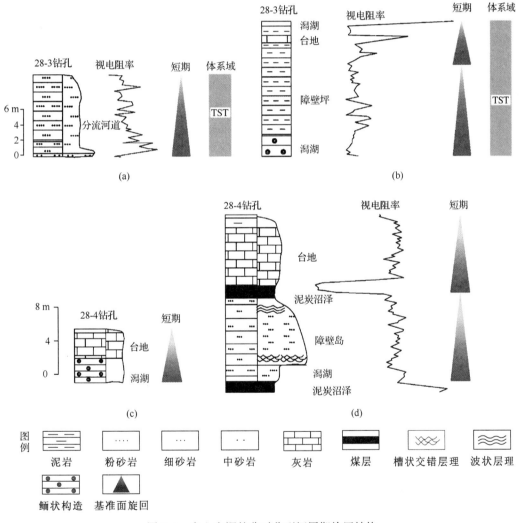

图 7.7　向上变深的非对称型短周期旋回结构

（2）向上变浅的非对称型短周期旋回层序（B型层序）。海陆交替型沉积的特点是海相沉积（如海相灰岩、泥灰岩和海相泥岩）与陆相沉积物交互出现，构成多个旋回。通过对汶宁地区晚古生代陆表海充填层序中短期基准面的识别，本区多为向上变浅的非对称型短周期旋回层序。具有如下特点:①以保存下降半旋回沉积记录为主;②以突发性海侵面和冲刷界面为分界面;③每个短期旋回的相序特点是浅海碳酸盐沉积末期开始至潮坪泥炭沼泽沉积结束,其间略有差异,概括起来有如下四类相序列:①碳酸盐台地相→潮坪相组合→潮坪泥炭沼泽相;②碳酸盐台地相→潟湖相组合→滨海沼泽及泥炭沼泽相;③碳酸盐台地相→障壁坝组合→泥炭沼泽相;④前三角洲相→浅水三角洲平原组合→沼泽及泥炭沼泽相。前三类为欠补偿弱加积型沉积相组合,$A/S \geqslant 1$,反映一种经过前期的基准面快速上升,基准面逐渐下降的过程。这是一种缓慢下降及沉积物缓慢堆积的过程,持续的时间相比基准面上升阶段长,是一种高可容纳空间向上变浅的非对称短期旋回层序。第四类则是一种超补偿加积型沉积相组合序列,即 $A/S < 1$,反映基准面快速下降、沉积物快速向盆地方向推进的过程,是一种低可容纳空间向上变浅的非对称短期旋回层序。在陆表海盆地充填沉积的早中期,以前三类相组合的多次叠复为特征,基准面的短期旋回变化具有高频性(图 7.8)。

综上所述,各沉积体系中短期旋回的地层过程和沉积学响应特征,均明显受到基准面变化的影响。在基准面上升期间,伴随着海侵过程,沉积学响应特征为各种海相沉积物的沉积,可容纳空间向盆地边缘方向迁移;尔后,当基准面由快速上升到逐渐减小,再变化到逐渐下降的过程中,沉积学响应特征为各种砂岩、泥岩的沉积及煤的生成。基准面就在这种上升下降的过程中变化,从而形成了华北地区典型的海陆交互沉积地层,海相灰岩直接覆盖于煤层之上,在垂相上组成多个向上变浅的旋回层序。

2) 中期基准面旋回层序

通过对短周期基准面旋回层序结构和叠加样式的分析,可以从汶宁煤田的石炭—二叠系的本溪组、太原组、山西组中识别出 9 个中期基准面旋回层序(图 7.9),自下而上依次命名为 MSC1、MSC2、…、MSC9。单个中期基准面旋回层序的厚度为数十米至百余米级,相当于 Vail 和 Mitchum(1977)的准层序组(或体系域)时限。在垂向剖面上,中期基准面旋回层序一般由多个具进积、退积和加积结构的非对称型、对称型短期基准面旋回按一定的排列方式叠置而成。下面分别叙述各个旋回的基本特征。

MSC1 对应于本溪组层序 1 的海进体系域,一般由两个短期基准面上升旋回组成基准面上升的、向陆退积的地层叠加样式。该旋回中发育潟湖、台地相,含薄层煤。

MSC2 对应于本溪组上部和太原组下部层序 1 的高水位体系域,由 5～6 个短期基准面上升和下降旋回组成基准面下降的、向陆进积的地层叠加样式。该旋回中发育有潟湖、泥炭沼泽、障壁坝等成因相,发育 2～4 层煤层,其中,顶部的 17# 煤是该地区的主采煤层之一。

MSC3 对应于太原组下部层序 2 的海侵体系域,由 1～3 个短期基准面上升旋回组成基准面上升的、向陆退积的地层叠加样式。该旋回的沉积体系为潮坪沉积体系,发育的成因相有潮道、混合坪、台地、潟湖和泥炭沼泽。其中,顶部的 16# 煤是该地区的主采煤层之一。

MSC4 对应于太原组中部层序 2 的高水位体系域,以 9# 煤为顶界,下部以 16# 煤顶板为底界。由 6～11 个短期上升和下降的基准面旋回组成退积-进积相互叠加的样式,整体表现为下降旋回为主的不对称旋回,旋回的转换点为海相层与泥炭层的分界面。该旋回由多个潮坪沉积体系和障壁-潟湖体系叠合而成滨岸体系域,含多个海侵层和全区稳定分布的薄煤层。

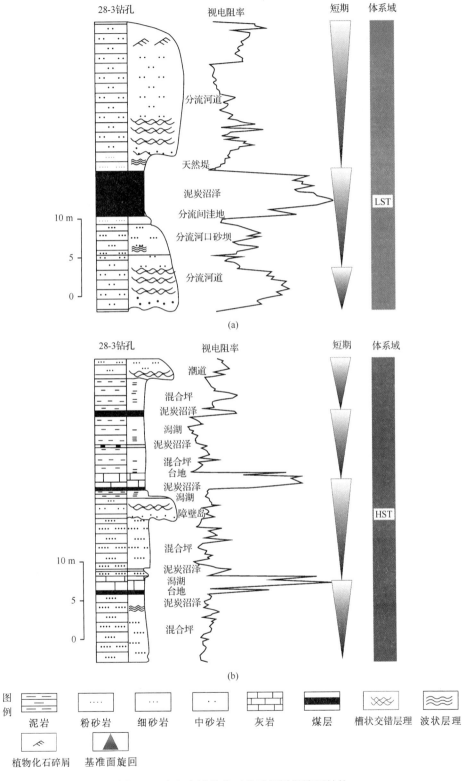

图 7.8 向上变浅的非对称型短周期旋回结构

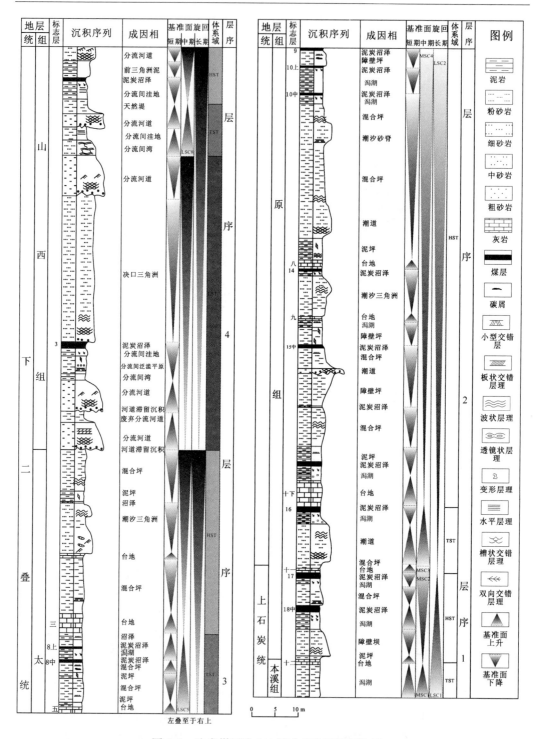

图 7.9 汶宁煤田汶 109 钻孔基准面旋回特征

MSC5 对应于太原组上部层序 3 的海侵体系域,以海相层五灰的底界为旋回的起点,以海相层五灰的底界为顶界。由 3~4 个短期上升旋回组成基准面上升的、向陆退积的地层叠加样式。该旋回主要由潮坪沉积体系组成。其中五灰在全区稳定,含1~2层薄煤层。

MSC6 对应于太原组上部层序3的高水位体系域,以海相层三灰的底界为旋回的起点,顶界为太原组与山西组的分界。由6~9个短期上升和下降的基准面旋回组成退积-进积相互叠加的样式,整体表现为下降旋回为主的不对称旋回。该旋回由多个潮坪沉积体系组成。

MSC7 对应于山西组下部层序3的低水位体系域,该旋回包含4~5个短期基准面下降旋回,整体表现为下降旋回为主的不对称旋回。从该旋回开始,陆表海慢慢萎缩,主要由多个分流河道和分流间洼地组成河控浅水三角洲沉积体系。该旋回中发育有整个鲁西南稳定可采的 $3^{\#}$ 煤层。

MSC8 对应于山西组的中下部层序3的海侵体系域,由1~3个短期基准面上升旋回组成基准面上升的、向陆退积的地层叠加样式。在该旋回中本区没有煤层发育。

MSC9 对应于山西组的中部层序3的高水位体系域,该旋回在本区发育一般不完整,上部多被剥蚀。一般由3个或3个以上的短期基准面下降旋回组成,该旋回主要发育分流河道、分流间洼地、沼泽等成因相,一般发育1~2层薄煤层。

由上述特征可知,在本区中期基准面旋回与三级层序中的体系域大致对应,大规模的海侵(海泛)事件是由于中期基准面的上升引起的,由于沉积的滞后作用(效应),在基准面上升最大期后沉积了厚层石灰岩,在陆表海充填沉积中出现了3次,代表了3次大的基准面上升达最高点位置引起的海侵事件沉积。这是一个欠补偿状态下的密集段沉积,该层位上下分别为不同的体系域:海侵体系域和高水位体系域。从早二叠世山西期开始,海水基本上从华北聚煤盆地退出,只有华北南部的局部地区时而受到海水侵入的影响。但盆地性质已发生根本变化,即由原来的陆表海盆地转变为陆相盆地。

3) 长期基准面旋回层序

汶宁地区海陆交替型含煤岩系中长期基准面旋回相当于层序地层中三级层序。中奥陶世以后,华北地台长期处于基准面下降时期,长时间遭受剥蚀。至晚石炭世,基准面上升,尔后上升速率逐渐加快。晚石炭世晚期,基准面上升幅度达到最大,因而海侵达到最大范围。早二叠世,陆表海盆地实际出现了三个较大幅度的基准面下降阶段。早二叠世早期总体下降速率是缓慢的,而晚期则下降速率较快,以致海水退出华北盆地。

最终划分结果是上石炭统和下二叠统的本溪组、太原组、山西组的地层划分为4个长周期基准面旋回,从而形成了4个三级层序。但就整个陆表海盆地而言,前3个旋回为欠补偿型,可容纳空间与沉积物供给量比值(A/S)大于1,而后一个旋回的 A/S 小于1,可容纳空间迅速减小,因而有效可容纳空间向盆地方向迁移,旋回呈不对称性。下面分别叙述各个长期基准面旋回的特点。

(1) LSC1 旋回:LSC1 旋回为含煤岩系的最下部旋回(图 7.10),底界面为煤系与奥陶系间的区域假整合面,上部界面(十一灰底、$17^{\#}$ 煤顶)为最大海退事件界面。由中期基准面上升的 MSC1 旋回和中期基准面下降的 MSC2 旋回组成基准面上升的不对称旋回。从 MSC1 旋回的逐步形成(海侵体系域)是陆表海盆地海陆交替型沉积旋回形成的重要事件,由此开始长期的海水进退即海平面周期性变化控制的含煤沉积。该旋回主要表现为潟湖、潮坪沉积体系的更迭以垂向加积作用为主,沉积厚度总体较薄。该阶段聚煤作用较弱,但在基准面下降的 MSC2 旋回(高水位体系域)演化的后期,在大型潮坪沉积体系普遍沼泽化的基础上,形成了全区普遍分布的煤层。

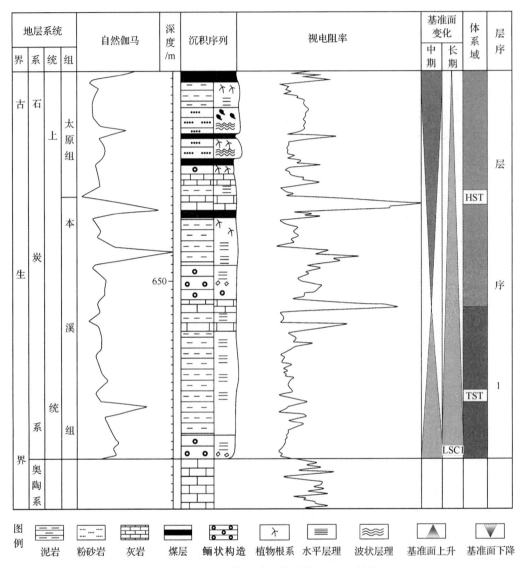

图 7.10 LSC1 长期基准面旋回特征(28-3 钻孔)

(2) LSC2 旋回:LSC2 旋回为研究区陆表海海陆交替型含煤岩系的中部旋回,是典型的内陆表海海陆交替型含煤旋回的核心旋回,以 LSC1 旋回的顶界为底界面,以 9# 煤的顶板为顶界面(图 7.11)。该旋回由中期基准面上升的 MSC3(海侵体系域)旋回和中期基准面下降的 MSC4(高水位体系域)旋回组成基准面下降的不对称旋回,MSC3 和 MSC4 以最大海泛面(十下灰底)为界。该旋回底界在全区发育的薄煤层(17# 煤)表明海退结束,海侵开始进入第二个大的基准面变化时期,但当时该区仍为一种大型的潮坪沉积体系,且普遍沼泽化。海侵使泥炭沼泽的发育中断,大面积突发性的海侵,最终导致厚层灰岩直接覆盖于煤层之上,使煤层得以保存下来。MSC2 旋回总体上为一大的海退(即基准面下降)旋回,但数层薄层灰岩说明其间有多次小规模的海水进退事件发生,该旋回主要为障壁-潟湖沉积体系和潮坪沉积体系。

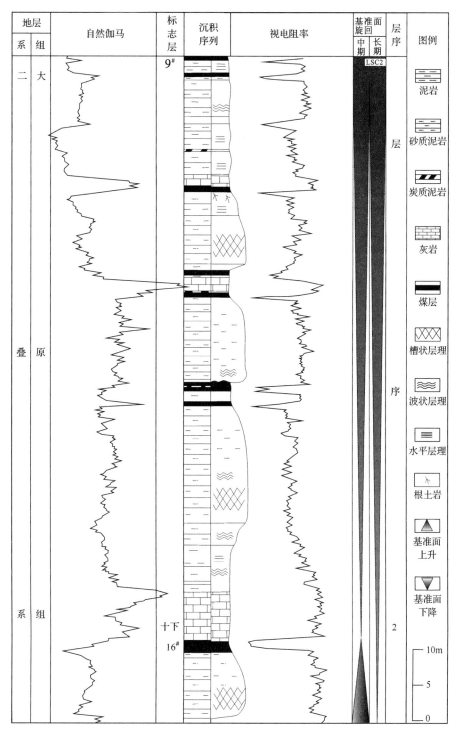

图7.11 LSC2长期基准面旋回特征(28-4钻孔)

(3) LSC3 旋回:为本区最后一次大规模海侵的产物,以 LSC2 的顶界(9#煤)为底界,顶界为山西组与太原组的分界面(图 7.12)。该旋回由中期基准面上升的 MSC5(海侵体系域)旋回和中期基准面下降的 MSC6(高水位体系域)旋回组成基准面下降的不对称旋回,MSC5 和 MSC6 以最大海泛面(三灰底)为界。该旋回基本继承了下伏 LSC2 旋回的特点,总体上沉积环境仍以潮坪-潟湖为主,中期基准面旋回的上升和下降形成了两个含煤旋回,沉积物以泥质和细粒沉积为主。

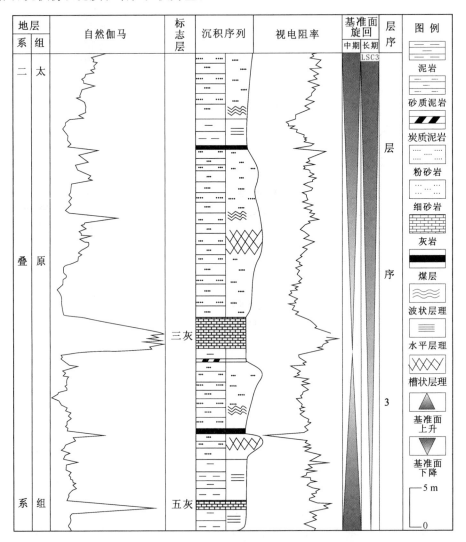

图 7.12 LSC3 长期基准面旋回特征(28-4 钻孔)

(4) LSC4 旋回:早二叠世山西期开始,海水基本上退出华北聚煤盆地。该旋回与下伏地层旋回的分界线为太原组与山西组分界线。与下伏地层相比,有了明显的转折,主要表现为低级别海侵影响逐渐减小,出现进积作用较强的浅水三角洲,河流作用逐渐占据了重要地位。该旋回在广大范围内发育复合型三角洲沉积体系。该旋回由中期基准面下降的 MSC7(低水位体系域)旋回、中期基准面上升的 MSC8(水进体系域)旋回和中期基准面下降的 MSC9(高水位体系域)旋回组成基准面下降的不对称旋回(图 7.13)。低水位体系域多以粗碎屑沉积为主,但在盆地的湿润低洼地区,尤其是在分流间洼地持续发育的部位,形成厚度巨大的煤层,但由于分流河道的迁移作用,煤层常出现分叉现象。水进体系域多以细粒及泥质沉积为主,反映一种向上水体加深的沉积序列。高水位体系域多由进积序列组成,其间由于盆地的沼泽化,有薄煤层的发育,水流体系由活动到减弱,乃至消亡。

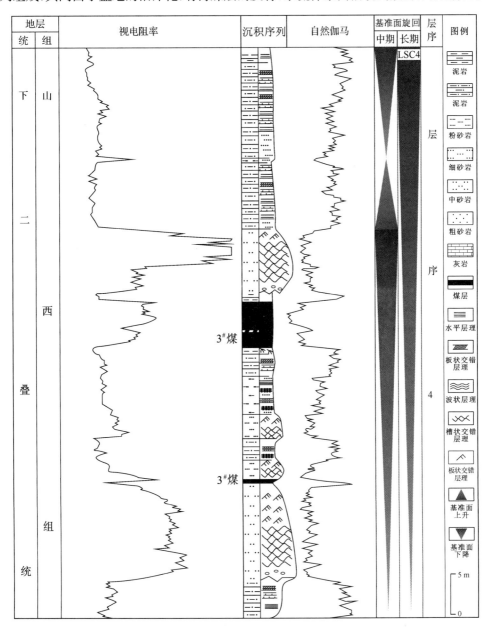

图 7.13 LSC4 长期基准面旋回特征(汶 8-1 孔)

2. 黄河北煤田含煤系统

黄河北煤田层序Ⅰ划分为四个Ⅴ级层序:SⅠ1、SⅠ2、SⅠ3、SⅠ4;层序Ⅱ分为:SⅡ1、

SⅡ2、SⅡ3、SⅡ4、SⅡ5、SⅡ6、SⅡ7；层序Ⅲ分为：SⅢ1、SⅢ2、SⅢ3、SⅢ4、SⅢ5、SⅢ6、SⅢ7、SⅢ8；层序Ⅳ不完整。各井田的典型钻孔层序划分见图7.14～图7.18。

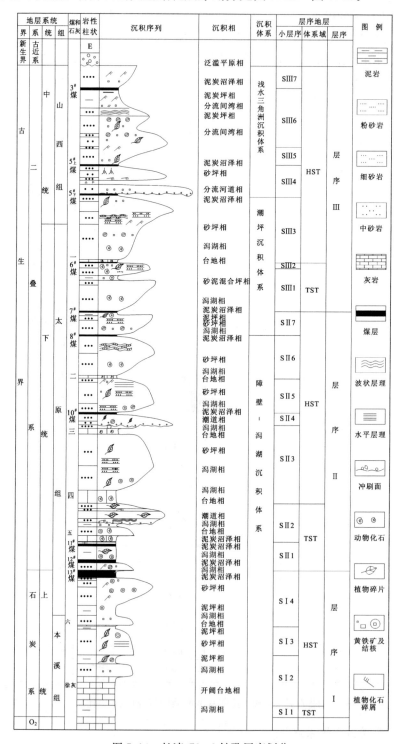

图 7.14　长清 C20-2 钻孔层序划分

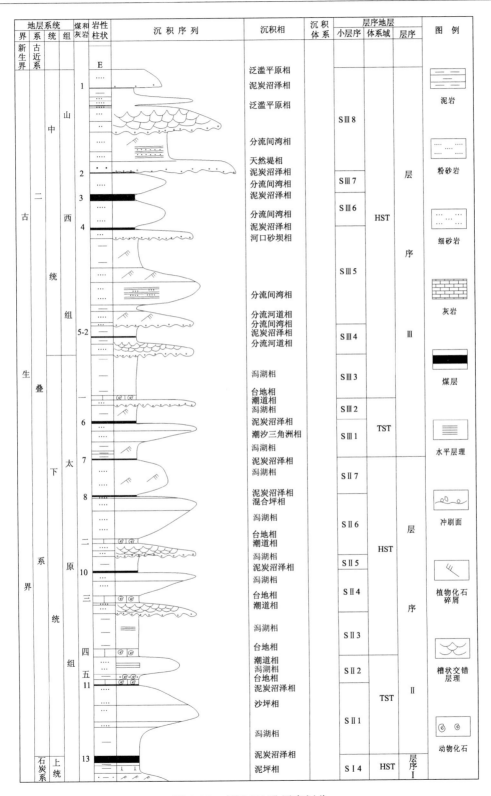

图 7.15 齐河 101 孔层序划分

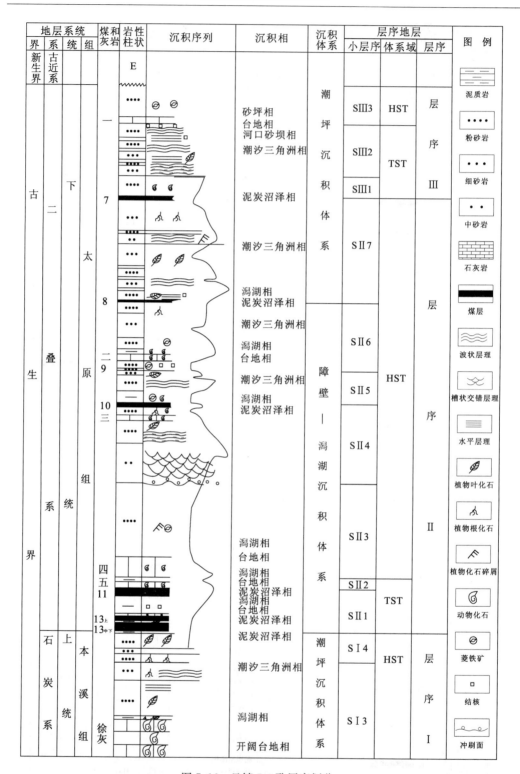

图 7.16 旦镇 5-3 孔层序划分

第 7 章 含煤系统研究与资源预测

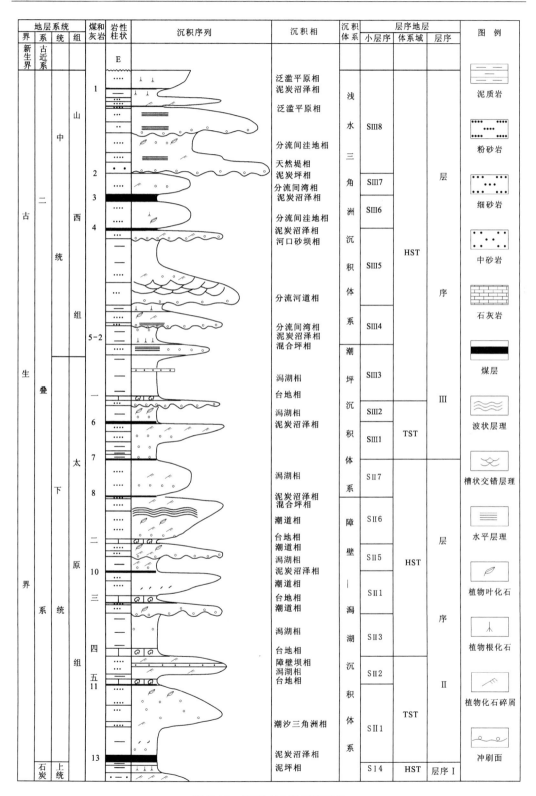

图 7.17 济西 408 孔层序划分

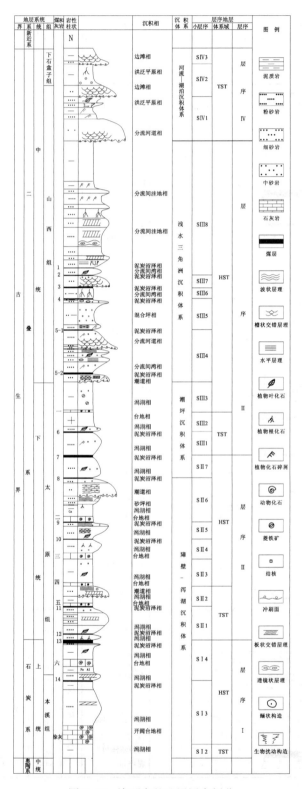

图 7.18 济西完整地层层序划分

研究区的稳定标志层有：一灰、7#煤、四灰、13#煤，是煤田或区域性的等时性对比标志层，可以作为层序界面识别的依据。层序划分与鲁西南相比，在肥城的11#煤相当于研究区的13#煤，9#煤相当于研究区的11#煤，两个区的一灰大致相当。

研究区的层序Ⅰ以13#煤底作为界面，相当于鲁西南的17#煤，根据最新地层划分法，将层序Ⅰ的顶界面作为石炭系和二叠系的分界面，将太原组的中部和上部划归为二叠系地层。层序Ⅰ到13#煤底界面，由4个五级单元组成；层序Ⅱ顶以7#煤为界面，由7个五级单元组成；层序Ⅲ以1#煤上面的不整合面为界，分为8个五级单元；层序Ⅳ不完整。

1）层序Ⅰ

研究区层序Ⅰ为石炭—二叠系沉积层序的第一个层序，由海侵体系域和高水位体系域构成，沉积物以泥岩、黏土岩为主，海侵体系域和高水位体系域的边界放在徐灰底面，由于徐灰为华北广大地区发育的海相沉积，是一次最大海泛期的沉积，作为最大海泛面的标志。完整的层序Ⅰ海侵体系域和高水位体系域均由两个小层序构成。体系域划分以徐灰底界面为界，从徐灰开始进入高水位体系域。在大部分钻孔中只看到高水位体系域的SⅠ4单元，SⅠ4单元主要由砂岩组成，发育砂坪相、泥坪相和泥炭沼泽相。层序Ⅰ的主要煤层是13#煤。13#煤分层较多，在旦镇13#煤分成三层，中间夹泥岩或黏土岩，含有大量的植物根化石。

SⅠ1单元以草灰底界面为最初海泛面，草灰不甚发育，仅仅个别地区可见，但其沉积学意义十分重要，代表海侵的开始。层序Ⅰ沉积物主要有黏土岩、铝土矿和泥质岩等细粒物质，颜色以灰色为主，往往含有大量的黄铁矿结晶体，沉积厚度小，有的地区SⅠ1单元不发育。

SⅠ2单元以徐灰底界面为海侵体系域的结束，从徐灰开始进入高水位体系域。本单元主要沉积物为黏土岩和砂质泥岩。

SⅠ3从徐灰开始到6灰顶界面结束，主要发育泥炭沼泽相和混合坪相，SⅠ3单元由潮坪沉积体系叠置构成，含有14#煤和15#煤，但不稳定。SⅠ3单元沉积物可见植物叶片化石和泥质鲕粒和菱铁矿结核。

SⅠ4单元主要发育细粒沉积物，以细砂岩、粉砂岩、泥质粉砂岩、粉砂质泥岩、泥岩和煤为主，六灰含有大量动物化石，单元内可见植物叶片化石和菱铁矿结核，SⅠ4单元由大型潮坪沉积体系叠置组成。

2）层序Ⅱ

层序Ⅱ由7个单元构成，海侵体系域包括SⅡ1和SⅡ2，高水位体系域由SⅡ3、SⅡ4、SⅡ5、SⅡ6和SⅡ7构成。层序Ⅱ主要由潮坪沉积体系、障壁-潟湖体系及潮汐三角洲沉积体系构成，含4层灰岩和5层煤，其中五灰、四灰、二灰和11#煤、10#煤、7#煤较稳定。在整个黄河北煤田四灰厚度大，且稳定，是又一次大规模海侵事件的沉积，将四灰底界面作为层序Ⅱ的最大海泛面，相邻的五灰底界面作为层序Ⅱ的最初海泛面。

在层序Ⅱ中，单元SⅡ1和SⅡ2属于海侵体系域，相类型为泥坪相、砂坪相、台地相和潟湖相，属于浅海-潮坪沉积，沉积物颜色以深灰、灰—黑色为主。SⅡ1单元从11#煤顶界面到13#煤底界面，五灰底界是SⅡ2单元沉积的开始，研究区内五灰是11#煤的直接顶板，含有海百合茎、腕足类、珊瑚等化石，并且化石比较大。

SⅡ1单元从13#煤底界面开始到11#煤顶界面结束,发育潟湖沉积和泥炭沼泽相沉积,为潮坪沉积体系。SⅡ1单元中由于岩浆侵入,大部分地区缺失12#煤,11#煤以天然焦形式存在居多。

SⅡ2单元从11#煤顶界面到四灰底界面,主要发育潟湖相和台地相,沉积物以细粒的砂岩和泥岩为主,砂岩主要是细砂岩和粉砂岩或粉、细砂岩互层。SⅡ2沉积厚度比较小。在整个研究区内的含煤层序中普遍存在海侵体系域,沉积厚度小,其中SⅡ2沉积厚度最小。

从SⅡ3单元开始,进入高水位体系域。SⅡ3单元以潮汐三角洲沉积体系组合为主,发育砂坪相、泥坪相、潮道相和混合坪相等沉积,在垂向序列上沉积物颗粒为向上变粗再变细的二元结构,沉积物以砂岩、泥岩为主,发育各种粒级的砂岩,砂岩以石英成分为主,一般为泥质胶结,分选、磨圆均较好。潮汐三角洲沉积序列发育透镜状层理、波状层理和板状交错层理,主要化石有植物的根化石和叶片碎屑化石,在下部地层偶尔含动物碎屑化石。在SⅡ3单元中四灰比较稳定,是最大海泛面的标志,四灰中含有大量动物化石碎屑,且化石碎屑颗粒粗大,在阿城地区尤其明显,肉眼就可以看到化石及其碎屑。

SⅡ4单元到10#煤顶界面,在旦镇井田三灰和10#煤直接接触,是研究区的一个重要特点。SⅡ4单元以砂岩和泥岩沉积为主,发育大型潮坪沉积体系、潮汐三角洲沉积体系或者障壁-潟湖沉积体系,研究区的齐河井田以大型潮坪沉积体系为主,而旦镇和长清井田则发育潮汐三角洲沉积体系或障壁-潟湖沉积体系。SⅡ4单元主要有砂坪相、泥坪相、混合坪相和潮道相等类型,主要化石有植物叶片化石、植物根化石,偶含动物碎屑化石。发育大型槽状交错层理、波状层理、水平层理,在部分地区可见菱铁矿结核和黄铁矿结晶体。

SⅡ5从10#煤顶界面到9#煤顶界面,研究区9#煤的直接顶板是二灰,由于9#煤稳定性不是很好,部分地区9#煤缺失,沉积物以泥岩、粉细砂岩互层、细砂岩、中砂岩为主,主要发育潮汐三角洲沉积体系组合,沉积相以砂坪相、泥坪相、潮道相和潟湖相为主。研究区的SⅡ5单元可见植物根化石、叶片化石和植物化石碎屑,以及菱铁矿结核和黄铁矿结核或结晶体,沉积物颜色以深灰—灰色为主,发育水平层理、交错层理和微波状层理。二灰在研究区比较稳定,含有大量动物化石,如海百合茎、蜓等。

SⅡ6单元从二灰底界面开始到8#煤底界面结束,沉积物主要为砂岩,发育砂坪相、砂泥混合坪相和潟湖相沉积,有植物叶片化石和黄铁矿结核。SⅡ6单元主要有潮汐三角洲,主体为障壁-潟湖沉积体系。在垂向沉积序列上发育透镜状层理、波状层理、楔状交错层理,含有植物化石碎屑,在层序的下部含有少量动物化石,层序上部可见植物根化石,主要发育砂坪相、潮道相、潟湖相沉积等。砂岩分选、磨圆好,层序自下而上颗粒先变粗在变细。在部分地区由于潮道的存在,使8#煤被冲刷或侵蚀而消失,因此以冲刷面为单元的界面。例如,旦镇14-2孔中,9煤、二灰和8#煤均不可见,只能找相当层位作为SⅡ6单元的界面。

SⅡ7单元从8#煤底界面开始到7#煤顶界面。7#厚度稳定,其顶界面代表一个大的沉积层序的结束,因此作为层序Ⅱ的顶界面,随后进入下一次的海侵阶段。SⅡ7单元主要发育泥炭沼泽相、砂坪相、泥坪相、潮道相,其中砂坪相最为发育,沉积体系组合主要有潮汐三角洲沉积体系和潮坪沉积体系两类,在垂向沉积序列上,发育微波状层理、平行层理、水平层理和交错层理等,但以波状层理为主。沉积物主要是砂岩和泥岩,砂岩以石英为主,长石含量少,颜色以深灰色—灰白色为主,砂岩中含有黄铁矿结晶体、菱铁矿结核和植物叶片化石,在层序的上部单元含有植物根化石。

整个层序Ⅱ的特点由海侵体系域和高水位体系域组成,为二元结构。海侵体系域沉积厚度小,高水位体系域沉积厚度相对较大。整个层序Ⅱ由潮坪沉积体系和障壁-潟湖沉积体系叠置而成。障壁-潟湖沉积体系在层序Ⅱ内比较发育,沉积物主要是砂岩和泥岩。沉积环境主要是泥炭沼泽、台地和潟湖。层序Ⅱ是黄河北煤田主要的一个含煤层序,其中共发育5层煤(7#煤、10#煤和11#煤较稳定)和4层主要灰岩,四灰厚度较大而且稳定,是一个重要的标志层。整个层序Ⅱ主要发育的相类型有台地相、泥炭沼泽相、砂坪相、潮道相、障壁坝相、潟湖相、泥坪相、混合坪相等,其中砂坪相、潮道相、混合坪相、沼泽相最为发育。

3) 层序 Ⅲ

层序Ⅲ在研究区内主要发育海侵体系域和高水位体系域,共由8个单元构成,其中SⅢ1和SⅢ2单元属于海侵体系域,SⅢ3到SⅢ8属于高水位体系域,包含太原组的上部和山西组的大部分,主要发育6层煤和一层灰岩。一灰稳定,是一次大规模海侵事件的沉积,其底界面是一个标志性界面,6#煤、5#煤和4#煤相对稳定,是单元划分的明显界面。整个层序Ⅲ从7#煤顶界面开始到1#煤含煤岩系基本结束,1#煤之上出现大套陆相沉积,代表区域性海退事件和盆地区域应力场的根本转变。

SⅢ1从7#煤的顶界面开始到6#煤顶界面结束,是海侵体系域的开始,主要由潮汐三角洲沉积体系组合和潮坪沉积体系组合构成,沉积物为砂岩和泥岩,其中砂岩最多,发育泥坪相、混合坪相、砂坪相、潟湖相和泥炭沼泽相,在垂向序列上发育透镜状层理、水平层理,层序单元内可见植物根化石和叶片化石。

SⅢ2单元是海侵体系域的结束,以一灰的出现为标志,主要包括6#煤以上一灰之下的潮坪沉积体系组合或潮汐三角洲沉积体系组合,发育潮道相、泥坪相、砂坪相、混合坪相沉积,沉积物主要为砂岩、黏土岩和泥(页)岩,研究区砂岩颜色以黑灰色—浅灰色为主,部分砂岩显绿灰色,以石英为主,长石和岩屑次之,部分砂岩分选中等,一般磨圆不好,但在潮汐三角洲沉积中砂岩的分选较好,磨圆较好。SⅢ2单元内可见植物叶片化石(如羊齿类)、植物根化石、动物碎屑化石和黄铁矿结晶体,垂向上发育波状层理、透镜状层理、平行层理等。

SⅢ3单元是层序Ⅲ高水位体系域的开始,包含一灰和一灰之上沉积物,到5#煤之下的冲刷面结束。SⅢ3单元的沉积物主要为页岩、泥岩、砂页岩及砂岩,主要发育潟湖相、泥坪相、混合坪相、分流河道相及决口扇相沉积,沉积体系以河控浅水三角洲沉积体系为主,单元内含有植物根化石、植物叶片化石及动物碎屑化石,可见黄铁矿和菱铁矿结核,垂向序列上发育透镜状层理和微波状层理,整个层序单元具有河控三角洲沉积体系的典型特点:粒度自下而上变粗再变细的二元结构。

SⅢ4单元到5#煤顶大型冲刷界面结束,由典型的河控浅水三角洲沉积体系组成,发育分流河道相沉积、混合坪相沉积、天然堤相、分流间洼地相、分流间沼泽或泥炭沼泽相、堤外越岸沉积相等，以分流河道相、决口扇相沉积和泥炭沼泽相沉积为主，构成本单元的骨架部分。沉积物主要是砂岩和泥（页）岩，层序单元内可见植物叶片化石、根化石及黄铁矿结晶体，有时可见生物扰动构造，垂向序列上发育槽状层理、平行层理、微波状层理、板状交错层理。粒度自下而上由细到粗再变细，是典型的河控浅水三角洲沉积体系组合。

SⅢ5单元从5#煤顶部大型冲刷界面开始到4#煤顶结束，部分地区4#煤不稳定，有时分成三层（如旦镇14-2钻孔），发育分流河道相、分流间湾相、泥炭沼泽相和决口扇相，沉积物主要为泥岩和砂岩。沉积物颜色以灰—绿灰色为主，其中砂岩在SⅢ5单元最发育，以石英为主，岩屑和长石次之，单元内含有植物叶片化石和植物碎屑化石，可见黄铁矿结晶体和菱铁矿结核，垂向序列上发育透镜状层理、平行层理和微波状层理，由河控浅水三角洲沉积体系组成，粒度自下而上先变粗再变细。

SⅢ6单元从4#煤顶界面开始到3#煤顶部结束，3#煤在旦镇分成三层（如旦镇14-2钻孔），沉积物主要为砂岩和泥岩，砂岩成分主要是石英，其次是岩屑和长石，发育分流河道相、混合坪相、泥炭沼泽相和分流间湾相，构成三角洲沉积体系。SⅢ6单元垂向上发育微波状层理，单元内可见植物叶片化石、黄铁矿结晶体和菱铁矿结核。

SⅢ7单元从3#煤顶界面开始到2#煤顶部结束，由典型的河控浅水三角洲沉积体系构成，主要发育分流河道相和泥炭沼泽相，单元内部含有植物根化石和植物叶片化石或化石碎屑，可见黄铁矿结晶体。沉积物主要是砂岩和泥岩，颜色以浅灰—灰色为主，垂向上发育交错层理，部分地区生物扰动剧烈，整个沉积单元的粒度自下而上先变粗再变细，呈典型的二元结构。

SⅢ8单元从2#煤顶界面开始到层序Ⅲ结束，主要发育分流河道相沉积、分流间湾相沉积，单元内部发育生物扰动构造、平行层理、透镜状层理、微波状层理和交错层理，但主要发育交错层理，可见动物潜穴、植物碎屑化石、根化石和叶片化石。沉积物主要是泥岩和砂岩，SⅢ8单元由一个或多个三角洲沉积体系构成。从SⅢ8单元结束开始进入陆相沉积环境，盆地属性发生了变化。

整个层序Ⅲ特点是由海侵体系域和高水位体系域构成，海侵体系沉积厚度比高水位体系域沉积厚度小。层序Ⅲ是石炭—二叠系另一个主要的成煤期，主要发育六层煤，但只有5#煤、4#煤和3#煤较稳定。

4）层序 Ⅳ

研究区的层序Ⅳ不完整，为陆相层序。大部分地区只能见到低水位体系域，水进体系域和高水位体系域不完整。

SⅣ1单元是层序Ⅳ的开始，它代表着一个新的旋回开始，从SⅣ1开始研究区的沉积环境全部变成了河流-湖泊相的沉积体系，因此研究区的层序Ⅳ有其典型特点。

SⅣ1单元沉积物主要是砂岩和泥岩，颜色以浅灰色—棕黄色为主，发育分流河道相和分流间洼地相，垂向上发育交错层理、微波状层理和生物扰动构造，沉积单元内部含有黄铁矿结晶体、植物碎屑化石和叶片化石。

SⅣ2单元主要发育河道相沉积和泛滥平原相沉积或决口扇相，含植物根化石较多，在单元上部发育砂质包裹体，垂向上发育大型交错层理。

SⅣ3 单元发育决口扇相沉积,沉积物主要为泥岩,其次为砂岩,在垂向上发育交错层理。可见植物叶片化石和根化石。

层序Ⅳ的整个低水位体系域主要发育决口扇相沉积,沉积物主要是泥(页)岩、砂岩,但泥(页)岩最多,动物扰动强烈,含有大量植物根化石和叶片化石。层序Ⅳ的高水位体系域主要发育分流河道相沉积和决口扇相沉积及泛滥平原相沉积物,垂向上发育大型槽状交错层理。层序Ⅳ总体来说,水进体系域和高水位体系域沉积厚度均较大,各个小单元的沉积厚度比层序Ⅰ、层序Ⅱ和层序Ⅲ的相应单元沉积厚度大。它是一套典型的河流-湖泊沉积体系形成的沉积岩,颜色多为棕色—褐红色,说明经历了长时间的干旱沉积环境。

根据以上层序的划分和分析可知,研究区的石炭—二叠纪地层沉积环境演化是由层序Ⅰ的浅海相沉积环境演化成层序Ⅱ的障壁-潟湖相沉积环境,到层序Ⅲ变成了过渡相(海陆交互相)的沉积环境,从层序Ⅳ开始,研究区的沉积环境完全变成了陆相的河流-湖泊沉积体系的沉积环境。

7.2.4.2 沉积体系划分

汶宁地区和黄河北晚古生代的沉积特点及沉积环境,与整个华北地区基本一致,为华北大型聚煤盆地东南缘的一个组成部分,经历了从陆表海盆地到陆相盆地的演化历史,构造运动上经历了从稳定到较稳定、不稳定的发展阶段。因此,上古生界沉积相(微相)类型比较多,包括潮坪、潟湖、障壁岛、浅水三角洲和河流-湖泊等环境条件下的各类沉积。研究区石炭—二叠系可划分为4种主要沉积体系:大型潮坪沉积体系、障壁-潟湖沉积体系、大型河控浅水三角洲体系和曲流河-湖泊复合体系。前3种沉积体系为陆表海含煤岩系中的主要沉积体系,第四种沉积体系为陆相盆地主要沉积体系类型。

1. 大型潮坪沉积体系

在研究区潮坪沉积中识别出了潮道(包括潮渠、潮沟)、砂坪、泥坪、砂泥混合坪、潮汐砂脊、潮坪沼泽、潮坪泥炭沼泽等成因相。其中潮道和潮沟、砂泥混合坪发育最好,其次为潮坪沼泽和潮坪泥炭沼泽。

1) 潮道(潮沟、潮渠)相沉积组合特点

潮道是潮坪巨大沉积体系中的主要成因相类型,其沉积物以灰色—浅灰色或灰褐色为主,主要成分是石英、岩屑,粒度为中粗粒—细粒,并且石英的磨圆度较差,一般呈次棱角状—棱角状,分选中等—分选较好。岩屑多为泥质岩屑、粉砂质泥岩屑、炭屑、长石岩屑等,潮道的底部具有冲刷面,冲刷面上常具有含砾的中粗砂岩。潮道沉积组合中常常发育大型的槽状交错层理、板状交错层理、波状交错层理和脉状交错层理。在潮道沉积充填的上部发育小型脉状层理和小型槽状层理。粒序自下而上变细,上部多为泥岩或粉砂岩,层系的厚度向上变薄。在泥岩或粉砂岩中常见生物扰动现象,以及植物叶片化石和根系化石(图7.19)。

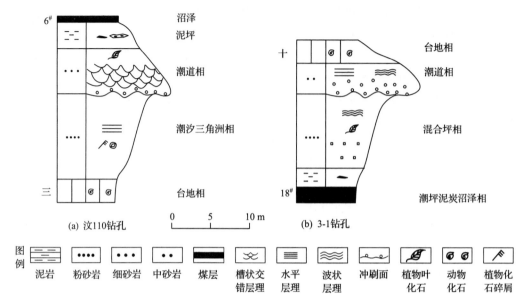

图 7.19 汶宁地区潮道充填沉积组合垂相剖面

2) 泥坪相及沉积组合特点

泥坪相是汶宁地区本溪组和太原组中常见的潮坪沉积类型,因有较长时间暴露于水面以上,仅在高潮时才被淹没,沉积物以悬浮载荷为主,主要是灰色—浅灰色的泥质岩和细粒物质,其次为粉砂岩。在泥坪沉积组合中具有生物扰动、虫孔及植物根系等,因此,沉积物的原生沉积构造被破坏,但有时还可以辨别出层理。晚石炭世早期,泥坪沉积物中含有较多的铝质,说明具有蒸发及土壤化泥坪的气候特点。在充填沉积晚期的泥坪沉积中,以暗色泥质和粉砂质沉积为主,含丰富的植物化石,常有沼泽和泥炭沼泽成因的泥炭层,如果发生海侵,泥炭层常被保存而形成薄层煤,但是泥坪沉积基础上发育的泥炭沼泽形成的煤层,开采价值一般不是很高。

3) 砂坪相及沉积组合特征

砂坪相位于低潮坪带,被海水淹没的时间约占 90% 以上,潮流速度较大,沉积物以床沙载荷为主,具沙垄、沙丘等床沙形态,发育各种沙纹层理,低潮带中以潮沟最为常见,粒级呈正韵律性、底部有冲刷面和泥砾(朱伟林,1995)。由于华北晚古生代陆表海聚煤盆地特殊的古地理环境和地势位态,砂坪由潮渠、纵横的潮道(潮沟、潮渠)组成网络状,另外,由较长时间暴露于水面上的泥坪隔开,呈巨大的毯状体,在巨大浅碟式盆地内呈撕裂状分布。因而砂坪和混合坪一样,常常由于海退导致沼泽化或泥炭沼泽化,其上形成薄至中厚层状且稳定分布的可采煤层。在研究区的砂坪中发育大中型交错层理,沉积物以稳定组分(石英)为主,其次是云母和岩屑,分选和磨圆均较好,颜色为浅灰—深灰,常见植物叶化石和根化石。

砂坪和潮道的主要区别除了沉积物成分有突出的特点外,其砂体形态不同(图 7.20),潮道在横切沉积断面上是透镜状,而砂坪则一般呈毯状、席状。

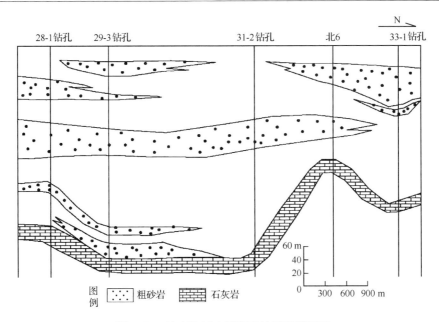

图 7.20 汶宁地区太原组砂体沉积断面图

4) 混合坪相及沉积组合特点

混合坪相是研究区内最常见的潮坪沉积类型,它构成陆表海海陆交替型沉积的骨架部分。因为中潮坪平均有一半时间被海水淹没,受潮汐流作用的影响最大,是狭义的潮坪,所以其沉积物以床沙载荷出现为特征,床沙形态以沙纹为主,沉积物以细粒、粉砂质和泥质的互层为特征,潮汐层理发育,其中尤以互层层理、水平层理、透镜状层理、缓波状及复合波状层理最为常见。在研究区的各个小层序中几乎都可见到砂泥混合坪沉积组合(图 7.21)。

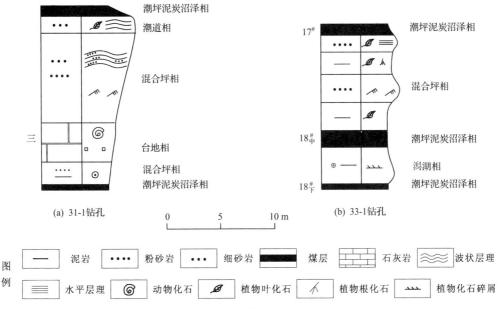

图 7.21 汶宁地区砂泥混合坪相沉积组合

5）潮汐砂脊相及沉积组合特征

潮汐砂脊也是潮坪沉积中比较典型的沉积类型，是潮坪沉积序列的重要组成部分，就其平面分布而言，它甚至比潮道沉积更普遍。潮汐砂脊通常垂直或斜交于海岸线而依次呈线状分布，有的可能近于平行海岸线，但不连续，在横断面上呈席状分布，常见被潮道所切割。潮汐砂脊组合中往往穿插潮道、潮沟沉积组合。潮汐砂脊沉积物多以细碎屑为主，质不纯，发育小型交错层理、沙纹层理、复合波状层理和爬升层理等。

6）潮坪沼泽和潮坪泥炭沼泽相及其沉积相组合特点

潮坪沼泽及潮坪泥炭沼泽是在陆表海总体背景下不断受到海水侵袭的沼泽环境，它在沼泽发育、发展至成煤的各阶段均受到海平面变化的控制。随着潮汐流作用的逐渐减弱，潮坪（以砂泥混合坪为主）常出现沼泽化，如果气候适宜则进一步泥炭沼泽化，是一种近海的受海水影响的低位沼泽。在潮坪背景条件下演化而来的沼泽及泥炭沼泽分布范围广且稳定性强。陆表海盆地的广大范围为植物繁盛的沼泽环境，水不甚流畅，较闭塞，水体呈弱还原—还原环境。因此，潮坪沉积序列中的潮坪泥炭沼泽沉积层位具有较大范围的等时对比意义，是划分Ⅴ级层序的一个标志性界面。在潮坪沼泽和潮坪泥炭沼泽中形成的煤层硫分含量相对较高，在钻孔的矿井开采中常发现煤层中含有大量的黄铁矿结核，有的个体较大（直径达几厘米至十几厘米），这与海平面变化密不可分，因为泥炭要得以保存最终形成煤层与海平面的突发性相对上升（即突发性海侵事件）密切相关。但由于海平面相对上升使潮坪泥炭沼泽发育中止，研究区晚石炭世太原组煤层一般较薄，潮坪沼泽沉积形成的泥岩和粉砂质泥岩颜色较深，多为深灰色—黑灰色，含有大量片状黄铁矿晶体或黄铁矿散晶，见有植物根化石或根痕化石和生物扰动构造，其上部常为泥炭沼泽沉积或薄煤层。

2. 障壁-潟湖沉积体系

研究区的障壁-潟湖沉积体系主要由四个沉积成因相组合构成：障壁砂坝（障壁岛）、潟湖相、潮汐三角洲相、障壁滩（障壁潮坪）相。

1）障壁砂坝（或岛）

研究区沉积颗粒以中细粒的砂岩为主，成分主要是石英，分选和磨圆均较好，一般为硅质胶结，有时为钙质或铝质胶结。而反向变化的成因单位是在以波浪作用为主的正常沉积环境下的进积过程中产生的。障壁砂坝中的砂岩成分成熟度和结构成熟度一般比较高，具有比较典型的向上变粗或向上变细的沉积层序（图7.22）。研究区障壁砂坝的沉积序列下部多为深灰色粉砂质泥岩或泥质岩，含有较多的生物潜穴。在垂向层序中自下而上泥质含量逐渐减少，由以砂岩为主的砂泥互层过渡为中细纱岩，在细砂岩中往往具有小型交错层理；沉积序列内部常具有中等至强烈的生物扰动构造，含有重矿物和云母类物质；测井曲线常表现为高的视电阻率和低的自然伽马值。在垂向沉积层序上，上部为低角度交错层理发育的中细砂岩，反映障壁岛在海侵过程中沉积作用由过渡带经临滨到前滨的演化过程。但研究区的障壁砂坝在不同海平面变化周期内横向追踪是比较困难的。

2）潟湖及沿岸潮坪

潟湖是以障壁砂坝为屏障，与广海隔绝或半隔绝的水流不畅通的浅水环境，它的分布

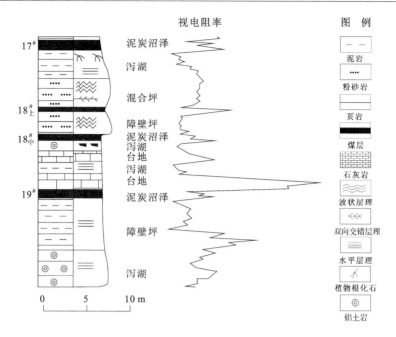

图 7.22 典型障壁-潟湖沉积充填序列组合(唐阳井田 28-3 钻孔)

位置极其多变。典型的潟湖相以细粒陆源物质和化学沉积物质为主,环境比较安静、低能,波浪作用弱。研究区的潟湖相发育细粒沉积物和泥质沉积物,主要由深灰色至灰黑色粉砂质泥岩、泥岩及页岩、黏土岩组成,发育水平层理、水平波状层理、块状层理,生物扰动构造发育,常见生物的水平潜穴,在研究区还可见丰富的植物叶片化石和根化石。潟湖沉积物中含较多的菱铁矿晶体(或菱铁质结核)和黄铁矿晶体(黄铁矿结核)。有的菱铁矿结核直径达十几厘米,或构成黄铁矿结核层,或为菱铁质泥岩薄层或条带,说明是处于停滞和闭塞的还原条件。当涨潮三角洲较小时,它与冲溢扇一起可构成潟湖的次一级沉积单元。在垂向沉积序列上,本溪组和太原组下部的潟湖沉积物之上往往为沼泽或泥炭沼泽沉积。华北晚石炭世潮汐作用为中潮差型,由于潟湖水体与开阔海水之间通过潮道不断发生交换,而且华北晚石炭世潟湖分布面积较广阔,有多个入潮口,所以潟湖水体的盐度为正常型。在潟湖的进潮口处,涨潮三角洲是最重要的沉积场所,在潮汐三角洲之上往往发育泥炭层。

沿岸潮坪是潟湖周围的平坦地带,其沉积物一般平行于岸线分布,也可以划分出砂坪、混合坪和泥坪,但砂坪在研究区并不多见。在障壁-潟湖沉积序列中,沿岸潮坪的沉积层较薄,而在潟湖逐渐充填变浅过程中,沿岸潮坪的分布逐渐扩大,最终可能完全占据原先的潟湖分布区。如果潟湖淤浅后的沉积持续时间较长,则可以形成大型潮坪沉积序列(图 7.23)。

3) 潮汐三角洲

潮汐三角洲是一种特殊成因相的组合,但它不像普通的三角洲序列那样可以清楚而详细地划分出平原组合和前缘组合等。研究区的上石炭统发育大型的潮汐三角洲沉积组

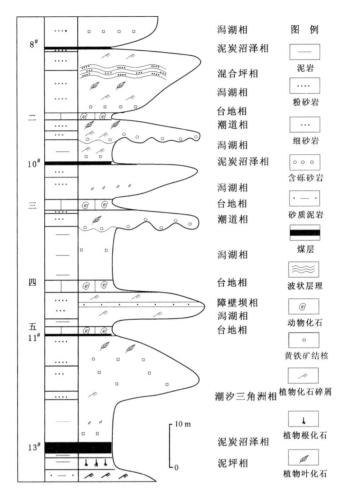

图 7.23　典型障壁-潟湖沉积充填序列组合(济西 408)

合序列,它的规模一般较大,具有典型的二元结构(向上变粗再变细),沉积序列的下伏地层大多是潟湖泥质沉积,上覆地层一般是泥炭沼泽。

潮汐三角洲砂体在沉积断面上呈三角洲型透镜体几何形态,它周围的环境是潟湖和潮坪,入潮口(主潮道)沉积主要由潮汐流的侧向迁移作用形成。在潮汐三角洲沉积中可以看到生物碎屑化石、植物完整叶化石或植物碎片化石及黄铁矿的结晶体。其垂向层序的特点是:如果底部具有潮道的侵蚀时,则侵蚀面上常常充填滞留砾石沉积,往上是具小型交错层理至大型交错层理或槽状层理的细砂质或粉砂质沉积物,再往上为砂泥质沉积,呈现出粒度向上变细的趋势。

4) 障壁坪(滩)

障壁坪(滩)位于障壁砂坝向潟湖的一侧,为一宽缓的略带坡度的斜坡地带,或相当于潟湖滩,二者往往很难区分。在汶宁地区,障壁砂坝的分布范围往往较为局限,这与华北整个陆表海的沉积特点一致,在障壁砂坝附近一定范围很快过渡为潟湖沉积区,而且两者之间的界线也难以划定,可将其划入潟湖的沿岸潮坪带内。障壁坪(滩)是最先演变为沼泽的区域，在沉积平面上植物根和叶化石比较多，因而是一个良好的聚煤场所。在风暴期，沉积物越过障壁砂坝的顶，向障壁坪和潟湖区随风暴漫流搬运和沉积，从而，在障壁坪上发育冲溢扇，并伸向潟湖区，其上为具有平行或缓波状平行纹层的薄层砂质岩夹泥（页）岩薄层或泥质粉砂岩薄层。

3. 河控浅水三角洲沉积体系

在研究区主要发育的成因相是分流河道相、决口扇相、决口三角洲相、废弃的分流河道相、天然堤相、分流间洼地相、分流间沼泽或泥炭沼泽相、堤外越岸沉积相。

1）上三角洲平原的主要成因相构成

上三角洲平原沉积组合的成因相构成较复杂，主要的骨架是分流河道相，其次是分流间湾相、天然堤相、决口扇相等。

(1) 分流河道相。

分流河道相在研究区非常发育，尤其在山西组表现最为明显。在研究区的分流河道往往是多期分流河道砂体叠置在一起，上部的河道对下部沉积组合具有冲蚀、削截作用而导致下部的分流河道组合中缺少某些单元。分流河道砂体在断面上呈现较大的透镜状。在研究区，分流河道相主要由中-细粒砂岩组成，底部常为含泥砾的中粗粒砂岩，有时含破碎的菱铁质砾石和煤屑等。在分流河道沉积组合的下部，含冲刷泥砾较多，泥砾呈棱角状，分选较差，而且还可以从泥砾中观察到清晰的纹层、层理，但大多已被变形或改造。分流河道沉积中发育大型槽状交错层理、板状或大型收敛型交错层理，其沉积序列向上粒度变细，层理的规模变小，多发育波状层理和小型交错层理。沉积组合序列的顶部往往是泥质和粉砂质，最顶部是泥炭沼泽。在分流河道相沉积中可见黄铁矿和植物碎片，但完整植物化石不多。研究区分流河道沉积横向发育不稳定，常呈大型透镜体出现，分流河道的改道和摆动，导致部分地区的煤层遭受侵蚀，以至煤层或泥炭沼泽沉积物完全被侵蚀（图7.24）。

(2) 废弃分流河道。

废弃分流河道是在分流河道发育后期形成的，它表现为河道砂体顶部突变为泛滥平原、沼泽相的泥岩、粉砂岩及泥炭沉积，这说明分流河道突然废弃。废弃分流河道沉积相主要是由于三角洲平原中上部的河道改道、摆动或截弯取直导致活动分流河道突然废弃。废弃分流河道砂体在断面上呈上平下凸的形态，内部常含有植物化石碎片和生物扰动构造。

(3) 天然堤坝相。

天然堤坝是高水位期或洪水期河道水漫溢河床时形成的，是分流河道两侧的天然堤坝，横断面呈楔状或有对称的透镜状。其岩性主要由灰—浅灰色及黄褐色粉砂、泥质岩组成，较分流河道组合明显变细，主要发育波状层理、透镜状层理及攀升层理，含有植物化石碎片，也可见到植物根系化石，具生物扰动构造和垂直虫孔。在研究区鉴别天然堤坝相难度较大，因为三角洲平原地势极平坦，分流河道呈网状或树枝状分布，并且摆动频繁，天然堤坝往往被破坏掉，但是在研究区的上三角洲平原的天然堤坝相发育相对好些，向下游方向，它的高度变小，宽度变大。由于洪水期和平水期交替出现，天然堤坝相的层序呈粉砂层和粉砂质黏土层互层。

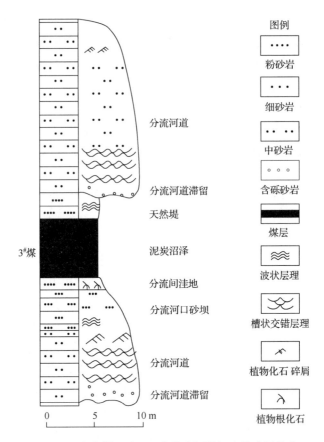

图 7.24 汶宁煤田汶 7-2 孔分流河道组合的成因单位

(4) 决口扇相。

决口扇是在河水浸漫河床时冲决天然堤时形成的,决口扇位于天然堤的外侧,沉积体呈扇状。它的组成物质主要为砂质沉积物,也见有粉砂岩和砂质黏土岩。砂岩以细粒为主,局部为中-粗粒砂岩,含杂基较多,分选和磨圆均较差。剖面上呈透镜状,平面上呈扇状,其沉积序列中下部为小型板状交错层理、波纹交错层理,上部为水平交错层理或块状层理,含有泥砾和较多的植物化石碎屑。砂岩层底界面发育冲刷面,往上至顶部呈渐变关系,也见有明显的突变接触关系,顶界面也比较明显。当决口扇砂体进积到分流间湾部位时,常形成小型的向上变粗序列。如果决口扇规模较大,在平面上则呈现具有一定面积的席状砂体而构成决口三角洲沉积。

(5) 分流间泛滥平原。

分流间地区按照海水影响的界线划分为分流间泛滥平原和分流间湾(属于下三角洲平原)。分流间泛滥平原发育在三角洲朵体不断下陷的地区,主要沉积物为决口水道和泛滥洪水携带的细粒物质,包括洪泛溢岸沉积和小型湖泊沉积。分流间泛滥平原由具波纹交错层理、小型交错层理的菱铁质极细粒砂质沉积(细砂岩—粉砂岩)及泥质沉积薄层组成,单个薄层厚度为厘米级,横向延伸较远,生物扰动强烈,主要底栖生物有双壳类、腹足类等。

(6) 分流间沼泽相及泥炭沼泽相。

分流间沼泽即泥炭沼泽是在分流间洼地或分流间泛滥平原上发展而成的沼泽,虽然河流注入该区,但覆水程度较浅,植物繁盛,逐步形成泥炭沼泽。其包括分流间湖泊、沼泽和泥炭沼泽等,主要由含有机碳的黑色、深灰色泥质岩、黏土岩、砂质泥岩、炭质泥岩和煤层组成,含有大量植物根茎化石,也可见到由洪水带入的粉砂质或细砂质沉积,发育水平层理、块状层理。主要包括两种类型的沼泽:一种为闭水沼泽,为泥岩沼泽发育的前期沼泽,覆水较浅但闭塞,水不通畅,岩性以灰色—深灰色粉砂岩和砂质泥岩为主,块状构造,含丰富的植物根化石(可形成根土岩),岩层的沉积构造均被植物根系破坏,构成煤层的直接底板。另一种为覆水沼泽,为泥炭沼泽的后期沼泽,覆水较深,不利于植物繁生,有时形成湖泊,岩性以灰—深灰色砂质泥岩和泥岩为主,常具水平层理、块状层理,含有丰富的植物化石碎屑(叶部)和镜煤条带,构成煤层的伪顶、直接顶。

上三角洲平原的分流间地区煤层厚度变化较大,且分叉较多,主要受分流河道决口、洪泛,以及河流改道易辙等影响而造成的。若沼泽发育的稳定期较长,则可形成厚度大、分布较稳定的具较大工业开采价值的煤层。

2) 下三角洲平原的主要成因相构成

下三角洲平原指滨线至潮汐影响界面区域,沉积组合包括决口三角洲和分流间湾。研究区三角洲平原地势特点是低平、坡角小。

(1) 决口三角洲相。

决口三角洲是三角洲序列进积朵体中,代表进积于分流间湾的次一级朵状体,在垂向上常常由多次决口作用形成极细的砂岩楔形体,砂岩中发育小型波纹交错层理和波状层理。垂向序列中总体构成向上砂岩增多、粒度变粗、厚度变大的进积型组合,每次决口作用形成的砂岩之间可见潮汐层理。

(2) 分流间湾相。

分流间湾环境单元位于分流河道低凹地区,与海相通与陆相相连,主要位于三角洲的下平面位置。根据覆水深度、生物特征及潮汐作用强弱,将分流间湾划分为开阔分流间湾、闭塞型分流间湾和沼泽化分流间湾(解习农等,1996)。开阔型分流间湾沉积具有两个特点:一是含广盐类生物和大量遗迹化石;二是潮汐作用十分强烈,形成广泛潮坪与共生潮道沉积。开阔型间湾沉积以粉砂岩、泥岩为主,常含广盐类生物,如腹足、海百合茎碎片等。间湾潮坪沉积较发育,在离分流河道较近的地区,砂坪沉积比较发育;而远离分流河道地区,砂坪不发育,主要为砂泥互层的混合坪和透镜状层理、水平层理的泥坪沉积,一般潮上泥坪沉积厚度较大,并含大量菱铁质结核和瘤状植物根。间湾潮道沉积主要由泥质-砂潮道和砂质-泥潮道组成,砂岩由细—极细砂组成,具大型槽状、板状及潮汐层理,序列上部渐变为砂泥以不同比例组成的互层。闭塞型分流间湾沉积的生物组合及沉积物特征与开阔型分流间湾有明显的差异,闭塞型分流间湾沉积以深灰色、黑灰色泥岩、粉砂岩为主,含分散黄铁矿,沉积构造以水平纹理、透镜状层理为主,且不含任何广盐类和窄盐类生物,仅见少量生物潜穴和遗迹化石。沼泽化的分流间湾沉积主要是厚度变化小,分布较连续的薄煤层或根土岩。

研究区识别出的分流间湾为闭塞型分流间湾至沼泽化分流间湾过渡类型,以闭塞分流间湾沉积为主,主要由深灰—黑色泥岩、粉砂质泥岩、粉砂岩组成,间湾充填沉积的后期由灰色或灰绿色夹紫红色斑块的泥岩、紫红色泥岩和深灰色含海绵骨针泥岩组成;具水平层理、微波状水平层理或块状层理,含有植物根化石和植物化石碎片,可见菱铁矿结核、菱铁矿鲕粒及黄铁矿结晶体。分流间湾在低水位期往往演化成沼泽或泥炭沼泽,形成煤层。由于研究区的三角洲前缘和前三角洲不发育,将相关相归入下三角洲平原相沉积组合中。

4. 河流-湖泊复合沉积体系

在研究区陆表海盆地沉积充填序列顶界面之上为一套陆相沉积序列,为大规模海退事件导致盆地性质发生根本性改变后的陆相河流-湖泊沉积充填沉积序列。由于后期构造作用强烈,研究区内的二叠系尤其是上部地层保存不全,以下将钻孔揭露和露头区识别出的主要成因相及内部构成作用概括论述。河流-湖泊复合沉积体系主要包括下列成因相:河床滞留相、越岸相、边滩相、堤岸相、决口扇相、河漫滩相、洪泛平原相、河漫滩沼泽相、河道充填相组合、河漫湖泊相等。

1) 河床滞留相

在河道冲刷面上发育河道滞留沉积,主要是滞留砾石,成分比较复杂,多为陆源砾石,还有泥岩和煤块等软岩砾石。砾石大小不均,滞留砂砾岩体多呈透镜状,位于河流沉积旋回的底部,向上为边滩和河道充填沉积。在山西组的上部层段、石盒子组中均有发育。底界为明显冲刷面。

2) 越岸相

越岸相位于堤岸外侧洼地边缘区或支流间洼地边缘,为河道水流在高位或洪水期,水体漫溢越过堤岸形成的堤岸外侧一定范围的沉积。岩性以灰色—深灰色的粉砂岩和细砂岩为主,具有互层层理或小型交错层理,上部岩层有生物扰动现象和植物碎屑化石,有时有完整的根化石。

3) 边滩相

研究区石盒子组以上的地层均发育边滩沉积,为河流沉积序列的骨架部分,其岩性比较复杂,沉积物的成分成熟度一般较低,下部有冲刷现象,发育大型槽状交错层理,常构成向上变细的序列。

4) 堤岸相

堤岸相是曲流河沉积组合的主要沉积单元之一,沉积物多为粉砂岩、细砂岩与泥质岩组成的互层,层较薄,颜色浅,单层厚度小,沉积厚度不大,发育植物碎屑化石。

5) 决口扇相

决口扇主要以中-细砂岩沉积物为主,成熟度低,磨圆不好,可见粒序层理,底界具有侵蚀构造。顶界面为突变面(图7.25)。

6) 河漫滩相或洪泛平原相

河道充填沉积组合的上部单元,往往出现于边滩组合的上部,沉积作用过程类似于漫

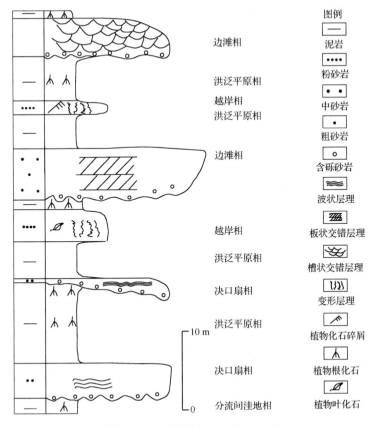

图 7.25 长清 C18-4 决口扇沉积

滩流作用。河漫滩覆水较浅,只有在洪泛期可能有一定深度的水体,环境稳定时形成河漫沼泽,洪泛平原与河漫湖泊相比,地势稍高,只在洪泛时接受沉积。其主要由杂色泥岩粉砂岩,粉砂岩夹薄层细砂岩组成。在二叠系河流-湖泊复合沉积体系中,洪泛事件频繁,因此,洪泛平原沉积较发育。

7) 河漫滩沼泽相

河漫滩沼泽是在漫滩、河漫湖泊或洪泛平原上发展而成,沉积物以细粒及泥质为主,具有少量的植物化石,以根化石居多。

8) 河漫湖泊相

河漫湖泊相位于河漫平原的最低区域,以细粒和泥质为主,颜色较浅且杂,可能和长时间暴露或干旱有关,主要发育水平层理和斜波状层理,覆水较浅时,形成沼泽,但持续时间短,仅在沉积序列的中上部发育沼泽沉积薄层,可见植物化石碎屑。

7.2.4.3 煤聚积规律

1. 汶宁煤田含煤系统

1) 煤层的展布特征

汶宁地区煤层的展布受控于各种因素,包括沉积环境、构造等。总体上西部比东部的煤层厚,南部比北部的煤层薄。在纵向上,下组煤比上组煤薄,下组煤层数多于上组煤,但其中大部分不可采。主采煤层为山西组 3# 煤。

从图 7.26 可以看出,在唐阳井田,MSC7 旋回砂体和煤层的展布呈由北向南分带的特点,中间煤层和砂体厚,南北薄,形成多个聚煤中心。煤层的厚度与砂体的厚度呈正相关关系,即砂体厚的地方煤层亦厚。这可能是由于砂体形成后,海水进一步退却,砂体厚的地方,地形相对较高,首先露出水面而沼泽化,并使其向两侧发展。

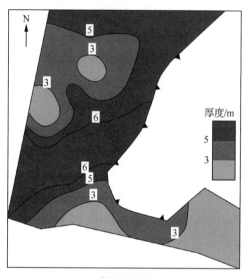 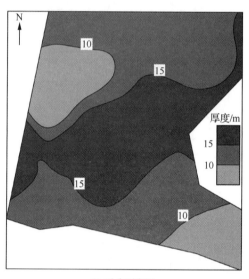

(a) 3# 煤层厚度图　　　　　　　　　(b) 砂岩厚度图

图 7.26　汶宁煤田唐阳井田 MSC7 旋回

从图 7.27 可以看出,16# 煤的分布呈由东而西变厚的特点,东部煤层薄,小于 0.6m,为不可采区域,西部煤层厚,形成了多个聚煤中心。

2) 基准面变化与聚煤规律

(1) LSC1 旋回与聚煤作用。

在 LSC1 旋回中形成的煤层主要是该旋回顶界的 17 煤,17 煤在研究区分布稳定,赋存于早期高位体系域。此时基准面由快速上升转变为缓慢下降,华北地台 DS1(相当于 LSC1)海进体系域的海侵来自东方,DS2(相当于 LSC2、LSC3、LSC4)海侵主要来自南东方向,PS2(相当于 17# 煤沉积期)末处于海水方向转变之时,盆地相对长时间稳定,为泥炭聚积创造了有利的条件,有可能聚积重要煤层。海水退却是缓慢的,但从地史的角度来看它又是迅速的、突发的,有的学者称之为事件沉积。当 C22 海水从汶宁聚煤盆地退出之后,在原陆表海的背景上,潮坪及其间的淡化海湾(潟湖)开始泥炭沼泽化,直至全盆地泥炭沼泽化,在适当的古植物、古气候条件下形成泥炭的堆积。泥炭沼泽是在一系列基本条件下发育的,这些基本条件是,平坦的地形、稳定的构造背景、丰富的地下水、低的碎屑供给等。这些基本条件构成一个平衡系统,一旦这个系统被打破,泥炭沼泽将随之消亡。在 LSC1 旋回沉积期的潮坪、障壁岛、潟湖地带是保持这种平衡系统的有利地段,17# 煤层

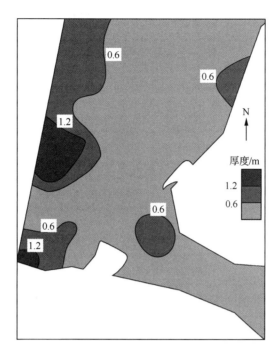

图 7.27 汶宁煤田(唐阳井田)LSC2 旋回 16#煤层厚度图

就是在这种有利的地段形成的。在 LSC2 旋回初期大规模的海侵终止了泥炭的聚集。

(2) LSC2、LSC3 旋回与聚煤作用。

LSC2、LSC3 旋回是陆表海海陆交替型含煤岩系旋回,在这两个旋回中地层发育的一个明显特征是多层煤层之上直接为海侵层(海相灰岩),如十下灰与 16#煤、八灰与 14#煤等。通过对鲁西太原组煤层进行煤岩、煤质及微量元素分析,对煤层底板岩石组成、古生物化石组合表明,煤层本身并非海相成因,因此,潮坪或潟湖淤浅沼泽化或障壁岛后沼泽化形成泥炭沼泽,最终成煤。在潮坪泥炭沼泽堆积的泥炭得以保存是由于突发性海侵导致巨大的潮坪体系突然覆水较深,泥炭处于还原环境,而聚煤环境很快成为陆表海盆地(浅海)环境。海侵表现出突发性事件的特点,而聚煤作用则表现为海侵过程成煤(这里的海侵过程成煤与海相成煤是两个不同的概念)。这种突发性海侵一方面使潮坪泥炭沼泽发育很快中断成为覆水较深的陆表海盆地,另一方面又使已聚集的泥炭很快处于深水还原环境而得以保存,最终成煤。如在研究区的十下灰与 16#煤的接触关系,其间为一突发性海侵事件界面,该界面可在山东全区,南至徐州煤田、两淮煤田追踪对比。

(3) LSC4 旋回与聚煤作用。

LSC4 旋回与下伏的 LSC2、LSC3 旋回相比,有了明显的转折,主要表现为低级别海侵影响逐渐减小,出现进积作用较强的浅水三角洲,河流作用逐渐占据了重要地位。在广大范围内发育了大型复合型三角洲沉积体系。古地理、古气候和古构造的有利组合,形成了厚度大、分布稳定的具有重要工业价值的煤层。LSC4 旋回中煤层形成时也处于海平面由快速上升转变为缓慢上升至缓慢下降阶段。由于进积作用,海岸线的迁移,汶宁地区大范围暴露,广泛泥炭沼泽化。由于海水影响减小,沉积体系的进积作用加强,陆地面积扩大,聚煤作用逐渐增强,最好的煤层位于沉积体系的顶部单元。同一沉积体系具有相对统一的废弃阶段,使泥炭沼泽的发育具有普遍性和广泛性。研究区的聚煤作用与水体深度和环境单元有关,受沉积体系的影响。三角洲平原分流河道活动的部分,不利于泥炭沼泽的发育,聚煤作用差,煤层较薄,煤质较差。而分流间洼地能较长时间地发育沼泽及泥炭沼泽,所以能形成厚煤层。如果三角洲废弃持续时间较长,而且构造因素也有利于泥炭沼泽的持续发育,那么废弃三角洲平原就能形成广阔而稳定的优质富煤单元。

泥炭沼泽的形成与分布受控于基准面变化。不同级次基准面旋回的叠加控制了煤的聚积规律。成煤作用出现在基准面旋回的一定位置上,泥炭沼泽的持续发育需要可容纳空间与沉积物补偿之间的平衡,即当沉积物补给通量变化导致 A/S 趋于 1 时,是成煤的有利时期。从基准面旋回理论和可容空间变化的动力学观点出发,较低级次的基准面旋回在高级次基准面旋回中的位置在很大程度上控制了旋回内部沉积物的地层学和沉积学特征,也包括泥炭沼泽的发育及煤的形成与保存。当低级次基准面旋回叠置在盆地更高级次的基准面上升的早期时,沉积物以粗碎屑为主,随基准面上升,A/S 增大,可发生一定程度的聚煤作用,但总体聚煤作用较弱。当低级次基准面旋回叠置在盆地更高级次的基准面上升与下降转换时期,即最大可容空间出现时期,A/S 达到最大,盆地覆水过深,不利于成煤。当叠置在下降期,尤其是晚期,由于进积作用相对减弱,且盆地覆水变浅,各种沉积体系趋于废弃,易发生大面积泥炭沼泽化事件,有利于成煤。此时如果 A/S 较长期地保持稳定,可形成较厚的煤层。研究区的厚煤层,如 3$^\#$ 煤(3$_\text{上}^\#$、3$_\text{下}^\#$)、16$^\#$ 煤等均是在低级次基准面旋回(中期、短期)的顶部,叠置在高级次的基准面(长期)下降期,反映出了基准面旋回变化对聚煤作用的控制。

2. 黄河北含煤系统

太古代以来,在华北板块巨型坳陷基础上,晚元古代地层在南北向挤压下,发生东西向纵张,形成的沂沭海峡,首先接受土门群滨海相沉积,并为鲁西早古生代大规模海浸创造条件。随之,海水自南而北浸漫,沉积以碳酸盐占绝对优势的巨厚寒武、奥陶系,奠定石炭-二叠纪煤系基底。至海西期,内蒙地轴升起,促使华北板块自北向南抬升,并向南扩张直至海水向南完全撤出,这一系列构造运动的结果,首先是整个华北板块内上奥陶—下石炭统缺失;接着造成包括鲁西在内的海陆交互相-内陆湖泊相的有利成煤环境,堆积大面积的石炭-二叠系含煤地层,并具有明显的东西成带,南北分异现象。太原组煤层总厚是北厚南薄,在鲁南 2~4m,肥城、黄河北、阳谷-茌平条带可达 4~8m(图 7.28)。山西组 3$^\#$ 煤层总趋势是北薄南厚,以兖州、济宁、巨野条带最厚,可达 10.43~17.95m,此条带以南以北均渐薄(图 7.29)。据近年来的实际勘探资料,在新汶、肥城、阳谷-茌平一带,两系煤层有一条明显过渡带在此叠加,即太原组、山西组煤层都发育较好,平均总厚可达 11~13m。

第 7 章 含煤系统研究与资源预测

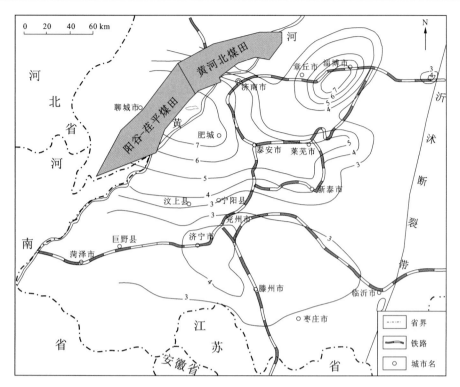

图 7.28 山东省太原组煤层等厚线图

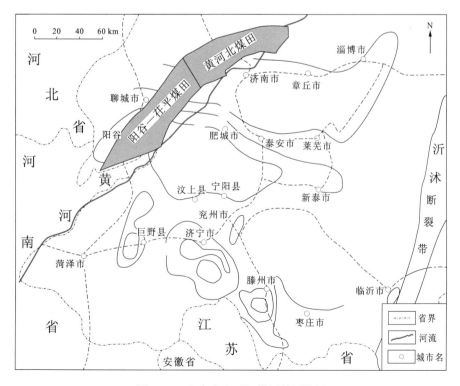

图 7.29 山东省山西组煤层等厚线图

7.2.4.4 黄河北含煤系统煤层气子系统

黄河北含煤系统煤层气子系统受构造、煤层顶底板岩性、岩浆岩、埋深及上覆基岩厚度等多种因素综合影响,煤层气赋存具有以下分布特征。

(1) 煤层气的分布受构造控制,瓦斯涌出量等值线展布形态与煤层底板等高线方向基本一致。

(2) 靠近开放性断裂构造的区域煤层气含量较低,而远离开放性断裂构造的区域煤层气较高。

(3) 矿区由东南向西北沿着煤层倾斜方向,由浅至深煤层气含量逐渐增高。

(4) 煤层顶板岩性为致密完整的泥岩区域,瓦斯含量较高,顶板为多孔隙或脆性裂隙发育的岩石,瓦斯含量较低。矿区内赵官井田和长清井田顶板为厚泥岩,封闭条件较好,瓦斯不容易运移,含量高,而其余区域顶板为多孔隙或脆性裂隙发育的粉砂岩,瓦斯含量较低。

(5) 岩浆侵入区域,煤层变质程度较高,生成大量的煤层气,若煤层密闭条件较好,则煤层气含量较高;煤层密闭条件不好的区域煤层气含量较低。区内均有不同程度的岩浆呈岩脉或岩墙状沿构造裂隙侵入,生成大量的煤层气,而远离开放性断层区域,生、储、盖层均较好,煤层气含量较高。其他区域断裂构造发育,顶板密闭性较差,岩浆的高温作用强化煤层瓦斯排放,使煤层瓦斯含量较低。

(6) 煤层煤层气含量随上覆基岩厚度的增大而增大。

1. 煤层气资源评价

煤层气资源计算是在深入研究煤层气赋存条件的基础上,依据中华人民共和国国土资源部颁发文件《煤层气资源/储量规范》(DZ/T 0216—2002)对煤层气资源进行计算。

1) 资源量计算方法

煤层气资源储量计算方法很多,本次采用体积法来计算地质储量,体积法是我国目前煤层气储量计算普遍采用的一种方法,适用于各个级别煤层气地质储量计算。计算公式如下:

$$G_i = 0.01AhDC_{ad} \tag{7.1}$$

$$C_{ad} = C_{daf}(100 - M_{ad} - A_d)/100$$

式中,G_i 为煤层气地质储量,$10^8 m^3$;A 为煤层含气面积,km^2;h 为煤层净厚度,m;D 为煤的干燥基质量密度,t/m^3;C_{ad} 为煤的空气干燥基含气量,m^3/t;C_{daf} 为煤的干燥无灰基含气量,m^3/t;M_{ad} 为煤中原煤基水分,%;A_d 为煤中灰分,%。

计算过程参数主要来源于地质勘探资料,勘探程度越高,参数取值越准确,资源量的结果也越可靠。

2) 资源量计算及参数的确定

(1) 资源量计算边界:瓦斯地质图中标有瓦斯风氧化带的区域可直接圈出,不进行储量计算。煤层含气量、煤层厚度下限值由瓦斯含量等值线、钻孔数据确定(下限标准可参考《煤层气资源/储量规范》(DZ/T 0216—2002),见表7.4。

表7.4 煤层气含气量下限

煤层类型	变质程度(R_{max}^o)/%	空气干燥基含气量/(m³/t)
褐煤—长焰煤	<0.7	1
气煤—瘦煤	0.7~1.9	4
贫煤—无烟煤	>1.9	8

(2) 资源量计算单元划分:原则上把气田内具有相同或相近煤层气赋存特征的储层划为一个单元。划分单元首选气藏地质边界,如断层、尖灭、剥蚀等;然后结合气藏计算边界,其中达不到煤层净厚度下限、含气量下限边界和瓦斯风化带边界的不加以计算。

(3) 计算单元面积:通过计算机软件工具直接查询,而不再用煤炭储量计算面积常用的直接公式法及网格法,这种计算结果十分精确。煤层倾角的变化可由底板等高线的疏密程度进行计算,然后对计算面积进行修正。

(4) 煤层有效厚度:即整层煤厚去除夹矸厚度,也称净厚度,可以查看邻近钻孔资料,通过测井曲线或者取心整理夹矸厚度,一般与构造煤厚度一并在图上钻孔附近标出。

(5) 煤质量密度:先查找附近的钻孔,查看相应报告可获得煤真密度或视密度数值;对于计算单元有多个钻孔的情况,可以取其平均值。

(6) 资源量计算:按照矿井瓦斯含量等值线图划分的资源量计算块段,依据每个块段已确定的参数,由式(7.1)计算出各块段煤层气资源量。

3) 资源量计算结果及评价

(1) 山东新矿新阳能源有限责任公司7#煤资源量计算结果及评价。

新阳煤矿7#煤以1/3焦煤为主,瓦斯含量最大值仅为0.18m³/t。根据瓦斯成分划分瓦斯带标准,瓦斯含量为0~20%,氮气含量为80%~100%,二氧化碳含量为0~20%。济阳煤矿7#煤瓦斯含量为0.81%~15.90%,二氧化碳含量为0.92%~22.28%,属于氮带,煤层中瓦斯含量普遍较低,按照《煤层气资源/储量规范》(DZ/T 0216—2002),煤层气资源量不具备开采价值,因此,不计算煤层气资源量。

(2) 山东新矿赵官能源有限责任公司7#煤资源量计算结果及评价。

赵官煤矿井田内煤类较多,以无烟煤、贫煤、焦煤为主,次为气煤、气肥煤等煤种。7#煤煤厚0.70~1.42m,平均厚0.95m,煤层厚度基本大于煤层气资源量计算要求的下限值(0.5m),计算边界主要依据煤层含气量(大于8m³/t)。赵官煤矿煤的干燥基质量密度为1.53t/m³,7#煤中原煤基水分为2.28%,煤中灰分为24.97%。

按照井田内具有相同或相近煤层气赋存特征的储层(如含气量下限边界、瓦斯风化带边界、背斜、向斜、断层等)将其划分为一个单元的原则,把矿井划分为三个计算单元,如图7.30所示,具体计算参数及计算结果见表7.5。

赵官煤矿7#煤分为3个块段,总面积为17.33km²,瓦斯含量(煤层气含气量)最高可达25m³/t,其中煤层气含气量(相当于空气干燥基含气量)小于8m³/t的区域不进行计算。计算结果表明,煤层气地质储量282.16Mm³;平均资源量丰度为0.1662×10⁸m³/km²。

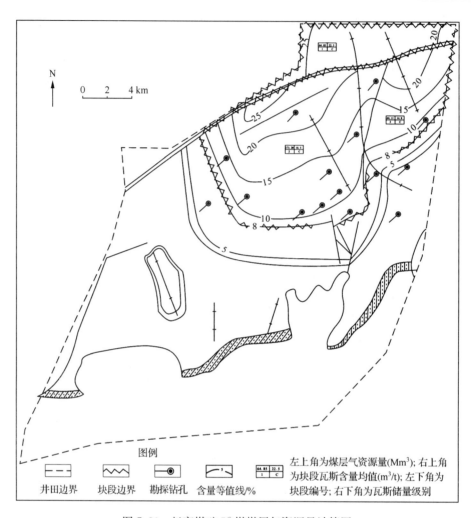

图 7.30 赵官煤矿 7# 煤煤层气资源量计算图

表 7.5 赵官煤矿 7# 煤煤层气资源量计算结果

块段编号	面积 /km²	含量 /(m³/t)	煤厚 /m	干燥基质量密度 /(t/m³)	埋藏深度 /m	地质储量 /10⁶m³	资源量丰度 /(10⁸m³/km²)
1	3.12	$\dfrac{20\sim25}{22.5}$	$\dfrac{0.78\sim0.88}{0.83}$	1.53	640～840	64.85	0.2079
2	10.84	$\dfrac{8\sim25}{16.5}$	$\dfrac{0.62\sim1.22}{0.87}$	1.53	440～840	173.20	0.1598
3	3.37	$\dfrac{8\sim20}{14.0}$	$\dfrac{0.81\sim0.86}{0.84}$	1.53	440～640	44.11	0.1309

(3) 山东省邱集煤矿 7# 煤资源量计算结果及评价。

邱集煤矿 7# 煤层以合肥煤、焦煤、瘦煤混合,瓦斯含量最大值仅为 1.02m³/t。根据瓦斯成分划分瓦斯带标准,瓦斯含量为 0~20%,氮气含量为 80%~100%,二氧化碳含量为 0~20%。邱集煤矿 7# 煤层属于氮气带,煤层中瓦斯含量普遍较低,按照《煤层气资源/储量规范》(DZ/T 0216-2002),煤层气资源量不具备开采价值,因此,不计算煤层气资源量。

2. 矿区煤层气资源量评价

山东省黄河北煤田共有 3 对生产矿井,除山东新矿赵官能源有限责任公司为高瓦斯矿井外,其余均为低瓦斯矿井。矿区内 7# 煤以无烟煤、贫煤、焦煤为主,按照《煤层气资源/储量规范》(DZ/T 0216—2002),贫煤瓦斯含量的下限为 $8m^3/t$,因此,本矿区仅有赵官煤矿瓦斯含量有大于 $8m^3/t$ 的区域。通过计算,赵官煤矿煤层气地质储量为 $282.16Mm^3$,平均资源量丰度为 $0.1662\times10^8m^3/km^2$;长清井田煤层气地质储量为 $281.44Mm^3$,平均资源量丰度为 $0.1662\times10^8m^3/km^2$(图 7.31)。

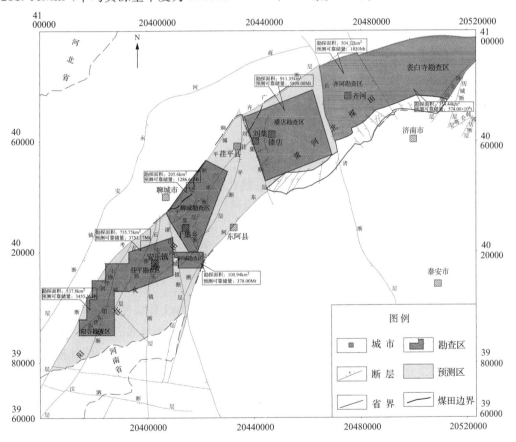

图 7.31 黄河北煤田资源预测图

7.3 鄂尔多斯含煤系统

7.3.1 鄂尔多斯含煤系统构造格架

鄂尔多斯盆地位于华北克拉通的西部,是华北(或中朝)板块的一部分。根据地质发展史中的构造特点,可以进一步划分为两个二级构造单元,即鄂尔多斯台拗和鄂尔多斯西缘逆冲带。

7.3.1.1 鄂尔多斯台拗

鄂尔多斯台拗是华北地台的一个重要构造单元,西部与鄂尔多斯西缘逆冲带毗连,北部以狼山-色尔腾山、乌拉山、大青山等山前的断裂与内蒙台隆分解,东面是山西台隆,南部与北秦岭优地槽褶皱带和豫西台隆相邻,可以进一步划分为5个三级构造单元(表7.6)。

表 7.6　鄂尔多斯盆地构造单元划分表

二级构造单元	三级构造单元
鄂尔多斯台拗	伊盟隆起、渭北隆起、晋西挠褶带、陕北斜坡、天环向斜
鄂尔多斯西缘逆冲带	贺兰山褶断带、桌子山-横山堡褶断带、银川断陷、青(龙山)云(雾山)褶断带

1. 伊盟隆起

伊盟隆起位于河套断裂以南,西部为桌子山东麓断裂,东部为呼和浩特-清水河断裂,南面经正谊关-偏关断裂与天环拗陷、陕北斜坡和晋西褶曲带过渡接触。隆起东北部结晶基底直接出露地表,或被厚度不大的下白垩统不整合覆盖。褶皱主要见于东胜至准噶尔一带,地面断裂构造极不发育。

2. 渭北隆起

渭北隆起以渭河盆地北缘为南界;北部与陕北斜坡呈过渡关系,界限大致在长武—黄陵—黄龙一线;西部在凤翔东北与鄂尔多斯西缘褶皱冲断带相邻,东达黄河。在构造上,总体上呈北倾南翘的势态。按地层分布和构造特点,可以分为南、北两个构造带。北带由分布于中生界的纵弯褶皱组成,断裂不太发育;南带以古生代地层褶皱隆起为特征,断裂构造比较发育。

3. 晋西挠褶带

晋西挠褶带东侧与山西台隆相邻,以离石断裂为界,西侧大体以黄河为界与陕北斜坡呈过渡关系。根据构造特征并以柳林东西向构造带为界,将其分为北部褶曲带和南部褶曲带。北部褶曲带以平缓开阔的小型背斜为主;南部褶曲带除短轴背斜外,还发育线状褶曲。

4. 伊陕斜坡

伊陕斜坡是伊盟隆起和渭北隆起之间,晋西褶曲带越过黄河向西缓斜的大单斜构造。除了零星分布的短轴背斜、鼻状构造外,有少量不明显的挠曲,断裂构造少见。

5. 天环向斜

天环拗陷是发育于白垩系中的天环向斜的西翼,东翼为陕北斜坡,西翼陡、东翼缓。天环向斜为一不对称向斜,且西翼被西侧的逆冲断裂截切。天环向斜总体走向近南北,某些段落可能呈左行雁列。

7.3.1.2 鄂尔多斯西缘逆冲带

鄂尔多斯西缘逆冲带北起桌子山、贺兰山,南抵宝鸡附近,西与阿拉善台隆和祁连山加里东褶皱带毗邻,东面是鄂尔多斯台拗。该冲断带是联结我国北方东部和西部不同大地构造环境的枢纽,地质构造复杂,主要为燕山运动定型的逆冲推覆构造,可以进一步细分为4个三级构造单元(表7.6)。

1. 贺兰山褶断带

贺兰山断褶带的主体是北北东走向的贺兰山,东西两侧被断裂限定;北界在乌达以北,南界在元山子附近,以青铜峡-固原断裂向西北延伸部分为界,与祁连山加里东地槽褶皱带接壤。本褶皱带可进一步分为3段,北段主要为正谊关以北,五虎山—沙巴台一带;中段南界位于炭井沟、南沟一带;南段主要位于北西走向的三关口断层以北,以平行山脉走向的逆冲断层为主。

2. 桌子山-横山堡褶断带

桌子山-横山堡褶断带北起千里山,南抵惠安堡-沙井子断裂西北端,西为银川断陷东缘断裂,东侧北段为桌子山东麓断裂,南段向东倾入天环拗陷。褶断带总体走向为北北西,主体构造是岗德尔山东西两侧和桌子山东麓的断裂带及其之间的岗德尔山背斜和桌子山背斜。

3. 银川断陷

银川断陷北起石嘴山,南至青铜峡,东西两侧分别被断层限定,总体走向北北东,永宁以南转为南北向。断陷内部结构比较复杂,受多条规模较大的走向正断层制约,两翼地层逐渐向中心陷落,形成中央深陷、两侧浅埋的阶梯状地堑构造。

4. 青(龙山)云(雾山)褶断带

青云褶断带北起牛首山、罗山、青龙山,经云雾山、平凉太统山,南至千阳岭,大致南北向延伸,略呈反"S"形弯曲;西侧与加里东祁连山褶皱带分界,东边是鄂尔多斯台拗。

7.3.2 鄂尔多斯盆地典型含煤系统边界确定与划分

依据鄂尔多斯盆地构造划分理论,考虑实际含煤地质条件,可以将鄂尔多斯含煤地区划分为一个巨系统,该系统内的含煤地层主要包括石炭-二叠纪煤系和侏罗纪煤系,煤系总体上分布面积较广,煤层较稳定,易于全区对比,煤层埋藏整体表现为西部深、东部浅的特征。

鄂尔多斯盆地含煤巨系统可以进一步划分出两个含煤大系统,其中,将鄂尔多斯台拗划分为一个含煤大系统,即鄂尔多斯台拗含煤大系统,具体依据为以下几个方面:①该区煤层赋存深度东部较浅西部较深,煤层厚度总体上较厚,分布广泛,稳定性好;②该区总体上处于东部隆起的单斜状态,盆地内断层较少,且多为拉张正断层,构造影响较小;③隆起区含煤地层剥蚀殆尽,拗陷区保存着含煤岩系;④煤层变质程度相似,侏罗纪煤系大部分为气煤或长焰煤;石炭-二叠纪煤系以肥煤、焦煤为主,少量贫煤和厚煤。该大系统又可以细分为两个含煤系统,由于该台拗后期遭受构造抬升,东部地层剥蚀严重,侏罗系剥蚀殆尽,仅残存石炭-二叠纪煤系,将该部分划分为鄂尔多斯台拗东部含煤系统;大系统中-西部地区石炭—二叠系、侏罗系保存较完整,保存石炭-二叠纪煤系和侏罗纪煤系,将该部分划分为鄂尔多斯台拗中-西部含煤系统。

将鄂尔多斯西缘逆冲带划分为鄂尔多斯西缘逆冲带含煤大系统,具体依据主要以下几个方面:①该地区是一个巨型的褶皱冲断带,它破坏了含煤岩系的完整性,将煤系改造成了许多互不连续的孤立体;②由于褶皱和断裂抬升,煤层赋存深度较浅,产状变化很大;③煤层分布面积较广,但该区断裂异常发育,将煤系切割成若干大小不等、形状各异的小块。依据含煤区煤层赋存特点,可以将每个大系统可以划分出相应的含煤系统、子系统,具体划分见表7.7。

表 7.7 鄂尔多斯盆地含煤系统划分

含煤巨系统	含煤大系统	含煤系统
鄂尔多斯盆地含煤区巨系统	鄂尔多斯台拗含煤大系统	鄂尔多斯台拗中-西部含煤系统
		鄂尔多斯台拗东部含煤系统
	鄂尔多斯西缘逆冲带含煤大系统	鄂尔多斯西缘含煤系统

7.3.2.1 鄂尔多斯台拗含煤大系统

鄂尔多斯台拗含煤大系统包括两个含煤系统,即鄂尔多斯台拗中-西部含煤系统和鄂尔多斯台拗东部含煤系统(图7.32)。从区域构造上看,鄂尔多斯台拗在大的区域上隶属于华北板块的鄂尔多斯台拗块体,是一个以大型隆起为背景的地质构造单元,根据含煤地层的保存程度可以划分为两个含煤系统,即鄂尔多斯台拗中-西部含煤系统,保存石炭-二叠纪煤系和侏罗纪煤系,现今煤田有宁东煤田(东部)、陇东煤田、陕北侏罗纪煤田、黄陇侏罗纪煤田、东胜煤田;鄂尔多斯台拗东部含煤系统近保存了下部的石炭-二叠纪煤系,现存的煤田有准噶尔煤田、陕北石炭-二叠纪煤田、河东石炭-二叠纪煤田、渭北石炭-二叠纪煤田,见图7.32。

7.3.2.2 鄂尔多斯西缘逆冲带含煤大系统

该含煤大系统内部含煤地层的地质特征基本相似,为一个含煤系统(图7.32)。从区域构造上来看,该区在大的区域上,位于中朝大陆块中的鄂尔多斯断块与阿拉善断块,以及与西南部的秦祁褶皱带会合的部位,是一个以大型褶皱逆冲为背景的地质构造单元。区内保存了石炭-二叠纪煤系和侏罗纪煤系,受构造的分割、抬升作用,煤系分布零散、埋藏相对较浅。

7.3.3 鄂尔多斯盆地典型区块含煤系统构成

7.3.3.1 鄂尔多斯台拗中-西部含煤系统层序地层特征

鄂尔多斯台拗中-西部含煤系统是鄂尔多斯盆地内部最重要的含煤系统,包含盆地内主要的煤田。该含煤系统可以进一步细分为石炭-二叠系煤层赋存子系统、侏罗系煤层赋存子系统和石炭-二叠系煤层气子系统,由于石炭-二叠纪煤系煤层较深,研究程度较低,这里仅介绍侏罗纪煤层赋存子系统的特征,主要是延安组含煤地层的特征。

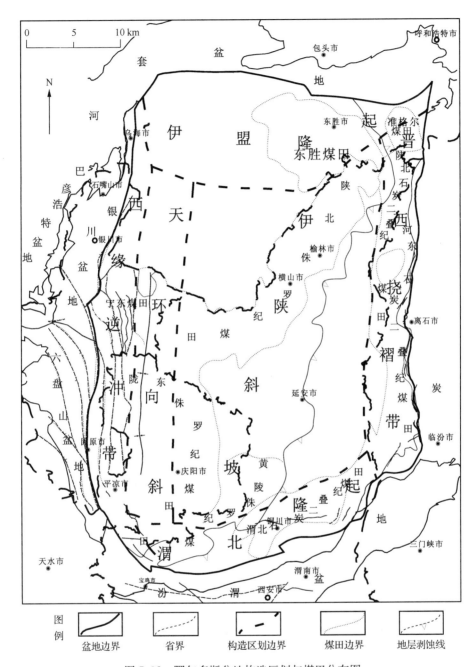

图 7.32 鄂尔多斯盆地构造区划与煤田分布图

1. 层序界面的识别

层序界面的识别标志有许多,如广泛出露地表的陆上侵蚀不整合面,地层颜色、岩性及沉积相垂向不连续或错位的界面,伴随海(湖)平面下降,由河流的回春作用形成的深切谷底界面,相对海(湖)平面明显下降造成的古生物化石断带或灭绝界面,岩相或地层产状突然变界面,体系域类型或准层序类型突变界面,地震剖面中地震反射终止关系为削蚀、顶超、上超、下超等类型的界面等。研究区可以识别出的层序界面主要为陆上暴露的古风化壳和不整合面、湖平面相对下降河流回春作用形成的河道砂体冲刷面及其对应界面。

延安组与下伏富县组之间多为连续沉积,富县组上部发育一套"花斑泥岩"或紫杂色泥岩,延安组底部发育含大量植物根化石灰色泥岩(根土岩、铝土岩)或厚层河道砂岩("宝塔山砂岩")(图7.33),岩性及颜色变化容易区分二者,是明显的层序界面。但当富县组厚层河道砂岩与延安组底部宝塔山砂岩叠置时,二者界限不易区分。

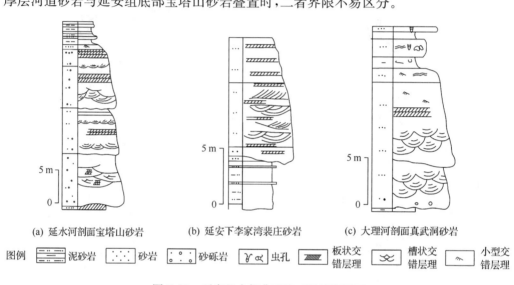

(a) 延水河剖面宝塔山砂岩　　(b) 延安下李家湾裴庄砂岩　　(c) 大理河剖面真武洞砂岩

图7.33 延安组内部典型的三级层序界面

延安组与上覆直罗组一般为假整合接触,直罗组底部直罗砂岩对延安组顶部造成强烈的冲蚀(图7.33)。特别是在黄陇煤田,直罗组与延安组不同段直接接触,其间有一层以氧化铁为主的紫红色古风化剥蚀面,为典型的层序界面。

延安组内部的层序界面主要为湖平面相对下降河流的回春作用发育的厚度较大、层位较稳定、对下伏地层造成强烈冲刷的砂岩底界面。延安组内部延一段底部的"宝塔山砂岩"、延三段中下部"裴庄砂岩"和延五段底部的"真武洞砂岩"沉积厚度大、粒度粗、层位稳定,对下伏地层造成强烈的冲刷,代表了三期湖平面的下降,分别代表三级层序沉积的开始。延安组可以划分为3个三级层序。

通过在侏罗纪煤层赋存子系统内对延安组顶部、底部及其内部层序界面的识别,可将延安组划分为3个三级层序,并在层序内部识别出9个体系域(表7.8)。三级层序在全区内对比性好,除黄陇地区延安组上部地层保存不全外,其余地区3个层序发育齐全。

2. 层序地层特征

该侏罗纪煤层赋存子系统内,延安组层序地层大致以大理河和葫芦河为界划分为3种类型,大理河以北为北部缓坡型,大理河到葫芦河之间为盆地中央型,葫芦河以南为南部陡坡型,3种类型特征各异。

表 7.8 中侏罗世延安组层序地层划分方案

统	组		三级层序		区域层序界面
中侏罗统	直罗组				SB — 直罗砂岩底界面及其对应层位
	延安组	五段	SQ3	HST	
				TST	
				LST	SB — 直武洞砂岩底界面及其对应层位
		四段	SQ2	HST	
				TST	
		三段		LST	SB — 裴庄砂岩底界面及其对应层位
		二段	SQ1	HST	
				TST	
		一段		LST	SB — 宝塔山砂岩底界面及其对应层位
下统	富县组				

1) 北部缓坡型层序地层特征

盆地北部延安组保存较全,3 个层序及 9 个体系域发育几乎齐全(图 7.34)。该地区在层序 I 沉积早期,主要为河流相沉积,之后随着构造下降,湖水扩展逐渐过渡为泛滥平原沉积,并沉积了 5# 煤组,随着湖水不断扩张,沉积环境逐渐转化为湖泊三角洲、滨浅湖,在层序 I 沉积末期,湖水相相对退却,周缘湖泊淤浅地区发育了 4# 煤组。

层序 II 沉积初期,湖平面相对下降,加之北部构造抬升,河流回春,发育大套湖泊三角洲分流河道砂岩,逐渐向湖中心近积,并冲刷下伏地层。随着湖水的再次扩张,分流河道逐渐过渡为泛滥盆地沉积,并发育了 3# 煤组。在湖侵达到最大并趋于稳定后,分流河道再次大量发育,碎屑物不断充填,湖平面相对下降,湖泊三角洲的平原地区发育 2# 煤组。

层序 II 沉积初期,构造大幅度抬升,湖水整体退却,河流回春作用强烈,发育大套河道砂岩。随着湖水再次扩张,发育泛滥平原沉积,发育了 1# 煤组。湖侵达到最大并稳定后,河道沉积再次发育,并最终导致湖泊的萎缩。

2) 盆地中央型层序地层特征

盆地中部大理河至葫芦河之间的区域大致为侏罗纪湖泊沉积中心区域,该地区湖水相对较深,以泥质沉积为主,基本不发育煤层(图 7.35)。

层序 I 沉积早期,局中北地区为河流泛滥平原沉积,南部由于地势较高,并未接受沉积。随着湖水不断向四周扩张,该地区由河流泛滥平原相逐渐过渡为湖泊三角洲相,最后转化为滨浅湖相,有瓣腮类化石出现。由于覆水较深,没有煤层发育。在该层序沉积末期,湖水有一定程度的退却。

层序 II 沉积早期,由于层序 I 湖水的退却加之北部构造抬升,该地区在湖泊沉积之上发育一套湖泊三角洲前缘沉积。之后湖水再次扩张,研究区再次转入滨湖-浅湖沉积。该层序晚期,湖水相对退却,转化为滨湖沉积。

层序 III 沉积时期,构造大幅度抬升,由湖泊相转化为河流相沉积,发育大套河道砂岩,湖侵期为局限湖沉积,之后再次发育河道相沉积,最终导致湖泊消亡。该层序上部局部地区遭受剥蚀,而使得层序保存不全。

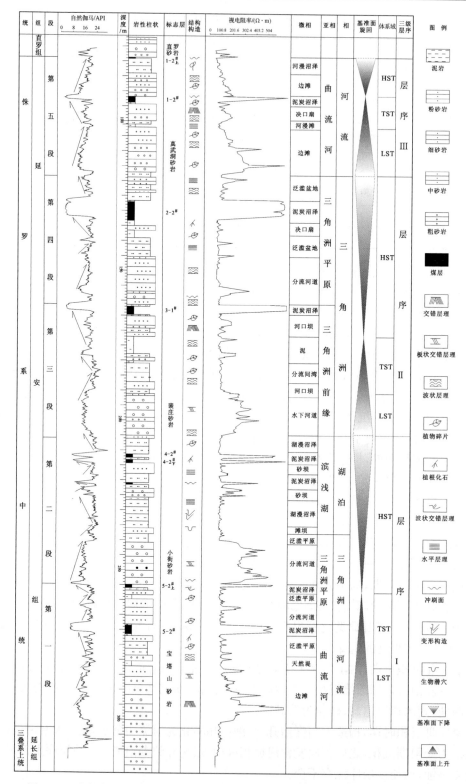

图 7.34 鄂尔多斯盆地北部神府矿区柠条塔 NG14 孔沉积相-层序划分综合柱状图

第 7 章 含煤系统研究与资源预测

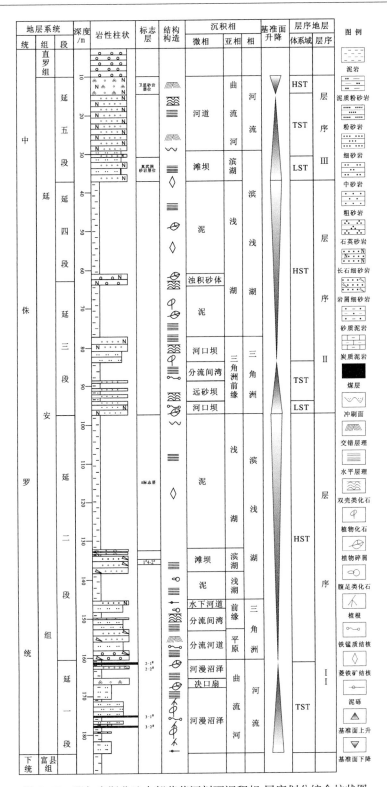

图 7.35 鄂尔多斯盆地中部葫芦河剖面沉积相-层序划分综合柱状图

3) 南部陡坡型层序地层特征

盆地南部黄陇地区地层残存较少,层序保存不全,一般保留层序Ⅰ和层序Ⅱ的部分地层(图7.36)。

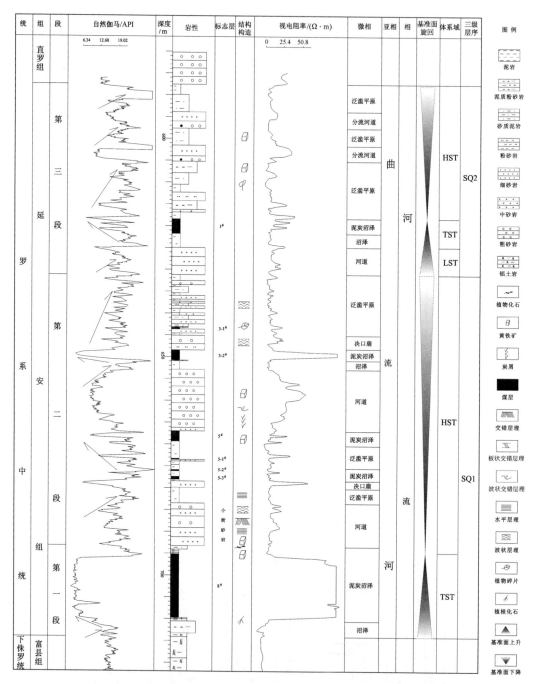

图7.36 鄂尔多斯盆地南部彬长矿区27钻孔沉积相-层序地层综合柱状图

层序Ⅰ沉积早期该地区地势较高,除少数地区发育河道沉积外,大部分地区并未接受沉积。直到湖水扩张,该地区普遍接受河流泛滥平原沉积,并在泛滥平原洼地沼泽地区发育了厚煤层,代表湖侵达到最大。之后再次发育河流相砂体沉积和泛滥平原沉积,并在泛滥平原上再次发育一些煤层,煤层厚度明显较小。

层序Ⅱ沉积早期仍为河道砂岩沉积,随着湖侵的再次扩张,湖侵的初期和最大湖侵期在泛滥平原上发育了几层煤,最大湖侵期发育的煤层为该层序内最厚的煤层,之后发育几期河流沉积。层序Ⅱ顶部大都保留不全。几乎没有层序Ⅲ的地层保存。

7.3.3.2 鄂尔多斯台拗中-西部含煤系统沉积特征

侏罗纪煤层赋存子系统内,延安组主要发育河流沉积体系、湖泊三角洲沉积体系和湖泊沉积体系。河流沉积体系可以进一步区分出辫状河体系和曲流河体系,辫状河体系主要发育在延安组沉积初期,曲流河体系主要发育在延安组的早期和晚期,湖泊三角洲沉积体系主要发育在延安组早中期、中期、中晚期的陕北榆神府地区和西部定边—靖边—吴旗地区。湖泊主要分布在该时期中部的甘泉—延安—安塞一带。延安组主要的沉积体系、亚相、微相划分详见表7.9。

表7.9 鄂尔多斯盆地中-西部侏罗纪煤层赋存子系统延安组沉积体系划分表

沉积体系	亚相		微相
河流体系	辫状河		辫状河道、心滩、泛滥平原、泥炭沼泽
	曲流河	河床	河床滞留、曲流河道
		河堤	天然堤、决口扇
		河漫	河漫滩、河漫沼泽、河漫湖泊、泥炭沼泽
曲流河三角洲	湖泊三角洲平原		分流河道、天然堤、决口扇、河漫沼泽、泥炭沼泽、分流间湾
	湖泊三角洲前缘		水下分流河道、河口坝、远砂坝、分流间湾
	前湖泊三角洲		泥、重力流和滑塌
湖泊	滨湖		滩坝、滨湖沼泽、泥炭沼泽
	浅湖		砂坝、泥、水下重力流
	湖湾		沼泽、泥炭沼泽

1. 河流沉积体系

河流沉积体系在区内常见于中侏罗世延安组的底部和顶部。东部露头区典型垂直层序和剖面主要分布于南部的延安至甘泉一带和北部无定河附近。河流体系的沉积以延安地区延一段著名的宝塔山砂岩段为河流沉积的典型代表,厚约75m,层位包括整个延一段(约65m)和延二段下部4-4#煤之下厚10m左右的层段。其下部45m属辫状河沉积,上部30m为曲流河沉积。南部甘泉以南洛河剖面河流体系的沉积只分布在延一段,下部辫状河和上部曲流河沉积厚度各约15m,总厚仅30m。西部和北部掩盖区的河流沉积粒度更粗,下部以砂砾岩为主,厚度为50~60m,北部和中部以辫状河沉积占优势,南部华池—延安一线则为冲积谷地,粗碎屑沉积充填厚达60~80m。盆地内的宝塔山砂岩属辫状河沉积,其顶变带主要为曲流河沉积,向上则以悬移质低弯度河沉积为特征。

1) 辫状河相

研究区内辫状河的突出特征是泛滥平原相不发育,它们在剖面上通常是由不完整旋回的砂层反复切割叠置而成的巨厚层,砂层最大厚度达 80m 以上,多数在 20～40m,而河漫滩沉积在整个剖面上也不过数米,且横向不稳定。根据露头及钻井岩心资料的揭示,延一段辫状河沉积主要是由灰白色中-粗粒砂岩组成,底部含砾或夹砾岩透镜层,井下河道砂体的自然电位曲线呈箱状及指状负异常形态,相底为突变型,而视电阻率曲线为中低值。砂岩体形态呈上平下凸的河道状透镜体,但多期河道充填的砂岩在侧向上彼此连接,除大的河谷轴部为巨部增厚外,通常呈席状形态。

典型的辫状河沉积垂直层序可以延安印子沟宝塔山砂岩为例,剖面结构以砂砾岩和粗、中粒砂岩占绝对优势,粒度上、下变化不大,辫状河道充填相的总厚度约 40m,其间无垂向加积的细碎屑沉积物相,砂岩横向连续性好,被延水河切割呈陡崖出露,顶部的泛滥盆地沉积不足砂岩总厚的 1/5。

从三维空间沉积体形态来看,研究区辫状河不仅沉积厚度大,而且延伸远,横向连接成片,横断面厚的宽透镜体两侧向河道边缘辫状冲积平原细碎屑越岸沉积相过渡变薄。沉积负载以底负载占优势,水动力条件相当强,后期悬移负载的含量有所增加,并向曲流河沉积过渡。沉积构造下部以块状和粗略显示的平层为主,宽而厚度不大的辫状河道充填的粗碎屑沉积物相互错移切割,表明辫状砂坝之间分枝小水道的宽度一般至少为 10～20m,水深可能有 10 余米,河道总宽度比本区南部以冲积谷地充填相组成为主的辫状河道沉积所代表的河道更宽更浅。

辫状河相主要发育辫状河道、心滩和泛滥平原,泛滥平原中局部可以发育泥炭沼泽。

(1) 辫状河道。该微相为辫状河道粗碎屑充填,以延安第一段斜贯本区中部的辫状河道含砾砂岩为代表(图 7.37),地表露头以延安市南印子沟—宝塔山一带及桥儿沟、机场沟和甘泉南的三里峁(距西安 295km 里程碑)附近最为典型。辫状河道以含砾粗砂岩到中粒砂岩为主,分选中等偏差,以石英砂岩为主,泥质胶结,经黏土矿物分析以高岭石为主,含石英和石英岩砾石,底有侵蚀面,并有不少破碎的菱铁矿结核及大型褐铁矿化的树干和树枝的印痕铸型。具大型板状和槽状交错层理,上部出现平层。最具特征的是在延安印子沟、桥儿沟由延水河切割出来的横断面上所见,一系列辫状河道充填物多次叠置,并相互切割,构成内侵蚀面十分发育,侧向急剧变化的、大型透镜体状的宽广辫状河道充填物复合体。

甘泉六里峁附近的宝塔山砂岩也属辫状河道充填沉积(图 7.38),底部含砾粗砂岩厚达 7m,可见大型缓倾斜交错层理,其上的粗砂岩以平层和大型交错层理为主。延安地区延一期辫状河沉积体系靠上部的河道充填物与底部有所不同,在延安市西北至安塞公路岔道口附近,河道充填物以中粗砂岩为主,不含砾岩,砂岩分选磨圆较好,大型槽状交错层理十分发育。

(2) 心滩。辫状河道充填物中常见的横向砂坝沉积在本区少见,只在本区以南郴县柏子沟能够见到,主煤层以下砂岩为具大型板状交错层理的中粒砂岩,横向延伸达 3～5m,前积纹层倾角可达 25°,顶部为平层所覆。

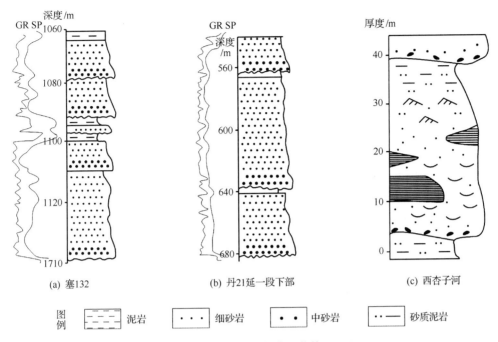

图 7.37　辫状河序列(据李宝芳等,1995)

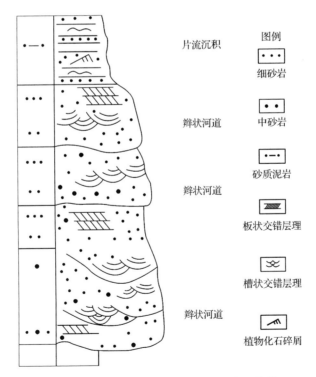

图 7.38　甘泉六里峁延一段宝塔山砂岩(据李宝芳等,1995)

(3) 泛滥平原。辫状河道泛滥平原不太发育,仅在洪泛期间发育厚度不大的泛滥平原沉积，往往受到后期河道的冲刷。在泛滥平原中偶见泥炭沼泽发育，但成煤条件差，持续时间短，成煤强度弱。

2）曲流河相

曲流河沉积物主要为细砂岩和粉砂质泥岩，垂向上河漫滩和河道砂坝沉积十分发育。河道砂坝中见大量植物碎片及炭屑，河漫滩见各种虫孔构造，漫滩沼泽植物化石丰富，成分成熟度中等，结构成熟度较好。河道砂坝上的沉积作用是曲流河道中的主要沉积作用过程，曲流河道由于侧向侵蚀强烈而呈明显的弯曲状，凹岸遭受强烈侵蚀，凸岸发生沉积形成特征的河道砂坝，造成河道砂体在垂向上叠置，横向上连片，平面上呈不规则的或串珠状的条带，宽厚比小。砂体在横剖面上为上平下凸的透镜体，四周为细粒河漫滩沉积包围，砂体基底具有明显的冲刷面，冲刷面起伏强烈。随着河流侧向迁移，河道砂坝在垂向上将呈向上变细的序列特征，反映水流能量逐渐减弱的沉积过程。

测井曲线上表现为底部突变型且幅值最大，向上幅值依次减小，至泥岩处减至最小，整个自然电位呈钟形或箱形负异常，视电阻率曲线为齿状中、低阻，局部高阻。曲流河基底冲刷面起伏较大，砂体在剖面上可以为一系列完整的旋回反复叠置，由基底冲刷面向上，依次为滞留沉积、大型和中型槽状交错层、板状交错层、平行层理及小型交错层，坝顶为河漫滩沉积覆盖。延安地区的曲流河沉积的古流向与前期的辫状河类似，也为由西向东的趋势。

曲流河沉积可以划分为河床滞留、曲流河道、天然堤、决口扇、河漫滩、河漫沼泽、河漫湖泊和泥炭沼泽。其分布于大理河、葫芦河地区以外的全区延安组第一段上部（5-2#煤层位以上）至延二段下部（4-4#煤层位以下）的层段，包括从曲流河道充填相至泛滥盆地有机质充填相两个完整层系组（图7.39）。

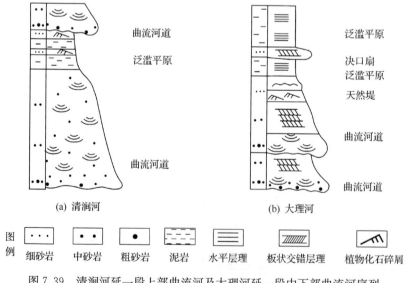

图7.39 清涧河延一段上部曲流河及大理河延一段中下部曲流河序列

（1）河床滞留沉积。曲流河河道砂坝底部的滞留沉积主要由各种砾石和磨圆较好的泥砾组成，可见泥质砾石的撕裂屑，往上为粗-细砂岩，粒序性明显。曲流河的基底冲刷面起伏较大,厚度相对较大。

(2) 曲流河道。曲流河道见于延安地区的延一段上部、延二段底部和延五段,以中粒砂岩为主,一般不含砾石,沉积构造以大型砂质底型为主,槽状和板状交错层理均很发育并以侧向加积成因的曲流点坝沉积为特征(图 7.39)。西川河剖面石窑西北延二段底部,有上、下两套侧向加积成因的大型曲流河点坝沉积。沉积物以中、细粒砂岩为主,夹大量灰黑色泥岩。

(3) 天然堤。天然堤主要由粉砂和泥质层组成,小型波状交错层理、上攀沙纹层理和水平层理发育。在泥质层中常可见植物根及虫迹构造,并可出现钙质及铁质结核。多见于曲流河道砂体的侧翼,向远端一侧相变为砂泥互层沉积并尖灭于泛滥盆地的细碎屑沉积中。

(4) 决口扇。决口扇沉积为中—厚层状粉-细砂岩,发育各种小型交错层理及平行层理,常见小型冲刷-充填构造、植物碎片及其他化石遗体。

(5) 河漫滩、河漫沼泽、河漫湖泊。河漫滩沉积主要由粉砂质泥岩、泥质粉砂岩、薄层状粉砂岩和中—厚层状粉-细砂岩组成。粉砂岩具丰富的沙纹交错层,泥质岩富含粉砂质纹层或植物根迹,二者常组呈透镜状-波状复合层理频繁互层产出,有时还可见到各种变形层理。河漫沼泽沉积的垂向层序与天然堤类似,但沉积物更细,为细-粉砂岩、粉砂岩及粉砂质泥岩,也具正粒序,小型波状交错层理、上攀沙纹层理和水平层理发育,富含炭屑及植物茎干。河漫湖泊沉积物最细,主要为泥质沉积,水平-块状层理,上覆植物碎屑,发育黄铁矿。

(6) 泥炭沼泽。泥炭沼泽多为泥炭堆积,为煤层发育的主要场所,常见于泛滥盆地细碎屑沉积相之上,底有根化石,与曲流河道充填粗碎屑沉积共生。

2. 湖泊三角洲沉积体系

中侏罗世拗陷成因的湖盆面积较大,又被多源河流注入淤浅,随着不同湖泊三角洲分流河道向湖心的进积,周缘各湖泊三角洲朵叶逐渐连成一片,湖岸线随之向湖心区移动,湖泊原有的面积最终完全被湖泊三角洲平原所代替。但湖泊淤浅的过程不是一次完成的,古构造和古气候的变迁,湖水面升降等,使湖泊三角洲平原的发育过程时有进退,其间可包括一系列的湖侵、湖退事件,反映在垂直层序上出现旋回性,在空间上不同时期形成的湖泊三角洲平原沉积物相互错移叠复,形成了复杂的沉积体。在整个沉积剖面中湖泊三角洲平原相和湖泊三角洲前缘相一起占很大比例,因此应特别加以强调。

1) 湖泊三角洲平原

(1) 分流河道:主要为白色中粒砂岩、细粒砂岩,上部为粉砂岩、粉砂质泥岩,发育中型板状交错层理、平行层理,也见小型槽状交错层理及沙纹层理,测井曲线的特征为松塔形(图 7.40)。东部露头区典型的代表为大理河延三段至延五段中的几套厚层中细粒砂岩、单层砂岩,厚度可达 15～25m,其中甚至不夹泥质薄层。砂岩分选、磨圆较好,杂基含量不高,砂体底部与湖相灰黑色泥岩为急剧接触,界面明显,未见显著冲刷现象。砂岩以细粒和中粒为主,总体向上略有变细的趋势。沉积构造以低流态平层和大型板状、槽状交错层理为主。

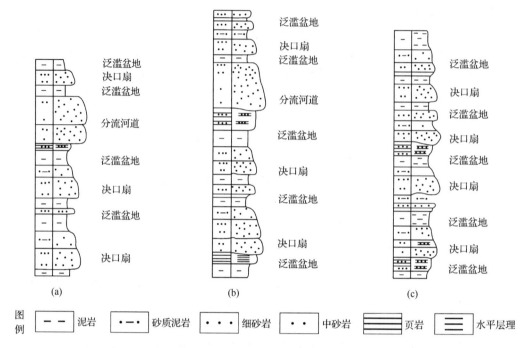

图 7.40　甘泉北段延二段湖泊三角洲平原相(据李宝芳等,1995)

分流河道砂岩下伏的沉积物一般为分流间泛滥盆地或滨浅湖细碎屑沉积物,顶部迅速过渡到湖相暗色泥岩并有碳酸盐结核透镜体。当中部砂岩具有侧向加积现象时,侧向加积面与顶部平覆的细碎屑或暗色泥岩间有明显交角,代表水上和水下环境之间可能有短暂的间断,暗色泥岩所代表的湖泊水下环境的沉积因湖水面上升产生。

(2) 天然堤:湖泊三角洲平原上的天然堤相在露头区不很发育,以具有攀升层理的粉砂岩为代表,垂直层序中出现在分流河道相之下(倒座峁沟)。

(3) 决口扇:湖泊三角洲平原上的决口水道和决口扇相比较常见,本区所见河流洪泛盆地内的决口扇砂质沉积物夹于粉砂岩为主的洪泛盆地沉积内(如甘泉地区,图 7.40),沉积物颜色以灰、灰黄、灰绿为主,形成于早期半干燥、半潮湿气候的浅水环境中。规模更大的决口水道和决口扇常见于湖泊水下分流间湾或间湖泊三角洲湖湾环境。

大理河地区延三段至延五段、以湖湖泊三角洲平原沉积为主的层序中,分布在分流河道砂岩的上下;延水河剖面下李家湾杨桥附近延二段中部的决口水道和决口砂;大理河魏家楼、倒座峁一带延三段的小型决口水道砂岩发育在湖岸滨线环境中。

(4) 河漫沼泽:常与决口扇和决口水道砂质沉积物共生,分布在湖泊三角洲平原上。空间上限制在活动的湖泊三角洲分流河道之间,在垂直层序上常出现在湖泊三角洲分流河道砂质沉积物上下。沉积物均属暗色细碎屑沉积物粉砂岩、泥岩,含碳质、植物碎片、根系和白云母碎片等,呈水平层理或块状。图 7.40 为甘泉北延二段湖泊三角洲平原分流河道间泛滥盆地夹决口扇砂质沉积。泥炭沼泽相在本区东部均不发育,西部泥炭沼泽相发育在湖泊三角洲平原泛滥盆地充填的后期阶段,有可采煤层形成。

(5) 泥炭沼泽:河漫沼泽中植被发育,并能堆积泥炭的环境,泥炭最终沉积为煤层。

2) 湖泊三角洲前缘

(1) 水下分流河道。

水下分流河道相是延安地区延二段至延五段湖泊三角洲沉积体系中最有特色,也是最常见的水道沉积类型。常由分选、磨圆较好的细砂岩组成,砂体厚度大,最厚可达20m左右,粒径上下变化不大,一般总的仍是正粒序或中部略粗。典型代表是延安地区及以南延三段的裴庄砂岩(图7.41)。该层位的砂岩在北部大理河地区属湖泊三角洲平原分流河道的特征,向南至延安地区具水下分流河道的特征。砂岩厚度自北向南递减,上下为湖相泥岩,至西川河和洛河附近其下见到河口远端坝细碎屑沉积。砂岩底部有明显席状冲刷面,但无滞留沉积,表明河流底侵冲刷作用发生在尚未固结的湖底暗色泥质沉积物之上。沉积构造自下而上由平层过渡到大型板状、槽状交错层理,上部又出现平层,顶部细砂岩层面上有裂线理。

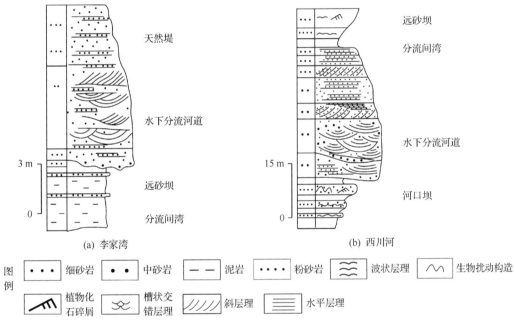

图7.41 延安下李家湾、西川河延三段中下部湖泊三角洲前缘水下分流河道(裴庄砂岩)

(据李宝芳等,1995)

本区的分流河道,特别是水下分流河道形成的砂岩,底部一般都以平层开始,反映河流注入湖泊水下环境后水流散开、流速降低,开始时沿湖底流动的水层厚度不大,因此,首先出现平层;随后大量陆源碎屑被搬运进来,流动水层厚度加大,流速变大,水动力条件增强,沉积物快速充填,覆水变浅,出现大型交错层理;后期可能由于水下分流河道自上游方向发生侧向偏移或决口改道,水流速度再度减弱,沉积物压实下沉,覆水又加深。延水河裴庄附近砂岩顶面出现裂线理,表明后期水动力条件变弱后混入了大量的泥质悬浮负载,否则在松散的砂质堆积物上是不可能形成裂线理的。砂岩顶部向上过渡到厚数米的暗色泥岩就是证明。此外,水下砂岩中易出现平层的另一原因可能还与沉积的砂粒很细有关。一般在粒径小于0.18mm的细粒砂岩中,当水动力条件增强后不易形成砂丘(大型交错层理由砂丘在水下移动形成),相反却容易出现平层。

水下分流河道的另一特征是存在侧向偏移的现象,如在洛河剖面延二段和延三段所见,水下分流河道或决口水道均会因快速充填、覆水变浅而发生侧向偏移,断面上可见几个透镜状砂体斜列,部分叠置,倾斜极缓,单个砂透镜体之间还夹着泥质薄层,底部界面平直,砂岩透镜体内有板状交错层理,层系厚度为 0.2~0.3m。水下分流河道砂岩相除垂向过渡到湖泊碱性环境下的泥质、钙质沉积物外,砂岩侧向延伸往往不远,断面呈透镜状,横向与湖泊浅水环境细碎屑沉积物共生,尤以小型水下分流河道砂岩最为典型,如西川河延五段下部的砂体,由细砂岩构成,砂岩中部大型槽状交错层理发育,向上过渡到平层,侧向与湖相粉砂岩过渡处粒度变细,波痕交错层理发育,并有菱铁质和黄铁矿结核出现(图 7.42)。

（2）分流间湾。

分流间湾以灰黑色具不明显水平纹理的泥岩为主,夹决口水道或决口扇相砂岩透镜体或薄层。沉积构造以水平层理为主,靠近水下分流河道和水下天然堤附近可出现波痕交错层理,偶见生物潜穴或淡水动物化石和菱铁矿结核。

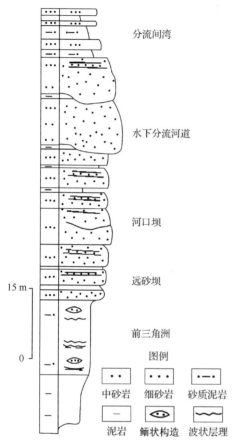

图 7.42　甘泉北延三段三角洲前缘
(据李宝芳等,1995)

（3）河口坝相。

本区东南部延三段、延四段中都常见发育很好的河口坝沉积相。河口坝具有典型的向上变粗的垂层序,一般下部为薄层粉砂岩,向上出现薄层细砂岩和粉砂岩互层,以至细砂岩,层的厚度随粒级变化向上增大,一般未见中粒砂岩。其与下伏远端坝砂泥互层沉积相为过渡关系,向上直接为分流河道砂岩,二者为冲刷接触,后者其上被厚数十厘米的暗色湖相泥岩所覆盖,然后再出现水下分流河道砂岩。这种情况表明此河口地区曾短暂被废弃过,活动的水下分流河道曾一度摆向邻区,待邻区被填满水道卸载不畅时。水下分流河道又摆回到原来被废弃压实的地形低洼区。

向上变粗的河口坝垂直层序有两种不同类型:一种是自下而上逐渐变粗,层的厚度也随之逐渐增大;另一种河口坝的垂直层序虽总体是向上变粗的,但自下而上每个层序却是向上变细的,单个小层序的厚度约数十厘米,如甘泉北 3.4km 里程碑处所见,表明河道卸载情况的不稳定性,每个小层序代表一次洪水卸载过程。

在河口坝垂直序列的上部以粉砂岩和极细砂岩为主的较厚层中(一般为 0.5m 左右),均常见到有包卷层理的层出现,其上下层界面均较平直,但粉砂岩内部却有明显的包卷变形层理(图 7.42)。这是由沉积物中的水通过松散堆积的砂向上逸出引起(Selley,1969)。这种现象常见于冲积平原环境(Selley,1969,1988)。

此外,河口坝砂岩中常见的层理类型还有波痕交错层理、压扁层理,有时还有生物潜穴、菱铁状结核、黄铁矿结核等。

(4) 远端坝。

远端坝经常与河口坝相共生,出现在河口坝相之下和前湖泊三角洲或滨外湖相泥岩之上,由薄的泥岩、粉砂岩互层组成。

3) 前湖泊三角洲

携带混合负载的河水注入分层型湖泊后,砂质为主的底负载以底流方式沿湖泊三角洲前缘斜坡底面向深水区进积,悬浮负载则沿温跃层向湖泊三角洲远端漂移,最后受重力作用以深湖雨的方式沉积下来,因此,前湖泊三角洲沉积与滨外湖相泥岩难以区分。灰黑色泥岩具隐水平层理,风化页片状,层面有少量破碎的植物碎片和炭屑、细小的白云母片等,有时还夹有薄的具递变层理的水下重力流沉积夹层。

3. 湖泊沉积体系

延安组的湖泊始于延一段中期,到延四段晚期时,由于构造抬升,河流发生回春作用,湖泊逐渐萎缩直至消亡。湖泊主要分布在安塞—志丹—吴旗—华池—甘泉—葫芦河一带等所限范围内,不同时期的湖泊面积有所不同,但基本上保持了一定的连续性,湖泊整体水体不深。葫芦河剖面湖泊沉积较为典型(图 7.43)。根据沉积岩形成时水深、层厚、分布范围及主要沉积相标志可以进一步分为滨湖、浅湖和湖湾三个亚相类型。

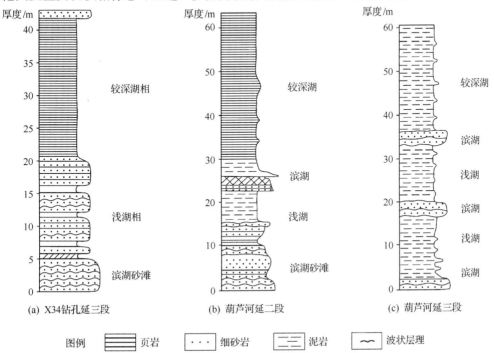

图 7.43 店头矿区 X34 钻孔延三段、葫芦河延二段、延三段相序剖面

1) 滨湖

滨湖带是湖泊沉积物堆积的重要地带,沉积类型复杂,主要沉积物有砂、泥和泥炭。砂质沉积是滨湖相带中发育最广泛的沉积物,一般具有较高的成熟度,分选、磨圆都比较好。主要成分为石英、长石,也混有一些重矿物。沉积构造主要是各种类型的水流交错层理和波痕。

(1) 滨湖滩坝。滨浅湖滩坝沉积主要由细砂岩和粉砂岩组成,包括湖滩砂坝、沿岸砂坝、障壁砂坝,为河口以外、浪基面以上的滨浅湖沉积。内陆湖泊受气候影响很大,湖的浪基面不稳定,时浅时深的多变性影响到滨浅湖的沉积物中波状层理与水平层理沉积物呈互层出现。滨湖滩坝细砂岩分选、磨圆好,具缓倾角大型交错层理的湖滩砂岩见于西川河剖面的延三段中部,层系厚约1m左右,前积纹层倾角很缓,倾向指向湖心方向。在延水河郝家窑子村附近延四段的细砂岩中也见有类似洼形交错层理的细砂岩,但规模较小,可能是于强风期形成。

(2) 滨湖沼泽、泥炭沼泽。泥质沉积和泥炭沉积物主要分布在平缓的背风湖岸和低洼的湿地沼泽地带。泥质层具水平层理,粉砂层具小波痕层理。有的湖泊泥炭沼泽极为发育,尤其是在湖泊演化的晚期阶段,整个湖泊可完全被沼泽化。所以滨湖带是重要的聚煤环境。该环境以含淡水动物化石延安蚌和其他生物遗迹的块状泥岩为特征,形成于湖浪基面以上的浅水区。动物化石常见、个体大时,泥岩为灰黑色,水平层理不明显,由泥质悬浮物快速沉积而成,常代表浅湖的沉积环境。动物化石个体越小、数量越少时,泥岩的颜色也越深,表明形成于较深水的环境。当湖水更深且较闭塞的情况下则无动物化石出现。

2) 浅湖

浅湖相带位于深湖亚相外围邻近湖岸,水浅但始终位于水下,遭受波浪和湖流扰动,各种形态的水生生物繁盛。植物有各种藻类和水草,动物主要是淡水腹足、双壳、鱼类、昆虫、节肢等,它们常呈完好的形状出现在地层中。浅湖亚相的岩性由浅灰、灰绿色泥岩与砂岩组成,并常见鲕粒灰岩和生物碎屑灰岩。炭化植物屑也是一个重要组分,砂岩常具较高的结构成熟度,多为钙质胶结,显平行层理、浪成沙纹层理和中-小型交错层理等多种层理,还常见浪成波痕、垂直或倾斜的虫孔、水下收缩缝等沉积构造。

浅湖亚相带的分布与湖泊面积、水深和湖岸地形有关。研究区为地形平缓的拗陷型湖泊,浅湖亚相带较宽。浅湖区主要发育砂坝和泥质沉积,可见水下重力流沉积。

盆地内的浅湖沉积主要发育于延一段中期到延三段各层段,分布范围也比较广,主要为深灰色、灰黑色的粉砂质泥、页岩,局部夹薄层状粉、细砂岩沉积。泥岩中动物化石丰富,主要为介形虫、叶肢介、瓣鳃类、腹足类及鱼鳞片,有些地区尚发现完整的鱼类化石,植物化石仅见叶片,缺乏茎干,反映为安静的浅水环境。岩层因生物扰动强烈,通常呈块状,风化后呈碎片状,常具不清楚的水平沙纹层理。粉、细砂岩一般厚5~20cm,具浪成沙纹交错层理,通常在几十米范围内即可尖灭。个别情况下见有正粒序的薄、中层状细砂岩,它们可能是由密度较大的河水注入而成的。

3) 湖湾

湖湾地区水体流通不畅,波浪和湖流作用弱,无大河注入,水体较平静,沉积物以细粒的泥页岩为主,也可夹少量劣质油页岩。湖湾近缘容易生长喜水性植物芦苇和莎草等,故植物化石及碎屑很多,进一步可发展成泥炭沼泽,形成碳质页岩和煤线,这时泥岩呈黑色,含黄铁矿晶体。在有间歇性物源注入的湖湾环境,沉积物可含有某些正韵律小砂体。

泥质湖湾沉积中,水平层理和季节性韵律层理发育,沉积快时呈块状,或是由于生物扰动而使层理破坏。泥裂、雨痕、虫孔普遍。泥岩颜色多种,有机质含量高时呈黑色,但色调不及深湖相质纯的泥岩的黑色均匀。另外,湖湾中可有少量特殊的浅水沼泽生物,如渤海湾盆地古近纪的湖湾沉积中出现拟田螺、土星介、轮藻等化石。

为研究沉积环境的平面展布,本研究绘制了两条大的连井剖面研究沉积相的展布与演化特征。

(1) 神木-安塞-旬邑沉积断面。

本剖面共选取 10 个钻孔,自陕北神木地区经榆林、安塞、延安,一直到黄陇矿区的黄陵、旬邑地区,横穿湖泊的北缘、湖泊中心和湖泊南缘(图 7.44)。

从沉积断面图可以看出,自北而南明显地划分为 3 个大的沉积区块,北部湖泊三角洲沉积区、中部滨浅湖沉积区和南部河流沉积区。延安组沉积早期,在大保当—金牛地区和安塞—延水河地区发育大规模的辫状河厚层粗粒砂岩沉积,此时葫芦河南部地区几乎没有接受沉积;之后,在全区发育曲流河沉积,并在曲流河泛滥平原上发育了 $5^{\#}$ 煤组。延安组沉积中期,湖水开始大规模扩张,在葫芦河—香坊一带发育滨浅湖相;在北部的大理河—安塞—延水河一带发育湖泊三角洲前缘相;再向北主要发育湖泊三角洲平原相;金牛地区在该时期早期发育湖湾相;该时期主要在北部的湖泊三角洲平原地区发育了 $4^{\#}$、$3^{\#}$ 和 $2^{\#}$ 煤组,大理河以南地区主要发育湖泊三角洲前缘和滨浅湖沉积,几乎不发育煤层;在南部转角—照金地区发育曲流河相,偶有薄煤层发育。延安组沉积晚期,全区以曲流河沉积为主,在北部地区发育了几层薄煤层,即 $1^{\#}$ 煤组。

(2) 神木-定边-陇县-黄陵沉积断面。

本剖面共选取 13 个钻孔,自陕北神木、榆林、横山,到西部的靖边、定边,经甘肃环县、镇原、华亭,再到黄陇地区的陇县、千阳、麟游、旬邑、黄陵,围绕湖泊中心半周,形成一个大的半圆形剖面,以将陕北侏罗纪和黄陇侏罗纪连接起来(图 7.45)。

从剖面图可以看出,延安组沉积早期主要为曲流河沉积,仅在甘肃镇原地区发育小河漫湖泊;延安组沉积中期,湖水逐渐扩张,陕北神木、榆林、横山以及西部靖边、定边地区发育湖泊三角洲平原沉积;在西部的环县地区发育大规模的河漫湖泊沉积,并在该时期的中晚期发育湖湾沉积;西南部镇原地区也发育湖泊三角洲沉积;华亭地区地势较低,发育湖湾沉积;黄陇煤田仍以曲流河沉积为主,仅在仓村发育滨湖沉积。沉积晚期,黄陇地区地层大都遭受剥蚀,华亭、镇原—环县地区也遭受不同程度的剥蚀,由南向北地层保存程度变好。该时期主要为曲流河沉积。

7.3.3.3 鄂尔多斯台拗中-西部含煤系统基准面变化与聚煤特征

在侏罗纪煤层赋存子系统内,煤层在层序地层中的分布受可容空间增长速率与泥炭堆积速率之间平衡的控制作用明显。可容空间增长速率过快或过慢均不利于泥炭的持续堆积,而导致聚煤作用的终止。该含煤系统不同地区煤层在层序地层格架中的分布不同

图 7.44 神木-旬邑延安组北东-南西向沉积体系断面图

第 7 章 含煤系统研究与资源预测

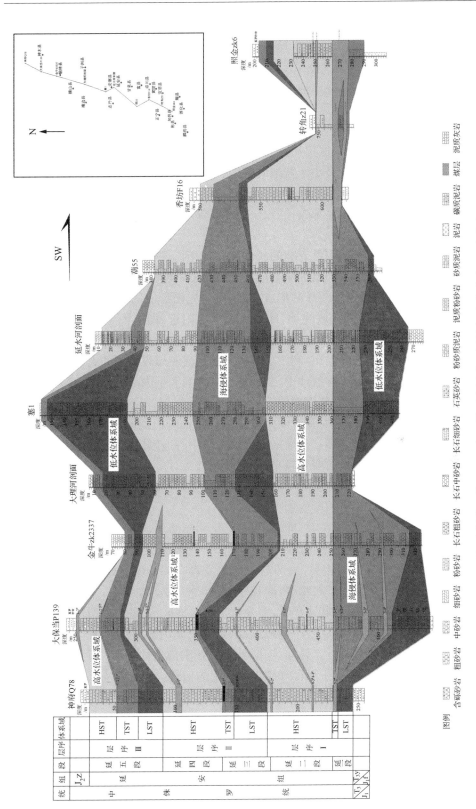

图 7.45 鄂尔多斯盆地侏罗纪延安组煤层在层序地层格架中的分布（近南北向）

(图7.45)。层序Ⅰ煤层在盆地南部黄陇、陇东地区主要发育在湖侵体系域的中晚期和高水位体系域中期,盆地北部榆神府、宁东地区煤层主要发育在湖侵体系域早、晚期和高水位体系域中、晚期。榆神府、宁东地区煤层薄、层数多,盆地南部黄陇、陇东地区煤层厚度大,层数少,反映盆地南部黄陇、陇东地区构造沉降较为稳定,利于聚煤作用长时期持续进行;盆地北部榆神府地区、宁东地区则相反,构造活动较活跃,成煤作用持续时间短,成煤期次较多。层序Ⅱ在盆地北部榆神府、宁东地区煤层主要发育在湖侵体系域和高水位体系域晚期,盆地南部黄陇、陇东地区仅局部发生聚煤作用。从沉积地层厚度上来看,盆地南部黄陇、陇东地区地层厚度明显小于盆地北部榆神府、宁东等地区,反映该时期构造沉降速率较低,不利于泥炭持续堆积。层序Ⅲ盆地南部黄陇、陇东地区地层全部遭受剥蚀,难以推测其煤层发育情况;盆地北部榆神府、宁东地区煤层主要发育在湖侵体系域和高水位体系域晚期。

可以看出,在层序地层格架中最有利的成煤部位位于海侵体系域晚期,早期次之,中期最差;湖侵体系域中期可容空间增加速率最快,超过成煤质料的充填速率,导致滨岸泥炭沼泽的广泛被淹没。这样阻断沼泽的形成,或者由于先前形成的泥炭沼泽不断沉降而终止了泥炭的聚积。在湖侵体系域晚期,即最大湖泛面附近,湖岸泥炭沼泽向陆延伸最远,那里可容空间增加速率较缓慢,成煤泥炭的植物能够补偿。高水位体系域中晚期有利于聚煤作用发生,此时湖泊缓慢淤积,利于成煤质料的繁盛和聚煤作用的大规模发生。

侏罗纪煤层赋存于子系统内,盆地中、北部地区表现为大型内陆拗陷盆地稳定发育的特征,煤层厚度呈渐变趋势,未发现骤然膨缩现象,各主采煤层厚度自盆缘向中心方向逐渐分叉、变薄尖灭,分叉变薄型多发育于湖湾或湖泊三角洲分流间湾地带,在榆神府地区发育,其他地区以逐渐变薄型居多。盆地南部自盆缘向中心地区煤厚变薄,煤层厚度骤然膨缩地突变现象较多,一般沿走向变化较小,倾向变化较大,厚度变异系数可达55.78%,厚煤带多发育于拗陷区内,隆起部位煤层变薄或尖灭。另外,煤层向同沉积古河道方向亦分叉变薄甚至尖灭,但以煤系沉积厚度增大为特征。

煤层含矸率与厚度呈负相关关系,即煤层越厚,结构越简单,不含或少含薄层夹矸,薄煤层结构复杂。以南部规律性明显,煤层结构变化部位一般与煤层开始分叉部位基本吻合,盆地北部与黑色泥岩带密切相关,南部与古河道发育有关。煤层分叉范围有4种情况:一是与薄煤区或不可采区范围相吻合,面积较小,以分叉变薄型常见,多发育于北部地区;二是绕古隆起周围分布,呈带状或环状,多发育于南部地区;三是绕小型聚煤拗陷周围分布,呈环状或封闭的片状,亦多见于南部地区;四是位于湖泊三角洲前缘与湖滨交替过渡带,展布方向与湖岸线大致平行。另外,煤层分叉区在垂向上往往有一定的继承性,这种现象为研究古构造控煤及富煤带赋存规律提供一定的信息。

第 8 章　协同勘查体系与模式

8.1　含煤系统与多能源矿产

8.1.1　综合勘查与协同勘查的异同分析

　　进入 21 世纪以来,人们开始注意盆地内多种矿产共生、共存的问题,科学合理、经济高效、可持续发展的勘查与开发,必然涉及多种能源矿产的勘查技术体系与理论问题。实际上,大多数能源盆地都是多种能源矿产共生、共存的,单矿种的情形非常少见,只是以往人们将注意力集中在主体矿产上而已。就煤炭资源而言,其共生、伴生的矿产是极为丰富的,以煤炭为主体的勘查技术与方法,就面临如何合理地勘探、开发与利用的问题。以往人们对许多煤的共生、伴生矿产没有足够的重视而在勘探工作中丢失了对这些有用矿产的评价。

　　杨伟利等(2009)在对鄂尔多斯盆地多能源矿产共存组合及勘查工程的研究中,对其进行了协同勘查的理论探讨,提出了结合多能源矿产的成矿背景、成藏(矿)机理、赋存规律、勘探理论与实践等,基于经济效益最大化和勘探方法最优化原则,据此建立了鄂尔多斯盆地多种能源矿产的协同勘探模式,将盆地划分为七个协同勘查区,每一个勘探区以某一种或两种矿产为主探,兼探其他矿产。在协同勘探模式的基础上,针对不同协同勘探区,制定相应的协同勘探方法,为多种能源矿产协同勘探的实施奠定理论基础。这是涉及"协同勘查"比较全面的理论、方法和工程部署的阐述,无疑是有重要意义的。

　　但综合勘探或综合勘查与协同勘查是两个内涵有本质区别的概念,尽管两者之间存在非常密切的关系,而综合勘查和协同勘查的理论体系和模式构成框架有诸多的差异,应该说协同勘查是综合勘查基础上的勘查科学发展,而不是提法上的词语修正。

　　以往大多数关于矿产资源综合勘查的理论、方法和技术的论述,实际上就是对一个勘查区先进勘查技术的综合应用。也可以说先进勘查手段和技术是否得到应用,或者多种勘查手段是否得到运用,是实施综合勘查的标志。当然,综合勘查中对于先进勘查技术手段的运用,在替代传统勘探技术手段、节约勘查投入方面具有明显的效益,获得的地质资源也最为可靠和真实。但在很多情形下,当先进勘查技术手段所需要的地质条件不能满足时,盲目实施多种技术手段进行所谓的综合勘查,不但投入扩大,而且所获得的地质资料不一定满足生产和开发的要求。这就需要系统考察综合勘查实施中的科学化问题。综合勘查首先体现在勘查工作和技术体系中先进科学技术手段的应用,并不能完全否认传统技术的作用和效果,单纯强调综合也会产生盲目性及效益与环境的不协调性。

　　协同勘查的关键是协同。协同效应原本为一种物理化学现象,又称增效作用,是指两种或两种以上的组分相加或调配在一起,所产生的作用大于各种组分单独应用时作用的总和。协同效应常用于指导化工产品各组分组合,以求得最终产品性能增强。可见,协同并不是简单的综合。1971年,德国物理学家赫尔曼·哈肯提出协同的概念,1976年系统地论述协同理论,并发表了《协同学导论》等著作。协同论认为整个环境中的各个系统间存在着相互影响而又相互合作的关系。社会现象亦如此,如企业组织中不同单位间的相互配合与协作关系,以及系统中的相互干扰和制约等。经营协同效应主要指实现协同后的企业生产经营活动在效率方面带来的变化及效率的提高所产生的效益,其含义为协同改善了公司的经营,从而提高了公司效益,包括产生的规模经济、优势互补、成本降低、市场份额扩大、更全面的服务等。这些社会科学与经济学的协同效应理论都可应用于指导能源资源的勘查工作中。这就需要首先考虑两种及两种以上能源矿产的协同勘探、多能源矿产勘探的技术方法具有共通性,与勘探部署具有可比性。但在勘查领域,目前针对单矿种或几种主要矿产的综合勘探较多,理论与实践成果也较为丰富。但顾及主体矿产所伴生、共生、共存的多矿种协同勘探的理论与实践成果很少。

因此,协同勘探应该涵盖多矿种勘探在物质基础、勘探部署的理论指导、技术方法的运用、最大效益的获得,以及之后的矿产开发等诸多领域的协作、联合、支持和利用。协同勘查必须做到协调有序、经济合理、优势互补、科学部署、最大收益,这是协同勘查所遵循的基本原则。

8.1.2 协同勘查的理论体系构成要素

1. 协同勘查的物质基础

所谓物质基础是指进行协同勘查必要的地质条件和研究成果,没有物质基础就不可能科学地进行协同勘探设计。协同勘查的物质主要包括:盆地多种矿产组合类型划分、构造区划与矿产聚集单元划分、多能源矿产共存的成因机制、多能源矿产富集规律等的研究。对于以煤为主体矿产的能源盆地来说,煤的聚积理论、构造控煤理论、煤炭资源开发的工程地质条件等,都是进行协同勘查的物质基础。以正确的地质理论作为基础,协同勘查最佳效应才能得到最大化实现。

2. 多能源矿产协同勘探理论

经过近几年的勘查实践,逐步形成协调勘探的理论框架:协同勘查最佳效益理论、勘查方法与技术优化理论、协同勘查经济评价理论、协同勘查最佳环境保护和可持续理论。

(1) 协同勘查最佳效益理论。协同勘查的目标是获得勘查成果最佳、成本投入最少、经济效益最大化,这就需要系统调查勘查区块的地质地球物理条件,选择最适合的勘查技术手段。

(2) 勘查方法与技术优化理论。在统筹各种勘查技术手段、方法的基础上,评价各种勘查技术、方法在具体勘查区块中的适用性,进行优化管理,实现勘查手段与技术、方法优势互补,协调实施过程勘查工程的关系。

(3) 协同勘查经济评价理论。对每种勘查技术的选择、设备的投入、方案的部署、方法的采用等,都要进行周密的经济效益评价,选择出最佳的勘查方案。

(4) 协同勘查最佳环境保护和可持续理论。协同勘查方案必须要有利于环境保护的评价报告和技术参数,并保证资源勘查、开发利用的可持续性。

在充分论证上述理论的基础上,建立融多能源矿产协同勘查方法、技术选择与优化和理论完善的多种能源协同勘查模式。

8.2 协同勘查体系的构成

8.2.1 关键技术体系及协同关系

多种能源矿产协同勘查是为了节约多种能源矿产的勘探成本,提高勘查效益。如鄂尔多斯地区在石油天然气和煤矿床的勘探开发工作中,主体能源矿产的勘查走在铀矿勘探开发的前面,因此,利用沉积盆地中丰富的油、气、煤勘探开发资料去寻找盆地中的砂岩型铀矿床,从而节约砂岩型铀矿的勘探成本,进而达到节约多种能源矿产勘探成本的目的。这实际上已经体现了协同勘查的理念。

再如深盆气藏勘探开发策略也体现了协同勘查的基本思路:①必须按照深盆气藏的形成条件对盆地前期工作获得的资料进行收集整理和重新分析,并类比已知的勘探实例,重点论证盆地的烃源层、储层和气水分布关系,判断盆地是否可能蕴藏深盆气藏;②当确定深盆气藏可能存在后,就应通过更广泛的资料对气藏进行详细的解剖;③通过地球物理资料指示深盆气藏的位置,如声波速度数据可以用来指示压力异常的存在,地层电阻率和自然电位测井曲线可以分辨气饱和储层与水饱和储层。

协同勘查的关键技术体系与综合勘查涉及的关键技术是基本一致的,其关键点是这些关键技术的选择和实施是否在"协同勘查"理论基础上实现的。关键技术即指煤炭资源遥感技术、高精度地球物理勘查技术、快速地质钻探技术、煤炭资源勘查信息化技术、勘查工作区煤矿区环境遥感监测技术等。

(1)煤炭资源勘查遥感技术。遥感技术以其视域广、效率高、成本低、综合性强及多层次性、多时相性、多波段性等特点,成为煤炭资源调查评价的重要技术手段。随着遥感传感器种类的增多、遥感图像分辨率的提高,以及遥感数据处理和信息提取技术的发展,遥感技术的应用前景日趋广阔,已形成煤炭资源调查遥感探测模式、工作流程和技术方法体系。不同能源矿产赋存区所要求的目标不同,所采用的具体方法就不同,所获得效果也必然不同。

(2)高精度地球物理勘查技术。以 3D 地震勘探技术、3 位 3 分量为核心的高精度地球物理勘查技术的应用,极大地提高了煤炭综合勘查的效率。近几年,高精度磁法勘探在预测矿体、划分大地构造单元、圈定岩体和断裂(如大型侵入体的分布与规模、喷出岩的范围、大断裂及破碎带的位置等)、研究基底起伏和固定含煤远景区、预测煤层自燃区边界等方面均取得了长足进步。

(3)快速地质钻探技术。多种钻进工艺与技术在勘查实践中得到应用,发挥了直观、资料真实可信等效应。近年全液压顶驱钻机已逐步替代现有立轴式和转盘式钻机,实现大部分设备的更新换代。

(4)煤炭资源勘查信息化技术。在充分结合煤田资源勘查、开发的生产实际与工作方法,考虑具体地测空间信息特点等的基础上,开发设计适合煤田资源勘探、煤矿开采的功能需求的软件开发平台。目前,正在逐步实施数字勘查和数字煤田,以及数字矿山工程,开展煤炭勘查地测空间信息系统关键技术的研究,实现不同部门间信息的共享化。

(5)勘查工作区和煤矿区环境遥感监测与治理。应用遥感资料、地物光谱数据为其理论依据,在煤火区探测、矿区突水预测、控制开采区塌滑流(塌陷、滑坡、泥石流)发生发展的地裂缝监测、煤炭资源开发引发的地面塌陷造成的土地破坏和地貌变化、植被破坏、矸石山污染等方面的监测方法得到应用。

8.2.2 协同勘查模式的构建

经过广泛调研,结合我国多个盆地多能源矿产组合类型与组合型式研究、构造区划研究,在协同勘查的物质条件、构成要素分析的基础上,归纳出以下协同勘查的模式(图8.1)。

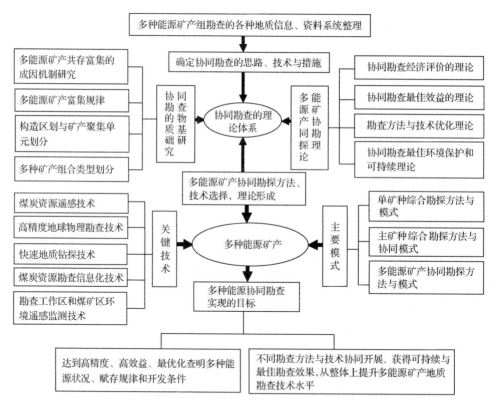

图8.1 以煤炭资源为主的多种矿产协同勘查体系框图

协同勘查模式由两个基本模块构成。

(1)协同勘查的理论体系。以往人们认为地质勘查没有理论,只有实践,这是很不正确的。任何一种工程的选择与实施都必须是在一种或一套理论指导下进行的,协同勘查也是如此。协同勘查的理论体系有两个基本组成部分。一是协同勘查的物质基础研究,实际上是以地质理论为指导的,在盆地多种能源矿产共生、共存富集的研究方面,突出研究的理论性、综合性和实用性;具体由多能源矿产共存富集的成因机制研究、多能源矿产富集规律研究、构造区划与矿产聚集单元划分及多种矿产组合类型划分等组成。二是多能源矿产协同勘探理论，主要包括前述的协同勘探经济评价的理论、协同勘探最佳效益的理论、勘探方法与技术优化理论和协同勘探最佳环境保护和可持续理论。

在协同勘查理论体系形成的基础上，通过多能源矿产协同勘探方法、技术选择，构建出能源矿产的协同勘查模式，这种模式的选择必须遵循前述的"协调有序、经济合理、优势互补、科学部署、最大收益"的协同勘查基本原则。

（2）多种能源矿产协同勘查模式。由关键技术和协同勘查模式选择两部分组成。关键技术前已述及，不再赘余。

协同勘查模式选择由单矿种综合勘探方法与模式、主矿种综合勘探方法与协同模式、多能源矿产协同勘探方法与模式等构成。各种模式所要求的基本原则和关键技术优势互补的准则本节不作赘述。

8.2.3 协同勘查的目标实现

协同勘查所实现的目标是在综合勘查基础上实现更科学、具最佳经济效益、体现更高技术水平的勘查效果，主要有两个目标：一是通过实施协同勘查达到高精度、高效益、最优化查明多种能源状况、赋存规律和开发条件；二是通过不同勘查方法与技术协同开展，获得可持续与最佳勘查效果，从整体上提升多能源矿产地质勘查技术水平。

协同勘查是在综合勘查基础上发展而来的能源矿产科学勘查系统，主要包括多种能源矿产共存富集协同勘查基本思路的形成、多能源矿产协同勘查理论、协同勘查模式构建等。协同勘查的理论体系是构建协同勘查模式的基础和支撑，因此，协同勘查重视勘查理论的研究。在协同勘查理论体系中，协同勘查的物质基础研究强调的是以地质理论为指导，特别是能源盆地具有多种能源矿产共生、共存富集的特点时，更要突出地质理论的重要性。理论部分包括成矿作用基础、盆地演化、层序构成模式，以及具体由多能源矿产共存富集的成因机制研究、多能源矿产富集规律研究、构造区划与矿产聚集单元划分与多种矿产组合类型划分等组成。多能源矿产协同勘探理论是构建协同勘查模式的关键，勘查理论主要有协同勘查经济评价、协同勘查最佳效益、勘查方法与技术优化和协同勘查最佳环境保护和可持续等理论。在协同勘查理论体系形成的基础上，提出必须遵循的协同勘查基本原则，即协调有序、经济合理、优势互补、科学部署、最大收益。

8.3 协同勘查关键技术

8.3.1 概述

我国煤炭地质条件的复杂性和自然、地理条件的差异性，造成单一勘查技术手段难以解决复杂地质条件下的勘查目标。本书以取得最佳勘查效果为目标，统筹考虑勘查区具体的地理、地质和地球物理条件，选择最适宜的勘查技术手段及组合为特色，在系统分析我国煤炭资源赋存规律的基础上,根据我国煤田地质勘查工作的特点、重新确立煤炭地质勘查的基本原则,将煤田地质勘探发展为涵盖煤炭勘查、矿井建设、安全生产、环境保护等内容的煤炭资源协同、综合勘查,提出了适合当代需要的煤炭资源协同、综合勘查技术体系。

8.3.2 新体系构建模式确立原则

根据建设煤炭地质综合勘查新技术体系的要求,为规范煤炭地质工作,煤炭地质勘查要以当代科学技术为依托,立足于煤炭地质条件复杂,逐步形成适合我国煤炭地质特点并且具有现代科技特色的煤炭资源综合勘查新技术体系。新体系重新确立遵循了如下原则。

1. 从实际出发原则

正确、合理地选择采用勘查技术手段,确定勘查工程部署与施工方案,加强煤炭地质勘查过程中的地质研究,充分掌握煤矿床的赋存特点进行施工。

2. 先进性原则

在研究解决煤炭工业生产建设中采用新技术、新装备,提高勘查成果精度,适应煤矿建设技术发展的需要。

3. 全面综合原则

(1) 对整个煤田应做全面研究,对煤炭资源的地质勘查工作做整体研究和总体布局。

(2) 坚持以煤为主、综合勘查、综合评价的原则,做到充分利用、合理保护矿产资源,做好与煤共伴生的其他矿产的勘查评价工作,尤其是煤层气和地下水(热水)资源的勘查。高原终年冻土地带应增加对可燃冰存在的勘查。

(3) 综合利用各种技术手段,并使之相互配合,相互验证,以提高勘查的地质效果。

4. 循序渐进原则

首先研究地表或浅部地质情况,然后根据所获得的地质资料来布置深部的勘查工程;勘查工程的布置和施工要由已知到未知、由疏到密来进行。在地质勘查过程中,对煤矿床的研究,必须分清问题的主次,循序加以解决,既要突出重点,又要考虑调查研究的全面性。

8.3.3 多种能源矿产同盆共存富集协同勘探基本思路

协同勘探的关键是"协同"。

8.3.3.1 现状分析

在勘探领域,目前针对单矿种或几种矿产的综合勘探较多,理论与实践成果也较为丰富。但多矿种协同勘探的理论与实践成果很少。

协同勘探应该涵盖多矿种勘探在物质基础、勘探部署的理论指导、技术方法的运用、最大效益的获得,以及之后的矿产开发等诸多领域的协作、联合、支持和利用。

协同勘探必须做到:经济、有序、科学、合理。

8.3.3.2 主要研究思路

鄂尔多斯多种能源矿产共存富集的组合形式及协同勘探模式研究的思路见图8.2。各种勘探能源技术手段的充分应用证明多种能源矿产的协同勘探在技术上是可行的。

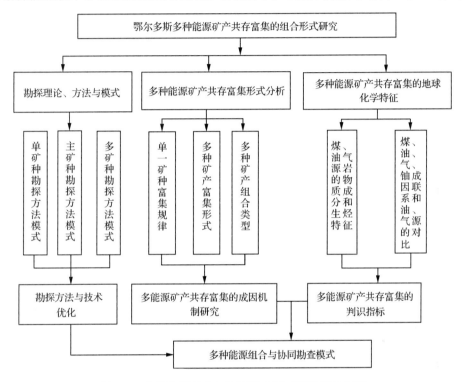

图8.2 多种能源组合与协同勘查模式研究思路框图

多种能源矿产协同勘查是为了节约多种能源矿产单独的勘探成本。石油、天然气和煤矿床的勘探开发工作走在铀矿勘探开发的前面,因此,利用沉积盆地中丰富的油气煤勘探开发资料去寻找盆地中的砂岩型铀矿床,从而通过节约砂岩型铀矿的勘探成本达到节约多种能源矿产的勘探成本的目的。

具体做法是:在砂岩型铀矿的勘探工作中涉及油气煤勘探开发区域,相应的普通物探工作如果后者已经做过,前者就可以直接用这些资料。

8.3.3.3 几种勘探模式

1. 深盆气藏勘探开发策略

(1) 必须按照深盆气藏的形成条件对盆地前期工作获得的资料进行收集整理和重新分析,并类比已知的勘探实例,重点论证盆地的烃源层、储层和气水分布关系,判断盆地是否可能蕴藏深盆气藏。

(2) 当确定深盆气藏可能存在后,就应通过更广泛的资料对气藏进行详细的解剖。

(3) 通过地球物理资料指示深盆气藏的位置,如声波速度数据可以用来指示压力异常的存在,地层电阻率和自然电位测井曲线可以分辨气饱和储层与水饱和储层。

2. 岩性地层油气藏勘探思路与勘探方法

富油凹陷不同类型油气藏是不同构造单元、不同区带、不同层系、不同沉积体系、不同沉积相带、不同储层类型三维空间复式连片分布的新勘探理念。勘探技术方法包括：岩性地层油气藏有利区带优选评价技术方法；岩性地层圈闭落实评价技术方法；岩性地层油藏预探评价技术方法。

滚动钻探方法：预测先行,评价把关,钻探见效,重复运作,连续突破。钻探是检验预测和评价的唯一标准。不钻探不可能获得突破,但盲目钻探也会造成勘探成效的降低。滚动钻探只有在滚动预测和滚动评价的前提下才能真正发挥效果,才能最优化地实现勘探目的。总之,滚动勘探模式是一个有机的整体。

8.3.3.4 基于不同矿产组合类型的协同勘查思路

经过广泛调研,结合鄂尔多斯盆地多能源矿产组合类型与组合型式研究、构造区划研究,在协同勘查的物质条件、构成要素分析的基础上,归纳出以下协同勘查的模式(图 8.3,图 8.4)。

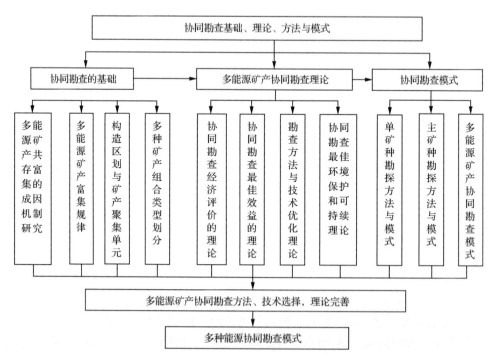

图 8.3 多种能源协同勘查理论与模式框架

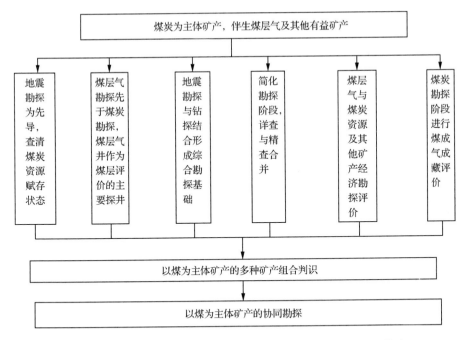

图 8.4 煤炭为主体矿产、伴生煤层气及其他有益矿产协同勘查模式

1. 协同勘查的物质基础

所谓物质基础是指进行协同勘查的必要地质条件和研究成果,没有物质基础就不能科学地进行协同勘查设计。协同勘查的物质既相互主要包括:多种矿产组合类型划分、构造区划与矿产聚集单元、多能源矿产富集规律、多能源矿产共存富集的成因机制研究等。

2. 多能源矿产协同勘查理论

逐步形成了如下协同勘查的理论框架:协同勘查最佳效益的理论、勘查方法与技术优化理论、协同勘查经济评价的理论、协同勘查最佳环境保护和可持续理论。在多能源矿产协同勘查方法、技术选择与优化和理论完善的基础上,提出多种能源协同勘查模式。

第 9 章 展　　望

9.1 含煤系统与相关概念的链接

含煤系统中强调成煤作用与聚煤盆地、聚煤作用等重要概念。近年出现了较多煤地质学的基础理论和新概念，一方面丰富了煤地质学理论，但也出现了一些概念理解上的混乱。对聚煤盆地、含煤盆地、煤层气盆地、含煤系统几个重要概念的涵义及理解尚不尽统一，而这些概念又是构建含煤系统的重要理论基础(表 9.1)。鉴于对"煤型气"和"煤成气"两个概念在石油地质领域和煤炭地质领域理解上的差异，本书建议采用煤系游离气这个概念，即指以煤系和煤层为主要源岩，在煤层以外的其他储集层聚集而成藏的天然气。对煤层气盆地的理解，比较一致的看法是煤层气盆地是具有工业价值煤层气藏形成和保存条件的含煤盆地(赵靖舟等，2008；宋立军和赵靖舟，2009)。但从广义上讲，只要现今含有煤层的盆地均含有煤层气，因此，含煤层气盆地一定是含煤盆地(李增学等，2004)，但从成藏的角度看，只有具备形成煤层气藏条件的含煤盆地才是煤层气盆地(张建博等，2000；桂宝林，2004)。这两种说法并不矛盾，藏的概念是相对的，是随着研究程度和开发技术的进展而改变的，现在认为不具有成藏价值的，可能在未来的开发中会被认为是价值很大的

表 9.1 几个与含煤系统有关的概念

名称	概念	属性
聚煤盆地	地史上发生聚煤作用的沉积盆地，是沉积盆地的一个特殊类型，具有特定的发育与演化历史。可以说，没有聚煤盆地就没有煤的形成。在石炭-二叠纪聚煤时期华北属于同一聚煤盆地	原型盆地，即与聚煤作用同期的沉积盆地
含煤盆地	地史上发生聚煤作用的盆地经后期形变和长期的剥蚀作用后含煤煤系、煤层保存的区块或地区。就同一个时代的含煤地层赋存而言，含煤盆地一般面积都小于聚煤盆地	原型盆地或经成煤期后被构造活动改造后的构造盆地
煤层气盆地	这是含煤盆地的一个特殊类型，即指聚煤盆地由于其后期形变和长期的剥蚀作用后仍赋存有含煤岩系、煤层保存的区块或地区，且富集有工业价值煤层气藏的含煤盆地	同含煤盆地
含煤系统	一个形成煤层、煤系、煤的共伴生矿产及其保存、成藏的自然系统。从物质供给、成藏与成矿、成藏，在时空间上表现为由若干个具有一定形态的实体组成的复杂系统，可以划分出若干个子系统	涵盖聚煤盆地和含煤盆地、含煤层气盆地，为一个复杂的分析系统

矿藏。总的来看,煤层气盆地即为聚煤盆地经后期构造变形、埋藏和深部热的作用,控制着现今煤层的分布、厚度、沉降,控制煤层气生成过程,也控制煤层气的运移、聚集、保存特征,从而也控制着煤层气藏赋存的地质条件(赵庆波等,1997;秦勇,2003)。经历不同形式改造的煤层气盆地,具有不同的构造变形特征、埋藏深度和热历史,决定其具有不同类型的煤资源规模、煤化作用史、煤储层物性和煤保存条件,因而具有不同的煤层气藏赋存条件与富集程度。

含煤盆地与聚煤盆地是具有根本区别的重要概念。聚煤盆地经后期改造使煤层或部分煤层以盆地的形式保存下来就成为含煤盆地。不同地区、时代的聚煤盆地因后期改造期次、改造作用与程度的差异,使保存下来的含煤盆地改造程度不一,改造特征与样式也截然不同,造成含煤盆地既包括原始的受到较少后期改造作用的类似聚煤盆地的含煤沉积盆地,也包括由于后期构造变动和剥蚀作用而被分割的、边界条件复杂的含煤区块(李增学等,2005;赵靖舟等,2008;王登红,2011)。大多数聚煤盆地经历了多期次后期构造热事件的叠加改造过程,聚煤期后经多期次叠加改造形成现今的含煤盆地,即现今含煤盆地控制着现今煤层的分布,从而也控制着煤层气赋存的地质条件,控制着煤层气的成藏(赵庆波等,1997;张建博,2000;秦勇,2003;桂宝林 2004;李增学等,2005;沈玉林等,2007;赵靖舟等,2008;吕大炜等,2011,2014,2015)。

9.2 含煤系统的作用

含煤系统有其独特的理论和研究体系,是在油气地质学与煤地质学交叉结合产生的边缘学科研究方向。传统的煤地质学主要是研究煤、煤体及煤层固体部分,气态与液态部分仅仅作为煤的有益矿产进行简单介绍。随着与煤相关的天然气、煤成油等研究理论进展与相关资源的勘探、开发,煤地质不再单单是成煤的理论问题,而是涉及固态、气态、液态共生、伴生、共存等若干复杂的科学问题。用油气地质学发展而来的含油气系统的理论与研究方法、技术,去解决与煤相关的天然气、煤成油等科学问题,也是走不通的。因为,与煤相关的油和气大多属于非常规油气地质领域,且较油气地质学中的非常规还具有特殊性和复杂性。

煤地质学与油气地质学原本是能源地质领域两大独立学科,各自具有成熟的理论体系和研究系统,含煤系统可以认为是上述两大系统之间的一个重要桥梁。这或许是对含煤系统的一个客观定位。油气地质学的优势在于能够及时汲取相关学科如沉积学、地层学、盆地分析、层序地层学等学科的新理论和新方法,不断得到丰富和发展。煤地质学的弱点恰恰是在汲取相关学科进展及其新思路、新理论方面比较滞后。而盲目地运用油气地质学的观点、思路和已经形成的理论体系去解决与煤有关的天然气、液态油的机制、成藏问题,往往不会获得理想的效果,两者之间缺少一个桥梁进行有机链接。含煤系统就是这样一个桥梁和关键链。

9.3 含煤系统理论的核心及发展方向

含煤系统是将与煤有关的相关的学科结合在一起,并将综合各学科的知识点促进其发展。一般来说,目前煤地质学发展需要吸收其他相关学科的先进方法和理论,在一定程度上并发展和创新出新的方法和理论,而含煤地系统理论正式基于此而产生。含煤系统将主要是以煤地质学基本理论为中心,在涉及与煤有关的相关学科理论及方法上,采用兼收继承的方针以发展新的边缘学科作为主要目标,从而丰富发展了多学科融合的理论。Milici 等(2001)将"含煤系统"界定为形成史相同或相近的几个煤层或煤层群,他认为划分或定义含煤系统的标志主要有:①古泥炭堆积的原始特征;②煤系的地层格架;③主要地层组的煤层丰度;④与古泥炭堆积的地质和古气候条件相关的煤中硫含量及其差异性;⑤煤的变质程度或煤级。Milici 等(2001)提出的含煤系统的五个重要标志是以地层格架和煤层或煤层群为核心,具有一定的局限性。

目前含煤系统主要吸收的学科包括天然气地质学、非常规油气地质学、石油地质学甚至相关的煤系共伴生矿产学等学科,其所关注的是煤系中的能源生成、运移、富集、储存等基本理论和预测方法,如天然气地质学中关于煤系气的研究主要是指煤及暗色泥岩经过相关的热演化形成的煤成气或煤层气,那么煤在后期演化作用如何、生气与煤的变质作用关系等直接与煤地质学研究息息相关,煤系中的共伴生矿产研究也是与煤的沉积、演化密切相关,如煤与油页岩共生、煤中的微量元素富集等方面研究,这些都需要煤地质学的相关理论和基础。这些跨学科、多方法和多理论的综合研究的主要目标也是未来学科发展的增长点,这些多学科理论的交叉运用和发展需要一个桥梁,这就是含煤系统。因此,含煤系统的核心是煤地质学与其他学科的结合、发展重要连接点和桥梁。其发展应该是进一步强调以煤为主、固态-气态-液态-元素聚集四位一体的多能源、多角度的理论、有效勘探与开发技术体系。含煤系统的发展方向主要是:①以煤为主的多方法融合和新的创新;②多种能源(含煤)共生共存的盆地矿产成因及预测;③煤盆地中的多能源协同勘查及多能源共同勘查方法的创新和发展。

主要参考文献

白生海. 2008. 煤系地层成煤环境及层序地层研究——以青海省石炭系侏罗系为例. 成都:成都理工大学博士学位论文.

柴岫. 泥炭地学. 北京:地质出版社,1990.

陈海泓. 1988. 黄县盆地第三纪含煤岩系岩相与沉积环境. 岩石学报,2:50~58.

陈世悦. 2000. 华北地块南部晚古生代至三叠纪沉积构造演化. 中国矿业大学学报,29(5):536~540.

陈世悦,刘焕杰. 1999. 华北石炭二叠纪层序地层格架及其特征. 沉积学报,17(1),63~70.

陈世悦,徐凤银,刘焕杰. 2001. 华北晚古生代层序地层与聚煤规律. 东营:石油大学出版社:1~12.

陈钟惠,武法东,张守良,等. 1993. 华北晚古生代含煤岩系的沉积环境和聚煤规律. 武汉:中国地质大学出版社.

程保洲. 1992. 山西晚古生代沉积环境与聚煤规律. 太原:山西科技出版社.

邓聚龙. 1983. 灰色系统综述. 世界科学,11:1~5.

杜远生. 1991. 生物建隆成因分类自议. 岩相古地理,1(2):31~35.

傅恒,刘巧红,杨树生. 1996. 陆相烃源岩的沉积环境及其对生烃潜力的影响——以准噶尔盆地侏罗系烃源岩为例. 岩相古地理,16(5):31~37.

桂宝林. 2004. 恩洪一老厂地区煤层气成藏条件研究. 云南地质,23(4):421~433.

韩德馨,杨起. 1980. 中国煤田地质学(下册). 北京:煤炭工业出版社.

韩树棻. 1990. 两淮地区成煤地质条件及成煤预测. 北京:地质出版社.

韩树棻. 1991. 安徽北部中、新生代沉积盆地分析. 安徽地质,4(3):27~35.

韩作振,余继峰,王秀英,等. 2000. 鲁西石炭纪事件沉积岩石学特征. 煤田地质与勘探,28(04):1~3.

何起祥,业冶铮,张明书,等. 1991. 受限陆表海的海侵模式. 沉积学报,9(1):1~9.

胡平,徐恒,李新民,等. 2006. 准噶尔盆地东部侏罗纪含煤岩系沉积环境及基准面旋回划分. 沉积学报,24(3):378~385.

胡益成,廖玉枝. 1999. 华北盆地南部早二叠世早期聚煤作用的成因机制. 地学前缘,6(增刊):111~115.

胡益成,苏华成. 1992. 河南晚石炭世含煤地层中的风暴异地煤. 煤田地质与勘探,20(2):1~5.

胡益成,廖玉枝,徐世球. 1997. 南华北晚石炭世风暴事件及其对聚煤作用的影响. 地球科学-中国地质大学学报,22(1):46~50.

黄发政. 1984. 昆明盆地的构造格架及第四纪聚煤沉积演化. 煤田地质与勘探.

黄曼,邵龙义,鲁静,等. 2007. 柴北缘老高泉地区侏罗纪含煤岩系层序地层特征. 煤炭学报,05:485~489.

黄乃和,温显端,黄凤鸣,等. 1994. 广西合山煤田的古土壤层与成煤模式. 沉积学报,12(1):40~46.

贾承造,李本亮,张兴阳,等. 2007. 中国海相盆地的形成与演化. 科学通报,(sⅠ)1~8.

解习农,程守田,陆永潮. 1996. 陆相盆地幕式构造旋回与层序构成. 地球科学——中国地质大学学报,21(1):27~33.

解习农,李思田,葛立刚,等. 1996. 琼东南盆地崖南凹陷海湾扇三角洲体系沉积构成及演化模式. 沉积学报,14(3):64~71.

金玉玕,范影年,王向东,等. 2000a. 中国地层典-石炭系. 北京:地质出版社.

金玉玕,尚庆华,侯静鹏,等. 2000b. 中国地层典-二叠系. 北京:地质出版社.

李宝芳. 2000. 大别山北麓石炭纪盆地沉积和构造研究. 地学前缘(中国地质大学,北京),7(3):153~167.

李宝芳,李祯,林畅松,等. 1995.鄂尔多斯盆地中下侏罗统沉积体系及层序地层.北京:地质出版社.

李宝芳,温显瑞,李贵东. 1999. 华北石炭、二叠系高分辨层序地层分析. 地学前缘,6(增):81~93.

李经荣,徐金鲤,杨育梅. 1992. 山东北部地区古新统孢粉组合. 古生物学报,04:445~458 和 529~532.

李瑞生,顾谷声.1994. 中国的含煤地层. 北京:地质出版社.

李思田. 1988. 断陷盆地分析与煤聚积规律. 北京:地质出版社:1~41.

李思田. 1999. 盆地分析与煤地质学研究. 地学前缘,增刊:133~138.

李思田,李祯,林畅松,等. 1992. 含煤盆地层序地层分析的几个基本问题. 煤田地质与勘探,21(4):1~9.

李增学. 1995. 华北南部晚古生代陆表海盆地层序地层格架与海平面变化. 岩相古地理,16(5):1~11.

李增学,王明镇,常象春等. 2004. 成煤作用理论(模式)研究进展. 煤田地质与勘探,32:25~29.

李增学,王明镇,郭建斌,李江涛. 2005. 成煤作用与煤岩生气特点分析. 山东科技大学学报,24(3):1~4.

李增学,魏久传,李守春等. 1998. 黄县早第三纪断陷盆地充填特征及层序划分. 岩相古地理,18(4):1~8.

李增学,余继峰,郭建斌. 2002. 华北陆表海盆地海侵事件聚煤作用研究. 煤田地质与勘探,30(5):1~5.

李增学,余继峰,郭建斌等. 2003. 陆表海盆地海侵事件成煤作用机制分析. 沉积学报,21(2):288~297.

林耀庭,许祖霖. 2009. 论盐类保存条件研究对四川盆地三叠系找钾工作的重要性. 盐湖研究,17(1):6~12.

刘翠,邓晋福,张贵宾,等. 2004. 华北盆地新生代裂陷机制与过程的数值模拟. 现代地质,18(1):96~102.

刘焕杰,桑树勋,施健. 1997. 成煤环境的比较沉积学研究. 徐州:中国矿业大学出版社.

刘焕杰. 1991. 腐植煤海相成煤模式研究的展望. 中国地质,(7):17~19.

吕大炜,李增学,刘海燕. 2009. 华北板块晚古生代海侵事件古地理研究. 湖南科技大学学报(自然科学版),24(3):16~22.

吕大炜,梁吉坡,李增学等. 2008. 单县矿区高分辨率层序地层及成煤作用研究. 地球学报,29(5):633~638.

吕大炜,李增学,魏久传,等. 2011.鲁西晚古生代海相凝缩层沉积特点及地质意义.西南石油大学学报(自然科学版),33(5):14~20.

吕大炜,刘海燕,孟彦如,等. 2014. 华北板块晚古生代海侵事件沉积类型及分布. 中国煤炭地质,40(8):35~38.

吕大炜,李莹,刘海燕,等. 2015.煤与油页岩共生成矿系统.中国煤炭地质,27(2):1~5.

莽东鸿,杨丙中,林增品. 1994. 中国煤盆地构造. 北京:地质出版社.

彭格林,赵志忠. 1998. 澳大利亚煤层气勘探开发中的关键——原地应力研究. 煤田地质与勘探,26(3):31~34.

秦勇. 2003. 中国煤层气地质研究进展与述评. 高校地质学报,9(3):339~358.

任拥军,王冠民,马在平,等. 2005.试论短周期幕式构造沉降对陆相断陷盆地高频沉积旋回的控制. 沉积学报,23(4):672-676.

桑树勋,贾玉如,刘焕杰. 1999a. 华北中部太原组火山事件层与煤岩层对比-火山事件层的沉积学研究与展布规律(Ⅱ). 中国矿业大学学报,28(2):108~112

桑树勋,刘焕杰,贾玉如. 1999b. 华北中部太原组火山事件层与煤岩层对比-火山事件层的沉积学研究与展布规律(Ⅰ). 中国矿业大学学报,28(1):46~49.

尚冠雄. 1997. 华北晚古生代煤地质学研究. 太原:山西科学技术出版社.

邵龙义. 1997. 湘中早石炭世沉积学及层序地层学. 徐州:中国矿业大学出版社:97~115.

邵龙义,何志平,鲁静,等,2008. 环渤海湾西部石炭系-二叠系层序地层及聚煤作用研究. 北京:地质出版社,70~72.

邵龙义,李英娇,靳凤仙,等. 2014. 华南地区晚三叠世含煤岩系层序-古地理. 古地理学报,16(5):613-630

邵龙义,张鹏飞,刘钦甫,等. 1992. 湘中下石炭统测水组沉积层序及幕式聚煤作用. 地质论评,38(1):52~59

邵龙义,张鹏飞,陈代诏,等. 1994. 滇东黔西晚二盛世早期辫状河三角洲沉积体系及其聚煤特征. 沉积学报,12(4):132~139.

沈玉林,郭英海,李壮福,等. 2007. 鄂尔多斯盆地北部苏里格庙含油气区上古生界层序地层研究. 地球学报,28(1):72~78.

宋立军,赵靖舟. 2009. 中国煤层气盆地改造作用及其类型分析. 地质学报,83(6):868~874.

苏维,黄兴龙,王明镇,等. 2006. 山东滕县煤田石炭—二叠纪孢粉组合. 微体古生物学报. 23(04):399-418.

童玉明. 1994. 中国成煤大地构造. 北京:科学出版社.

王登红. 2011. 关于矿床学研究方法的一点看法-就"埃达克岩"与成矿的关系问题与张旗先生商榷. 矿床地质,30(1):171~175.

王东东. 2012. 鄂尔多斯盆地中侏罗世延安组层序-古地理与聚煤规律. 北京:中国矿业大学(北京)博士学位论文.

王华,吴冲龙,Courel L,等. 1999. 法国、中国断陷盆地厚煤层堆积机制分析. 地学前缘,6:157~165.

王华,王根发,张瑞生,等. 2000. 伸展盆地厚煤层聚集特征研究的思考. 中国科学基金,5:290~292.

王仁农,李桂春. 1998. 中国含煤盆地演化和聚煤规律. 煤炭工业出版社.

王双明. 1999. 鄂尔多斯侏罗纪盆地形成演化和聚煤规律. 地学前缘,6(S1):147~155.

王佟,樊怀仁,邵龙义,等. 2011. 中国南方贫煤省区煤炭资源赋存规律及开发利用对策. 北京:科学出版社.

王宇林,杨福珍. 1996. 铁法盆地西部矿16#煤聚积环境背景及聚煤特征. 辽宁地质,2:141~148.

吴冲龙,王根发,李绍虎,等. 1996. 陆相断陷盆地超厚煤层异地成因的探讨. 地质科技情报,15(2):63~67.

武法东,陈忠惠,张守良,等. 1995. 华北石炭二叠纪的海侵作用. 现代地质,9(3):284~291.

许效松,徐强,潘桂堂,等. 1996. 中国南大陆演化与全球古地理对比. 北京:地质出版社.

杨超. 2010. 柴达木地区晚古生代沉积构造演化. 中国石油大学学报(自然科学版),34(5):38~49.

杨伟利,王毅,孔宜朴,等. 2009. 鄂尔多斯盆地南部上古生界天然气勘探潜力,29(2):13~16.

杨起,韩德馨. 1979. 中国煤田地质学(上册). 北京:煤炭工业出版社.

余素玉. 1985. 沉积学研究的新领域—风暴沉积. 地质科技情报,4(2):48~51.

张功成. 2012. 琼东南盆地崖北凹陷崖城组煤系烃源岩分布及其意义. 天然气地球科学,23(4):654~661.

张国伟，张宗清，董云鹏. 1995. 秦岭造山带主要构造岩石地层单元的构造性质及其大地构造意义. 岩石学报，11(2)：101～114.

张建博，王红岩，邢厚松. 2000. 煤层气高产富集主控因素及预测方法. 油气井测试，9(4)：62～65.

张鹏飞. 2001. 华北地台晚古生代海侵模式刍义. 古地理学报，3(1)：15～24.

张鹏飞. 2003. 含煤岩系沉积学研究的几点思考. 沉积学报，21(1)：125～136.

张文佑，边千韬. 1984. 地质构造控矿的地球化学机制(摘要)[J]. 矿物岩石地球化学通讯，(1)：8～10

赵靖舟，宋立军，时保宏. 2008. 中国大陆区煤层气盆地划分原则与方案探讨. 地质学报，82(10)：1402～1407.

赵庆波，李五忠，孙粉锦. 1997. 中国煤层气分布特征及高产富集因素. 石油学报，18(4)：1～6.

赵忠新，王华，甘华军，等. 2002. 含煤系统. 煤田地质与勘探，30(2)：12～15.

中国煤炭地质总局. 2001. 中国聚煤作用系统分析. 徐州：中国矿业大学出版社.

钟蓉. 1996. 北地台本溪组、太原组火山事件沉积特征及时空分布规律. 地质力学学报，2(1)：83～91.

朱伟林. 1995. 从近年来AAPG年会看含油气盆地研究的主要趋向. 地学前缘，2(3～4)：259～262.

Allen P A, Allen J R. 1990. Basin analysis: Principles and Applications. Oxford : Blackwell Scinetific Publications.

Ayers W B J. 2002. Coalbed gas syetems, reservirs, and production and a review of contrasting cases from the San Juan and Powder River basin. AAPG Bulletin, 86(11): 1853～1890.

Berger W H, Winterer E L. 1974. Plate stratigraphy and the fluctuating carbonate line\\ Hsi K J, Jeiikyns H. Pelagic Sediments: On Land and Under the Sea . Special Publication of the International Association of Sedimentologists, 1: 11～48.

Bloom A L. 1967. Pleistocene shorelines: A new test of isostasy. Geological Society of America Bulletin, 8 (12): 1477～1493.

Bruce R, Moore. 1972. Paleogeographic and tectonic significance of diachronism in siluro-devonian age flysch sediments, Melbourne trough, Southeastern Australia; Geological Society of America Bulletin, 83(5): 1571～1571.

Cook 1969. Trend-surface analysis of structure and thickness of bulli seam, Sydney basin. New South Wales. Mathematical Geology, (1): 53～78

Diessel C F K. 1992. Coal-bearing Depositional Systems. Berlin: Springer-Verlag.

Ferm. 1974. Depositional model for the mississippian-pennsylvanian boundary in northeastern kentucky Geological Society of America Special Papers, 148: 97～114.

Hallam A. 1977. Secular changes in marine inundation of USSR and North America through the Planerozoic. Nature, 269: 769-772

Haszeldine, 1980. Muddy deltas in freshwater lakes, and tectonism in the Upper Carboniferous Coalfield of New England. Sedimentology , 31(6): 811～822.

Horne J C, Ferm J C, Garuccio F T, et al. 1978. Depositional models in coal exploration and mine planning in Appalachian region. AAPG Bulletin, 62(12):2379～2411.

Meyer Y. 1992. 小波与算子(第一卷). 尤众译. 北京:世界图书出版社.

Miall A D. 1984. Principles of Sedimentary Basin Analysis. New York: Springer-Verlag Inc.

Miall A D. 2010. The geology of stratigraphy sequences. New York:Springer-Verlag Inc.

Milici R C, Warwick P D, Cecil C B. 2001. Coal system analysis: A new app roach to the understanding of coal formation, coal quality, environmental considerations, and coal as a source rock for hydrocarbon [EB/OL]. http://gsa. confex. com/gsa/AM/finalp rogram/session_596htm.

Milici R C. 2005. Appalachian coal assessment: Defining the coal system of the Appalachian Basin\\ Warwick P D. Coal Systems Analysis: Geological Society America Special Paper, 387: 9~30.

Morlet J, Arens G, Fourgeau E, et al. 1982. Wave propagation and sampling theory—Part I: Complex signal and scattering in multilayered media. Geophysics, 47(2): 203~221.

Pitman W C. 1978. Relationship between eustacy and stratigraphic sequences of passive margins. Geological Society of America Bulletin. 89: 89-1403.

Rubey W W. 1951. Geologic history of sea water: An attempt to state the problem. Geological Society of America Bulletin, 62(9): 1111~1147

Selley R C. 1969. Torridonian alluvium and quicksands. Scottish Journal of Geology, 5(4): 328~346.

Selley R C. 1988. Applied Sedimentology. London: Academic Press.

Vail P, Mitchum R, 1977. Seismic Stratigraphy and global changes of sea level, part 1: Overview\\ Payton C. Seismic Stratigraphy: Applications to Hydrocarbon Exploration, AAPG Memoir, 26: 51~52.

Warwick P D, Milici R C. 2005. Coal Systems Analysis: Geological Society of America Special Paper 387. Colorado: GSA Inc.